丽质美人必修课

护肤·秀发·美甲
彩妆·装扮

符绿漪 编著

中国华侨出版社

图书在版编目（CIP）数据

丽质美人必修课：护肤、秀发、美甲、彩妆、装扮 / 符绿漪编著 . — 北京：
中国华侨出版社 , 2013.8
ISBN 978-7-5113-3862-4

Ⅰ . ①丽… Ⅱ . ①符… Ⅲ . ①女性—美容—基本知识 Ⅳ . ① TS974.1

中国版本图书馆 CIP 数据核字（2013）第 186946 号

丽质美人必修课：护肤·秀发·美甲·彩妆·装扮

编　　著：符绿漪
出 版 人：方　鸣
责任编辑：泓　涛
封面设计：李艾红
文字编辑：伍晓军
美术编辑：杨玉萍
经　　销：新华书店
开　　本：720 mm × 1020 mm　　1/16　　印张：27.5　　字数：760 千字
印　　刷：北京市松源印刷有限公司
版　　次：2013 年 9 月第 1 版　　2014 年 6 月第 2 次印刷
书　　号：ISBN 978-7-5113-3862-4
定　　价：29.80 元

中国华侨出版社　　　北京市朝阳区静安里 26 号通成达大厦三层　　　邮编：100028
法律顾问：陈鹰律师事务所
发 行 部：(010) 58815874　　　传　　真：(010) 58815857
网　　址：www.oveaschin.com
E-mail：oveaschin@sina.com

如果发现印装质量问题，影响阅读，请与印刷厂联系调换。

女人美丽一生的必修课

俗语说："爱美之心，人皆有之。"爱美是人的天性。哪个女人不渴望拥有光洁嫩滑的肌肤、靓丽出众的容貌、曼妙窈窕的身姿和优雅得体的气度。美丽的容貌和优雅的气度不仅能让女性成为最引人注目的焦点，给她们带来充分的自信和发自内心的幸福感，而且能给她们带来更多更好的人生机遇。为了实现自己的美丽梦想，使自己青春永驻，许多女性在追求美丽的过程中不惜花费金钱和精力，付出百般努力。但是，由于没有科学的指导，不少人盲目听信那些错误的观念和销售人员的花言巧语，购买了各种似是而非的化妆品，或是采用不够合理的美容美肤方法，或是看到别人好看的装扮就直接效仿，结果却总是收效甚微，有时甚至适得其反，不但没有变得美丽，有时可能会带来损害，让人苦恼不已。

为了给广大女性提供科学且行之有效的美容、化妆和装扮技巧，解决广大女性的扮靓难题，我们精心编写了这本《丽质美人必修课：护肤·秀发·美甲·彩妆·装扮》。全书包括五大篇，详细讲解了肌肤的保养、秀发的造型、玉指的美化、彩妆的描画以及服饰的整体穿搭。其中，护肤篇主要讲解了如何了解你的皮肤，如何简单识别护肤品的标签和了解其有效成分，选择护肤品，制定日常护肤方案，以及应对色斑、各种因素引起的红肿、黑眼圈、血管破损、皱纹、肤色不均、黄褐斑等皮肤问题的方法；秀发篇主要讲解了基础护发知识、头发的日常洗护方法，烫发、染发的门道，选择适合自己的发型，教你做出各种漂亮发型，以及一系列出席各种场合时的发型等内容；美甲篇主要讲解了美甲工具和各种美甲产品及用途，手把手地指导你护理自己的指（趾）甲的基本方法，以及给指甲上色和不同风格的涂甲技巧，让你在家就轻松做出漂亮美甲，同时教给你保护双手、处理指甲边缘的倒刺和老茧等方法；彩妆篇主要讲解了基本的化妆品、化妆及化妆工具常识，教你如何挑选最适合自己的产品，手把手地教你最实用的化妆技巧及经典彩妆打造，以及如何解决化妆中的各种难题等内容；装扮篇主要讲解了装扮的基础知识，如何根据自己的体型选择适合自己的服饰，打造属于自己的完美风格和气质等内容。

　　本书推崇自然的美学理念，同时又超越传统，大胆创新，用现代修饰技巧，将现有护肤、秀发、美甲、彩妆、装扮技巧作为基础，通过审美法则的灵活运用，与人体生命活力美及个性气质美有机融合，从而使自己的整体形象设计达到最佳状态。具体而言，有如下鲜明特点：

　　一是内容全面。本书信息量强大，涵盖了女性扮靓技巧中的护肤、秀发、美甲、彩妆、装扮等全部内容，可谓最全的扮靓宝典。

　　二是版式精美。本书图文并茂，在版式设计上更加时尚、新潮，图片更加精美，给读者带来极具视觉冲击力的观感。

　　三是实用性强。本书为读者提供了大量可供参考的实用的方法，操作简单易行，堪称爱美女性提高美丽指数、自信指数和成功指数的实用百科全书。

　　对于女性而言，如何让自己变得更美丽、更健康是一生的必修课。因此，女人无论处在任何年龄阶段，始终都应坚定深爱自己的信念，让自己美丽一生。希望本书成为天下爱美女性最知心的朋友，并对全面提升女性朋友的生活质量有所裨益。

目录

第一篇

护肤篇 /1

Part 3 与肌肤问题说"拜拜"/91

第二篇

秀发篇 /111

第三篇

美甲篇 /205

Part 1 美甲之前先护甲 /206

第④篇

彩妆篇 /249

Part 3 经典彩妆全示范 /281

第五篇

装扮篇 /287

Part 1 基础装扮课堂 /288

第一篇
护肤篇

Part 1 基础护肤入门

肌肤密码全揭秘

◀ 什么是皮肤

皮肤是人体最大的器官，覆盖并保护着整个身体的表面。保持美丽健康肌肤的秘诀就是要了解皮肤的功能，这可以帮助你正确地保养皮肤，令它更坚韧细致。皮肤主要有两层——表皮和真皮。

表皮

这是皮肤最上面的一层，也是你实际看到的皮肤。表皮保护你的身体不受侵害和感染，同时锁住水分。表皮由几层活细胞组成，这些活细胞层被死皮细胞层覆盖。表皮不停生长，在其底层生成新细胞。新细胞很快死去，被另外的新生细胞推至皮肤表面。这些死皮细胞最终会脱落，也就是说每次当新的皮肤层形成的时候，你的肌肤都会重新变得柔软光滑。

活细胞层由血液从底部供给营养，所以只需给表面的死细胞层补充水分，就可以确保皮肤一直饱满柔滑。

表皮决定了肤色，因为表皮控制皮肤的色素。表皮的厚度因覆盖身体部分的不同而不同。比如，足底的表皮比眼睑部分的要厚很多。

真皮

处在表皮层下面的是真皮层，它完全由活细胞组成。真皮层内有无数强韧的纤维，这能

▲ 像美容师一样了解皮肤有助于你对皮肤进行必要的保养，并了解什么对皮肤有益、什么会损害皮肤。

保持皮肤的弹性、稳定性和活力。这里也分布着血管，为这一部分组织提供重要的营养。

表皮通常具有自我修复和恢复的功能，可以更新皮肤，但是真皮会因受伤而被永久破坏。真皮层中有以下几部分：

皮脂腺

这些微小的腺体通常通向皮肤表面的毛囊。它们产生一种油性分泌物，叫作皮脂，是皮肤天然的润滑剂。皮脂腺主要存在于头皮和脸部

皮肤的主要功能

● 皮肤是自动调温器，能保持热度，或通过出汗给身体降温。
● 皮肤能抵御有些有害物质。
● 皮肤是废物排泄系统。一定的废物每天24小时通过皮肤排出体外。
● 皮肤能感觉到触碰，这能使你与他人互动和交流。

皮肤中，分布在鼻子、颧骨、下颌和额头周围，因此这里也是最易出油的区域。

汗腺

汗腺遍布全身，有上百万个。汗腺的主要功能是控制和调节体温，当皮肤表面有许多汗时，体温会降低。

毛发

毛发从毛囊中生长出来，它们将空气保存在毛发下，从而能够保持体温。足底或手掌不长毛发。

▲ 皮肤的状态是健康的重要标志。压力、饮食不良和睡眠不足都能通过皮肤表现出来。注重保持皮肤健康十分重要。

▲ 皮肤是情感的晴雨表。当你局促不安时，皮肤会变红。皮肤还能迅速显示出你的压力感。

▲ 皮肤可以自动清洁、修复甚至更新。如何使皮肤有效地完成这些功能，在一定程度上是由你自身决定的。

▲ 皮肤能感觉到疼痛、触摸和温度，为身体提供保护，排除废物。

◀ 皮肤类型

如果你购买的护肤品并不适合你的肤质，并且你因此攒了一堆各种各样用过的瓶子，就没有必要再在昂贵的护肤品上花费大笔的钱。怎样的皮肤保养对你行之有效，关键要先分析一下你属于哪种皮肤类型。

皮肤类型小测试

要更好地了解你的皮肤，知道哪种护肤品最适合你的肤质，先回答下列问题吧。然后把你的得分加起来，对照后面的答案表，你就能知道你属于哪种皮肤类型了。

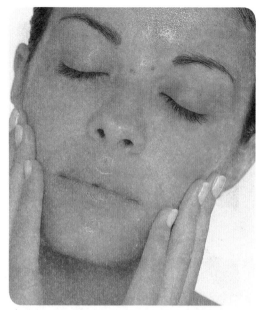

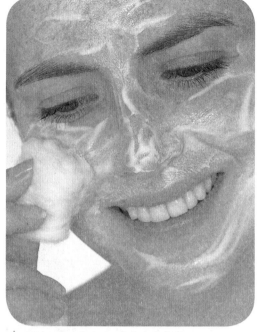

❋ 用洁面凝胶和清水洗完脸后，你的皮肤感觉：

A. 紧绷，就好像对你的脸而言，皮肤太小了

B. 光滑，舒服　C. 干燥，发痒　D. 非常舒服

E. 有些地方较干，有些地方很光滑

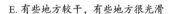

❋ 用洁面乳洗完脸后，你的皮肤感觉：

A. 比较舒服

B. 光滑且舒服

C. 有时感觉舒服，有时发痒

D. 非常油

E. 有些地方油，有些地方很光滑

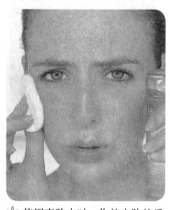

❋ 多长时间脸上会冒出小痘痘：

A. 很频繁

B. 偶尔，或许是因为月经来潮的关系

C. 偶尔

D. 经常

E. 经常在 T 字区

❋ 使用爽肤水时，你的皮肤的反应是：

A. 刺痛

B. 没有问题

C. 刺痛发痒

D. 感觉清爽

E. 有些地方感觉清爽多了，有些地方会发痒

❋ 使用营养晚霜时，皮肤的反应是：

A. 感觉非常舒服

B. 舒服

C. 有时感觉舒服，有时感觉受到刺激

D. 皮肤因此非常油

E. T 字区很油，双颊感觉舒服

✿ 中午的时候，你的皮肤通常看起来：

A. 有脱皮现象

B. 清爽干净

C. 脱皮并且有些发红

D. 泛光

E. T 字区有油光

结论

现在将你所选的 A、B、C、D、E 各自相加。选择最多的字母所对应的就是你的皮肤类型。

A 最多：干性皮肤

B 最多：中性皮肤

C 最多：敏感性皮肤

D 最多：油性皮肤

E 最多：混合性皮肤

美丽锦囊

你要非常了解你的皮肤对于不同物质的反应，因此在购买护肤品之前，测试一下你属于哪种皮肤类型。即使以前已经有人告诉过你你的皮肤类型，也不妨再做一下这个小测试，因为经过一段时期，你的肤质会发生改变。

护肤用品要会选

◀ 十大护肤用品

在你制订最适合你的护肤方法并为你的皮肤做特殊保养之前，你需要了解主要的护肤用品都有怎样的功效。

基础护肤品

从以前的香皂到液体洁肤用品，如今的皮肤护养品已经发展成为一系列的现代产品。

洁面胶

洁面胶与水混合产生的泡沫能清洁皮肤表面的污垢、灰尘和残留的化妆品。

洁面乳

对于干性皮肤的人来说，最好是使用洁面乳，它的成分温和、不黏稠，能很容易地涂在皮肤上。洁面乳中含有的油性物质能清除皮肤表面的污垢和化妆品，洁面乳也能很快地被

▲ 洁面乳能同时清洁和营养皮肤，是干性皮肤的首选。

清洗干净。

洁面皂

普通香皂会令大多数人的皮肤感到干燥。现在你可以使用专门的洁面皂，它丰富的泡沫能清洁你的皮肤，并锁住水分。洁面皂令油性皮肤的人感到面部清爽爽爽，同时能清洁毛孔，防止出现粉刺和黑头。

爽肤水和收敛水

用化妆棉蘸取爽肤水或收敛水涂于面部，能使皮肤清爽并镇定，而且挥发得很快。它们能吸走皮肤表面多余的油。收敛水的酒精成分含量较高，只适合于油性皮肤。 爽肤水性质较温和，适用于正常皮肤和混合性皮肤。干性和敏感性皮肤的人应避免使用这样的护肤品，因为这会令皮肤更加干燥。如果护肤品令你的皮肤感到刺痛，那么就应选择性质温和一些的产品，或者在其中加入几滴蒸馏水（在药房可以买到）以起到稀释的作用。

保湿产品

保湿产品的主要功能是在皮肤表面形成一层保护膜，防止水分流失，令皮肤更柔滑。一般而言，你的皮肤越干，就越应选择保湿功能较强的产品。所有肤质的人都需要保湿产品，其最重要的功能之一就是防止紫外线。这就确保了你的保湿产品能常年保护你的皮肤不被太阳光线晒伤。

眼部卸妆产品

普通的洁面产品不能够彻底清除眼部的化妆品，这就是为什么要使用这种专门的产品。如果睫毛膏是防水的，那么你需要确定你使用的洁面产品能够洗去睫毛膏。

特殊护肤品

除了要备有基本护肤品，你还需要一些额外的用品。

面膜

面膜能深层清洁皮肤，增强保湿功效。

面部磨砂用品和去角质用品

这些乳状或凝胶状的产品含有上百个磨砂微粒。在湿润的面部上按摩时，这些微粒能去除皮肤表面的死皮细胞，露出下面年轻的新生细胞。

▲ 定期使用去角质用品可以保持肌肤的活力。

眼霜

眼部周围细嫩的皮肤通常是衰老的首要标志。乳状或啫喱状的眼霜能抚平细纹。同时还能消除眼部水肿和黑眼圈。

晚霜

深层滋养晚霜在睡眠期间能保养你的皮肤。你晚上并不需要化妆，因此晚霜较稠。

◀ 查看护肤品的标签

从你的必需类或不确定类护肤品中任意挑选一种进行研究。与大多数护肤品一样，该产品也应该有两个标签。在正面的标签上，你会看到品牌名称、产品名称与所谓的功能名称，也就是制造商对产品功效的承诺。

产品背面的标签信息就不尽相同了，这取决于产品的整体包装。如果该产品没有外包装盒，那么产品背面的标签会标注使用说明与成分说明。如果该产品有外包装盒，那么这些信息很可能会标注在外包装盒上面——我们大多数人都会在使用产品前丢掉外包装盒。其实，我们应该注意一下上面的信息。

有些产品的成分列表非常简洁——只会列出几种主要成分。还有一些产品的成分列表密密麻麻，如果印刷字体太小看不清楚，还需要

▲ 基础护肤用品对保养皮肤非常重要。

使用放大镜！

功能名称中的名堂

让我们回到正面标签上。产品是否真的具有产品功能名称所述的功效？在某种程度上是这样的。

大部分产品都会声明能够改善某些肌肤问题，比如皱纹、毛孔、痤疮等，但并不保证能够彻底解决这些问题。

对于普通消费者而言，商品标签上的功能名称大同小异，不过是文字游戏而已。然而，不久的将来，功能名称与实际功能的关系或许将会变成争论的焦点。有些制造商进行了实验室研究，活体切片检查显示在使用了某种成分以后，皮肤中的胶原蛋白有所增加——这是产品真正有效的迹象。这就不再仅仅是表面问题了，胶原蛋白较多的肌肤确实皱纹较少。

解析成分列表

现在再来看背面的标签，特别要关注成分列表。我们不仅要知道产品中含有哪些成分，而且要知道各种成分的含量，这一点至关重要，因为某些成分只有在浓度适当的情况下才会发挥作用。

以甘醇酸为例。市面上几乎所有的护肤品中都含有这种成分。在诊所，甘醇酸会被作为"医用强效制剂"出售；在百货商场、沙龙、水疗中心与网店中，它则以所谓的中和剂或缓冲剂的形式出现。

什么是甘醇酸？其实就是蔗糖酸，它经常被当作天然的活肤品出售。其实，大部分甘醇酸都是人工合成的，而不是从蔗糖中提取的，但这并不意味着其功能有所降低。甘醇酸是目前恢复肌肤活性最为有效的成分之一。它能够去除死皮细胞——角质层；能够修复活性细胞——表皮层；还能够增加胶原蛋白、弹力蛋白与透明质酸，并改善肌肤的水合作用。

几乎所有对化妆品成分略懂皮毛的女性都想把甘醇酸产品添加到日常护肤方案之中。然而，并非所有的甘醇酸都名副其实。正因如此，你才需要学习如何解读成分标签，不要轻信功能名称的声明。浓度适当的甘醇酸对于产品的效用至关重要；反之，则起不到相应的作用。

你在药店与百货商场所能买到的甘醇酸产

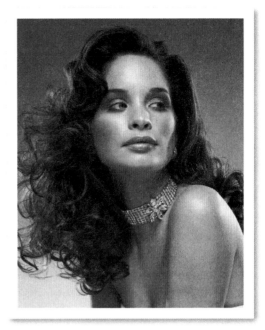

▲ 如果含有某种价格并不低廉成分的化妆品的售价过低，其成分含量必定达不到规定值。

品都比医用强效制剂浓度低，其 pH 值大约为 6，接近于皮肤的平均 pH 值。甘醇酸产品的 pH 值越高，过敏与红肿的概率就越小。但是与此同时，这些产品的疗效也不如医用强效制剂明显。这并不是说商业产品不管用，而是说它们的浓度较低，有效改善肌肤所需的时间较长。

因此，当你看到产品标签上标注的甘醇酸的浓度时，要意识到它与产品的出售地点有关。药店与百货商场出售的标有"甘醇酸浓度为10%"的产品，其实并不含10%的纯甘醇酸，而是将浓度为10%的制剂进行中和之后，制成的符合安全标准的产品。

更为准确明了地描述产品浓度的方法是：在产品被中和以后，明确标注甘醇酸的"现有含量"。因为如果消费者使用了浓度为10%的纯甘醇酸，其肌肤可能会严重过敏、脱皮。大众使用的甘醇酸制剂都被稀释过，因此，其现有浓度大约都在2%～3%之间（虽然标签上写着10%）。也就是说，产品标签上标注的浓度并没有反映出产品中甘醇酸的真实含量。

请你记住：与厂家生产的甘醇酸化妆品相比，未经中和的医用强效制剂，其浓度一般都会高出数倍。

学会解读标签

为了帮助你掌握解读产品标签的技巧，我们来看两种产品。这是从一知名化妆品系列产品中选取的两款洁面乳，它们是皮肤学家们钟爱的老品牌，因此这些产品完全值得信赖。

第一款产品的正面标签上写着：

产品名称：美肤抗皱去斑洁面乳（Healthy Skin Anti-Wrinkle Anti-Blemish Cleanser）

功能名称：洁净、平滑肌肤

其他功效：水杨酸疗法，有助于预防色斑

规格：每管 144.6g

现在来看看背面的标签，非常有趣。

活性成分：0.5% 的水杨酸

非活性成分：水、甲基椰油酰基牛磺酸钠（sodium methyl cocoyl taurate）、椰油酰胺丙基二甲胺乙内酯（cocamidopropyl betaine）、椰油酰两性基乙酸钠（sodium cocoamphoacetate）、乙二醇二硬脂酸盐（glycol distearate）、甘醇酸（glycolic acid）、乳酸钠（sodium lactate）、椰油酰胺丙基PG-二甲基氯化铵（cocamidopropyl PG-dimonium chloride phosphate）、聚季铵盐-11（polyquatenium-11）、四乙酸二氨基乙烯二钠（disodium EDTA）、香料

我们可以看到该标签把成分分成了两大类：活性与非活性。如果含有活性成分，那么该产品通常被视为具有特殊功效的非处方药物，制造商应明确各种活性成分的比例（浓度）。通常这类产品包括防晒霜或是这里所说的抗痘类的产品。

这款洁面乳中只含有一种活性成分：水杨酸，浓度也只有 0.5%。水杨酸是具有毛孔清洁与去死皮功效的成分，非常适合用作洁面乳。

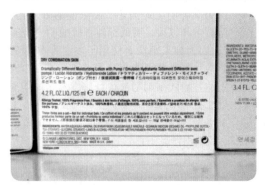

▲ 最好购买具有中文说明的化妆品，这样你才能更清楚其所含的成分。

此外，它还具有抗痤疮的功效，正因如此，正面标签上才会标有去斑的字样。

非常直观，是吧？现在，我们再来看看非活性成分，这是解读标签的难点所在。这款洁面乳的非活性成分列表非常典型，其中有很多外来的化学术语，但却没有标注浓度，因此，你并不清楚各种成分的含量。

如前所述，所有成分都会按照其浓度降序排列，也就是说在这款洁面乳中，含量最多的成分是水。没错，水是一种必要的媒介，它能够把水杨酸与其他精华传输给你的肌肤。

第二种成分甲基椰油酰基牛磺酸钠，又名牛胆汁。这是一种常见的乳化剂，而且顾名思义，它是从阉牛的新鲜胆汁中提取出来的，用在肌肤上非常安全，但是，提取胆汁时，牛可是非常痛苦的。因此，如果你是动物保护主义者，或是更加青睐于"非动物试验"产品，那么你也许会与该产品"划清界限"。

第三种成分叫作椰油酰胺丙基二甲胺乙内酯，这种成分在眼妆卸妆液中很常见，它是从椰油与甜菜中提取出来的混合物。

第四种成分椰油酰两性基乙酸钠是一种表面活性剂，它可以使洁面乳中的水分子迅速扩散，且更容易渗透。

乙二醇二硬脂酸盐，是另一种表面活性剂。内含甘油与硬脂酸，这两种物质呈脂肪状，类似于黄油，可以使产品呈膏状，如同护手霜一般。

在介绍完水与表面活性剂之后，我们要来了解一下甘醇酸与乳酸钠。这两种成分都是果酸，非常适合添加在护肤产品中。此外，它们还具有清洁毛孔、去除痤疮与抗皱的效果。

只要你在成分列表中看到"acid"（酸）的字样，就意味着该成分未经稀释或中和。比如这款洁面乳中的甘醇酸，就是一种纯酸。这是一个非常重要的信息，因为，我们说过，甘醇酸经过稀释之后，功效会降低。与此形成对比的是，乳酸钠是为了减少乳酸（源自牛奶）的刺激性，而用氢氧化钠将其稀释，某些人也会觉得它的功效较弱。

接下来的成分叫作椰油酰胺丙基PG-二甲基氯化铵，它是从椰油中提取出来的，通常用作泡沫剂。聚季铵盐-11提取自氯化铵，是除臭剂的主要成分。如果你对除臭剂过敏，那么

▲ 当化妆品成分表中没有标明含量时，其成分的多少与排列顺序一致。

你一定不要使用含有这种成分的护肤产品。

四乙酸二氨基乙烯二钠的作用就如同水软化剂一般。无论你洁面使用的水质有多硬，只要你使用这款产品，都能够使水质软化，从而拥有较为平滑的肌肤。

列表上的最后一项是香料，这是很能展现个性的成分！

非活性成分已经介绍完毕，现在让我们回顾一下甘醇酸与乳酸钠，以及它们在成分列表中的位置。我们发现它们的排名很靠后（仅排在防腐剂、染色剂与香料之前），这说明它们的浓度很低。

记住，甘醇酸与乳酸都是果酸，购买果酸产品就如同购买房地产一般：首先要考虑位置。由于这两种酸在标签上的排名比较靠后，因此可以推断出：在这款产品中，这两种成分的含量都不足 1%。

这种浓度够吗？当然不够。要想果酸发挥效用，产品中的酸性成分至少要达到 5%，即便这 5% 是产品中所有酸性成分的集合。

如果在成分标签上，我们需要的酸性成分排列在香料之后，那你应该考虑更换化妆品了。因为通常而言，香料只占产品的 0.25% ~ 0.5%。

现在，我们来比较一下另一款洁面乳，这款产品以治疗痤疮为卖点。正面标签上写着：

产品名称： 控油抗痘洁面乳，60 秒磨砂面膜（Oil-Free Acne Wash, 60 Second Mask Scrub）

功能名称： 祛痘清洁二合一高效磨砂面膜

规格： 每管 170.1g

背面的标签上写着：

活性成分： 1% 的水杨酸

非活性成分： 水、甘油、高岭土（kaolin）、斑脱土（bentonite）、甲基椰油酰基牛磺酸钠、二氧化钛（titanium dioxide）、聚乙烯（polyethylene）、微晶蜡（microcrystalline wax）、十三烷醇聚醚 -9（trideceth-9）、PEG-5、己酸乙酯（ethylhexanoate）、薄荷醇（menthol）、亚铁氰化铁（ferric ferrocyanide）、黄原胶（xanthan gum）、四乙酸二氨基乙烯二钠、柠檬酸钠、柠檬酸（citric acid）、苯氧基乙醇（phenoxyethanol）、香料

乍一看，这款产品似乎更刺激购买欲望。其中的水杨酸含量是第一款洁面乳的两倍，因此，其效力应该也是第一款产品的两倍。任何水杨酸浓度达到 1% 的洁面乳都有助于祛痘并缩小毛孔。此外，还能够改善暗沉的肌肤与肌肤表面的皱纹。不过，再让我们看看标签上的其他成分吧。

接下来的成分是水和甘油。甘油是我所喜爱的具有锁水功能的成分，它能够保持肌肤水油平衡，并改善角质层（死皮细胞层）的结构。

接下来是高岭土与斑脱土，这两种天然泥土能够吸附肌肤杂质，清洁毛孔，去除肌肤表面的死皮细胞。接下来按照顺序，分别是二氧化钛，这是一种增白剂；聚乙烯，也就是磨砂膏；微晶蜡，是一种增稠剂。

在 PEG-5 与己酸乙酯溶解其他成分的过程中，十三烷醇聚醚 -9 主要起到保持洁面乳中水杨酸酸性的作用。薄荷醇可以清凉肌肤。亚铁氰化铁能够为产品上色，黄原胶有助于强化色彩。四乙酸二氨基乙烯二钠是软化剂，我们之前已经讲过。其余成分是防腐剂与香料。

我的评估结果如下：在不考虑非活性成分的情况下，这是一款能够有效清洁毛孔的祛痘产品。这点，从水杨酸的浓度就可以看出来。我之所以迟疑，不推荐这款产品，是因为其中的香料，当我亲自试用时，脸上长了红斑。因

小贴士 ♡

浅谈香料

如果产品标签的成分列表中含有香料，那很可能是人造香料，比如香精。它并非一种有害物质，但是如果你不喜欢那个味道，或是对香料过敏，还是不要选择这种产品了。其实，即便某种产品的香料是从鲜花中提取的天然精油，你也可能会产生过敏反应。很多对强烈气味敏感的人发现：无论是从植物中萃取的天然香料，还是人造香料，都会使他们产生过敏反应。

解读标签的小技巧

你肯定会觉得："我又不是化学家，解读标签太难了。"其实，有些小技巧可以简化解读工作，可以帮助你找到最有益于肌肤的强效产品。

技巧1：如果你需要的某种成分，在产品标签中排了最后几位，就说明这种成分的含量并不足以改善你的肌肤。需要注意的是，类维生素A（retenoids）除外，它们的浓度总是小于1%，且总是排在成分列表的末尾。

技巧2：学会辨识护肤品中常用的防腐剂。法律规定，护肤品中必须含有防腐剂，以保证成分稳定。通常，防腐剂的含量很少，最多也只有1%左右。因此，如果某一成分，比如甘醇酸，仅排在防腐剂之前，那么该产品中所含的这种成分很可能不足1%。护肤品中常用的防腐剂有以下几种：

辛乙二醇（Caprylyl glycol）

柠檬酸（Citric acid）

尿素醛（Diazolidinyl urea）（germall 11）

DMDM 乙内酰脲（DMDM hydantoin）

咪坐丁尿素（Imidazolidinyl urea）（germall 115）

甲基氯异塞唑啉酮（Methylchloroisothiazolinone）

甲基异塞唑啉酮（Methylisothiazolinone）

对羟基苯甲酸酯（Parabens）（有时叫作 phenonip，通常可通过前缀丁基（butyl）、乙基（ethyl）、异丁基（isobutyl）、甲基（methyl）、丙基（propyl）来辨识）

戊二醇（Pentylene glycol）

苯氧基乙醇（Phenoxyethanol）

山梨酸（Sorbic acid）

季铵盐-15（Quaternium-15）

技巧3：互联网是非常宝贵的信息资源，通过网络可以查出某种成分的使用信息、功效信息，以及包含该成分的产品品牌名称。有时，如果你只是想试用某产品，只需在线购买少量试用装即可。

此，如果你的肌肤敏感的话，最好不要使用这款产品，也不要使用其他添加了香料的产品。

◀ 选择你需要的成分

辨识正确的成分就如同结识良师益友一般，常有"云开自然见月明"的感觉。在适宜的调和物中加入适宜的成分能够有效改善肌肤状况。这是不争的事实。

优秀的市场营销手段可以引导你建立品牌观念，但建立成分观念对你更有益处。在你能独立评估自己当前使用的产品的成分列表之前，或是向护肤方案中添加新产品之前，你需要先了解一些特殊的活性成分，并从中找出最适合自己的成分，这才是重点所在。

你无须记忆下面的列表，只需浏览一两遍即可。下列成分可以明显改善你的肌肤。

下列成分以字母顺序排列。其中有些成分所采用的是INCI名称，INCI表示"化妆品成分国际专用名称"。制造商们往往把INCI名称记入产品标签，因此，你应该学会辨识它们。

带有星号（*）的成分是必备成分。如果你还未开始使用该成分，那么就要把它添加到你的日常护肤方案中去了。

* 海藻肽（Algae Peptides）

品牌名称：Apt；INCI 名称：水、丁二醇（butylene glycol）、红藻萃取物（ahnfeltia concinna extract）

肽在护肤品中很常见，这也是有其充分理由的。这些微小的分子能够穿透表皮，抵达表皮下面的真皮层。

海藻肽具有获取方便、效果显著（紧致皮肤）等优势。肽中含有羟基脯氨酸（hydroxyproline），这种氨基酸通常只存在于肌肤的胶原蛋白之中。

当海藻肽用作护肤品时，会迅速被表皮细胞与真皮细胞吸收。这正好显示了肽的活性功能，它能够增强细胞活性，加速胶原蛋白合成。含有海藻肽的护肤品可以增强皮肤的水合作用，令肌肤平滑、饱满、富有弹性。

芦荟（Aloe Vera）

芦荟多汁叶片中的黏稠汁液可以治疗轻微烫伤。很多科学研究表明芦荟具有消炎、愈合伤口、加快血液循环的功效。

很多由各种酸性物质混合成的抗衰老产品，在发挥换肤与丰盈肌肤作用的过程中会产生刺激性，而芦荟是一种有效的天然缓和剂。当我们在产品的成分标签上看到芦荟时，就好像看到了好朋友的名字一般亲切。

▲ 可用芦荟汁来舒缓粉刺和有皮疹的皮肤。它会使皮肤清洁细腻。

* 果酸（Alpha Hydroxy Acids）

"果酸"是对甘醇酸、乳酸与苹果酸这些酸性成分的统称。

至今为止，应用最为广泛的果酸是甘醇酸。它在这些果酸中分子结构最小，因此，其渗透性最好。乳酸也是有效的换肤成分，但却没有甘醇酸受欢迎，部分原因是效果不如甘醇酸明显。稍后我们还会谈到甘醇酸。

* 抗氧化剂（Antioxidants）

包括 α 硫辛酸（alpha lipoic acid）、β-胡萝卜素（beta-carotene）、辅酶 Q10（coenzyme Q10）、印度醋栗（emblica）、绿茶（green tea）、艾地苯（idebenone）、维生素 A、维生素 C、维生素 E。

当我们说某种成分具有"抗氧化功效"时，是说该成分能够阻止细胞氧化。氧化是指皮肤中的细胞分子变成了自由基的形式，造成了皮肤损伤。很多环境因素都会造成氧化，比如日晒、污染、吸烟、酗酒。自由基会使细胞老化，致使细胞核发生变化，进而增加罹患皮肤癌的风险。抗氧化剂可以通过中和自由基来防止细胞老化与皮肤癌的发生。

维生素 C 是护肤品中抗氧化成分的鼻祖。绿茶是经过充分研究的主要抗氧化剂之一。包括动物实验在内的一些研究表明：绿茶不仅可以消除炎症，还可以消除强紫外线照射引发的肿瘤。

重磅出击市场的抗氧化剂是艾地苯（idebenone），它以 Prevage 这一品牌名称出售，Prevage 的全称是 Prevents aging，意为"防止老化"。其制造商爱力根（Allergan）是一家生产类维生素 A 处方药物（Tazorac）与肉毒杆菌的大型制药公司。

厂商对 Prevage 进行了大肆宣传，在 W 杂志的封面故事中，Prevage 被描述为"供不应求的美容面霜"。但惨淡的销售情况令制造商不得不与伊丽莎白·雅顿（Elizabeth Arden）联手，将该产品改头换面。产品包装从 28.35g 的塑料管变成了光滑的银色压力瓶。此外，其经销渠道也从诊所转移到了百货商场的化妆品柜台。

Prevage 为什么没有取得预期的成功？答案不得而知。不过，基于之前的反馈结果，该产品效果并不像 Tazorac 那般立竿见影，这或许是原因之一。

斑脱土（Bentonite）

这种美国白土经常用于面膜与祛痘产品中。与高岭土等其他泥土一样，斑脱土具有吸收油脂、紧致肌肤的功能。

过氧化苯甲酰（Benzoyl Peroxide）

如果你熟悉 Clearasil、Stridex 或 Proactiv 等品牌的产品，那你一定知道过氧化苯甲酰，它具有祛痘与清洁毛孔的奇效。同时，它还具有抗菌消炎的作用。

然而，不幸的是，大约 10% 的人会对过氧化苯甲酰过敏，如果她们持续使用该成分，还会出现皮肤过敏症状——在祛痘过程中皮肤红肿，非常棘手。即使你对过氧化苯甲酰不过敏，在使用中也会逐渐出现过敏反应，因此我建议使用几个月后停用一段时间。如果你使用过氧化苯甲酰产品以后，痤疮变得红肿，请改用其他祛痘产品，如甘醇酸与水杨酸。

比较好的处方类祛痘产品是痘克凝胶（Duac gel）与BenzaClinu凝胶，它们是过氧化苯甲酰与局部使用的抗生素的调和物，效果比只用抗生素制剂更明显。由于它们能够快速清洁肌肤，所以可以缩短祛痘时间，省掉很多麻烦。

* 植物菁华（Botanicals）

植物菁华包括多种植物萃取成分。有些是你已经知道的，如甘菊、紫锥菊、葡萄籽萃取物与薰衣草。对于没有香料过敏症的人群而言，植物的气味能够起到凝神静气的作用。在制剂中加入两三种植物菁华能够缓和其他护肤产品可能带来的刺激。其作用不胜枚举，从去除死皮细胞到改善肌肤状况不一而足。然而，如果你是敏感型肌肤或有过敏性鼻炎的话，我建议你不要使用添加了四种以上植物菁华（特别是从外来植物中萃取的精华）的护肤品。

樟脑（Camphor）

INCI 名称：樟树（cinnamomum camphora）

樟脑是一种紧致肌肤的成分。与泥土（班脱土、高岭土）及某些植物菁华（如薄荷脑、南瓜）一样，樟脑也非常适合短期使用，但不要将其残留在皮肤上。樟脑常见于面膜及其他洁面类护肤品中。

甘菊（Chamomile）

INCI 名称：母菊（matricaria chamomilla）

小贴士 ♥

准妈妈须知

如果你是位孕妇，那么关于你能够使用哪种护肤品，应该避免使用哪种护肤品，请咨询产科医生或皮肤医生，比如：类维生素A对于准妈妈而言，是绝对禁用的。另一方面，在怀孕期间，防晒霜变得尤为重要，因为此时你的肌肤会吸收大量的阳光。

护肤品中的很多活性成分还未完全经过孕妇实验，因此，使用之前，请咨询医生。

这种雏菊状的花朵的萃取液是护肤品中的常见成分，它味道淡雅，具有镇静与治疗的功效。

* 植物胜肽（Colhibin）

INCI 名称：水解稻米胜肽（hydrolyzed rice peptides）

植物胜肽是一种植物萃取肽，它能够有效抑制破坏胶原蛋白的胶原酶与生化酶的活性。研究表明：护肤品中只要含有2%的植物胜肽，就能使胶原酶的活性降低50%。植物胜肽就是以这种方式保护胶原蛋白、延缓衰老、抵御日晒以及其他环境因素造成的皮肤伤害的。需要注意的是，即便日照不太强烈，也没有晒红肌肤（即紫外线亚红斑），也依然会损害胶原蛋白。

* 大豆蛋白（Elhibin）

INCI 名称：大豆，野生大豆（orglycine soja），蛋白质

大豆蛋白也是一种植物萃取肽，它的作用原理与植物胜肽相似，不过，大豆蛋白的功能是抑制弹力蛋白酶的活性，保护弹力蛋白免遭破坏。弹力蛋白与胶原蛋白一样，都是肌肤的支撑结构。

日晒、环境因素或空气干燥都会刺激皮肤，导致皮肤中的白血球积聚，从而释放出大量的弹力蛋白酶。一旦弹力蛋白酶含量过多，就会影响所有——包括皮肤和血管中的相关组织的弹力蛋白纤维。所以，我们在晒伤的肌肤中，都会见到损伤的血管。

幸好，人体能够不断生成弹力蛋白。由于大豆蛋白能够保护弹力蛋白免遭破坏，因此它具有护肤、减少皮肤过敏、增强皮肤水合作用的功效。

* 眼力士（Eyeliss）

INCI 名称：水、甘油、橙皮苷甲基查尔酮（hesperidin methyl chalcone）、硬脂醇聚醚-20（stearth-20）、二胜肽-2（dipeptide-2）、棕榈酰四胜肽-3（palmitoyl tetrapeptide-3）

眼力士已注册为商标，市面上销售的大部分新型眼霜中都有这种成分。它是肽的混合物，局部使用，能够防止皮肤较薄部位的毛细血管破损，也就是说可以祛除黑眼圈。眼力士中的

其他成分能够恢复肌肤的弹性与紧致，帮助排出下眼睑多余的体液，去除眼袋。

甘油（Glycerin）

很多洁面乳与其他洁面类护肤品中都有甘油。虽然甘油具有很强的锁水能力，能够令肌肤水油均衡，并修复角质层结构（死皮细胞层），但如果使用后不冲洗干净，会令肌肤感到黏糊糊的，不舒服。不过，我很喜欢甘油这种成分。如果你要使用内含甘油的产品，可以少用一点，这样你就不会觉得又油又粘了。

* 甘醇酸（Glycolic Acid）

也许会以甘醇酸铵或甘醇酸钠的名称出现在标签上。

这种抗老化成分备受青睐，很大程度上是因为它的功效非凡，大部分甘醇酸使用者都可以证明这一点。

天普大学皮肤学（Temple University）博士尤金·范·斯考特（Eugene Van Scott）进行的一些研究表明：甘醇酸是一种有效的肌肤活性剂，使用后马上会起到脱胎换骨般显著的效果。由于它的作用如此强烈，有些人担心甘醇酸会令肌肤变薄，而另一些人则认为这种担心是多余的。

▲ 很多植物的萃取液都应用在美容产品中。人们不仅要根据香气来选择一种萃取液，更要依照它的疗效来选择。

甘醇酸就像去角质剂一样，能够让角质层变薄。因此，使用甘醇酸产品的人会发现自己容光焕发：这是因为角质层的死皮细胞不再遮挡表皮上的活性细胞，所以皮肤表面会显得富有光泽。长期使用甘醇酸产品，会使表皮层变厚，进一步修复肌肤。假以时日，肌肤将会生成新的胶原蛋白、弹力蛋白与透明质酸。

有些人使用了甘醇酸产品之后短短几日，就发现自己的表皮层得到了明显改善。但是减少表面细纹这种真皮层的改善，通常至少需要两周以上的时间。

如果你从药店或百货商场购买的甘醇酸产品效果不怎么明显，而你希望得到更加神奇的效果，那么你可以尝试一下皮肤学家配制的护肤品。这些强效制剂通常可以采用电话订购或网上订购的方式获得，而不必亲自前往诊所购买，但要确保你所订购产品的pH值低于之前使用的零售品牌的pH值（如前所述，pH值越低，产品的酸性越大，功效越强）。

pH值是影响产品功效的唯一因素。1993年，受人尊敬的独创化妆品化学家、理科博士沃尔特·史密斯（Walter Smith）进行了一项研究，结果表明，pH值下降两点，细胞更新率（肌肤活化的衡量标准）会随之增加30%。因此，如果皮肤学家配制的制剂的pH值是4（通常，医用产品的pH值都在3.5左右），而零售品牌的pH值是6，那么由于前者酸性更大，所以效果较后者会提升30%。

为了使肌肤得到更加神奇的改善，你可以考虑接受浓度更高、pH值更低的甘醇酸专业治疗。比如，先涂抹后冲洗的甘醇酸换肤术，其pH值低至1～2。因此，在接受了一段时间的甘醇酸专业治疗之后，你会发现毛孔更加通畅、皮肤更加细腻，整个人也更加光彩照人。

透明质酸（Hyaluronic Acid）

也许会以透明质酸钠（sodium hyalurmate）的名称出现在标签上。

我们之前所讲的透明质酸是存在于真皮中的天然化学物质。在护肤品中，也会添加透明质酸，它被当作保湿剂，能够锁住相当于自身重量1000倍的水分。所以我更喜欢把它形容为能够丰盈肌肤的海绵。

透明质酸的分子很大，无法抵达真皮层，

▲ 在面霜中加入月见草精油或维生素 E，有助于皮肤焕发青春活力。

只作用于表皮层，是非常有效的滋润成分。而与此相应的是甘醇酸的分子较小，可以渗透到真皮层，而甘醇酸分子抵达真皮以后，会刺激透明质酸的生成。

因此，如果你想在不刺激皮肤的情况下，取得滋润效果，那么不妨使用透明质酸。它可以通过增强水合作用帮你修复干燥脱皮的肌肤，并软化肤质。如果你同时还想去除细纹，那么添加了甘醇酸的产品将会是你最好的选择。

对苯二酚（Hydroquinone）

对苯二酚是一种可以防止肌肤细胞新色素生成的化学物质。它是一种十分有效的漂白成分，是美白祛斑的首选，能够有效消除老年斑、黄褐斑、怀孕或服用口服避孕药期间产生的蝴蝶斑。此外，它对黑眼圈也有很好的疗效。

对苯二酚可以用于调制多种护肤品。如果你容易长痤疮，请选用溶液、乳液或是凝胶类产品，而不要选用浓稠的面霜。如果制剂中的对苯二酚浓度超过 3%，就会作为处方药专用。浓度较低的非处方产品，与甘醇酸搭配使用，那么其功效将会非常显著。对大多数人而言，搭配使用的效果与处方类对苯二酚制剂的效果一样明显。

高岭土（Kaolin）

这是另一种非常有效的泥土成分，通常用于面膜与祛痘产品之中。斑脱土是一种产于美国的白土，而淡黄色的高岭土则是亚洲的产物，大部分来自中国，因此，它还有个中国名称

"瓷土"。这两种泥土都有很强的吸油能力，可以去除面部油光，只需敷在肌肤表面 20 分钟，然后轻轻地冲洗干净即可。

* 脂质（Lipids）

包括神经酰胺（ceramides）、糖脂（glyco-lipids）与鞘脂（sphingolipids）

脂质是覆盖于新生肌肤之上的天然的脂肪保护层。由于多种原因，在经过一段时间之后，这个保护层会逐渐消失。通常情况下，频繁接受换肤疗法，加速角质层的脱落及日晒或干燥环境——包括使用干燥器或空调造成的干燥，都会消除脂质。还有很多患者对我说，当她们使用某种药物时，皮肤也会变得干燥、粗糙。比如处方类维生素 A 等专用制剂与降胆固醇的药物等。此外，衰老也会消除脂质，这一点不足为奇。

建议使用内含脂质的专用产品，并以此取代肌肤的天然脂质。它们会附着在角质层上保护肌肤，在保湿的同时，焕发青春光彩。

鉴于你可能不熟悉脂质这种护肤成分，这里推荐几种内含脂质的护肤品供你参考。CeraVe 新推出的洁面乳、面霜和乳液之中添加了神经酰胺、胆固醇，售价大约是每盎司（合 28.35g）1 美元，各大药店有售；欧莱雅（L'Oreal）的 Nutrissime 系列产品中含有 Ω 神经酰胺，在很多药店与大型超市有售；伊丽莎白·雅顿（Elizabeth Arden）的知名产品 Ceramide，在一些高档百货商场中可以买到。

微晶磨砂颗粒（Microdermabrasion Particles）

这些颗粒通常都是氧化铝晶体，抹在脸上的感觉就如同细沙一般。

皮肤学家们把微晶磨砂颗粒应用在肌肤打磨机上，既可以修整凹凸不平的痤疮瘢痕，又可以让暗沉的肌肤焕发光彩，还可以去除细纹。此外，你也能找到家用的微晶磨砂膏。

不过，有一点需要注意：如果你过度使用微晶磨砂膏，肌肤会出现红肿。出现这种情况后，请立即停用该产品。而且，在红肿消退以前，不要使用任何含有果酸或类维生素 A 的产品。

矿物油（Mineral Oil）

矿物油是一种毛孔清洁剂，对肌肤不会造

成任何伤害。

矿物质（Minerals）

长期以来，矿物质被公认为具有保湿与紧致肌肤的功效。在死海制造的添加了矿物质的爱海薇（Ahava）牌产品，推出了具有活肤功效的时间线（Time Line）系列产品，而兰蔻（Lancome）也推出了自己的加钙系列产品。

日益风靡的矿物质化妆品可以使肌肤焕发光泽，让肌肤看上去完美无瑕。制造商声称这种化妆品非常温和，即使不卸妆也可以过夜。但这种观点并不正确，因为夜间面部保持清洁，对于能否获得理想的护肤效果至关重要。

* 神经肽（Neuropeptides）

包括阿基瑞林（argireline）。

INCI 名 称：六 胜 肽（acetyl hexapeptide-3）与伽马氨基丁酸复合物（GABA complex）

你也许听说过，神经肽被称为涂抹型肉毒杆菌，因为神经肽和注射型肉毒杆菌一样能够平复面部的细纹与沟壑。然而，注射肉毒杆菌会引发面部麻痹，这是因为肉毒杆菌会阻止神经释放乙酰胆碱，而乙酰胆碱是一种能够令肌肉收缩的神经传导素。而神经肽不会产生这一化学反应，使用后肌肉仍然可以收缩，只是收缩力度会减弱，不过这种情况短时间内就可以消除。

对于某些人而言，神经肽能够减少面部动态皱纹。当然，为了达到这一效果，产品中的神经肽必须达到一定的浓度。因此，要选择那些神经肽位于成分列表前列的产品。需要提醒的是，有些神经肽护肤品价格非常昂贵。研究表明，神经肽最多能只能减少50%的动态皱纹。但是，即便是注射肉毒杆菌也无法保证100%的疗效。

建议你把神经肽产品用在不适合注射肉毒杆菌的部位，比如眼部周围（比鱼尾纹更接近眼部的地方）、唇部与颈部。有些女性喜欢混合使用这两种产品，以达到最佳效果。其实，很多还无需注射肉毒杆菌的年轻女士，可以通过使用神经肽获得良好的效果。

木瓜（Papaya）

这是一种含有木瓜蛋白酶的热带水果，可被用作肉质嫩化剂。在护肤品中添加木瓜能够产生去除肌肤表面与毛孔中的死皮细胞的作用。如果使用木瓜产品时能够稍加按摩，并让产品在面部停留一段时间之后再冲洗干净，效果会更好。

▲ 木瓜是美容佳品。

* 氧气活化剂（Oxygen Activators）

也许会以酵母提取物（yeast extract）的形式出现在标签上。

随着我们的衰老，细胞新陈代谢速度与相应的耗氧量会有所下降，因此，皮肤会日渐松弛。氧气活化剂能够在某种程度上加速细胞新陈代谢，就如同运动对肌肉所产生的影响一般。不过，这种成分对于已经六七十岁的女性效果不显著。

泛酰醇（Panthenol）

这种成分是从维生素 B5（泛酸）中提取出来的。当含有维生素 B5 的护肤品涂抹到肌肤上以后，就会完全转化为泛酰醇。泛酰醇可用作保湿剂，它能够锁住水分，平滑肌肤表面。这种成分不仅被用于润肤霜和其他的护肤产品中，还被用于畅销的潘婷（Pantene）护发产品之中。

* 肽（Peptides）

肽是一种氨基酸链。研制化妆品的化学家将肽分成有益于肌肤与无益于肌肤两大类。在实验室中，如果经过检验证实某种肽能够以某种方式改善肌肤，那么这种肽就会被列为活性肽。

活性肽包括之前讲过的海藻肽、植物胜肽、大豆蛋白、眼力士与神经肽等。

有些活性肽具有抗菌作用；有些活性肽，比如植物胜肽与大豆蛋白，能够抑制破坏肌肤结构的生化酶活性；还有一些活性肽的作用类似于类维生素 A，可以刺激胶原蛋白的生成，并抑制肌肤中的类维生素 A 受体。

在一项研究中，超过30%的人在使用了肽以后，肌肤立刻得到了明显改善，5%的人在使用后几小时得到了改善，将近70%的使用者在使用两周后反映自己的肌肤更加紧致了。

* 类维生素 A（Retinoids）

处方类：Avage、Differin、维生素 A 酸（Retin-A）、Retin-A Micro、Renova、Tazorac、维 A 酸（tretinoin）、Tri-Luma；非处方类：维生素 A 醇（retinol），这是一种以不同商品名称出售的产品成分。

类维生素 A 是维生素 A 的衍生物，它具有抗氧化、防止色素沉积和换肤的作用。此外，它们还可以促进胶原蛋白与透明质酸的生成，进而帮助紧致肌肤。

知名度最高的类维生素 A 可能是维 A 酸（tretinoin）或维生素 A 酸。虽然早在 1962 年左右就出现了术语"药妆品"（cosmeceutical），但真正消除化妆品与药品界线的第一款产品却是维生素 A 酸护肤品。起初只是用它来治疗痤疮，可后来却发现它还具有减少皱纹的功效。

在某项研究中，让肌肤很薄、很敏感的研究对象每晚使用维生素 A 酸，连续使用 3 个月，结果发现，她们的肌肤变厚了，且不那么敏感了。维生素 A 酸既然具有这么神奇的

▲ 矿泉水可以作为基础爽肤水使用，适合任何肤质。可以在矿泉水中加入你选择的精油。

功效，那为什么该产品没有像预想的那么走俏呢？它的最大缺点在于：洁面后立即使用会产生很大的刺激性。因此，该产品的使用说明上才会建议使用者在洗脸之后 20 分钟再使用。即便如此，敏感区域还是会出现红肿、脱皮的现象，尤其是眼部周围。

这里列举一些患者在使用维生素 A 酸后遇到的其他不利之处：

（1）她们会在等待 20 分钟的过程中睡着。

（2）在使用了维生素 A 酸之后，亲吻有胡茬的男士时，会形成类似于鞭打过的痕迹。

（3）有些敏感性肌肤患者，在睡觉前使用维生素 A 酸，会将部分产品粘到枕套上，再蹭到眼睛周围，造成眼周肌肤的扩展性过敏。

由于这些原因，聪明的制造商又推出了其他几种比较温和的类维生素 A 产品。Renova 就是其中一种，在其基本成分中加入了矿物油。制造商做了大量实验，证明 Renova 具有抗皱功效以后，Renova 作为抗皱产品出售了。另一款类维生素 A 产品 Retin-A Micro 具有微囊海绵传导系统，可以延时吸收维 A 酸，从而使其产生的刺激最小化。

虽然新出的类维生素 A 产品刺激性与灼热性都比较小，但它们同样会引发光敏反应（photosensitization），即增加皮肤对阳光的敏感程度。即便是在睡前使用类维生素 A 产品，第二天你的肌肤对阳光仍然非常敏感，因此配用优质的锌基防晒霜就非常重要了。

倍受欢迎的 Tri-Luma，是一种将维 A 酸与4% 的对苯二酚混合之后的面霜。回顾一下之前讨论过的对苯二酚，它是一种有效的美白成分，能够治疗老年斑、黄褐斑、怀孕或服用口服避孕药期间产生的蝴蝶斑。

接下来是 Tazorac，这种成分主要用于治疗痤疮。近期，Tazorac 的抗老化效果也树起了口碑，很多皮肤学家会向患者推荐这款产品。与维生素 A 酸一样，Tazorac 也可用作晚霜，不过Tazorac 的刺激性较小。

再来看一下维生素 A 醇，这种非处方类维生素 A 常见于药店与百货商场的护肤产品中。实际上，它已经成为最受欢迎的活肤成分之一。露得清在其健康肌肤系列产品（Healthy Skin）中推出了添加维生素 A 醇的抗皱面霜。RoC 推出了一款名为"深度抗皱眼霜"（Retinol

Correxion）的产品。这两款产品都没有标明维生素A醇的浓度。不过，由于维生素A醇并非酸性物质，因此它的刺激性要小于维生素A酸、Renova与Tazorac。另外维生素A醇引起的光敏反应较弱。

宾夕法尼亚大学教授、医学博士、维生素A酸的研发者艾伯特·克莱曼（Albert Kligman）进行了一项研究，每晚使用0.15%的维生素A醇，连续使用一个月，面部皱纹减少了30%。有些医用强效护肤品中的维生素A醇浓度，非常接近于这项研究。

* 水杨酸（Salicylic Acid）

水杨酸又称β羟基酸或BHA，它具有非常好的清洁毛孔的功效，因此最先应用于治疗痤疮类护肤品之中。此外，它还是一种有效的活肤成分。一些女性喜欢用水杨酸洁面乳洗脸，因为它能够令肌肤干净、清爽。

一般而言，水杨酸较甘醇酸更加温和，刺激性更小。不过，水杨酸去除面部细纹与沟壑的效果也要弱一些。

玉兰油活肤系列（Olay Age Defying）推出了数款内含水杨酸的优质产品。倩碧（Clinique）的畅销产品深层焕肤精华霜（Total Turnaround Cream）中也含有水杨酸。

二氧化钛（Titanium Dioxide）

我们可以把所有防晒成分分为化学性与物理性两大类。简言之，化学性防晒剂能够吸收紫外线，而物理性防晒剂能够在肌肤表面形成反射紫外线的保护膜。二氧化钛与氧化锌是仅有的两种物理性防晒成分。

与化学性防晒霜相比，物理性防晒霜不仅较为温和，而且能够阻挡更多的长波紫外线。需要注意的是：虽然很多护肤产品都含钛，但只有当钛的含量达到特定的防晒指数（SPF）时，才能够起到防晒作用。

维生素C/抗坏血酸（Vitamin C/Ascorbic Acid）

口服维生素C一直被当作有效的抗氧化剂出售。后来，杜克大学（Duck University）皮肤系的研究人员指出：与口服维生素C相比，涂抹在肌肤表面的维生素C的吸收量要高出将近20倍，自此之后，局部用维生素C变得日益流

▲ 在抑郁症治疗上，维生素C的作用很关键，但是压力会导致维生素C流失。

行起来。

维生素C会对肌肤产生什么作用呢？20世纪90年代，那时才刚刚出现局部用维生素C，据说在使用几个月之后，面部深纹能够得到有效改善。此外，它似乎还具有防光敏反应的作用，也就是说维生素C有助于防治晒伤。

事实上，局部用维生素C本身并不能快速减少皱纹。然而，一项近期研究表明，把维生素C与防晒霜混合使用，可以加强防晒效果。

如果你对当前的护肤方案很满意，只想进一步改善肌肤状态时，可以尝试局部用维生素C。如果你经常待在户外，那么可以考虑每天早晨混合使用维生素C与防晒霜。

维生素C的氧化速度非常快，会变成棕褐色——就好像放在空气中的苹果片一样。我们不知道氧化后的维生素C是否和新鲜的维生素C一样有效。但安全起见，建议你将维生素C产品储存在阴凉、避光的地方，比如医药箱中。在冬季，还要远离散热器或寒冷的窗户。此外，维生素C的保质期比其他护肤品短，因此应该购买小包装或是与他人合买。

维生素K（Vitamin K）

有些女性也许亲身体验过血液稀释剂或抗凝血剂，这类处方药会增加皮肤损伤的风险，而维生素K的作用恰好相反，它有助于血液凝结或凝固。在护肤品中添加维生素K能够防止肌肤损伤，还可以去除黑眼圈。

如果你经常出现黑眼圈，且鼻翼两侧的毛细血管容易受损，或是长有红斑痤疮，那么可

以尝试一下局部用维生素 K 产品。在进行可能造成皮肤损伤的美容疗法之前，比如手术或注射，使用维生素 K 会使治疗效果更好。如果你因为多次注射而导致肌肤损伤，那么可以咨询你的医生：局部用维生素 K 是否能够快速恢复肌肤健康。

* 氧化锌（Zinc Oxide）

利用氧化锌防晒由来已久。此外，氧化锌还可以治疗肌肤红肿或过敏。在治疗婴儿的尿疹时，就会用到氧化锌，几乎所有的尿疹软膏中都添加了这种活性成分。

我们习惯于把氧化锌产品想象成黏稠的膏状物质。其实，在过去的十几年中，化妆品中添加的氧化锌与二氧化钛（另一种防晒成分）都已改头换面，成为可被接受的形态了。目前护肤品中即使添加了锌和钛，也都不留痕迹，因此，使用时，不会在脸上留下黏黏的白色薄膜。

◀ 毒物警报

各种护肤成分中，有你喜欢的，也有你不喜欢的。幸好，即使是不喜欢的成分也不会对肌肤造成严重的伤害，否则它们也不会应用于众多护肤品之中了。你应了解自己使用的护肤品的主要成分，也应该知道哪些成分具有潜在危害及其原因。通常而言，这些成分会引发过敏或粉刺。没错，确实如此，有些成分会引发痤疮！因此，如果你莫名其妙地长了红疹或是痤疮，那么你就能够识别这种潜在的问题成分了。

羊毛脂就是其中的一种问题成分。这种羊毛酯衍生物有时也被称为羊毛醇，它是一种有效的滋润或保湿成分，常见于一些品牌乳液与化妆品之中，比如优色林（Eucerin）、爱尔美

美丽锦囊

选择适合自己的成分

记住，产品的功效取决于产品本身所含的主要成分，而非产品包装。不要只注重漂亮的瓶瓶罐罐，成分标签才是你应该关注的。

至于选择哪些产品加入你的基础护肤方案，主要取决于你的护肤期望。综合概括如下：

- 如果你想缩小毛孔，可以使用甘醇酸与水杨酸。
- 如果你想减少动态皱纹，可以使用神经肽。
- 如果你想让暗沉的肌肤焕发光彩，可以使用微晶磨砂膏或是其他去角质产品。
- 如果你想拥有更加紧致的肌肤，可以使用胜肽并加入类维生素 A，一周两次就可以。
- 如果你想修复环境因素（比如：日晒、吸烟、压力、酗酒以及其他生活方式因素）造成的受损肌肤，可以使用抗氧化产品。

另外，要特别注意标签上的成分排列顺序，大部分产品的成分列表都会按照含量或浓度降序排列。由于多数产品都不会指明成分的百分比，因此，成分排序也许可以帮助你辨别产品中的成分含量。

▲ 不论一款化妆品的包装有多精美，记住，其所含的成分才是你应该关注的。

举例来说，假如你要购买甘醇酸产品，那么你一定希望产品中含有足以让肌肤得到明显改善的甘醇酸（至少 5%）。如果在产品的成分列表中，甘醇酸排在比较靠后的位置，甚至排在倒数几位，那么该产品中的甘醇酸含量可能还不足 1%。

如果你毛孔粗大或长有粉刺，那么应该避免使用内含牛油树脂、羊毛脂或是十二烷基硫酸钠的产品。

（Almay）与倩碧（Clinique）。不幸的是，羊毛脂也是护肤品中最为常见的一种刺激性成分。事实上，它是皮肤学家经常做过敏性检测的24种成分之一。

如何辨别自己对羊毛脂是否过敏呢？如果你只要穿着羊毛衫，皮肤就会发红发痒，那么这是羊毛脂过敏的第一种症状。如果你穿着羊毛衫没有问题，但使用某些化妆品时却会出现一些莫名其妙的红肿、脱皮或是红疹等症状，那么你可以尝试一下家用版的肌肤过敏检测。很多人可以穿着羊毛衫，却不能忍受某种羊毛脂护肤品。

选择一小块皮肤试用该产品5~7天。这块肌肤应该与面部肌肤相似，但不能是面部或颈部。手肘褶皱上方与上臂内侧（靠近腋窝的地方）都是很好的测试区域。如果在指定时间内，没有出现任何不良反应，那么就可以放心使用这种羊毛脂产品了。然而，这并不是说其他羊毛脂产品也没有问题。每种产品的羊毛脂浓度与刺激性各不相同。对于皮肤敏感的人而言，最好能够在使用前，都做一下过敏性检测。

还有两种问题成分分别是十二烷基硫酸钠（sodium lauryl sulfate）与十二烷基硫酸铵（ammonium lauryl sulfate），建议你不要使用这两种成分。它们是大部分泡沫沐浴液与无皂洁面乳的泡沫剂，即便是昂贵的高档产品中也会添加这些成分。一般而言，喜欢洗泡泡浴的小孩经常会臀部发炎，就是其中的某种十二烷基硫酸盐引发的后果。当把这些成分添加到护肤品中时，也会对面部肌肤产生相同的损伤。它们会令损伤部位恶化，形成粉刺。无论如何，要远离含有这些成分的产品。

为了平息消费者的抱怨，很多制造商以无害的聚氧乙烯烷基硫酸钠（sodium laureth sulfate）泡沫剂替代十二烷基硫酸盐类。这些术语让人眼花缭乱，但请相信，带有聚氧乙烯（eth）这个前缀的化学物质具有完全不同的效果，添加了这种化学成分的产品很少会刺激皮肤。

接下来讲讲广受欢迎的牛油树脂（shea butter），它是很多护肤品中的保湿剂，且打着高效与天然的幌子。但牛油树脂会严重堵塞毛孔，因此你的脸上会产生囊肿性痤疮，异常痛苦。

令人不解的是，过氧化苯甲酰（benzoyl peroxide）这种有效的祛痘成分也会给使用者带来问题。在高伦雅芙（Proactiv）祛痘产品出现之前，很多皮肤学家都告诫患者慎用过氧化苯甲酰产品，因为它会令很多人皮肤干燥、红肿、过敏。后来，医学博士凯西·菲尔德（Kathy Fields）与卡蒂·罗登（Katie Rodan）利用新工艺，稀释了过氧化苯甲酰的浓度——大约是高效制剂浓度的一半。试验成功了，这种产品的刺激性远远小于其他类似产品，难怪高伦雅芙系列产品会大受欢迎。

这里对高伦雅芙及其他类似产品的使用者的唯一忠告是：虽然过氧化苯甲酰是一种非常有效的祛痘成分，但不要连续使用。因为，很多患者都发现，在她们停用了这种曾经非常有效的产品以后，肌肤的红肿现象消退了很多。

最后，对于那些敏感性肌肤的人，这里要告诫她们慎用植物菁华：这些成分香味扑鼻，但天然成分并不意味着万无一失。电视节目《实习医生格蕾》（Grey's Anatomy）中有一个片段，精确地演绎了这一观点。"患者" Mcdreamy 夫人去森林中遛狗散步，结果臀部长了严重的水疱。这是因为在她蹲下的时候，臀部不小心多次蹭到一个神秘的叶片！

把含有5种或5种以上植物菁华的制剂与上述例子做比较：你绝对想不到当你把该产品涂抹在敏感区域，如面部或颈部（甚至臀部）时，会发生什么事情。潜在问题成分多种多样，你很可能会对其中的某种成分产生过敏反应！

因此，要仔细阅读产品标签。如果存有疑惑，可以在某个不会造成太大影响的部位进行连续5~7天的肌肤过敏检测。

皮肤护理要分类

◄ 油性皮肤的清洁方法

油性皮肤毛孔通常较大，泛油光，容易长出小红点、黑头，或面部发黄，这是由于皮肤下的脂肪腺分泌了过多的油性物质的缘故。糟糕的是，这种皮肤类型最容易生粉刺。但好消息是，油性物质能更长久地保持皮肤的年轻状态，所以还是有些好处的。

油性皮肤的特殊保养

对油性皮肤不能太过频繁地护理，这一点是非常重要的。在大量长出小红点的时候，你想采取些非常措施来对付它们，更要注意这一点。过多地清洁皮肤实际上会让脂肪腺分泌出更多的油脂，令皮肤变得干燥缺水。油性皮肤最好的保养方法就是使用能温和地吸收皮肤上多余油脂的洁面产品，这样还能同时收缩毛孔，不会伤害皮肤或令皮肤变得干燥。要使皮

肤保持柔滑、健康和细致，需要的是水分而不是油脂。

> **小贴士** ♡
>
> **粉刺的预防**
>
> 粉刺常常发生在人生中一段充满烦恼的时期——青春期，我们在那时常感到焦虑不安。粉刺会在家族中遗传，现在普遍认为粉刺是由于内分泌失调而导致皮肤分泌过多的油脂。压力和糟糕的饮食会使粉刺变得更严重，注意皮肤护理有助于抑制粉刺。不要试图去挑破粉刺，这会留下瘢痕。你可以尝试使用非处方类去痘产品，如今的皮肤护理品包含有效解决这一问题的成分。含有茶树精油的护肤品对此也很有效。如果仍不能消除粉刺，你可以去咨询医生，开些药方，或者咨询皮肤专家。

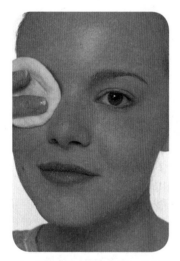

1 尽管你的皮肤偏油性，但是眼睛周围的皮肤非常细嫩，卸妆时应避免用力清洗眼部皮肤。用非油性卸妆水将化妆棉浸湿，放在眼部保持几秒以溶化化妆品，然后将其从眼睑和睫毛上轻轻擦去。

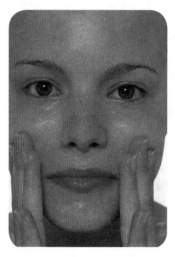

2 使用洁面胶洗脸比使用普通香皂要好，它可以清除污垢、灰尘和油脂，而且不会带走脸上的水分。用手指轻轻按摩涂满洁面胶的脸部，然后用大量的温水洗去脸上的泡沫。

3 用收敛水将化妆棉浸湿，擦拭脸部，以清爽皮肤。这并不刺激皮肤，如果感到皮肤受到了刺激，就换一种性质温和一点的收敛水。继续擦拭，直到化妆棉变干。

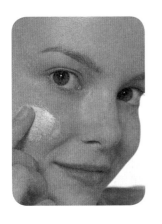

4　即使是油性皮肤也需要保湿，因为这能帮助皮肤表面锁住水分，保持皮肤柔滑细致。黏稠的补水产品会令皮肤负担过重。所以，要选择清爽的、液体性的补水产品。（左图）

5　让保湿产品在脸上停留几分钟，使其被皮肤完全吸收，然后用干净的纸巾吸去多余的成分，以使皮肤干爽，不泛油光。（右图）

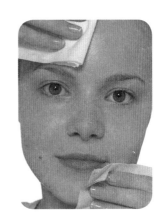

◀ 干性皮肤的滋养

　　如果你的皮肤总是感到紧绷，就好像它不够覆盖脸庞，那么你肯定属于干性皮肤。这是因为皮肤下层分泌的油脂太少，而上层皮肤的水分也很少。在洗完脸之后，皮肤总是感觉很紧，发痒。更糟的是，干性皮肤容易脱皮，眼眉处易产生眼屑，同时皮肤会过早地出现细纹和皱纹。这需要精心保养以使皮肤处于最好的状态。

干性皮肤的特殊保养

　　过多使用香皂、皮肤清洁品和爽肤水，会令皮肤更加干燥。阳光暴晒、冷风和暖气会使干性皮肤的人十分难受。因此干性皮肤的人应使用性质温和的滋养品以提升皮肤的水分含量。同时抚平细纹，保持皮肤柔滑细致。

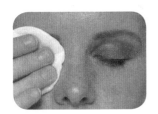

1　将油性卸妆水倒在化妆棉上，擦拭眼部周围。油性的卸妆产品有助于滋润细嫩的眼部皮肤，但是需要长期使用才能达到效果。但如果过多在眼部使用油性产品会引起水肿，还会刺激眼部皮肤。

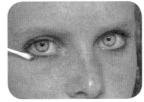

2　如果眼部仍然有残余的睫毛膏，可以用棉棒蘸取卸妆水将眼部化妆品擦拭掉。要特别注意不要将卸妆水弄入眼中，但是仍要尽可能仔细地清洗掉所有的眼部化妆品。

3　用洁面乳洗脸，它能彻底清洁皮肤，在用化妆棉清洗掉洁面乳前，让它在脸上停留几分钟。洁面时要轻轻向上擦拭，避免拉伤皮肤或产生皱纹。

4　很多干性皮肤的女性抱怨她们从来没有面部水嫩的感觉。可以用冷水洗去多余的洁面乳，令皮肤清爽，同时促进血液循环。（左图）

5　最后，使用营养面霜锁住面部水分。可以选择较稠的面霜而不是乳液，面霜含有的油性成分比水多，有助于保湿。搽面霜后要稍等几分钟，再开始化妆。（右图）

◀ 混合性皮肤的平衡保养

混合性皮肤需要细心保养，因为它综合了油性和干性皮肤的性质。面部中央，也就是T字区的部分（额头、鼻子和下巴）皮肤较易出油，需要按油性皮肤来保养。而其他区域则偏干性，由于缺水，会产生皮屑，应该按照干性皮肤来保养。但是，有些混合性皮肤并不是T字区较油，面部皮肤的干性区域与油性区域的分配和前文所讲的不一样。如果你不确定你的皮肤哪里较干，哪里较油，那就将一张面巾纸压在脸上，一小时后揭去。面巾纸上有油的地方就代表了面部皮肤较易出油的部分。

混合性皮肤的特殊保养

混合性皮肤由于综合了油性和干性皮肤的性质，需要双重护肤。如果将整个面部都按油性皮肤来保养，会使皮肤较干的部分比以前更干更紧。同样，如果都按干性皮肤来保养，那就会使皮肤分泌更多的油脂，容易产生粉刺。这就意味着，你应该使用适合的护肤品来分别保养面部皮肤的不同区域。这并不像听上去那么复杂和困难，做到这一点会使你的皮肤更加柔嫩、光滑和清爽。

1 选择油性的卸妆水彻底洗净眼睛周围的化妆品，眼部皮肤很细嫩，容易发干。用棉签擦去残留化妆品。然后用冷水洗去多余的油脂。

2 早晨使用泡沫洁面乳。这能保证洗净皮肤较油的部分，清洁毛孔以预防黑头。洗脸时轻轻按摩面部皮肤，尤其是较油的部分。让洁面乳在脸上多停留几秒以溶解污垢，然后用冷水将脸清洗干净。

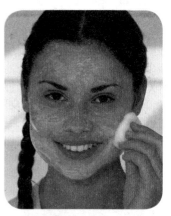

3 晚上要使用洁面乳洗脸，以保持皮肤较干的部分清洁舒适。这会平衡皮肤水分，使其不会过油或过燥。按摩皮肤，让洁面乳充分渗入，重点按摩较干的部分，然后用洁面棉扑蘸水轻轻将脸洗干净。

4 为使皮肤清爽，你需要使用两种不同部位的皮肤调理水，分别保养不同的皮肤。在皮肤较油的部分要使用收敛水，较干的部分使用性质温和的爽肤水。这并不像你想的那样要花很多钱，因为调理水你只需使用一点点就可以了。涂抹时要使用化妆棉。（左图）

5 整个面部皮肤都要搽上保湿霜，尤其是较干的区域。然后用面巾纸拭去皮肤上较油部分的多余面霜。这能给予皮肤刚好需要的营养。（右图）

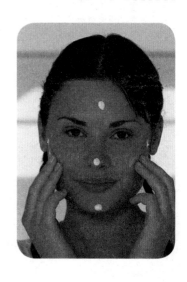

◀ 保持中性皮肤的良好状态

中性皮肤是完美、平衡的皮肤类型，散发着健康的光泽，细致平滑，没有明显的毛孔，很少出现小痘痘或泛油光。然而事实是，皮肤很难达到这么完美的状态。而且它会随着年龄的增长而逐渐变得有些干燥。

中性皮肤的特殊保养

保养的重点就是要保持现状，保持中性皮肤的功能正常。这样做的效果是，能使中性皮肤保持良好状态。中性皮肤的油脂和水分含量天生就很均衡。保养的程序包括柔和地清洁皮肤，确保去除表面的油脂和顽固的化妆品，同时还要防止皮肤过度出油。然后要使用保湿产品，增加皮肤的水分来保护和滋养皮肤。

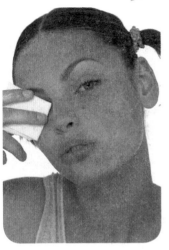

1 要注意仔细地清洗掉眼部的化妆品。带着睫毛膏睡觉会使你的眼睛刺痛水肿。 不清洗掉残余的、顽固的化妆品就在上面重新化妆是非常不卫生的。根据你用的睫毛膏（普通或防水），选择合适的卸妆产品。

2 先将脸弄湿，然后用洁面乳洗脸，并轻轻按摩30秒以产生丰富的泡沫。最好轻轻按摩面部皮肤，这会促进皮乳表面血液循环，使皮肤更加红润。

3 用清水彻底洗去脸上的泡沫。然后用干净的毛巾吸走皮肤表面的水分。不要用毛巾用力擦拭皮肤，尤其是眼部周围，这很容易产生皱纹。

4 使用爽肤水。再次说明，避免在娇嫩的眼部周围使用爽肤水，这会令其很容易发干。（左图）

5 在脸上搽上保湿面霜。将面霜点在脸上，用手指按摩，将其匀开，要轻轻地向上按摩。这样皮肤上就会形成一层保护膜，很容易上妆，还能保持面部水分平衡。（右图）

◀ 敏感性皮肤的保养

敏感性皮肤通常非常细嫩，比一般人的皮肤更红润。它很容易受到护肤品和外部环境的刺激，因此敏感性皮肤很容易发红、过敏，同时在双颊和鼻子的部分也容易布满红血丝。皮肤敏感的程度因人而异。如果你感到无论使用哪种产品，皮肤都会受到刺激，那么就用牛奶洗脸，并用甘油混合玫瑰精油加以保湿，这会令皮肤感到舒适。

敏感性皮肤的特殊保养

敏感性皮肤需要特殊的温和产品来保持健康。可以选择一款抗过敏护肤品，这是专门用来保护敏感性皮肤的。它们不含有任何能引起干燥、痒或过敏反应的刺激成分。

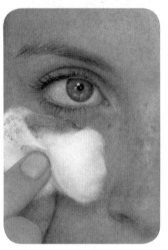

1 确保你使用的化妆品也是抗过敏的，并且卸妆时要彻底。首先使用舒缓眼部卸妆水。可以先用化妆棉洗去眼部化妆品，然后再用棉签彻底擦拭干净。

2 建议不要使用洁面胶或香皂，它们会带走脸上的油脂成分和水分，使脸部更容易过敏。所以，要使用温和、抗过敏的洁面乳。

3 即使是温和的爽肤水也会破坏皮肤天然的保护膜，细嫩的皮肤应避免接触这样的产品。可以在脸上拍些温水以达到爽肤的目的。这样也能清洗掉脸上剩余的洁面产品和眼部卸妆水。

4 用柔软的毛巾轻拍面部，吸走水分，注意不要擦拭，这会刺激皮肤。（左图）

5 保湿是非常重要的，它使皮肤坚韧细致，并提供了保护膜，不会受到能引起敏感的刺激成分的损伤。干燥令敏感性皮肤更加不适，所以，最好不要用添加任何香精成分的保湿产品。（右图）

Part 2 肌肤的日常养护

水嫩肌肤"洁"出来

◀ 清洁皮肤

洗脸

首先，不要再使用香皂洁面了。香皂是碱性产品，它会去除肌肤表面的油脂，使面部肌肤干燥、红肿、敏感。

取而代之的应该是方便的无皂洁肤露（由水、甘油与泡沫剂制成）或是洁肤膏（由水、植物油或矿物油、矿脂与石蜡制成的无泡沫产品）。这两种产品都会在肌肤表面形成脂质保护层，使肌肤不易干燥、红肿或过敏。无皂洁肤露清洁肌肤的效果较好，但滋润性较弱；而洁肤膏则是滋润性较好，抗菌性较弱。正因如此，通常不建议长痤疮或红斑痤疮的患者使用洁肤膏。

随着季节、生活方式或活动量的变化，洁肤产品也应随之更换。比如，夏天你也许会选用水杨酸洁肤产品，它能够渗透毛孔，深入清洁肌肤。寒冷的冬天或滑雪时你需要改用更加温和、更加滋润的洁肤产品。如果在冬季，你的肌肤长了痤疮，那么建议你改用过氧化二苯洁肤产品，它具有祛痘、抗菌的功效；如果你的肌肤干燥，那么建议你选用植物性洁肤产品。这一原则对于我的很多女性患者而言，都非常有效，这就好像洗发水会改善发质一样。

平时可用洁净的双手洗脸。如果你想加快

死皮细胞脱落，那么你可以使用一次性洁肤海绵或是毛巾来洗脸。请记住每周至少清洗一次毛巾，这有助于防止毛巾表面滋生大量细菌。

此外，当你洗脸时，请做到全面清洁，发际线附近也不要遗漏，这有助于清除护发产品的残留物。

如果洁肤看起来有点复杂，那么接下来的内容，就比较简单了。下面就清洁要点做个快速小结：

● 始终使用不含十二烷基硫酸的无皂洁面乳。

● 当皮肤干燥时，考虑使用具有滋润功效的洁肤膏。

● 当肌肤油脂较多时，可以改用水杨酸洁面乳。如果气候炎热或潮湿，出汗较多，水杨酸洁面乳是你最好的选择。

● 如果你长有痤疮，那么可以使用过氧化二苯（不要长期连续使用）、甘醇酸或水杨酸来清洁肌肤。

● 如果你的肌肤受到了某些运动的损伤，比如游泳，那么可以考虑使用滋润型植物性洁肤产品。

● 如果你的妆容较浓，那么一定要确保夜间洁肤产品能够彻底清除残留的化妆品。如果无法彻底清除，那么你可以使用专用卸妆液，这样你的肌肤就可以在入睡时吸收优质的护肤品了。卸妆液本身就含有一些很好的护肤成分，比如透明质酸，这样，在擦洗睫毛膏与眉粉的同时，我的睫毛与眉毛都会受到滋养。

● 应根据不同季节的肌肤需求，及时更换洁肤产品，你的肌肤状况还会受到生活方式、运动状况、心理压力或激素波动的影响。

洗浴

浴室必备品

令人愉悦、用品齐全的浴室可以让你怀着舒畅的心情开始新的、忙碌的一天，也可以让你在一天的工作结束之后，充分享受身体上的放松，释放压力。

皮肤是人体最大的器官，它保护身体不受细菌和其他物质的侵害。皮肤不但不断脱落死皮，自我更新，还要进行许多其他的工作，因此它应该得到特殊的照顾。揉搓皮肤，去除死皮细胞，促进血液供应，皮肤才能红润健康。所以，保持皮肤清洁是全面保养皮肤和身体重要的一步。

浴绵和洗脸毛巾

浴绵和洗脸毛巾能让香皂和啫喱在皮肤上产生丰富的泡沫，溶解身体上的污垢。要定期清洗洗脸毛巾，在每次使用之前都确保它是干爽的。天然海绵比较贵，但是经久耐用。使用后在温水中洗净，然后自然晾干。

浮石

浮石是用多孔的火山石制成的，在使用香皂之前，最好先用浮石揉搓皮肤较粗糙的区域。揉搓时不要用力过度，否则会造成皮肤疼痛。最好经常用浮石轻轻揉搓皮肤。

丝瓜络和背部清洁刷

试一试用丝瓜络来去除皮肤角质，丝瓜络可以让你清洁难接触到的地方，比如背部。使用丝瓜络时要小心才能将其长久保存。清洗并晾干丝瓜络能防止它变黑发霉。不要用醋和柠檬水清洗丝瓜络，这两种物质会破坏丝瓜络。

背部清洁刷对清洁难以够到的背部也十分有效，而且很容易保存：你只要在使用后用冷水清洗并晾干就行了。

美丽锦囊

浴室基本用品

从牙具到腋下香体露，用品齐全的浴室需要备有多种基本用品。

牙刷 选择一款合适的牙刷非常重要。最好用尼龙牙刷，因为鬃毛牙刷容易断裂，而且很快就变形了。选择小头的牙刷，这样你就能很容易地清洁后面的牙齿。要用软毛和中毛的牙刷，因为硬毛的牙刷会损害牙釉质和口腔。每隔一个月就要更换一次牙刷。

牙线 每天至少使用一次牙线，来清洁用牙刷清洁不到的齿缝。最好选择蜡质的牙线，这种牙线不易卡住，并且边缘平滑。将牙线两端缠在双手的食指上。轻轻滑进齿缝之间，小心地摩擦牙齿的边缘。然后再轻轻向上滑出齿缝，这样就会清除所有的食物残渣。重复此步骤清洁所有的牙齿。

止汗香体露 香体露不能防止出汗，它只能阻止细菌混入汗液中。如果你大量出汗，那么建议你使用止汗露或更好一点的止汗香体露。止汗露中的成分可以防止汗液产生。但是要记住，不要在红肿发炎或破损的皮肤处使用，在刚除完体毛之后也不能使用。

爽身粉 这种白色的粉末是由精细研磨的镁硅盐酸制成的，并且通常带有香气。人们认为爽身粉已经过时了，这真遗憾，因为优质的爽身粉会使你身上的气味清爽，帮助你在沐浴或游泳后很容易就穿上衣服。但是，只有毛巾才能彻底擦干皮肤，尤其是脚趾之间，这样才能保持皮肤健康。

▲ 在浴室中放置身体护肤用品和洗浴护理用品，保持全身肌肤的健康与清爽。

香皂和洁面皂

用香皂和洁面皂清洗全身皮肤既经济又有效。如果你觉得它们令皮肤干燥，那么可以选择含有滋养成分的产品，缓解干燥。很多人都使用普通的香皂和洁肤乳，也不会有什么问题。但是，如果你的皮肤特别干燥或敏感，那么我们建议你选择酸碱度平衡的产品。

沐浴的新方法

对于清洁身体，可以利用沐浴这一最好时机，用一些美体护养方法，滋养肌肤，使其光洁、清爽、有活力。

洗出美丽

一天中的某个时间，或一年当中的某个时间会对你喜欢使用什么样的护肤产品产生影响，所以应尝试一下不同的产品，你还可以在你所熟悉的用品中添加你特别喜欢的成分。

淋浴啫口喱和泡泡浴

它们有温和的去污能力，全身布满泡沫有助于清洁全身皮肤。沐浴啫喱和泡泡浴的种类繁多，很多产品富含添加成分，包括草药和精油。如果你觉得它们令你的皮肤不舒服，可以选择二合一的产品，它们含有润肤成分，能舒缓皮肤。

沐浴精油

沐浴精油对干性皮肤具有非凡的美容功效。它们漂浮在水面，当你从浴缸里出来的时候，身体就覆盖上了一层薄膜。大多数化妆品公司都生产沐浴精油，如果你不担心香气会消失的话，还可以滴几滴植物油，如橄榄油、玉米油或花生油。

浴盐

浴盐是由碳酸钠制成的，它尤其有助于软化硬水，同时避免皮肤过于干燥。与水混合后，浴盐能很快缓解疼痛。

沐浴护理

当你已经享受到一些沐浴护理和奢侈品时，还可以尝试下面这些沐浴护理方法，促进身体健康，让美丽升级，保持心情舒畅。

令人昏昏欲睡的坐浴

热水与冷水的合理搭配能有效地帮助你入睡。尝试一下坐浴吧，这能让你放松，缓解大脑的精神紧张，让纷杂的思绪停止下来。下面就是教你如何坐浴。

①浴室里保持一定的温度，然后在浴缸里放进冷水，深度 7.5 ～ 10 厘米就够了。

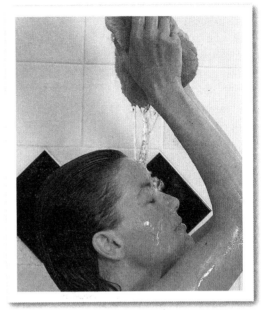

▲ 在脸上淋水，会让你神清气爽。找时间放松一下，享受沐浴和淋浴的美妙吧。

②将上身用毛衫或热毛巾裹起来，然后将臀部放在冷水中浸泡 30 秒。

③从浴缸中出来，擦干身体，然后就可以上床入睡了。

学会放松

沐浴的时候可以在水中加入有放松作用的精油，如洋甘菊或薰衣草精油，这样你就可以在沐浴的时候享受香熏了。进入浴缸的时候加入几滴精油，然后躺下，吸入水蒸气，完全放松。浴盐和泡泡浴液含有海洋矿物质，同样能起到放松的作用，同时还能清洁皮肤。沐浴时点上蜡烛，听听宁静悠扬的音乐，能够使沐浴的效果更佳。敷上舒缓眼贴，放松 10 分钟。

自然美

你不必为昂贵的添加特殊成分的沐浴用品而花费大笔的金钱，可以尝试一些简单自然的护理方法。

⊙缓解皮肤瘙痒，可以在水中加进一些苹果醋。

⊙一杯奶粉会改善粗糙的皮肤。

⊙在水中撒些燕麦或大麦，可以清洁、美白并舒缓皮肤。

柔滑的肌肤

在沐浴之前，先搽身体按摩油。浸泡 10 分钟后，用洗脸毛巾揉搓皮肤，你会惊奇地发现你身体上脱落了大量的死皮！

淋浴护理的功效

淋浴可以让你经济快速地清洁身体，令自己神清气爽，同时还有其他的功效。

促进血液循环

在结束淋浴前用冷水洗一洗，可以促进血液循环。当你从浴室里出来的时候，这也能让你感到暖和。在容易堆积脂肪的部位用冷水冲一冲，效果会更好，因为这能加速这一区域的血液循环。

▲ 沐浴前先备齐所需的沐浴用品。

振奋精神

淋浴后拍干皮肤有助于你放松身体，而用毛巾快速擦干，有助于让你神清气爽。

淋浴精油

在浴室淋浴喷头下方的地板上滴几滴精油。随着它们开始挥发，你会发觉，在你冲洗身体的时候，周围弥漫着迷人的香气。迷迭香精油、薄荷精油和罗勒精油是经典的清凉精油，会令人感觉清爽，而西柚和天竺葵混合精油会令人兴奋。

天然沐浴护理

晚上洗个热水澡有助于放松身体，睡个好觉。尽管你尤其喜欢在寒冷的冬天里蒸桑拿，但是将身体浸泡在温度接近于体温的热水里，其作用远不只是让身体放松舒展。沐浴时水温太热，会让你感到很不舒服。在与体温相同的热水里，你的皮肤能得到彻底的放松，同时更

▲ 精油挥发得很快，所以在水中加入精油后要立即进入浴缸，这样精油才会更有效。

好地吸收利用洗澡水里的草药和矿物质的康复功效。

精油

为了让沐浴更加滋养皮肤，你可以自己制作芳香沐浴用品。薰衣草精油、洋甘菊精油、快乐鼠尾草精油、橙花精油和玫瑰花精油都有放松安眠的作用。

选择几种精油，混合后在浴缸里加 5 ~ 10 滴，然后泡在浴缸里放松。呼吸着美妙的香气会让你大脑放松，同时精油对皮肤和身体还有很大的好处。

橙子和西柚沐浴精油

在一天结束之后，洗个香气弥漫的热水澡有非常好的护理疗效。你可以选择放松神经的精油，也可以选择令你精力充沛的精油。橙子和西柚沐浴精油能柔和地让你倍感清爽，在浴缸中加入 1 茶匙的精油之后马上进入浴缸，否则它会很快挥发掉。

原料：

⊙ 45 毫升甜杏仁油。

⊙ 5 滴西柚精油。

⊙ 5 滴橙子精油。

将这些精油倒在一个瓶子里，摇晃瓶子使其均匀地混合在一起，然后在洗澡水里加入 1 茶匙混合精油。

薰衣草精油和橄榄油香皂

利用优质的纯橄榄油香皂来自己动手制作香皂，添加其他精油以使它更滋养皮肤。在香皂中加进薰衣草精油能让它散发香气，这样就制成了能令你恢复活力的清洁香皂。

原料：

⊙ 175 克优质橄榄油香皂。

⊙ 25 毫升椰子精油。

⊙ 25 毫升杏仁油。

⊙ 30 毫升杏仁碎粒。

⊙ 10 滴薰衣草精油。

⊙薰衣草蓓蕾，作装饰。

将香皂磨碎，放在锅里。用微火煮，使香皂软化。当香皂变软后，加入所有的原料，搅拌均匀。在模具中涂上油，然后将做好的混合物压进模具中，放置一个晚上。将香皂从模具中拿出来，然后将薰衣草蓓蕾在香皂的每一面都轻轻按压一下，这样就会留下浅浅的印记以做装饰。

▲ 薰衣草精油是一种用途多而广的精油，它能散发出迷人的香气，并具有舒缓、放松和治疗的功效。

安眠沐浴盐

洋甘菊精油被公认为具有镇静作用，与甜马郁兰精油混合后可以制作浴盐，香甜薄荷对治疗失眠非常有效。

原料：

- ⊙ 450 克粗海盐。
- ⊙ 10 滴洋甘菊精油。
- ⊙ 10 滴香甜薄荷精油。
- ⊙ 1 ~ 3 滴绿色食用色素。

将所有的原料混合，然后放在有密封盖子的储存罐里。将盖子盖紧。沐浴之前，点燃有香气的蜡烛，在浴缸中加入一把浴盐，然后你就可以浸泡在热水中放松了。

沐浴香草袋

制作这个沐浴香草袋的所有原料都能很容易地买到，也可以在花园中或窗台上的花盆里种植。将它们与洗面奶混合就可以了。

小贴士 ♥

治疗性沐浴混合精油

用甜杏仁油或荷荷芭精油同两三种精油混合在一起制成 50 毫升的基础沐浴精油。洗澡前在水中加入 20 滴混合精油。

你也可以在混合精油中加入牛奶或蜂蜜，这有助于精油很快溶解在水中。

- ● 解压混合精油：马郁兰精油、薰衣草精油和檀香精油 10 滴。
- ● 提神混合精油：5 滴迷迭香精油、5 滴樟脑精油、20 滴薄荷精油。
- ● 伤风和流感治疗精油：桉树精油、百里香精油和薰衣草精油各 10 滴。
- ● 关节炎治疗精油：30 滴桉树精油。

原料：

- ⊙ 7 片罗勒叶子。
- ⊙ 3 片月桂叶子。
- ⊙ 3 片小龙蒿叶。
- ⊙ 一小块薄棉布。
- ⊙ 10 毫升有机燕麦。
- ⊙ 用来扎紧棉布的细线。

尽量使用新鲜的香草。将这些香草放在棉布的中央，再撒上燕麦。在上面加些食盐或海盐，然后将棉布的四个角拢在一起，用细线扎紧。将这个香料袋挂在浴缸的出水管处，这样，当水流过香料袋的时候，水中就充满了香料袋中的精华滋养物质。

◀ 去除角质

去除面部角质

如果你每周的护肤程序里还没有包括去除角质这个步骤的话，那么就立即利用这种护肤方法，令皮肤重新焕发光彩吧。去角质是清除皮肤表面死皮细胞的一种简单的方法。它还能加快皮肤新生细胞的生长速度，令皮肤表面的细胞更年轻，更有光彩。其效果是，无论你年龄多大、无论你是哪种皮肤类型，你都能使皮肤更闪亮、更光滑。

去角质时间

干性皮肤和正常皮肤的人每周可以使用 1 ~ 2 次去角质产品。油性和混合性皮肤可以每隔一天就使用一次。要注意的是，敏感皮肤或是严重长有粉刺的皮肤要避免使用去角质产品。面部易长粉刺的人可以每周轻轻地揉搓一次面部皮肤，以保持毛孔清洁，防止粉刺短时间内迅速增加。

如何去角质

在面部去角质乳液中加入一滴水，涂于湿润的面部，轻轻按摩，然后用大量的清水清洗皮肤。要选择含有圆按摩柔珠的柔和的去角质产品，不要使用按摩柔珠颗粒较大的产品，避免过分摩擦皮肤。

如何涂抹面部去角质产品

使用面部去角质产品能快速轻松地清洁和柔滑皮肤。

1 轻轻地将面部去角质产品涂于脸上，然后在皮肤上画圈，注意不要碰到眼部周围细嫩的皮肤。

2 用清水彻底洗干净去角质产品，然后用柔软的毛巾将脸上的水分吸干。

这一过程同样能促进皮肤组织中的血液循环，令皮肤红润亮泽。

女性的身体上长有汗毛是很自然的事情，但是按照时尚和文化习惯，人们通常都要除去汗毛。有很多令皮肤柔滑的除毛方法，你只要找到最适合自己的方法就行了。

去角质的方法

有很多不同的去除角质的沐浴方法，现在介绍一种既经济又实用的方法。

⊙首先，你要买一款乳状或啫喱状去角质产品，它含有微小的磨砂颗粒。要选择颗粒光滑的产品，以免伤害细嫩的皮肤。将去角质产品涂在湿润的皮肤上，轻轻按摩，然后用大量的温水洗净。

⊙沐浴手套、丝瓜络和剑麻手套使用起来比较容易，也很实惠。如果太用力，它们会伤害皮肤，所以一开始使用时要轻柔，使用后要清洗干净，自然晾干。当你洗淋浴或泡在浴缸里时，用它们擦遍全身就可以了。

⊙普通的洗脸毛巾和浴棉也可以用来去除角质。先使用香皂或沐浴啫喱产生丰富的泡沫，然后按摩湿润的皮肤，最后用清水洗净。

去除肌肤角质和体毛

多数女性都渴望拥有光洁、健康、水润的肌肤，没有过多的汗毛、瑕疵和斑点。但是，即使你的皮肤没有遍布斑点或干燥脱皮，它还是会时常黯淡无光、肤质欠佳，这就是身体去角质产品大显身手的时候了。去角质产品能去除皮肤表面的死皮细胞，露出下面的新生细胞。

美丽锦囊

柔和的去角质配方

这是由杏仁、燕麦、牛奶和玫瑰花瓣混合而成的效果奇佳的去角质乳。最好购买专用的玫瑰花瓣，如果你想从自己的花园里采摘花瓣，那就要确保上面没有喷洒过任何化学物质。可以在研钵中将玫瑰花瓣捣碎，也可用电动研磨机。花瓣碎粒与杏仁油混合后，可以清洁皮肤，令皮肤如丝般柔滑。

原料：
（以下原料可以做 10 次护理）
●45 毫升磨碎的杏仁（去皮）。
●45 毫升中等燕麦。
●45 毫升奶粉。
●30 毫升磨碎的玫瑰花瓣。
●杏仁油。

器皿：
●大碗。
●勺子。
●带盖的玻璃广口瓶。

▲ 将所有的原料放在大碗里，充分混合均匀。然后将混合物封存在玻璃广口瓶里。当你要做去角质护理时，取出少量糊状的混合物，在其中加入一点杏仁油。按照上面所示的方法使用和清洗。

▲ 使用剑麻沐浴手套能使皮肤更柔滑。

⊙效仿健康温泉，在淋浴器旁边放上一盆天然海盐。洗澡时，捧一把海盐涂在皮肤上，并按摩全身皮肤。然后彻底清洗干净。

⊙你也可以将海盐和身体按摩油或橄榄油混合，自己制作去角质乳。让混合物深入皮肤中，几分钟后，当海盐开始融化的时候再按摩，最后冲洗干净。

⊙洁肤刷也很有用。最好在淋浴和进入浴缸之前，用洁肤刷在干皮肤上揉搓，这能非常有效地去除皮肤上的死皮细胞。你也可以在水中使用洁肤刷，用它来使香皂或啫喱产生丰富的泡沫。

完善去角质技巧

无论你使用哪种方法，最好侧重于易出现问题的皮肤区域，如上臂、大腿、臀部、足跟和肘部。全身的皮肤都要照顾到。要轻柔地揉搓皮肤较嫩的地方，如手臂内侧、腹部和大腿内侧。去角质时动作幅度要大，要朝着心脏的方向。

每周去 2 ~ 3 次角质对于油性皮肤非常有好处，其他肤质一周去一次角质就足够了。有伤口、感染或易出粉刺的皮肤不要做去角质护理。

去角质后，要擦润肤乳，把水分锁在新生皮肤中。

除体毛

以下是几种主要的除毛方法。每种方法都有优点和缺点。

剃刀

用剃刀刀片将汗毛从皮肤表面刮掉。这种方法能有效去除腿部和前臂的汗毛。

优点：便宜、快捷、无痛。

缺点：汗毛会在几天之内很快长出来。

> **小贴士** ♡
> ● 使用除毛泡沫或啫喱以更彻底地除毛。除毛后要用润肤乳舒缓皮肤。
> ● 除毛时要彻底，这样你就不必频繁地除毛。
> ● 在使用剃刀之前，先留几分钟让除毛泡沫充分软化汗毛。

镊子

这种方法要一次性把毛发拔出来，非常费时，因此用来去除小面积毛发如眉毛最有效。也可用于使用脱毛蜡后，剩下的少数没有被去除的毛发。

优点：可以很好地控制除毛后的形状。

缺点：有疼痛感，除毛后皮肤会轻微发红。同时，要经常照镜子查看一下除毛后的地方，看看还需不需要再次用镊子拔出汗毛。

> **小贴士** ♡
> 在开始用镊子除毛之前，要用热洗脸毛巾敷在你要除毛的地方。这可以润湿和软化皮肤，打开毛孔，使除毛更加容易。或者，如果你感到很痛，可以先在皮肤上敷冰块以缓解疼痛感。

脱毛蜡

这种方法能将汗毛连根清除。可以使用涂抹在皮肤上的脱毛蜡，然后撕去蜡条。也可以使用脱毛蜡纸。皮肤的任何地方都可以安全地使用这种除毛产品。

优点：效果能持续 2 ~ 6 个星期。

缺点：使用这种方法脱毛会有剧烈的疼痛感，也可能会使腿部皮肤酸痛、红肿，或导致毛发内生。同时，毛发要长到足够的长度才能再次有效地使用脱毛蜡，所以你必须忍受一段时间，等待汗毛完全长回来。如果汗毛太短，脱毛蜡就不能去除它们，或者去除得不均匀。

> **小贴士** ♡
> ● 在比基尼区域使用脱毛蜡后，要擦抗菌乳液，防止感染或出皮疹。
> ● 使用脱毛蜡后要穿宽松的衣服。
> ● 皮肤疼痛的地方不要使用脱毛蜡。

脱毛霜

脱毛霜中的化学物质能使皮肤表面的汗毛断裂，达到除毛的效果。只要将脱毛霜涂在皮肤上，5～10分钟后清洗干净就可以了（查阅产品包装上的具体使用方法）。身体任何地方都可以使用脱毛霜，而有些公司还特别生产使用在不同区域的脱毛霜。在使用之前，先做24小时的皮肤测试，确保皮肤不会发炎过敏。

优点：很便宜，效果保持的时间比用剃刀长一些，大概一个星期。

缺点：很麻烦，费时。尽管配方有所改进，但是有些产品的气味还是很难闻。

漂白

确切地说，这种方法不能去除汗毛，但是能很好地令汗毛变得不明显。过氧化氢溶液能使毛发的颜色变浅。漂白对于手臂、唇部上方和面部的汗毛最有效。

优点：效果能保持2～6周，而且毛发不会再次生长。

缺点：不适合粗糙的毛发。

> **小贴士** ♡
>
> 使用前最好先做皮肤测试，确保皮肤不会对漂白产品过敏。

用糖除毛

这种方法的原理和脱毛蜡很相似，只是它是利用糖、柠檬、水混合而成的糊状物除毛。这种方法在中东盛行，现在在其他地方也越来

▲ 用糖除毛——去除多余毛发的"甜蜜方法"。

越流行。

优点：和脱毛蜡一样，全身皮肤都可以使用。

缺点：使用时会很痛，也会有毛发内生的危险。

电蚀除毛

探测针将电流传导进毛囊，从而破坏毛囊。这种方法最适合小面积除毛，如胸部和脸部。要到专业人员那里进行电蚀除毛（须要求其出示从业资格证明）。

优点：永久去除毛发。

缺点：价格高，对某些人来说特别疼痛，这要看个体能忍受疼痛的程度。你会发现你在做电蚀除毛之前或期间对疼痛更加敏感。

靓丽肌肤"养"出来

◀ 滋养面部肌肤

为了深层清洁皮肤，获得良好的清洁效果，不妨尝试一下在家就可以进行的美容方法。如果每月能做一次这样的护理，你就会看到皮肤的改善。只要一步步按照下面的说明去做，你就可以在舒适、不受外界打扰的家中获得在美

容院才能得到的护肤效果。

面部清洁

面部皮肤非常细致，需要定期清洁，保持毛孔没有污垢，这样皮肤才能呼吸顺畅。

1　将洁面乳涂于面部。让它在脸上停留 1~2 分钟以溶解污垢、油脂和顽固的化妆品。然后用棉球蘸清水将洁面乳洗净。

美丽锦囊

爽肤水配方

　　这款用花卉制成的爽肤水能滋润和清爽肌肤，非常适合中性皮肤。

原料：
● 75 毫升橙花水。
● 25 毫升玫瑰花水。
　　将原料倒入玻璃瓶，并摇晃使其混合。用化妆棉蘸取混合物涂于面部。

▶ 任何散发香气的玫瑰花都可以用来制作这款爽肤水。如果你自己制作玫瑰水，那么就要确保你使用的玫瑰没有喷洒过任何杀虫剂。粉色和红色的玫瑰最佳。

2　用温水湿润面部。用少量的去角质产品按摩皮肤，注意避开眼部周围细嫩的皮肤。这样就会去除皮肤表面的死皮细胞，令肌肤更加柔滑。这是有效进行皮肤护理的前提。用温水将脸洗干净。

3　在碗中或脸盆中倒满开水。用毛巾围好头部，然后俯身，让水蒸气接触到面部。保持 5 分钟，让水蒸气温暖并使皮肤变得柔滑。如果你长有黑头，可以在手指上包上纸巾轻轻去除黑头。如果你的皮肤较敏感，或容易出现红血丝，你应该避免使用这种方法。

4　敷上面膜。如果你属于油性皮肤，选择泥质面膜；如果你属于干性或中性皮肤，就使用保湿补水面膜。敷 5 分钟就可以了，也可以按照产品说明调整时间长短。

5 用温水洗去面膜。当面膜全部洗净时，再用冷水清洗以收缩毛孔，令肌肤清爽。然后用毛巾将面部水分吸干。（左图）

6 用化妆棉蘸上爽肤乳液或自制的爽肤水，均匀地涂在皮肤较油的部分，比如鼻子、双颊和额头。（右图）

面部按摩

将保湿产品点在面部皮肤上，并匀开。按照脸部轮廓，逐步按摩滋养皮肤，这能提升肤色并有助于消除水肿。

小贴士 ♡

如果你属于混合性皮肤，护肤的秘诀就是使用两种面膜——一种适合于易出油的区域，一种适合于干性区域。将两种面膜仔细地敷在合适的区域。

1 手指从额头中央开始画小圆圈，然后慢慢转移到太阳穴。重复3次。

2 用手指轻轻按压眼睛与鼻子相连处的穴位。重复3次。

3 从鼻梁处开始向眉骨移动手指。重复5次。眼部周围的皮肤是面部最娇嫩的部分，眼睛也是体现压力感的首要区域，因此，柔和地护理这一区域非常重要。

4 从鼻子两侧开始，手指沿着颧骨画圆圈，慢慢移到下颌。要特别注意下颌部分。重复5次。最后，将有舒缓作用的眼霜轻轻涂在眼睛下方，以抚平细纹和皱纹，并使皮肤更加柔滑。

美丽锦囊

润肤产品的功效

　　直到20世纪70年代，护肤方案中免洗型产品的润肤效果才有了明显改进。润肤产品衍生于传统的冷霜。不过，旧式的冷霜是水油基产品，被当作护手霜使用。它能够防止肌肤损伤、干燥、脱皮，但无法预防并减少皱纹。

　　如今，润肤霜中不仅仅含有润肤成分，有些日霜中还含有防晒成分和抗衰老成分。对于新手而言，首先要保证润肤霜具有水润肌肤的效果。所谓的"水润"是指该产品要能够锁住肌肤水分，令肌肤丰盈、清爽。

　　润肤霜如何增加肌肤细胞的水分？正如你所猜想的那样，答案就在润肤霜的成分之中。

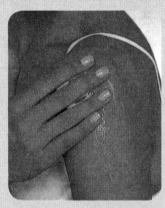

▲ 涂上具有止痛作用的精油有助于减轻肩部疼痛。

脂质防止水分流失

　　在护肤产品中，脂质一直是其中最受欢迎的成分，销售量也比其他几十种优质产品大。原因何在？这是因为这些脂质是肌肤的天然保护成分。

　　我们出生时，脂质会在肌肤表面形成一层锁水保护层（就好像塑料包装一样），这也是婴儿肌肤嫩滑的部分原因。不过，从儿时起，脂质会逐渐减少，进而导致肌肤嫩滑度减弱。

　　很多人一旦出现肌肤老化的迹象——肌肤变得干燥，就会寻求脂质的帮助。

　　有趣的是，降胆固醇药物似乎会影响肌肤的脂质水平，长期使用会令肌肤变得非常干燥。如果你正在服用这类药物，那么你可以考虑通过涂抹脂质护肤产品来滋润肌肤。此外，皮肤干燥的人，如小儿湿疹患者，也非常适合使用内含脂质的产品。

　　肌肤自然生成的脂质的主要成分是神经酰胺、胆固醇与鞘脂，但是它们会随着时间的推移慢慢流失。幸运的是，我们可以把实验室合成的脂质添加到护肤方案之中。如果坚持每天使用，会令肌肤健康，焕发光彩。脂质护肤品的鼻祖——伊莉莎白·雅顿所推出的神经酰胺产品依然走俏市场。CeraVe新推出的药物护肤系列产品（其中包含洁面乳、乳液、面霜），以含有多种神经酰胺与胆固醇而闻名，而且其价位也非常合理。

保湿剂丰盈肌肤

　　在润肤产品中还有一类广受欢迎的成分，其学名叫作保湿剂。它可以吸收环境中的水分，并在肌肤表面形成一个锁水层，令肌肤表面水润、平滑。

　　透明质酸是一种优质而又畅销的保湿剂，这种成分很像海绵，能够锁住1000倍于自身重量的水分。因此，它是一种很好的润肤成分。它的分子较大，无法透过表皮层，抵达真皮层，因此无法替代人体自然生成的透明质酸，但具有防晒功效。另外还有瑞斯蕾思，这是一种透明质酸注射方式，直接应用于面部深纹，可以迅速填充并去除皱纹。

　　另一种常见的保湿剂是胶原蛋白，它与透明质酸一样，分子较大，无法抵达真皮层。而且由于它只能锁住20倍于自身重量的水分，比透明质酸少很多，因此它并不是最有效的保湿成分。同样，与注射瑞斯蕾思相比，注射胶原蛋白维持的时间较短，而且效果也较差。

深入肌肤的其他成分

　　护肤品中的某些成分分子很小，足以穿透表皮中的活性肌肤细胞，作用于真皮层。这并非胡说八道，而是有真正的科学依据。事实上，小而轻的分子能够一直渗透到表皮与真皮之间，这里被称为表皮-真皮结点（epidemal-dermal junction）。有些成分还能够作用于肌肤深层细胞，它们通过把护肤成分传递到真皮层，刺激某些重要肌肤组织的再生。

　　研究表明：甘醇酸与类维生素A都能够促进真皮中透明质酸的生成；此外，海藻肽也能够对真皮层产生影响。临床实验表明：每天使用两次浓度为5%的海藻肽，连续使用4周，即可使肌肤的水合作用提升至原来的128%。不过，现在还是先来看看下一个幸存法则：活肤。

◀ 面膜的奇效

如果选一种能创造奇迹的护肤产品，那非面膜莫属。但是，和选择其他护肤产品一样，你应该仔细挑选适合自己的面膜。

面膜类型

在市面上的面膜精品中挑选一款最适合自己肤质的面膜吧。

补水面膜

补水面膜对于那些干性皮肤的人来说再理想不过了，因为它能使皮肤变得湿润起来。也就是说能帮助修复干燥的肌肤，去除皮屑甚至细纹。补水面膜见效快（如深层补水面膜），通常在脸上敷 5 ~ 10 分钟，然后揭去即可。少量剩余在皮肤上的精华液会持续发挥作用，直到你下次洗脸的时候才会被洗去。补水面膜能起到滋养皮肤的作用，尤其在长时间日晒之后或是当你感到皮肤又干又紧的时候。

泥质面膜

这种面膜能吸走皮肤上多余的油性物质和脏东西，非常适合于油性皮肤的人。它能有效地收缩毛孔、去油并去除恼人的黑头。在脸上敷这种面膜 5 ~ 15 分钟，待面膜变干后，用温水轻轻洗去，同时冲洗掉死皮细胞、脏物和尘垢。它能非常有效地令肌肤变得清清爽爽。

去死皮面膜

柔和的、有去死皮效果的面膜可以使皮肤保持绝佳状态。即使是正常肤质有时也会受到死皮细胞堆积的困扰，死皮细胞使脸色黯淡无光，还可能诱发黑头等问题。清洁皮肤并去除死皮是最好的解决办法。像使用泥质面膜一样，将它均匀地涂在脸上，让它变干。当你洗掉面膜的时候，面膜上的微小磨砂颗粒就会清除脸上的皮屑。

撕拉式面膜

这种面膜适合于各种皮肤类型，将面膜均匀涂于脸上，等它变干以后，揭去面膜。柔和的面膜配方能清理皮肤较油的区域，疏通堵塞的毛孔，并滋润皮肤较干的区域。

凝胶式面膜

这种面膜有非常好的舒缓和清爽皮肤的作用，所以很适合于敏感性皮肤和油性皮肤。将凝胶面膜涂于面部，头部后仰，5 ~ 15 分钟后洗去面膜。在日晒后或当皮肤受到刺激时使用最为理想。

敷面膜的注意事项

皮肤状态会随季节的变化而变化。在炎热的夏季，皮肤会变油，而在冬天和暖气的影响下，皮肤会变得干燥。所以要根据皮肤的变化选择合适的面膜。

⊙ 使用面膜前应清洁皮肤。之后用温水洗去面膜，并擦保湿产品。

⊙ 多数面膜应该在脸上敷 3 ~ 10 分钟。如要达到最佳效果，请仔细阅读使用说明。

⊙ 如果你的皮肤属于混合型，那么就要使用两种面膜，一种适合油性皮肤，一种适合干性皮肤，将这两种面膜分别敷于需要的部分。

美丽锦囊

各种肤质使用面膜的频率							
肤质 类型	深层清洁 面膜	滋润保湿 面膜	美白淡斑 面膜	活颜亮彩 面膜	瘦脸紧肤 面膜	毛孔收缩 面膜	抗老紧肤 面膜	晒后修复抗 敏面膜
干性	1 次 / 2 周	2~3 次 / 周	1 次 / 周	1~2 次 / 周	1 周 1 次	1 次 / 周	1 次 / 周	1 次 / 周
中性	1 次 / 周	1~2 次 / 周	1~2 次 / 周	1~2 次 / 周	1~2 次 / 周	1~2 次 / 周	1 次 / 周	1 次 / 周
油性	2 次 / 周	1~2 次 / 周	2 次 / 周	2 次 / 周	1~2 次 / 周	1 次 / 周	1 次 / 周	1~2 次 / 周
混合性	1~2 次 / 周	1~2 次 / 周	2 次 / 周	1~2 次 / 周	1~2 次 / 周	1 次 / 周	1 次 / 周	1~2 次 / 周
敏感性	1 次 / 月	2~3 次 / 周	2~3 次 / 周	1~2 次 / 周	1 次 / 周	1 次 / 周	1 次 / 周	1 次 / 月

面膜的使用常识

面膜是肌肤的保养大餐，护肤功效极佳，但若使用不当，"大补品"也会伤身。假如过度使用面膜，使皮肤角质层变薄，就会导致面部皮肤保护力下降，容易出现过敏、脱皮等问题。因此，使用面膜时一定要掌握以下常识，让面部越敷越美丽。

敷面膜按以下步骤进行
①用20℃左右的水洗脸。
②用干毛巾或面巾纸轻轻印干脸上的水。
③在前面发际处喷点水，再把头发固定，防止碎头发掉下来。
④面膜挤在手心上，先整个薄薄涂一层，再补上一层。
⑤鼻子和下巴的油脂比较多，面膜要完全覆盖住毛孔。
⑥两颊也要涂满，不要露出皮肤。
⑦要避开眼周和嘴周，除非有特别说明可以使用在眼唇周围。
⑧检查一下，有没有没敷均匀的地方，可以再补一些。
⑨冲洗时最好用海绵吸水后仔细擦拭，特别是鼻翼旁凹陷的地方。

敷完面膜后，马上要进行的保养工作
①拍上化妆水，补充角质层的水分。
②擦上乳液，给肌肤足够的营养。

使用面膜的注意事项

涂抹面膜之前使用的洁面品、面膜的用量、皮肤的温度、使用面膜时周围环境的温度等，都会影响面膜的功能效果。面膜也不宜在脸上停留过长的时间，如果停留的时间过长，面膜反而会吸收皮肤中的水分，而且在揭除时会有疼痛感。对这些细小的问题，一定要注意。

脸部汗毛的生长方向是自上而下，所以由上往下揭除一般对肌肤不会有什么影响。但有些去角质的面膜要逆着汗毛生长的方向揭除，效果才好。

秋冬的肌肤容易干燥脱皮，而面膜则可以在短时间内给肌肤以充足的营养，迅速提高肌肤表层含水量，并带来深层滋润效果，是强化护理肌肤的佳品。因此，秋冬时节应定期为肌肤进行深层清洁护理和滋补，每周至少去一次角质，并在去完角质后敷补水面膜，这样更利于肌肤对营养成分的吸收。

◀ 天然自制面膜

滋润保湿面膜						
面膜名称	适用肤质	适用频率	功效	材料	工具	制作方法
♥南瓜蛋醋面膜	各种肤质	1~2次／周	补水润泽	南瓜60克，鸡蛋1个，白醋5克	锅，面膜碗，面膜棒	1.将南瓜洗净去皮去籽，放入锅中蒸熟，捣成泥，放凉待用。2.将鸡蛋磕开，充分打散。3.将南瓜泥、白醋、蛋液倒入面膜碗中，用面膜棒调匀即成。

♥胡萝卜黄瓜面膜	各种肤质	1~3次/周	润泽滋养	胡萝卜、黄瓜各1根，鸡蛋1个，面粉适量	搅拌器，面膜碗，面膜棒	1. 胡萝卜、黄瓜分别洗净切块，放入搅拌器搅拌成泥。 2. 鸡蛋磕开，充分搅拌，打至泡沫状。 3. 将蔬菜泥、鸡蛋液倒入面膜碗中，加入面粉，用面膜棒搅拌均匀即成。
♥鸡蛋牛奶面膜	各种肤质	2~3次/周	滋润镇静	鸡蛋1个，牛奶2大匙，面粉4大匙	面膜碗，面膜棒	1. 鸡蛋取蛋黄放在碗里，倒入牛奶搅拌均匀。 2. 最后加入面粉，用面膜棒搅拌均匀即可。（搅拌时要注意，一定要顺着同一个方向搅拌，这样面粉不容易起疙瘩。直到搅拌成糊状就为止。这款面膜不能有疙瘩，否则会影响美容效果。）
♥菠菜牛奶面膜	各种肤质	2~3次/周	滋养保湿	菠菜50克，牛奶10克	榨汁机，面膜碗，面膜棒，面膜纸	1. 菠菜洗净，榨汁，置于面膜碗中。 2. 在面膜碗中加入牛奶，搅拌均匀。 3. 在调好的面膜中浸入面膜纸，泡开即成。
♥蜂蜜面膜	各种肤质	2~3次/周	滋养保湿	蜂蜜15克	面膜碗，面膜棒	1. 在面膜碗中倒入蜂蜜。 2. 用面膜棒搅拌均匀即成。
♥火龙果泥面膜	各种肤质	2~3次/周	保湿抗皱	火龙果1个	捣蒜器，面膜碗	火龙果切开，取果肉，捣成泥即成。
♥香蕉面膜	各种肤质	1~2次/周	补水保湿	香蕉1根	捣蒜器，面膜碗，面膜棒	1. 将香蕉去皮切块，放入捣蒜器中捣成泥状。 2. 将香蕉泥倒入面膜碗中，用面膜棒充分搅拌均匀即成。
♥鲜奶蛋黄面膜	干性肌肤	1~2次/周	补水镇静	鲜奶50克，鸡蛋1个，檀香精油2滴	面膜碗，面膜棒	1. 将鸡蛋磕开，滤取蛋黄，充分打散备用。 2. 将牛奶、蛋黄液倒入面膜碗中，加入精油，用面膜棒搅拌均匀即成。
♥番茄蜂蜜面膜	老化肌肤	1~2次/周	营养润泽	番茄30克，蜂蜜10克	搅拌器，面膜碗，面膜棒	1. 将番茄洗净切成小块，放入搅拌器打成泥。 2. 将番茄泥倒入面膜碗，加入少许蜂蜜，用面膜棒搅拌均匀即成。
♥红酒蜂蜜面膜	各种肤质	1~2次/周	净化保湿	红酒50克，蜂蜜1匙	面膜碗，面膜棒	1. 将红酒倒在面膜碗中。 2. 缓缓加入蜂蜜，用面膜棒充分搅拌调和均匀即成。
♥香蕉番茄面膜	各种肤质	1~2次/周	锁水保湿	香蕉1根，番茄1个，淀粉5克	搅拌器，面膜碗，面膜棒	1. 将香蕉去皮，番茄洗净切块，一同放入搅拌器中打成泥。 2. 将打好的泥倒入面膜碗中，加入淀粉，用面膜棒搅拌均匀即成。
♥西瓜保湿面膜	各种肤质	天天使用	滋润保湿	西瓜100克，面膜纸一张	水果刀，搅拌器，面膜碗，面膜棒	1. 将西瓜去皮切成小块，放入搅拌器打成泥。 2. 将西瓜泥倒入面膜碗中，调匀，放入面膜纸即成。

♥红茶红糖面膜	各种肤质	1～2次／周	补水滋润	红茶叶、红糖各30克，纯净水100克，面粉50克	搅拌器，面膜碗，面膜棒	1.将红茶叶、红糖加水煎煮，煮至浓稠后，放凉备用。 2.将红茶红糖汁倒入面膜碗中，加入面粉。 3.用面膜棒充分搅拌，调成均匀的糊状即可。
♥番茄酸奶面膜	干性肤质	1～2次／周	补水润泽	番茄2个，酸奶1/2杯	搅拌器，面膜碗，面膜棒	1.将番茄洗净切块，放入搅拌器打成泥。 2.将番茄泥倒入面膜碗中，加入酸奶，用面膜棒混合均匀即可。
♥丝瓜面膜	各种肤质	1～3次／周	保湿美白	丝瓜1条	榨汁机，面膜碗，面膜纸	1.丝瓜洗净，去皮及籽，榨汁，倒入面膜碗。 2.在丝瓜汁中浸入面膜纸，泡开即成。
♥西瓜汁面膜	各种肤质	2～3次／周	补水保湿	西瓜100克	捣蒜器，面膜碗，面膜棒	1.西瓜去皮切块，放入捣蒜器中捣成泥状。 2.将西瓜泥倒入面膜碗中，用面膜棒充分搅拌均匀即成。
♥橘汁芦荟面膜	各种肤质	1～2次／周	补水美白	芦荟叶1片，柑橘1个，维E胶囊1粒，面粉适量	榨汁机，面膜碗，面膜棒	1.将芦荟洗净去皮，柑橘剥开，一同放入榨汁机打成汁。 2.将果汁、面粉倒入面膜碗中，滴入维生素E油，用面膜棒调匀即成。
♥鸡蛋橄榄油面膜	各种肤质	1～2次／周	锁水保湿	鸡蛋1个，橄榄油10克	面膜碗，面膜棒	1.将鸡蛋磕开，充分打散。 2.将蛋液倒入面膜碗中，加入橄榄油，用面膜棒充分搅拌均匀即可。
♥香蕉蜂蜜面膜	干性肤质	1～2次／周	营养润泽	香蕉100克，蜂蜜1匙	搅拌器，面膜碗，面膜棒	1.将香蕉剥皮切块，放入搅拌器中打成泥。 2.将香蕉泥倒入面膜碗中，加入蜂蜜，用面膜棒搅拌均匀即成。
♥黄瓜维E面膜	各种肤质	1～3次／周	补水修复	黄瓜100克，维E胶囊1粒，橄榄油5克	搅拌器，面膜碗，面膜棒	1.黄瓜洗净去皮，放入搅拌器中搅拌成泥状。 2.将黄瓜泥倒入面膜碗中，戳开维E胶囊，滴入维E油。 3.再加入橄榄油，用面膜棒搅拌均匀即成。
♥花粉蛋黄鲜奶面膜	各种肤质	1～3次／周	滋养保湿	鸡蛋1个，鲜奶、花粉、面粉各10克	面膜碗，面膜棒	1.鸡蛋磕开，取鸡蛋黄，置于面膜碗中。 2.在面膜碗中加入花粉、鲜奶、面粉，用面膜棒搅拌均匀即成。
♥西瓜蛋黄面膜	各种肤质	1～2次／周	滋养保湿	西瓜50克，鸡蛋1个，面粉10克	捣蒜器，面膜碗，面膜棒	1.西瓜去皮切块，放入捣蒜器中捣成泥状。 2.鸡蛋磕开取鸡蛋黄放入面膜碗里，加入面粉，用面膜棒充分搅拌均匀即成。
♥益母草保湿面膜	各种肤质	1～2次／周	保湿祛痘	益母草粉、面粉各10克，滑石粉3克	面膜碗，面膜棒	1.在面膜碗中加入益母草粉、面粉、滑石粉。 2.继续加入适量纯净水，搅拌均匀即成。

♥丝瓜鸡蛋面膜	中性/干性肤质	2~4次/周	补水保湿	丝瓜50克，鸡蛋1个	捣蒜器，面膜碗，面膜棒	1.丝瓜洗净，去皮及籽，入捣蒜器捣成泥。 2.鸡蛋磕开，滤取鸡蛋黄，与丝瓜泥一同倒入面膜碗中。 3.用面膜棒搅拌均匀即成。
♥米汤面膜	各种肤质	1~3次/周	补水保湿	大米50克	锅，面膜碗，面膜棒，面膜纸	1.大米洗净，加水煮沸，15分钟后关火。 2.将米汤倒入面膜碗中，晾凉放入面膜纸即成。
♥莴笋黄瓜面膜	各种肤质	1~3次/周	保湿清洁	大米50克	榨汁机，面膜碗，面膜棒	1.莴笋、黄瓜分别去皮，洗净榨汁。 2.将两种汁液一同置于面膜碗中。 3.继续加入优酪乳，搅拌均匀即成。
♥蛋清瓜皮面膜	各种肤质	1~3次/周	滋养保湿	鸡蛋1个，西瓜皮、面粉各10克	榨汁机，面膜碗，面膜棒	1.鸡蛋磕开，取鸡蛋清，置于面膜碗中。 2.西瓜皮榨汁，并将其放入面膜碗中。 3.加入面粉，用面膜棒搅拌均匀即成。
♥西瓜皮面膜	各种肤质	每天使用	补水保湿	西瓜皮100克	刀	1.将西瓜皮的外层绿色硬皮部分切除，保留白色果皮部分。 2.将白色果皮再切成薄片即成。
♥酸奶蜂蜜面膜	各种肤质	2~3次/周	补水保湿	面膜碗，面膜棒	榨汁机，面膜碗，面膜棒，面膜纸	1.在面膜碗中加入蜂蜜、酸奶。 2.用面膜棒搅拌均匀即成。
♥蜂蜜牛奶面膜	各种肤质	2~3次/周	补水保湿	蜂蜜10克，牛奶30克	面膜碗，面膜棒，面膜纸	1.在面膜碗中加入蜂蜜、牛奶搅拌均匀。 2.在调好的面膜中浸入面膜纸，泡开即成。
♥苹果淀粉面膜	各种肤质	2~3次/周	滋润保湿	苹果1个，淀粉30克，水适量	搅拌器，面膜碗，面膜棒	1.将苹果洗净，去皮及核，切小块，放入搅拌器打成泥。 2.将苹果泥与淀粉倒入面膜碗中。 3.加入适量水，用面膜棒调成糊状即成。
♥桃子葡萄面膜	各种肤质	1~3次/周	保湿滋润	桃子、葡萄各30克，面粉10克	榨汁机，面膜碗，面膜棒	1.桃子和葡萄分别洗净，榨汁，置于面膜碗中。 2在面膜碗中加入面粉，用面膜棒搅拌均匀即成。
♥土豆甘油面膜	干燥肤质	1~2次/周	营养滋润	土豆1小块，甘油2克，保湿萃取液1克	磨泥器，面膜碗，面膜棒	1.将土豆去皮，洗净后磨泥。 2.将土豆泥倒入面膜碗中，加入甘油、保湿萃取液，用面膜棒混合拌匀即成。
♥银耳润颜面膜	各种肤质	1~2次/周	润泽补水	干银耳粉10克，牛奶40克，甘油50克	面膜碗，面膜棒	1.将银耳粉倒入面膜碗中，加入牛奶、甘油。 2.用面膜棒充分搅拌，调和均匀即成。

♥香蕉麻油面膜	各种肤质	2～3次／周	美白保湿	麻油10克，香蕉1根	捣蒜器，面膜碗，面膜棒	1. 香蕉去皮，切成小块，捣成泥状。 2. 将香蕉泥、麻油一同倒在面膜碗中，用面膜棒搅拌均匀即成。
♥豆花保湿面膜	各种肤质	2～3次／周	锁水提亮	豆腐1小块，蜂蜜1大匙，面粉适量	捣蒜器，面膜碗，面膜棒	1. 将豆腐放入捣蒜器中，捣成泥状。 2. 将豆腐泥倒入面膜碗中，加入蜂蜜、面粉，用面膜棒搅拌均匀即可。
♥丝瓜珍珠粉面膜	各种肤质	2～3次／周	补水嫩白	丝瓜1根，珍珠粉1小匙	榨汁机，纱布1卷，面膜碗，面膜棒	1. 丝瓜洗净去皮，用榨汁机打汁，用纱布滤汁。 2. 将珍珠粉倒入面膜碗中，加入丝瓜汁，用面膜棒搅拌成糊状即可。
♥水果泥深层滋养面膜	各种肤质	1～2次／周	滋养收敛	苹果1个，梨1个，香蕉1根	搅拌器，面膜碗，面膜棒	1. 将苹果、梨洗净，去皮；香蕉去皮，一同放入搅拌器中，打成泥。 2. 将果泥倒入面膜碗中，用面膜棒调匀即可。
♥百花粉牛奶面膜	各种肤质	1～3次／周	补水保湿	牛奶10克，干桃花、梨花、面膜粉各10克	研磨钵，面膜碗，面膜棒	1. 用研磨钵将干桃花、梨花磨成粉。 2. 将牛奶、面膜一同加入面膜碗中。 3. 用面膜棒搅拌均匀即成。
♥冬瓜瓤蜂蜜面膜	各种肤质	2～3次／周	补水滋润	冬瓜瓤100克，面粉50克，蜂蜜1匙，清水适量	锅，面膜碗，面膜棒	1. 将冬瓜瓤连同其中的冬瓜子放入锅中，加水熬煮1小时后去渣取汁。 2. 将冬瓜瓤汁、面粉、蜂蜜一同倒入面膜碗中。 3. 用面膜棒搅拌均匀即成。
♥芦荟蜂蜜面膜	各种肤质	1～2次／周	补水保湿	芦荟叶2片，蜂蜜1匙	捣蒜器，面膜碗，面膜棒	1. 将芦荟洗净，去皮切块，放入捣蒜器打成胶质。 2. 将芦荟胶质、蜂蜜一同倒在面膜碗中，用面膜棒搅拌均匀即成。
♥包菜黄瓜面膜	各种肤质	2～3次／周	补水保湿	黄瓜1根，包菜叶1片	熨斗，榨汁机	1. 把包菜叶洗净，用熨斗将菜叶烫平烫软。 2. 黄瓜洗净切块，放入榨汁机榨成黄瓜汁。 3. 将包菜叶放入黄瓜汁中即可。
♥茉莉花面膜	各种肤质	2～3次／周	保湿抗敏	干茉莉花30克，薏米粉20克	锅，纱布，面膜碗，面膜棒	1. 茉莉花煮水，滤水，置于面膜碗中。 2. 加入薏米粉，用面膜棒搅拌均匀即成。
♥杏仁粉盐面膜	干性肤质	1～2次／周	水润保湿	杏仁粉50克，盐10克，水适量	面膜碗，面膜棒	1. 将杏仁粉倒入面膜碗中，加入盐和适量水。 2. 用面膜棒搅拌均匀即成。
♥土豆焕彩面膜	干性肤质	1～2次／周	营养水润	土豆2个	搅拌器，面膜碗，面膜棒	1. 将土豆洗净去皮，洗净后切成块，入搅拌器打成泥。 2. 将土豆泥倒入面膜碗中，用面膜棒调匀即成。

面膜名称	适用肤质	适用频率	功效	材料	工具	制作方法
♥芦荟面膜	各种肤质	1~2次/周	锁水滋润	芦荟叶2片，橄榄油5克	榨汁机，面膜碗，面膜棒，面膜纸	1.将芦荟叶去皮，放入榨汁机打成汁。2.将芦荟汁倒入面膜碗中，加入橄榄油，用面膜棒调匀，放入面膜纸即成。
♥牛奶杏仁面膜	各种肤质	1~3次/周	补水美白	奶粉、杏仁粉各30克，蜂蜜1匙，水适量	面膜碗，面膜棒	1.将杏仁粉、奶粉倒入面膜碗中，加入蜂蜜和少许水。2.用面膜棒充分搅拌均匀即成。
♥黄瓜土豆面膜	干性肤质	1~2次/周	锁水保湿	黄瓜1根，土豆半个，面粉、纯净水适量	榨汁机，面膜碗，面膜棒	1.黄瓜洗净去头尾，土豆去皮，一同放入榨汁机，榨取汁液。2.将蔬菜汁倒入面膜碗中，加入面粉，用面膜棒搅拌均匀即成。
美白淡斑面膜						
面膜名称	适用肤质	适用频率	功效	材料	工具	制作方法
♥猕猴桃片面膜	油性肤质	1~2次/周	美白净化	猕猴桃1个	水果刀	1.将猕猴桃洗净，去除外皮。2.用水果刀将去皮的猕猴桃切成极薄的薄片即成。
♥蜂蜜柠檬面膜	干性肤质	1~2次/周	美白滋润	柠檬1个，蜂蜜10克，面粉5克	榨汁机，面膜碗，面膜棒	1.柠檬洗净，榨汁，倒入面膜碗中。2.在面膜碗中加入蜂蜜、面粉，用面膜棒搅拌均匀即成。
♥黄瓜片面膜	各种肤质	1~2次/周	美白嫩肤	黄瓜1根	水果刀	1.将黄瓜洗净，去头尾。2.用刀将黄瓜切成薄片，密密贴于面部。
♥苦瓜美白面膜	各种肤质	2~3次/周	美白镇静	苦瓜1根	水果刀	1.将苦瓜洗净，放冰箱中冷藏约2小时。2.拿出苦瓜，洗净后切成薄片即可。
♥柠檬汁面膜	油性/混合性	1~2次/周	美白淡斑	柠檬2个，纯净水适量	榨汁机，面膜碗	1.柠檬洗净切片，放入榨汁机中榨汁，倒入面膜碗中。2.在柠檬汁中加入适量纯净水，浸入面膜纸，泡开即成。
♥盐粉蜂蜜面膜	各种肤质	1~2次/周	去黑美白	珍珠粉30克，蜂蜜1匙，盐少许	面膜碗，面膜棒	1.将珍珠粉倒入面膜碗中，加入盐和蜂蜜。2.用面膜棒充分搅拌，调成糊状即成。
♥蛋清美白面膜	干性肤质	1~2次/周	美白祛斑	鸡蛋、柠檬各1个，芦荟50克	榨汁机，面膜碗，面膜棒	1.鸡蛋磕开取鸡蛋清，置于面膜碗中。2.芦荟去皮取茎肉，柠檬榨汁，都放入面膜碗中，搅拌均匀即成。
♥鲜奶提子面膜	各种肤质	1~2次/周	抗氧美白	鲜牛奶适量，新鲜提子4颗	捣蒜器，面膜碗，面膜棒	1.将提子洗净，连皮放入捣蒜器中捣烂。2.将提子泥倒入面膜碗中，加入鲜牛奶。3.用面膜棒充分搅拌均匀至黏稠即成。

♥鲜奶双粉面膜	各种肤质	1～2次/周	美白保湿	杏仁粉50克，盐10克，水适量	面膜碗，面膜棒	1.将杏仁粉倒入面膜碗中，加入盐和适量水。 2.用面膜棒搅拌均匀即成。
♥香菜蛋清面膜	各种肤质	1～2次/周	淡斑美白	香菜3棵，鸡蛋2个	榨汁机，面膜碗，面膜棒	1.香菜洗净，放入榨汁机中榨汁，去渣取汁，备用。 2.鸡蛋敲破，滤取蛋清备用。 3.在面膜碗中加入蛋清、香菜汁，用面膜棒搅拌均匀即可。
♥柠檬盐乳面膜	油性肤质	1～2次/周	去黑美白	柠檬1个，牛奶20克，盐5克，优酪乳15克	刀，面膜碗，面膜棒	1.柠檬洗净，对半切开，挤汁备用。 2.将柠檬汁、牛奶倒入面膜碗中。 3.加入优酪乳、盐，搅拌均匀即成。
♥丝瓜柠檬牛奶面膜	各种肤质	2～3次/周	补水美白	柠檬1个，丝瓜30克，牛奶10克	榨汁机，面膜碗，面膜棒	1.柠檬洗净，榨汁。 2.丝瓜洗净，切薄片，与柠檬汁、牛奶一同倒入面膜碗中。 3.让丝瓜片充分浸泡约3分钟即成。
♥山药蜂蜜面膜	中性/干性肤质	1～2次/周	滋养美白	山药50克，蜂蜜、面粉各10克，纯净水适量	搅拌器，面膜碗，面膜棒	1.山药洗净，去皮切块，搅拌成泥。 2.在面膜碗中加入山药泥、蜂蜜、面粉、适量纯净水，用面膜棒搅拌均匀即成。
♥啤酒酵母酸奶面膜	各种肤质	1～3次/周	美白净颜	干酵母10克，啤酒30克，酸奶20克	微波炉，面膜碗，面膜棒	1.在面膜碗中加入啤酒、酸奶。 2.继续在碗中加入干酵母，搅拌均匀即可。
♥精盐酸奶面膜	各种肤质	1～3次/周	清洁美白	酸奶、面粉各10克，盐5克，纯净水适量	面膜碗，面膜棒	1.将酸奶、盐、面粉一同放入面膜碗中。 2.加入适量纯净水，用面膜棒搅拌均匀即成。
♥红酒芦荟面膜	各种肤质	1～2次/周	净化美白	红酒50克，蜂蜜1匙，芦荟叶1片	面膜碗，面膜棒，面膜纸	1.芦荟叶洗净，去皮切块，捣烂成泥状。 2.将芦荟泥、红酒、蜂蜜一同置于面膜碗中。 3.用面膜棒充分搅拌，调匀即成。
♥石榴汁面膜	各种肤质	2～3次/周	美白保湿	石榴100克，少量纯净水	榨汁机，面膜碗，面膜纸	1.石榴洗净去皮，榨汁，汁液置于面膜碗中，加适量纯净水，搅拌均匀。 2.在调好的面膜中浸入面膜纸，泡开即成。
♥玫瑰花米醋面膜	各种肤质	2～3次/周	消炎祛斑	新鲜玫瑰花蕾10朵，米醋100克	面膜碗，纱布	1.将玫瑰花蕾完全浸泡在白醋中，静置7～15天。 2.用纱布滤掉玫瑰花，将玫瑰花醋液倒入面膜碗中即成。
♥玫瑰鸡蛋面膜	各种肤质	1～3次/周	淡化色斑	玫瑰精油2滴，鸡蛋1个，面粉、纯净水各适量	面膜碗，面膜棒	1.将鸡蛋磕开，滤出蛋清，并将蛋清打至泡沫状。 2.将蛋清倒入面膜碗中，加入玫瑰精油和面粉，倒入适量纯净水。 3.用面膜棒充分搅拌，调和成糊状即成。

♥番茄面粉面膜	油性肤质	1~2次/周	净化美白	番茄1个，面粉3大匙	榨汁机，面膜碗，面膜棒	1.将番茄洗净去皮，放入榨汁机中榨汁。2.将番茄汁倒入面膜碗中，加入面粉，用面膜棒调和均匀即可。
♥柠檬蛋清美白面膜	各种肤质	1~2次/周	美白紧致	柠檬、鸡蛋各1个，橄榄油、蜂蜜、面粉适量	刀，面膜碗，面膜棒	1.将柠檬对半切开，挤汁备用。2.鸡蛋磕开，滤取蛋清，打至泡沫状。3.将面粉、蛋清、柠檬汁、橄榄油、蜂蜜一同倒入面膜碗中，用面膜棒调匀即成。
♥木瓜柠檬面膜	各种肤质	1~3次/周	美白滋养	木瓜1/4个，柠檬1个，面粉40克	搅拌器，面膜碗，面膜棒	1.将木瓜洗净，去皮去籽，放入搅拌器打成泥。2.将柠檬洗净，对半切开，挤出汁液。3.将木瓜泥、柠檬汁、面粉倒入面膜碗中，用面膜棒拌匀即成。
♥白芷清新面膜	各种肤质	1~2次/周	美白淡斑	白芷粉5克，黄瓜1根，橄榄油3克，蜂蜜2匙，鸡蛋1个	榨汁机，面膜碗，面膜棒	1.将黄瓜洗净切块，放入榨汁机中榨汁，滤渣取汁备用。2.鸡蛋磕开，滤取蛋黄，充分打散。3.将白芷粉倒入面膜碗中，加入黄瓜汁、蛋黄、蜂蜜和橄榄油，一起搅拌均匀即成。
♥玫瑰鸡蛋面膜	各种肤质	1~3次/周	淡化色斑	玫瑰精油2滴，鸡蛋1个，面粉、纯净水各适量	面膜碗，面膜棒	1.将鸡蛋磕开，滤出蛋清，并将蛋清打至泡沫状。2.将蛋清倒入面膜碗中，加入玫瑰精油和面粉，倒入适量纯净水。3.用面膜棒充分搅拌，调和成糊状即成。
♥玫瑰双粉面膜	各种肤质	1~3次/周	美白肌肤	玫瑰花3朵，桃仁粉、面粉各20克，纯净水适量	锅，面膜碗	1.将桃仁粉、面粉、玫瑰花瓣放入锅中，加入适量纯净水。2.用小火煮至玫瑰花瓣软化，关火倒入面膜碗中，冷却即成。
♥草莓醋面膜	各种肤质	2~3次/周	美白润肤	醋1小匙，草莓5个	捣蒜器，面膜碗，面膜棒	1.将草莓洗净切块，放入捣蒜器中捣成泥状。2.将草莓泥倒入面膜碗中，加入醋，用面膜棒调匀即成。
♥酸奶酵母粉面膜	各种肤质	1~3次/周	淡化色斑	酵母粉40克，酸奶半杯	面膜碗，面膜棒	洁面后，将本款面膜涂抹在脸部（避开眼部和唇部周围），再覆盖上面膜纸，约20分钟后，用清水彻底冲洗干净即可。
♥胡萝卜白芷面膜	各种肤质	1~2次/周	祛斑美白	胡萝卜半根，白芷粉30克，橄榄油1匙	搅拌器，面膜碗，面膜棒	1.将胡萝卜洗净去皮，放入搅拌器搅打成泥。2.将胡萝卜泥倒入面膜碗中，加入白芷粉、橄榄油，用面膜棒调成糊状即成。
♥芦荟珍珠粉面膜	各种肤质	1~2次/周	滋养美白	芦荟叶1片，珍珠粉1克，蜂蜜适量	榨汁机，面膜碗，面膜棒	1.将芦荟洗净去皮切块，放入榨汁机打成芦荟汁。2.将芦荟汁、珍珠粉、蜂蜜一同倒入面膜碗中。3.用面膜棒充分搅拌，调成易于敷用的糊状，即成。

♥草莓鲜奶油面膜	各种肤质	2~3次/周	滋润美白	草莓50克，鲜奶、淀粉各10克	榨汁机，面膜碗，面膜棒	1.草莓洗净，榨汁，取汁置于面膜碗中。2.在面膜碗中加入鲜奶、淀粉，用面膜棒搅拌均匀即成。
♥盐奶维C面膜	各种肤质	1~3次/周	滋养美白	牛奶、面粉各10克，盐5克，维生素C1粒	面膜碗，面膜棒	1.将牛奶、盐、面粉一同放入面膜碗中。2.加入维生素C，用面膜棒搅拌均匀即成。
♥三白嫩肤美白面膜	各种肤质	1~3次/周	美白祛斑	白芍粉、白芷粉、白术粉、蜂蜜各10克，纯净水适量	面膜碗，面膜棒	1.在面膜碗中加入白芍粉、白芷粉、白术粉、蜂蜜。2.加入适量纯净水，用面膜棒搅拌均匀即成。
♥猕猴桃天然面膜	各种肤质	1~2次/周	淡化色斑	鸡蛋1个，猕猴桃1个	搅拌器，面膜碗，面膜棒	1.将猕猴桃去皮切块，入搅拌器打成泥。2.鸡蛋磕开，滤取蛋清，打匀。3.将猕猴桃泥、蛋清放入面膜碗中，用面膜棒调匀即可。
♥土豆美白面膜	各种肤质	1~2次/周	美白嫩肤	土豆3个，鲜牛奶1/3杯，面粉1大匙	榨汁机，面膜碗，面膜棒，纱布	1.土豆去皮切块，入榨汁机中榨汁，用纱布滤出汁备用。2.将土豆汁倒入面膜碗中，加入牛奶、面粉，用面膜棒搅拌成糊状即可。
♥香蕉牛奶面膜	各种肤质	1~2次/周	美白抗老	新鲜香蕉1根，牛奶4大匙	捣蒜器，面膜碗，面膜棒	1.将香蕉去皮，放入捣蒜器中捣成泥。2.将香蕉泥倒入面膜碗中，加入牛奶，用面膜棒调和成糊状即可。
♥砂糖橄榄油面膜	各种肤质	1~2次/周	祛斑美白	白砂糖2大匙，橄榄油1小匙	面膜碗，面膜棒	1.将白砂糖和橄榄油一起倒入面膜碗中。2.用面膜棒充分搅拌，使白砂糖融化即成
♥盐醋淡斑面膜	各种肤质	1~2次/周	淡化斑点	食盐2克，白芷粉12克，干菊花6克，白醋3滴	捣蒜器，面膜碗，面膜棒	1.将菊花放入捣蒜器中研成细末。2.将白芷粉倒入面膜碗中，加入菊花粉、醋和食盐。3.用面膜棒搅拌均匀即成。
♥橘皮酒精面膜	各种肤质	1~2次/周	祛斑美白	橘子1个，医用酒精少许，蜂蜜适量	捣蒜器，面膜碗，面膜棒	1.将橘子连皮一同用捣蒜器捣烂，倒入面膜碗中，倒入医用酒精，浸泡片刻。2.再将蜂蜜调入橘子泥中，放入冰箱，一周后取出，用面膜棒搅匀即成。
♥美白减压精油面膜	各种肤质	1~3次/周	美白淡斑	柠檬1个，维生素E1粒，薰衣草、柠檬、檀香、天竺葵精油各1滴	榨汁机，面膜碗，面膜棒，面膜纸	1.柠檬榨汁，置于面膜碗中。2.加入维生素E和所有精油，用面膜棒搅匀，浸入面膜纸，泡开即成。
♥鲜奶美白面膜	各种肤质	1~2次/周	美白淡斑	鲜牛奶1杯，维生素C2片	捣蒜器，面膜碗，面膜棒，面膜纸1张	1.将维生素C片放入捣蒜器中碾成末。2.将牛奶倒入面膜碗中，加入维生素C粉，调匀后放入面膜纸即成。

♥冬瓜贝母面膜	各种肤质	1~2次/周	去黑美白	薏米粉30克，冬瓜仁粉15克，贝母粉10克，香附子粉10克，鸡蛋1枚	面膜碗，面膜棒	1.将鸡蛋磕开，滤取蛋清，打散。2.将薏米粉、冬瓜仁粉、贝母粉、香附子粉、蛋清一同置于面膜碗中。3.用面膜棒充分搅拌，调和成稀薄适中的糊状即成。
♥蛋清木瓜面膜	各种肤质	1~3次/周	净化美白	木瓜1/4个，鸡蛋1个，蜂蜜1匙，奶粉20克	榨汁机，面膜碗，面膜棒	1.将木瓜洗净，去皮去籽，放入榨汁机榨汁。2.将鸡蛋磕开，充分搅拌打散。3.将木瓜汁、蜂蜜、奶粉、鸡蛋液一同倒入面膜碗中，调匀即成。
♥珍珠绿豆面膜	各种肤质	1~3次/周	清洁美白	绿豆粉30克，珍珠粉10克，蜂蜜1匙，纯净水适量	面膜碗，面膜棒	1.将绿豆粉、珍珠粉、蜂蜜倒入面膜碗中。2.加入适量纯净水，用面膜棒充分搅拌，调和成稀薄适中的糊状即成。
♥鸡蛋蜂蜜柠檬面膜	油性/混合性肤质	1~2次/周	滋润美白	柠檬、鸡蛋各1个，蜂蜜、牛奶、面粉各10克	榨汁机，面膜碗，面膜棒	1.柠檬榨汁，倒入面膜碗中。2.鸡蛋磕开取鸡蛋黄，打散，放入柠檬汁中。3.加入蜂蜜、牛奶、面粉，用面膜棒搅拌均匀即成。
♥薏米百合面膜	各种肤质	2~3次/周	嫩白肌肤	薏米粉40克，百合粉10克，开水、纯净水各适量	面膜碗，面膜棒	1.将薏米粉倒入碗中，加入适量开水，拌匀后晾凉。2.将晾凉的薏米粉和百合粉一同倒入面膜碗。3.加纯净水，用面膜棒搅拌调匀即成。
♥蛋黄酸奶面膜	各种肤质	2~3次/周	滋润嫩白	白砂糖2大匙，橄榄油1小匙，鸡蛋1个	面膜碗，面膜棒	1.鸡蛋磕开，取鸡蛋黄，置于面膜碗中。2.加入酸奶，用面膜棒搅拌均匀即成。
♥冬瓜美白面膜	各种肤质	1~2次/周	祛斑美白	冬瓜1小块，面粉1大匙，牛奶1大匙	搅拌器，汤匙，碗	冬瓜去皮、去籽，用搅拌器打碎，加入牛奶、面粉拌成糊状即可。
♥牛奶枸杞面膜	各种肤质	1~3次/周	排毒美白	牛奶15克，枸杞、淀粉各10克	榨汁机，面膜碗，面膜棒	1.枸杞洗净，泡开，沥干，榨汁。2.将牛奶、枸杞汁、淀粉一同放入面膜碗中，用面膜棒搅拌均匀即成。
♥柠檬苹果泥面膜	各种肤质	1~2次/周	淡化色斑	苹果1个，柠檬1个，面粉30克，纯净水适量	搅拌器，面膜碗，面膜棒	1.将苹果洗净切块，放入搅拌器搅打成泥；柠檬洗净切开，挤汁待用。2.将苹果泥、柠檬汁、面粉倒入面膜碗中。3.加入适量纯净水，用面膜棒调匀即成。
♥豆腐面膜	各种肤质	1~2次/周	美白抗衰	豆腐50克，纯净水适量	捣蒜器，面膜碗，面膜棒	1.将豆腐切块，放入捣蒜器中捣成泥。2.将豆腐泥、纯净水一同置于面膜碗中。3.用面膜棒充分搅拌，调成稀薄适中的糊状即成。

面膜名称	适用肤质	适用频率	功效	材料	工具	制作方法
♥橄榄油牛奶面膜	各种肤质	1～3次／周	滋养美白	牛奶、橄榄油、面粉各10克	面膜碗，面膜棒	1.将牛奶、橄榄油、面粉一同加入面膜碗中。 2.用面膜棒搅拌均匀即成。
♥苹果番茄面膜	各种肤质	1～2次／周	美白活颜	苹果50克，番茄10克，淀粉5克	搅拌器，面膜碗，面膜棒	1.将苹果、番茄洗净切块，放入搅拌器中打成泥。 2.将果泥倒入面膜碗中，加入少许淀粉，用面膜棒搅拌均匀即成。
♥芦荟蛋白面膜	各种肤质	1～2次／周	滋养美白	鸡蛋1个，芦荟1根，蜂蜜2克	捣蒜器，面膜碗，面膜棒	1.将芦荟去皮，取出果肉，入捣蒜器捣碎。 2.鸡蛋磕开，滤取蛋清。 3.将芦荟、蛋清、蜂蜜一起放入面膜碗中，用面膜棒搅拌均匀即可。
♥维生素白芷面膜	各种肤质	1～3次／周	美白淡斑	维生素E胶囊1颗，白芷粉2匙	面膜碗，面膜棒	1.将白芷粉倒入面膜碗中。 2.将维生素E胶囊用针戳破挤出内容物，滴入面膜碗中，搅拌均匀即可。
♥维C盐奶美白面膜	各种肤质	1～2次／周	美白紧致	脱脂奶粉20克，维生素C片1粒，盐、纯净水各适量	研磨棒，面膜碗，面膜棒	1.将维生素C片研磨成粉末。 2.将盐、维生素C、脱脂奶粉放入面膜碗中，加入纯净水，一起搅拌均匀即可。

控油祛痘面膜

面膜名称	适用肤质	适用频率	功效	材料	工具	制作方法
♥香蕉绿豆面膜	油性肤质	1～2次／周	控油排毒	香蕉半根，绿豆粉1匙，清水适量	捣蒜器，面膜碗，面膜棒	1.将香蕉去皮，用捣蒜器捣成泥状。 2.将香蕉泥、绿豆粉倒在面膜碗中，加入清水，用面膜棒充分搅拌即成。
♥香蕉橄榄油面膜	各种肤质	1～2次／周	洁净排毒	香蕉1根，橄榄油10克	捣蒜器，面膜碗，面膜棒	1.把香蕉捣成泥状。 2.将香蕉泥、橄榄油一同置于面膜碗中，用面膜棒充分搅拌，调成糊状即成。
♥绿豆黄瓜精油面膜	油性肤质	1～2次／周	消炎祛痘	绿豆粉2大匙，黄瓜1根，茶树精油1滴，纯净水适量	搅拌机，面膜碗，面膜棒	1.将黄瓜洗净，放入搅拌机中打成泥。 2.将黄瓜泥、绿豆粉、茶树精油、纯净水一同倒在面膜碗中，用面膜棒充分搅拌，调和成稀薄适中、易于敷用的面膜糊状即可。
♥红豆泥面膜	油性肤质	1～2次／周	控油祛痘	红豆100克，纯净水适量	锅，面膜碗，面膜棒	1.红豆洗净，放入锅中，加水煮至熟软。 2.将煮好的红豆倒在面膜碗中，加水搅拌均匀。 3.用面膜棒调和成稀薄适中的糊状后晾凉即成。
♥绿茶绿豆蜂蜜面膜	各种肤质	1～2次／周	祛痘美白	绿豆粉50克，绿茶1包，蜂蜜1匙，开水适量	茶杯，面膜碗，面膜棒	1.将绿茶放入茶杯，用开水冲泡，静置5分钟，滤取茶汤，放凉待用。 2.将绿豆粉、绿茶水、蜂蜜倒入面膜碗中。 3.用面膜棒充分搅拌，调和成糊状即成。

♥冬瓜泥面膜	各种肤质	1~2次/周	清凉排毒	冬瓜40克	搅拌机,面膜碗,面膜棒	1.将冬瓜洗净,去皮去籽,切成小块。 2.将冬瓜块放入搅拌机中,打成泥状。 3.将冬瓜泥倒入面膜碗中,用面膜棒搅拌均匀即成。
♥芦荟苦瓜面膜	各种肤质	1~2次/周	消炎祛痘	芦荟叶1片,苦瓜半根,蜂蜜适量	榨汁机,面膜碗,面膜棒	1.将芦荟洗净,去皮切块,苦瓜洗净切块,一同放入榨汁机打成汁。 2.将打好的汁、蜂蜜一同倒在面膜碗中。 3.用面膜棒搅拌均匀即成。
♥土豆片面膜	各种肤质	3~5次/周	淡化痘印	土豆1个	刀	1.将土豆洗净,不去皮。 2.用刀将洗净的土豆切成极薄的薄片即可。
♥苦瓜绿豆精油面膜	油性肤质	1~3次/周	清热祛痘	苦瓜1根,绿豆粉30克,茶树精油1滴,蜂蜜、水各适量	搅拌机,面膜碗,面膜棒	1.苦瓜洗净去瓤,切块,搅拌成泥。 2.将苦瓜泥、绿豆粉、茶树精油、蜂蜜倒入面膜碗中,加入适量水,搅拌均匀即成。
♥猕猴桃面粉面膜	各种肤质	1~3次/周	排毒祛痘	猕猴桃1个,面粉30克,清水适量	搅拌机,面膜碗,面膜棒	1.猕猴桃洗净去皮,搅拌成泥,置于面膜碗中。 2.继续加入面粉、水,用面膜棒搅拌均匀即成。
♥香蕉豆浆面膜	各种肤质	1~2次/周	控油平衡	香蕉半根,薏米粉1匙,苹果、豆浆、蜂蜜各适量	搅拌机,面膜碗,面膜棒	1.香蕉带皮,苹果去皮及籽,一同放入搅拌机搅拌成泥。 2.将果泥、薏米粉、豆浆、蜂蜜一起倒在面膜碗中,用面膜棒充分搅拌即成。
♥绿豆粉面膜	各种肤质	2~3次/周	排毒祛痘	绿豆粉3大匙,小麦胚芽油2滴,鲜奶适量	面膜碗,面膜棒	1.将绿豆粉、小麦胚芽油、鲜奶放入面膜碗内。 2.用面膜棒调和均匀即成。
♥蒲公英面膜	各种肤质	1~2次/周	祛痘清洁	干蒲公英30克,绿豆20克	锅,纱布,面膜碗,面膜棒,面膜纸	1.蒲公英、绿豆分别煮水,滤水,置于面膜碗中。 2.搅拌均匀后浸入面膜纸,泡开即成。
♥生菜去粉刺面膜	各种肤质	1~2次/周	消炎祛痘	生菜1颗	锅,纱布,面膜碗,面膜纸	1.将生菜叶捣碎,加少量水,煮5分钟。 2.将叶子捞出,包入纱布中,将汤汁滤入面膜碗,将面膜纸浸泡在里面。
♥芦荟豆腐面膜	各种肤质	1~3次/周	消炎抗痘	芦荟叶1片,豆腐40克,蜂蜜1匙	榨汁机,面膜碗,面膜棒	1.芦荟洗净,去皮,放入榨汁机中榨取汁液。 2.将芦荟汁、豆腐、蜂蜜一同放入面膜碗中。 3.用面膜棒充分搅拌均匀即成。
♥大蒜蜂蜜面膜	油性肤质	1~2次/周	抑菌祛痘	大蒜25克,蜂蜜15克	捣蒜器,面膜碗,面膜棒	1.大蒜去皮,用捣蒜器捣成蒜泥。 2.将蒜泥、蜂蜜倒在面膜碗中,用面膜棒搅拌均匀即成。

	各种肤质	2～3次／周	消炎祛痘	银耳3朵，冰糖15克	面膜碗，面膜纸，锅	将银耳、冰糖一同放入锅中，加适量水熬成黏稠的汁，盛入面膜碗中，放入面膜纸泡开即可。
♥银耳冰糖面膜						

抗敏舒缓面膜						
面膜名称	适用肤质	适用频率	功效	材料	工具	制作方法
♥芦荟优酪乳面膜	各种肤质	1～2次／周	抗敏镇静	玫瑰精油、檀香精油、薰衣草精油、天竺葵精油各1滴，鲜牛奶150克	面膜碗，面膜棒	1.将玫瑰精油、檀香精油、薰衣草精油、天竺葵精油滴入面膜碗中。2.慢慢倒入新鲜牛奶，用面膜棒适度搅拌即成。
♥玫瑰檀香抗压面膜	各种肤质	1～2次／周	镇静抗敏	白砂糖2大匙，橄榄油1小匙	面膜碗，面膜棒	1.将白砂糖和橄榄油一起倒入面膜碗中。2.用面膜棒充分搅拌，使白砂糖融化即成
♥米酒镇静抗敏面膜	各种肤质	1～2次／周	镇静抗敏	米酒、冰糖各10克，党参、南瓜各20克	搅拌器，面膜碗，面膜棒	1.南瓜去皮，党参泡发，加入冰糖，一起入搅拌器搅拌成泥。2.在面膜碗中加入面膜泥、米酒，用面膜棒搅拌均匀即成。
♥冰牛奶面膜	各种肤质	1～3次／周	保湿抗敏	冰块50克，牛奶30克	面膜碗，化妆棉	1.将冰块、牛奶放入面膜碗中。2.在牛奶中侵入化妆棉即成。
♥西瓜薏米面膜	敏感肤质	1～2次／周	镇静抗敏	西瓜50克，薏米粉30克，纯净水少许	捣蒜器，面膜碗，面膜棒	1.西瓜去皮切块，放入捣蒜器中捣成泥状。2.将西瓜泥、薏米粉一同倒入面膜碗中，加适量纯净水搅拌均匀即成。
♥甘菊鸡蛋牛奶面膜	敏感肤质	1～3次／周	镇静抗敏	鸡蛋1个，甘菊5克，牛奶、面粉各15克	面膜碗，面膜棒	1.用开水冲泡甘菊，滤水，置于面膜碗中。2.磕开鸡蛋，取鸡蛋清入碗，加入甘菊水、牛奶、面粉，用面膜棒搅拌均匀即成。
♥芹菜蜂蜜面膜膜	敏感肤质	1～3次／周	美白抗敏	芹菜100克，蜂蜜10克	榨汁机，面膜碗，面膜棒	1.芹菜洗净，切段，榨汁，置于面膜碗中。2.在面膜碗中加入蜂蜜，用面膜棒搅拌均匀即成。
♥红豆红糖冰镇面膜	各种肤质	2～3次／周	抗敏消痒	红糖、红豆各50克，冰糖10克	刀，搅拌器，面膜碗，面膜棒	1.将红豆浸泡一小时左右，放入搅拌器中搅拌成糊状。2.将红豆泥、红糖、冰糖一同放入面膜碗中，用面膜棒充分搅拌即成。
♥南瓜黄酒面膜	各种肤质	1～2次／周	清凉镇静	南瓜1块，党参1根，黄酒、白砂糖适量	刀，搅拌器，面膜碗，面膜棒	1.将党参、南瓜切成小块，放入搅拌器中打成泥。2.将打好的泥倒入面膜碗中，加入黄酒、白砂糖，用面膜棒搅拌均匀即成。

抗老活肤面膜

面膜名称	适用肤质	适用频率	功效	材料	工具	制作方法
♥香蕉牛奶浓茶面膜	各种肤质	1~3次/周	延缓衰老	香蕉1根，牛奶20克，乌龙茶1包	茶杯，面膜碗，面膜棒	1. 香蕉去皮捣成泥状。 2. 乌龙茶冲泡取茶水。 3. 将香蕉泥、牛奶、茶水一同倒入面膜碗中，用面膜棒充分搅拌，调成糊状即成
♥芦荟黑芝麻面膜	各种肤质	2~3次/周	延缓衰老	黑芝麻粉50克，芦荟叶2片，蜂蜜适量	捣蒜器，面膜碗，面膜棒	1. 将芦荟洗净去皮切块，放入捣蒜器打成胶质。 2. 将黑芝麻粉、芦荟胶、蜂蜜一同倒在面膜碗中。 3. 用面膜棒充分搅拌，调成稀薄适中的糊状即成。
♥香蕉奶燕麦蜜面膜	各种肤质	1~2次/周	淡化细纹	香蕉、牛奶、燕麦片、葡萄干、蜂蜜各适量	锅，捣蒜器，面膜碗，面膜棒	1. 将牛奶、燕麦片、葡萄干入锅煮至熟烂，放凉待用。 2. 将香蕉捣成泥状。 3. 将所有材料放入面膜碗中，用面膜棒充分搅拌即成。
♥火龙果麦片面膜	各种肤质	2~3次/周	滋养祛皱	火龙果1个，燕麦片、珍珠粉各15克，纯净水适量	捣蒜器，面膜碗，面膜棒	1. 火龙果切开，取果肉，捣成泥状。 2. 将果泥、珍珠粉、燕麦片、适量纯净水一同倒入面膜碗中。 3. 用面膜棒充分搅拌均匀即成。
♥番茄黄豆粉面膜	各种肤质	1~2次/周	延缓衰老	番茄1个，黄豆粉30克，水适量	搅拌器，面膜碗，面膜棒	1. 番茄洗净，去皮及蒂，于搅拌器中打成泥。 2. 将番茄泥、黄豆粉一同倒在面膜碗中。 3. 加入少许水，用面膜棒搅拌均匀即成。
♥红糖琼脂面膜	各种肤质	2~3次/周	保湿去皱	红糖10克，琼脂5克，红茶水100克	锅，面膜碗，面膜棒	1. 将红茶水倒入锅中煮开，加入琼脂及红糖，用小火煮至融化，盛入面膜碗中。 2. 用面膜棒搅拌均匀，取出后放凉即成。
♥木瓜杏仁面膜	各种肤质	1~3次/周	祛皱美白	木瓜1/4个，杏仁粉30克	搅拌器，面膜碗，面膜棒	1. 将木瓜洗净，去皮去籽，放入搅拌器打成泥。 2. 将木瓜泥、杏仁粉一同倒入面膜碗中。 3. 用面膜棒充分搅拌，调和成糊状即成。
♥苦瓜面膜	各种肤质	2~3次/周	淡斑除皱	苦瓜1根	刀	1. 将苦瓜洗净，切半，去除内瓤。 2. 用刀将处理好的苦瓜切成极薄的薄片即可
♥海带蜂蜜面膜	中性/干性肤质	2~3次/周	紧致抗老	海带粉2大匙，蜂蜜1匙，热水适量	面膜棒，面膜碗	1. 将海带粉倒入面膜碗中，加入蜂蜜。 2. 再慢慢加入热水，边加边搅拌，拌成均匀的糊状即成。
♥乳米面膜	各种肤质	1~3次/周	抗老祛皱	大米50克，鲜奶30克，面粉10克	锅，面膜碗，面膜棒	1. 大米洗净，入锅加水煮粥，晾凉。 2. 将粥与鲜奶、面粉一同倒入面膜碗中，用面膜棒搅拌均匀即成。

♥蛋清绿豆面膜	各种肤质	1～2次/周	抗衰祛皱	绿豆粉40克，鸡蛋1个，蜂蜜1匙，清水适量	面膜碗，面膜棒	1.将鸡蛋磕开，滤取蛋清，打至泡沫状。 2.将绿豆粉、蛋清、蜂蜜倒入面膜碗中。 3.加入适量清水，用面膜棒调匀即成。
♥糯米蛋清面膜	各种肤质	1～3次/周	抗老祛皱	鸡蛋1个，糯米粉20克，面粉10克，纯净水适量	面膜碗，面膜棒	1.鸡蛋磕开，取鸡蛋清，置于面膜碗中。 2.将糯米粉、面粉一同倒入面膜碗中，加适量纯净水搅拌均匀即成。
♥核桃蛋清面膜	各种肤质	1～3次/周	抗老祛皱	鸡蛋1个，核桃粉20克，纯净水少许	面膜碗，面膜棒	1.鸡蛋磕开，取鸡蛋清，置于面膜碗中。 2.在面膜碗中加入核桃粉、适量纯净水，用面膜棒搅拌均匀即成。
♥珍珠核桃面膜	各种肤质	1～3次/周	抗老祛皱	珍珠粉、核桃粉、牛奶各10克，蜂蜜5克	面膜碗，面膜棒	1.将珍珠粉、核桃粉一同倒在面膜碗中。 2.加入蜂蜜、牛奶，用面膜棒搅拌均匀即成。
♥酵母片乳酪面膜	各种肤质	1～3次/周	美白抗老	酵母片20克，乳酪30克，纯净水适量	面膜碗，面膜棒	1.在面膜碗中放入酵母片和适量纯净水。 2.继续在碗中加入乳酪，用面膜棒搅拌均匀即可。
♥核桃蜂蜜面膜	各种肤质	1～2次/周	润泽抗衰	核桃粉、蜂蜜、面粉各30克，纯净水适量	面膜碗，面膜棒	1.将核桃粉倒入面膜碗中，加入蜂蜜、面粉和适量纯净水。 2.用面膜棒充分搅拌均匀，调成轻薄适中的糊状即成。
♥燕窝冰糖面膜	各种肤质	1～3次/周	美白抗老	干燕窝5克，面粉、冰糖各10克，纯净水适量	锅，面膜碗，面膜棒	1.燕窝加水、冰糖煮至浓稠，倒入面膜碗中。 2.加入面粉、适量纯净水，搅拌均匀即成。
♥米酒面膜	各种肤质	1～3次/周	美白抗老	苹果50克，米酒10克，燕麦粉20克	搅拌器，面膜碗，面膜棒	1.苹果洗净，去核，搅拌成泥。 2.将苹果泥、米酒、燕麦粉一同放入面膜碗中，用面膜棒搅拌均匀即成。
♥珍珠蜂王浆面膜	各种肤质	1～2次/周	抗老滋养	鸡蛋1个，珍珠粉、蜂王浆各15克	面膜碗，面膜棒	1.鸡蛋磕开，置于面膜碗中。 2.再加入珍珠粉、蜂王浆，用面膜棒搅拌均匀即成。
♥白酒蛋清面膜	各种肤质	3～5次/周	延缓衰老	白酒100克，鲜鸡蛋3个	密封瓶，面膜碗，面膜棒	1.将白砂糖和橄榄油一起倒入面膜碗中。 2.用面膜棒充分搅拌，使白砂糖融化即成
♥糯米粉蜂蜜面膜	干性肤质	1～2次/周	保湿祛皱	糯米粉10克，蜂蜜20克	面膜碗，面膜棒	将糯米粉、蜂蜜放入面膜碗中，用面膜棒搅拌成均匀的糊状即成。

面膜	适用肤质	适用频率	功效	材料	工具	制作方法
♥金橘抗老化面膜	干性肤质	1~2次/周	抗老祛皱	金橘50克，乳酪3克，蜂蜜3克	搅拌器，面膜碗，面膜棒	1. 鸡蛋磕开，滤取蛋清，打散。 2. 将蛋清、白酒放入密封瓶中，盖紧瓶盖，放置约25天。 3. 将白酒蛋清盛入面膜碗，搅拌均匀即可使用。
♥维生素E美人面膜	各种肤质	1~2次/周	滋润抗老	栗子粉30克，玫瑰水30克，维生素E胶囊1粒	面膜碗，面膜棒	1. 将栗子粉倒入面膜碗中，加入玫瑰水、维生素E油。 2. 用面膜棒充分搅拌均匀，调成轻薄适中的糊状即成。
♥芝麻蛋黄面膜	各种肤质	2~3次/周	滋润抗衰	芝麻粉50克，鸡蛋1个	面膜碗，面膜棒	1. 将鸡蛋磕开，滤取蛋黄，充分打散。 2. 将芝麻粉倒入面膜碗中，加入蛋黄，用面膜棒搅拌均匀即成。
♥龙眼抗老面膜	干性肤质	1~2次/周	润泽抗老	杏仁粉45克，龙眼40克，蜂蜜100克	搅拌器，面膜碗，面膜棒	1. 将龙眼去壳、核，取净肉放入搅拌器中，搅拌成泥。 2. 将龙眼泥、杏仁粉倒入面膜碗中，加入蜂蜜，用面膜棒搅拌均匀即成。
♥火龙果枸杞面膜	油性肤质	2~3次/周	美白抗皱	火龙果1个，枸杞20克，面粉15克，纯净水适量	捣蒜器，面膜碗，面膜棒	1. 火龙果切开，取果肉，捣成泥状。 2. 枸杞洗净，开水泡软，捣成泥状。 3. 将火龙果泥、枸杞泥、面粉、适量纯净水一同倒入面膜碗中，搅拌均匀即成。
♥提子活肤面膜	各种肤质	1~2次/周	活肤抗衰	鲜提子10粒	捣蒜器，面膜碗，面膜棒	将洗净的提子整颗连核捣烂，盛入碗中拌匀即可。
♥核桃冬瓜面膜	各种肤质	1~3次/周	抗老淡斑	冬瓜30克，核桃粉20克，蜂蜜1匙，清水适量	搅拌器，面膜碗，面膜棒	1. 将冬瓜洗净，去皮切块，放入搅拌器打成泥。 2. 将冬瓜泥、核桃粉、蜂蜜、清水倒入面膜碗中。 3. 用面膜棒搅拌均匀即成。
♥除皱减压精油面膜	各种肤质	2~3次/周	抗老祛皱	甘菊15克，维生素E胶囊1粒，荷荷巴油、玫瑰精油、洋甘菊油、檀香精油各1滴	纱布，面膜碗，面膜棒，面膜纸	1. 甘菊洗净，泡开滤水，置于面膜碗中。 2. 在面膜碗中加入维生素E和各种精油搅拌。 3. 在调好的面膜中浸入面膜纸，泡开即成。

收缩毛孔面膜

面膜名称	适用肤质	适用频率	功效	材料	工具	制作方法
♥白醋黄瓜面膜	各种肤质	1~2次/周	净化收敛	黄瓜1根，鸡蛋1个，白醋10克	榨汁机，面膜碗，面膜棒	1. 将黄瓜洗净切块，放入榨汁机中，榨取汁液。 2. 将鸡蛋磕开，滤取蛋清，打散。 3. 将黄瓜汁、蛋清、白醋放入面膜碗中，用面膜棒搅拌均匀即成。
冬瓜牛奶面膜	各种肤质	1~2次/周	收缩毛孔	冬瓜50克，牛奶30克，面粉30克	搅拌器，面膜碗，面膜棒	1. 将冬瓜洗净，去皮切块，放入搅拌器打成泥。 2. 将冬瓜泥、牛奶、面粉倒入面膜碗中。 3. 用面膜棒搅拌均匀即成。

	肤质	频率	功效	原料	工具	做法
♥猕猴桃蛋清面膜	各种肤质	1～2次／周	收缩毛孔	猕猴桃1个，鸡蛋1个，珍珠粉20克	搅拌器，面膜碗，面膜棒	1.将猕猴桃洗净去皮，放入搅拌器打成泥。 2.将鸡蛋磕开，滤取蛋清，打至泡沫状。 3.将猕猴桃泥、蛋清、珍珠粉倒入面膜碗中，用面膜棒调匀即成。
♥椰汁芦荟面膜	各种肤质	1～2次／周	缩小毛孔	芦荟叶1片，椰汁30克，绿豆粉40克	榨汁机，面膜碗，面膜棒	1.芦荟叶去皮洗净，放入榨汁机榨取芦荟汁。 2.将芦荟汁、椰汁、绿豆粉一同倒在面膜碗中。 3.用面膜棒充分搅拌，调和成稀薄适中的糊状即成。
♥番茄醪糟面膜	各种肤质	1～2次／周	收敛紧肤	番茄1个，醪糟30克	搅拌器，面膜碗，面膜棒	1.番茄洗净，去皮及蒂，于搅拌器中打成泥。 2.将番茄泥、醪糟一同倒入面膜碗中。 3.加入少许水，用面膜棒搅拌均匀即成。
♥柳橙番茄面膜	各种肤质	1～3次／周	收缩毛孔	番茄1个，柳橙1个，面粉20克	搅拌器，面膜碗，面膜棒	1.番茄洗净，去皮及蒂；柳橙洗净，剥皮。 2.将番茄、柳橙一同放入榨汁机榨取果汁。 3.将番茄汁、柳橙汁、面粉一同倒在面膜碗中，用面膜棒拌匀即成。
♥鸡蛋橄榄油面膜	干性肤质	1～2次／周	净化收缩	橄榄油10克，鸡蛋1个，细盐2大勺	面膜碗，面膜棒	1.将鸡蛋磕开，滤取蛋黄，打散。 2.将橄榄油、蛋黄液、盐放入面膜碗中。 3.用面膜棒搅拌均匀即成。
♥柠檬燕麦蛋清面膜	各种肤质	1～2次／周	收缩毛孔	柠檬1个，鸡蛋1个，燕麦粉50克	面膜碗，面膜棒	1.将柠檬洗净切开，挤汁待用。 2.鸡蛋磕开，滤取蛋清，打至泡沫状。 3.将柠檬汁、燕麦粉、蛋清倒入面膜碗中，用面膜棒调匀即成。
♥蛋清面膜	各种肤质	1～2次／周	收缩毛孔	鸡蛋1个	面膜碗，面膜棒	1.鸡蛋磕开，取鸡蛋清，置于面膜碗中。 2.用面膜棒充分搅拌均匀即成。
♥牛奶黄豆蜂蜜面膜	油性肤质	1～2次／周	收缩毛孔	黄豆粉、面粉各15克，牛奶、蜂蜜各10克	面膜碗，面膜棒	1.在面膜碗中先加入黄豆粉、面粉、牛奶，适当搅拌。 2.在面膜碗中加入蜂蜜，继续调匀即成。
♥红薯苹果面膜	各种肤质	1～2次／周	细致毛孔	红薯1个，苹果半个	搅拌器，锅，面膜碗，面膜棒	1.苹果洗净切块，放入搅拌器搅打成泥。 2.红薯洗净去皮，放入锅蒸至熟软，捣成泥。 3.把苹果泥、红薯泥放入面膜碗中，用面膜棒拌匀即成。
♥啤酒面膜	各种肤质	1～3次／周	收细毛孔	啤酒100克	面膜碗，面膜纸	1.在面膜碗中倒入啤酒。 2.在啤酒中浸入面膜纸，泡开即成。

面膜名称	适用肤质	适用频率	功效	材料	工具	制作方法
♥橘子蜂蜜面膜	中油性肤质	1~2次/周	收缩毛孔	橘子、蜂蜜各50克，酒精30克	搅拌器，面膜碗，面膜棒	1.将新鲜的橘子洗净后连皮放入搅拌器中打碎。 2.将橘子碎倒入面膜碗中，加入酒精和蜂蜜，密封放置一个星期。 3.取出，调匀后即可使用。
♥啤酒收缩毛孔面膜	中油性肤质	1~2次/周	收缩毛孔	啤酒50克，茶树精油、薄荷精油各1滴	面膜碗，面膜纸	1.将啤酒倒入面膜碗中，滴入茶树精油，薄荷精油。 2.将面膜纸放入面膜碗中，浸泡约3分钟。

活颜亮彩面膜

面膜名称	适用肤质	适用频率	功效	材料	工具	制作方法
♥橙汁鲜奶面膜	各种肤质	1~3次/周	活颜亮白	柳橙1个，鲜奶10克，面粉15克	榨汁机，面膜碗，面膜棒	1.柳橙洗净，榨取汁液，倒入面膜碗中。 2.在面膜碗中加入鲜奶、面粉，用面膜棒搅拌均匀即成。
♥胡萝卜奶蜜面膜	各种肤质	1~2次/周	润泽活颜	胡萝卜半根，牛奶20克，蜂蜜2匙	搅拌器，面膜碗，面膜棒	1.将胡萝卜洗净去皮，放入搅拌器搅打成泥。 2.将胡萝卜泥倒入面膜碗中，加入牛奶、蜂蜜，用面膜棒调成糊状即成。
♥石榴蜂蜜面膜	各种肤质	2~3次/周	活颜抗衰	石榴50克，蜂蜜10克，面粉15克，纯净水适量	榨汁机，面膜碗，面膜棒	1.石榴洗净去皮，榨汁，置于面膜碗中。 2.在面膜碗中加入蜂蜜、面粉、适量纯净水，用面膜棒搅拌均匀即成。
♥啤酒面粉面膜	各种肤质	1~2次/周	提亮肤色	啤酒15克，面粉20克	面膜碗，面膜棒	1.在面膜碗中加入啤酒，面粉。 2.用面膜棒搅拌均匀即成。
♥圣女果蜂蜜党参面膜	各种肤质	1~2次/周	美白活肤	圣女果100克，蜂蜜20克，党参10克	水果刀，搅拌器，面膜碗，面膜棒	1.将圣女果洗净，党参洗净切块，放入搅拌器中搅打成泥。 2.在面膜碗里加入适量的蜂蜜，放入党参、圣女果泥搅拌均匀即成。
♥木瓜泥面膜	各种肤质	1~2次/周	净化活颜	木瓜半个	搅拌器，面膜碗，面膜棒	1.将木瓜洗净，去皮去籽，切成小块。 2.将木瓜块放入搅拌器中打成泥状。 3.将木瓜泥倒入面膜碗中，用面膜棒调匀即成。
♥玫瑰活肤面膜	各种肤质	1~3次/周	活化肌肤	当归粉、白芷粉、绿豆粉、白及粉、杏仁粉、玫瑰花水各50克，玫瑰精油2滴	面膜碗，面膜棒	1.将除玫瑰花、玫瑰精油外的所有材料置于面膜碗中。 2.加入玫瑰花、玫瑰精油，搅拌均匀即成。
♥酸奶茄子面膜	各种肤质	天天使用	清洁活肤	茄子1/2个，酸奶15克，党参10克，山药5克	搅拌器，面膜碗，面膜棒	1.将茄子、党参、山药洗净切块，放入搅拌器中搅拌成泥，置于面膜碗中。 2.加入酸奶，搅拌均匀即成。

	苦瓜香蕉面膜	中油性肤质	1～3次/周	滋润活肤	苦瓜、香蕉各50克，红薯粉、醋各10克	搅拌器，面膜碗，面膜棒	1. 香蕉、苦瓜洗净切块，搅拌成泥。 2. 加入红薯粉、醋，用面膜棒搅拌均匀即成。
	♥当归姜活化面膜	各种肤质	2～3次/周	活化肌肤	当归粉50克，姜20克，纯净水适量	锅，面膜碗，面膜棒	1. 将姜洗净切成薄片，加水煮沸约3分钟至水量剩下一半。 2. 趁热取姜汁3茶匙，置于面膜碗中。 3. 将当归粉加入其中，用面膜棒搅拌均匀即成。
	♥丝瓜红酒面膜	各种肤质	2～3次/周	活颜控油	丝瓜50克，红酒20克	榨汁机，面膜碗，面膜棒，面膜纸	1. 丝瓜洗净，去皮及籽，榨汁。 2. 将丝瓜汁、红酒一同倒入面膜碗中，适当搅拌。 3. 在调好的面膜中浸入面膜纸，泡开即成。
	♥杧果焕颜面膜	各种肤质	1～2次/周	活肤焕彩	杧果100克，牛奶30克	搅拌器，面膜碗，面膜棒	1. 杧果去皮去核，放入搅拌器中搅拌成泥状，置于面膜碗中。 2. 加入牛奶，用面膜棒搅拌均匀即成。
	♥优酸乳梨活颜面膜	各种肤质	1～2次/周	活颜亮彩	梨50克，优酸乳50克，玫瑰精2滴	搅拌器，面膜碗，面膜棒	1. 梨洗净切块，放入搅拌器中搅拌成泥，置于面膜碗中。 2. 在其中加入优酸乳、玫瑰精，用面膜棒搅拌均匀即成。

瘦脸紧致面膜							
	面膜名称	适用肤质	适用频率	功效	材料	工具	制作方法
	♥砂糖橄榄油面膜	各种肤质	3～5次/周	紧致瘦脸	红薯1个	锅，面膜碗，面膜棒	1. 将红薯洗净，去皮切块，入锅蒸至熟软，取出放至温凉。 2. 将温热的红薯放入面膜碗中，用面膜棒捣成泥状即成。
	♥胡萝卜甘油面膜	油性肤质	1～2次/周	紧致瘦脸	胡萝卜汁100克，甘油10克，保湿萃取液10克	面膜碗，面膜棒	在面膜碗中加入胡萝卜汁、甘油、保湿萃取液蒂，用面膜棒搅拌均匀即成。
	♥芹菜汁面膜	油性/混合性	2～3次/周	滋润瘦脸	芹菜100克	榨汁机，面膜碗，面膜棒，面膜纸	1. 芹菜洗净切段，榨取汁液，倒入面膜碗中，适当搅拌。 2. 在芹菜汁中浸入面膜纸，泡开即成。
	♥绿茶橘皮粉面膜	各种肤质	1～2次/周	紧致瘦脸	鸡蛋1个，绿茶粉、橘皮粉各10克	面膜碗，面膜棒	1. 鸡蛋磕开，取鸡蛋清。 2. 将蛋清、绿茶粉、橘皮粉一同倒入面膜碗中，用面膜棒搅拌均匀即成。
	♥荷叶面膜	各种肤质	2～3次/周	消肿瘦脸	干荷叶5克，薏米粉10克	锅，面膜碗，面膜棒	1. 干荷叶放入锅中，煮水。 2. 取荷叶水置于面膜碗中，加入薏米粉，用面膜棒搅拌均匀即成。
	♥苏打水面膜	各种肤质	1～2次/周	收敛瘦脸	苏打粉20克，热水10克	面膜碗，面膜棒，面膜纸	1. 将苏打粉倒入面膜碗中，加入热水，用面膜棒充分搅拌至苏打粉全部溶解。 2. 在调好的面膜中浸入面膜纸，泡开即成。

♥猕猴桃双粉面膜	各种肤质	1~2次/周	紧致瘦脸	猕猴桃1个，绿豆粉、玉米粉各20克	搅拌器、面膜碗、面膜棒	1.猕猴桃洗净去皮，入搅拌器打成泥。 2.将猕猴桃泥、绿豆粉、玉米粉倒入面膜碗中，加适量水，用面膜棒搅拌均匀即成。
♥绿茶紧肤面膜	各种肤质	1~2次/周	紧致肌肤	绿茶粉30克，鸡蛋1个，面粉50克	搅拌器、面膜碗、面膜棒	1.鸡蛋磕开，取蛋黄，放入面膜碗中。 2.在面膜碗中加入面粉、绿茶粉，用面膜棒搅拌均匀即成。
♥苦瓜消脂面膜	各种肤质	1~2次/周	消脂瘦脸	苦瓜100克	搅拌器、面膜碗、面膜棒	1.将苦瓜洗净切块，放入搅拌器中搅拌成泥。 2.倒入面膜碗中，用面膜棒适当搅拌即成。
♥红茶去脂面膜	各种肤质	1~2次/周	燃脂瘦脸	红茶叶10克，面粉20克	锅，纱布、面膜碗、面膜棒	1.将红茶叶入锅，加水煎煮，滤取茶水入面膜碗。 2.在面膜碗中加入面粉，用面膜棒搅拌均匀即成。
♥绿茶去脂面膜	各种肤质	1~2次/周	去脂瘦脸	绿茶叶1大匙，红糖1大匙，面粉2大匙	锅，面膜碗、面膜棒	1.将绿茶叶加水煎煮，滤取茶水。 2.将红糖加入茶汤中，用面膜棒搅拌均匀即可。
♥芦荟木瓜消肿面膜	各种肤质	1~2次/周	消肿瘦脸	木瓜20克，蜂蜜15克，纯牛奶50克，芦荟精华霜2克	搅拌器、面膜碗、面膜棒	1.将木瓜切成片状，搅拌成泥放入面膜碗，加入蜂蜜。 2.加入纯牛奶和芦荟精华霜，拌匀即成。
♥绿豆粉酸奶面膜	各种肤质	1~2次/周	燃脂瘦脸	绿豆粉30克，酸奶40克	面膜碗、面膜棒	1.将绿豆粉、酸奶倒入面膜碗中。 2.用面膜棒充分搅拌，调成均匀的糊状，即成。
♥荷薏消肿排毒面膜	各种肤质	1~2次/周	消肿排毒	干荷叶10克，薏米粉15克	锅，纱布、面膜碗、面膜棒	1.荷叶洗净，煮水，用纱布滤水。 2.将荷叶水、薏米粉一同加入面膜碗中，用面膜棒搅拌均匀即成。
♥木瓜面粉去脂面膜	各种肤质	1~2次/周	消脂瘦脸	木瓜1/4个，面粉30克	榨汁机、面膜碗、面膜棒	1.将木瓜洗净，去皮去籽，放入榨汁机榨汁。 2.将木瓜汁、面粉一同倒入面膜碗中。 3.用面膜棒充分搅拌，调和成糊状，即成。
♥葡萄柚消脂面膜	各种肤质	1~3次/周	保湿消脂	葡萄柚50克，面粉15克，纯净水适量	搅拌器、面膜碗、面膜棒	1.葡萄柚去皮和籽，取果肉，搅拌成泥，置于面膜碗中。 2.在面膜碗中加入面粉、适量纯净水，用面膜棒搅拌均匀即成。
♥燕麦珍珠茶叶面膜	各种肤质	2~3次/周	紧致瘦脸	燕麦粉40克，珍珠粉10克，鸡蛋1个，茶叶1小包	锅，面膜碗、面膜棒	1.鸡蛋磕开，滤取蛋清，倒入面膜碗中。 2.开水冲泡茶叶，滤汁，加入蛋清、燕麦粉、珍珠粉，用面膜棒调匀即成。

	适用肤质	适用频率	功效	材料	工具	制作方法
♥丝瓜瘦脸面膜	各种肤质	1~2次/周	去脂防皱	丝瓜50克，蜂蜜15克	搅拌器，面膜碗，面膜棒	1.丝瓜削去外皮，洗净、切片。2.将丝瓜搅拌成泥，倒入碗中，加入蜂蜜，用面膜棒搅拌均匀即成。
♥大蒜去脂面膜	各种肤质	1~2次/周	燃脂瘦脸	大蒜20克，糯米粉30克	微波炉，面膜碗，面膜棒	1.大蒜去皮，微波加热2分钟取出，捣成泥状。2.将蒜泥、蜂蜜、糯米倒入面膜碗中，用面膜棒搅拌均匀即成。
♥中药瘦脸面膜	各种肤质	1~2次/周	紧肤瘦脸	茯苓粉、泽泻粉各15克，白术粉20克，面粉10克，纯净水适量	面膜碗，面膜棒	1.在面膜碗中加入茯苓粉、泽泻粉、白术粉、面粉。2.继续加入纯净水适量，搅拌均匀即成。

深层清洁面膜

面膜名称	适用肤质	适用频率	功效	材料	工具	制作方法
♥番茄蜂蜜面膜	各种肤质	1~3次/周	深层清洁	番茄1个，蜂蜜1匙，面粉适量	捣蒜器，面膜碗，面膜棒	1.番茄洗净，去皮及蒂，切块，放入捣蒜器捣成泥。2.将番茄泥倒入面膜碗中，加入蜂蜜，用面膜棒搅拌均匀即成。
♥银耳爽肤面膜	各种肤质	2~3次/周	滋润清洁	银耳20克，苹果醋10克	锅，纱布，面膜碗，面膜棒，面膜纸	1.银耳泡发，煮稠，用纱布滤水，晾凉。2.在碗中加入银耳水、苹果醋，充分搅拌。3.在调好的面膜中浸入面膜纸，泡开即成。
♥红酒细盐面膜	油性肤质	1~2次/周	净化清洁	红酒50克，醋5克，盐2克，蜂蜜1匙	面膜碗，面膜棒，面膜纸	1.将醋、盐一同置于面膜碗中，搅拌调和。2.接着再加入红酒与蜂蜜，用面膜棒充分搅拌，放入面膜纸泡开即成。
♥丹参栀子面膜	各种肤质	1~2次/周	清洁美白	丹参、栀子各15克，蜂蜜、面粉各10克	锅，纱布，面膜碗，面膜棒	1.将丹参和栀子洗净，浸泡，煮水，滤水。2.将药水、蜂蜜、面粉一同加入面膜碗中，用面膜棒搅拌均匀即成。
♥柠檬酸奶面膜	油性肤质	1~2次/周	清洁净化	柠檬1个，酸奶10克，面粉5克	榨汁机，面膜碗，面膜棒	1.柠檬洗净榨汁，倒入面膜碗中。2.在面膜碗中加入面粉、酸奶，用面膜棒搅拌均匀即成。
♥红豆蛋黄面膜	各种肤质	1~2次/周	清洁滋养	西瓜20克，红豆60克，鸡蛋1个	搅拌器，面膜碗，面膜棒	1.西瓜果肉切小块，红豆浸泡1个小时。2.将西瓜果肉与红豆放入搅拌器中打成泥状。3.取鸡蛋黄，与西瓜泥、红豆泥一同倒在面膜碗中，用面膜棒搅拌调匀即成。
♥花粉蛋黄柠檬面膜	各种肤质	1~2次/周	净化清洁	柠檬、鸡蛋各1个，花粉、面粉各10克	榨汁机，面膜碗，面膜棒	1.柠檬洗净榨汁，倒入面膜碗中。2.鸡蛋磕开，取鸡蛋黄，加入花粉、面粉，用面膜棒搅拌均匀即成。

♥香蕉荸荠面膜	各种肤质	1～2次/周	清洁净化	荸荠3个，香蕉半根，橄榄油20克	搅拌器，面膜碗，面膜棒	1.荸荠洗净去皮，香蕉去皮，搅拌成泥。 2.将荸荠泥、香蕉泥、橄榄油一同置于面膜碗中，用面膜棒搅拌均匀即可。
♥绿豆白芷面膜	各种肤质	1～2次/周	深层清洁	绿豆粉30克，白芷粉20克，蜂蜜10克	面膜碗，面膜棒	1.将绿豆粉、白芷粉一同倒在面膜碗中。 2.加入蜂蜜和清水，用面膜棒充分搅拌，调和成稀薄适中的面膜糊状即可。
♥红糖牛奶面膜	各种肤质	1～2次/周	去除角质	红糖50克，鲜牛奶50克	面膜碗，面膜棒	1.红糖加入开水，搅拌至溶化，放凉。 2.将放凉的糖水倒入面膜碗中，加入鲜牛奶，用面膜棒搅拌均匀即成。
♥番茄蛋清面膜	油性肤质	1～2次/周	深层清洁	番茄1个，鸡蛋1个，珍珠粉20克	搅拌器，面膜碗，面膜棒	1.番茄洗净去皮、蒂，榨汁，置于面膜碗中。 2.鸡蛋磕开，滤取蛋清。 3.继续加入蛋清、珍珠粉，用面膜棒拌匀即成。
♥柳橙酸奶面膜	各种肤质	1～3次/周	深层清洁	柳橙1个，酸奶、面粉各10克，纯净水适量	榨汁机，面膜碗，面膜棒	1.柳橙洗净，榨取汁液，倒入面膜碗中。 2.加入酸奶、面粉、适量纯净水，用面膜棒搅拌均匀即成。
♥胡萝卜玉米粉面膜	各种肤质	1～2次/周	净化肌肤	胡萝卜半根，玉米粉10克	搅拌器，面膜碗，面膜棒	1.将胡萝卜洗净去皮，放入搅拌器搅打成泥。 2.将胡萝卜泥倒入面膜碗中，加入玉米粉，用面膜棒调成糊状即成。
♥柠檬蛋黄洁肤面膜	各种肤质	1～3次/周	净化清洁	柠檬、鸡蛋各1个，奶粉15克	榨汁机，面膜碗，面膜棒	1.柠檬洗净切片，放入榨汁机中榨取汁液，倒入面膜碗中。 2.取蛋黄，与柠檬汁、奶粉一同倒入面膜碗中，用面膜棒搅拌均匀即成。
♥菠萝苹果面膜	各种肤质	1～2次/周	清洁净化	苹果1个，菠萝肉1块，燕麦粉20克	搅拌器，面膜碗，面膜棒	1.苹果、菠萝肉分别洗净切块，搅拌成泥。 2.将果泥、燕麦粉倒入面膜碗中。 3.用面膜棒搅拌均匀即成。
♥燕麦柠檬面膜	各种肤质	1～2次/周	去除角质	青苹果1个，柠檬1个，蜂蜜、面粉各10克	搅拌器，榨汁机，面膜碗，面膜棒	1.苹果洗净切块，搅拌成泥；柠檬榨汁。 2.将苹果泥、柠檬汁、蜂蜜、面粉倒入面膜碗中，用面膜棒搅拌调匀即成。
♥橘子燕麦面膜	各种肤质	1～2次/周	清洁净化	柠檬1个，燕麦粉60克	面膜碗，面膜棒	1.将柠檬洗净切开，挤汁待用。 2.将柠檬汁、燕麦粉倒入面膜碗中。 3.用面膜棒搅拌调匀即成。
♥芹菜葡萄柚面膜	油性/混合性肤质	2～3次/周	清洁保湿	芹菜100克，葡萄柚50克	搅拌器，面膜碗，面膜棒	1.芹菜洗净，切段；柚子去皮、籽，取果肉。 2.将芹菜、葡萄柚搅拌成泥状，倒入面膜碗中，用面膜棒拌匀即成。

	适用肤质	适用频率	功效	材料	工具	制作方法
♥蜂蜜酸牛奶面膜	各种肤质	1~2次/周	补水清洁	酸牛奶20克,蜂蜜10克	面膜碗,面膜棒,面膜纸	1. 在面膜碗中加入酸牛奶、蜂蜜,用面膜棒调匀。 2. 在调好的面膜中浸入面膜纸,泡开即成。
♥木瓜燕麦面膜	各种肤质	1~2次/周	清洁净化	燕麦片20克,木瓜100克,牛奶15克	榨汁机,面膜碗,面膜棒	1. 将燕麦片放入水中泡6~8小时,木瓜榨汁。 2. 将燕麦片、木瓜汁、牛奶放入面膜碗中,用面膜棒搅拌均匀即可。
♥柠檬蛋酒面膜	混合性肤质	1~2次/周	清洁润泽	柠檬、鸡蛋各1个,奶粉10克,白酒5克	榨汁机,面膜碗,面膜棒	1. 柠檬洗净,榨汁,倒入面膜碗中。 2. 鸡蛋取蛋黄放入面膜碗中,加入奶粉、白酒,用面膜棒搅拌均匀即成。
♥小苏打牛奶面膜	各种肤质	1~3次/周	清洁净颜	牛奶、小苏打各10克	面膜碗,面膜棒	1. 在面膜碗中加入牛奶、小苏打,用面膜棒搅拌均匀。 2. 在牛奶中浸入面膜纸,泡开即成。
♥酵母牛奶面膜	各种肤质	1~3次/周	清洁美白	干酵母15克,牛奶50克	微波炉,面膜碗,面膜棒	1. 牛奶入微波炉加热,置于面膜碗中。 2. 在碗中加入干酵母,用面膜棒搅拌均匀即可。

防晒修复面膜

面膜名称	适用肤质	适用频率	功效	材料	工具	制作方法
♥维C黄瓜面膜	各种肤质	1~2次/周	晒后修复	黄瓜半根,维生素C1片,橄榄油10克	搅拌器,面膜碗,面膜棒	1. 黄瓜洗净切块,放入搅拌器打成泥状。 2. 用勺子将维生素C片碾成细粉。 3. 将黄瓜泥、维生素C、橄榄油一同倒在面膜碗中,用面膜棒充分搅拌即成。
♥黄瓜蛋清面膜	各种肤质	2~3次/周	修复防晒	黄瓜1根,鸡蛋1个	榨汁机,面膜碗,面膜棒	1. 将黄瓜洗净切块,用榨汁机榨汁备用。 2. 将鸡蛋磕开,滤去蛋清。 3. 将鸡蛋液、黄瓜汁倒入面膜碗,用面膜棒搅拌均匀即成。
♥黄瓜面膜	各种肤质	3~5次/周	晒后修复	黄瓜1根	刀,纱布	1. 将黄瓜洗净,用刀拍碎。 2. 将黄瓜碎用纱布包住,把纱布敷在面部。
♥芦荟晒后修复面膜	各种肤质	1~2次/周	清凉镇静	芦荟叶1片,甘菊花4朵,维生素E胶囊2粒,薄荷精油1滴	锅,面膜碗,面膜棒	1. 芦荟洗净去皮,取芦荟肉;甘菊花洗净。 2. 将芦荟肉、甘菊一同入锅,加入适量水,以小火煮沸,滤取汁液,晾至温凉。 3. 将维生素E胶囊扎破,与芦荟液一同倒在面膜碗中。 4. 滴入薄荷精油,用面膜棒搅拌调匀即成。
♥胡萝卜蛋黄面膜	各种肤质	1~2次/周	防晒修复	胡萝卜100克,鸡蛋1个	榨汁机,面膜碗,面膜棒	1. 胡萝卜洗净,去皮,放入榨汁机榨汁。 2. 鸡蛋磕开,滤取鸡蛋黄。 3. 将胡萝卜汁与蛋黄放入碗中,用面膜棒搅拌均匀即成。

♥木瓜哈密瓜面膜	各种肤质	1～2次／周	防晒抗衰	木瓜1/4个，哈密瓜1片，面粉40克	搅拌器，面膜碗，面膜棒	1. 将木瓜、哈密瓜分别洗净，去皮去籽，放入搅拌器打成泥。 2. 将果泥、面粉一同倒入面膜碗中。 3. 用面膜棒充分搅拌，调和成糊状，即成。
♥胡萝卜红薯面膜	各种肤质	2～3次／周	补水修复	胡萝卜1根，红薯1个，蜂蜜适量	榨汁机，面膜碗，面膜棒	1. 胡萝卜洗净，切块榨汁；红薯洗净去皮，蒸熟，压成泥状。 2. 将胡萝卜汁、红薯泥、蜂蜜一同倒在面膜碗中。 3. 用面膜棒充分搅拌，调和成糊状即成。
♥薰衣草绿豆面膜	各种肤质	1～2次／周	防晒修复	绿豆粉40克，薰衣草精油1滴，乳酪10克，纯净水适量	面膜碗，面膜棒	1. 将绿豆粉、乳酪倒入面膜碗中。 2. 滴入薰衣草精油，加入适量纯净水。 3. 用面膜棒充分搅拌，调成均匀的糊状，即成。
♥番茄水梨面膜	各种肤质	1～2次／周	防晒修复	水梨、番茄各1个，苹果半个，面粉适量	榨汁机，面膜碗，面膜棒	1. 将水梨、番茄、苹果洗净去皮去核，放入榨汁机中打成汁。 2. 将果汁、面粉倒入面膜碗，用面膜棒拌匀即成。
♥豆腐牛奶面膜	各种肤质	2～3次／周	抗敏镇静	豆腐50克，牛奶10克	捣蒜器，面膜碗，面膜棒	1. 将豆腐切块，放入捣蒜器中捣成泥。 2. 将豆腐泥、牛奶一同置于面膜碗中。 3. 用面膜棒充分搅拌，调成糊状即成。

◀ 巧用精油滋养皮肤

在家中做面部保养

精油对于所有肤质的人来说都是很好的卸妆品，能有效地清除在城市中沾染的污垢和灰尘。你可以自己制作洁面油，或单独使用基础油。用手指蘸取精油，以打圈的方式涂在脸上。不要用清水将其洗掉，印度的女性一直保持用草本植物粉末将其从脸上吸干的习惯。

草本植物粉末

草本植物的粉末能清洁并唤醒皮肤，可以单独做洁面品使用，或在涂完精油后使用。制作最简单的ubtan（巴基斯坦妇女出嫁前使脸上肌肤变嫩的一种植物粉末）就是用鹰嘴豆或鹰嘴豆花，加入几滴液体将其搅成糊状，油性皮肤的人可以使用柠檬汁，干性皮肤的人可以使用热牛奶。用手指蘸取，以打圈或向上的方式涂抹在皮肤上，待其变干后，用温水清洗干净。

复杂一些的草本植物的粉末，包括草本植物和谷物，通常在做过草本蒸汽疗法后当作面部磨砂膏使用。对于皮肤没有瑕疵或非敏感性皮肤的人来说，最好每隔几周就使用一次质地稍微粗糙一点的磨砂产品，要避开细嫩的眼部皮肤。如果你的皮肤较敏感，就要保证草本植物的粉末研磨得很细致，皮塔型（阿育吠陀疗

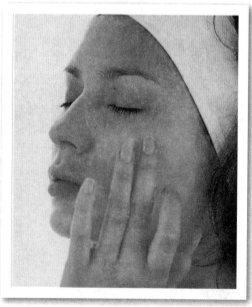

▲ 精油能有效地清洗掉化妆品并滋养皮肤。它能渗透进细小的毛孔而不损害皮肤。杏仁油富含维生素E，是人们喜爱的日常用品。

▲ 任何滋养面部皮肤或恢复皮肤年轻状态的方法，如精油按摩，都要从锁骨下方开始，用向上的动作完成，锁骨常常是被忽略的区域。

法中的体型分类，火型）女性要注意不要过度用力摩擦皮肤。

草本热疗

每周做一次草本热疗，适合多种肤质，但是对于干性和成熟肌肤而言，1个月做一次就足够了。湿热的气体能使毛孔张开，污垢随着汗液排出，同时促进富氧血循环，有助于皮肤再生。你可以先将精油涂在皮肤上，热气有助于精油更好地渗透到深层皮肤中。但是不要将清洁精油留在脸上，否则污垢会重新渗到皮肤当中。

草本蒸汽　在一盆热水中放入草本植物，俯身将脸贴近水面，用毛巾将头部周围包起来，防止蒸汽流失，保持5分钟。当你感到眩晕或过热时，要立即停止。

草本外敷　将几条毛巾浸泡在有草本植物的热水中，然后拿出，拧干。坐下来，头部后仰，将毛巾敷于面部，放松5分钟。当毛巾冷却时，再一次浸泡于水中，重复刚才的步骤。

草本浴　将花草袋浸泡在浴缸中，并让热气使毛孔张开。

最后用凉毛巾拍打面部。将清凉爽肤水喷雾或冷水喷在脸上，然后休息几分钟，让身心放松和平静下来。

精油按摩

这是一种传统的印度美容方法。在阿育吠陀疗法中，精油受到高度的重视，被认为是保持身体健康的必不可少的用品，根据个人喜好，也可以用乳液来代替精油。

将少许精油加热，倒在手上。从锁骨下方开始，向上向外在皮肤上涂抹，也可以按照顺时针的方向画圈。继续涂抹10分钟，颈部和脸部也要涂抹。用力要适度，不要拉伤皮肤。干性或成熟肌肤的人特别要注意防止拉伤。卡法型（水型）女性应该在继续按摩之前将精油擦掉。

面部涂敷膏和面膜

面部涂敷膏是最能迅速改善皮肤的方法。用水果或蔬菜做成的简易面膜可以在脸上敷1个小时，同时你可以做按摩或冥想（如果面膜向下流，你需要躺下来，可以尝试仰卧式的瑜伽姿势）。面膜是面部

▲ 在敷面膜的时候休息一下，利用这段时间做一些其他保养程序的准备工作。

涂敷膏的加强版，使用粉状或泥状面膜，使其能更深入地渗透到毛孔中。可以在脸上敷10 ～ 20分钟。

清洗面部涂敷膏或面膜的方法，用清水（适用于油性皮肤）或牛奶（适用于干性皮肤）将其软化，然后轻轻按摩，最后从皮肤上洗干净。

调理

将天然花卉水喷在面部以清除残留污垢，并舒缓肌肤，对于油性皮肤，可以使用金缕梅花卉水。特别油腻的皮肤或有深色色斑的皮肤可以用一片柠檬擦拭，等待几分钟后，清洗干净。

滋润

只在皮肤感到干燥的时候使用乳液。如果你的皮肤很油腻或长有粉刺，并且已经按照阿育吠陀疗法的保养程序来保养，就不需要使用

▲ 柠檬有助于淡化颜色较深的色斑，但是不能用在干性或敏感性皮肤上。

乳液，因为此疗法的任何一种配方都不会使皮肤的油脂流失。

第一步：清洁皮肤

前人积累的经验是不断发展变化着的，在代代相传的过程中吸收进了新的知识。移居其他国家的印度家庭常常改进其古老的配方以适应新的情况，用其他容易买到的原料代替只有在印度才能找到的原料，包括精油。

你可以将厨房的碗碟橱变成美容宝库，因为下面这些配方中所需的原料是印度人每天饮食中必备的。所有的原料在亚洲人的商店都可以买到，多数原料在超级市场就有出售。

洁面乳

杏仁油、芝麻油和葵花子油是最好的洁肤精油。或者，你也可以使用清爽的洁面乳。

原料：
- ⊙ 7.5 毫升蜂蜡
- ⊙ 30 毫升椰子油
- ⊙ 30 毫升杏仁油
- ⊙ 60 毫升黄瓜汁（或清水）
- ⊙ 1.5 毫升硼砂
- ⊙ 少许金缕梅
- ⊙ 几滴玫瑰花水

将蜂蜡放入非金属的碗中，放在盛满热水的锅中融化，然后加入精油。在另一个碗中加热黄瓜汁和硼砂，直至硼砂完全溶解（硼砂是天然的乳化剂）。然后加入金缕梅，冷却。将这两个碗中的原料混合，冷却后，倒入玫瑰花水。搅拌混合物，直到它冷却并变得黏稠。

草本植物粉末

这是印度传统的洁肤品。有很多配方都具有温和的软化和清洁皮肤的作用。

▲ 如果你制作了很多的洁肤品，为何不将其用于保养脚部和腿部呢？

原料：
- ⊙研磨的胡荽
- ⊙研磨的孜然
- ⊙研磨的葫芦巴
- ⊙研磨的甘草
- ⊙鹰嘴豆粉末

将所有原料按等量配制，混合，然后放在干净的密封容器中保存。每次使用时取一把混合粉末就可以了。需要时，用液体原料将粉末搅成糊状，然后就可直接使用了。

⊙ 油性、混合性或有瑕疵的皮肤：用酸奶或过滤好的柠檬汁与粉末一同混合。

⊙ 干性或成熟皮肤：用牛奶或乳液混合。

⊙ 中性或总是觉得发黏的混合性皮肤：用清水或玫瑰花水混合。

将光滑、柔软的糊状物以画圈的方式涂在皮肤上，对于干燥的瓦塔型（风型）皮肤和敏感的皮塔型皮肤动作要轻柔。然后用温水将其洗掉，再用凉水清洗。

橘子皮粉末

这对于油性皮肤或卡法能量失衡的人非常有效，应该每隔一天使用一次。它有助于柔和地去除黑头，使皮肤光洁柔滑。等量准备下列原料。以后，你可以改变各种原料的量，以适应你的肤质。

▲ 准备原料的过程，如研磨适合于干性皮肤的核桃，是美容保养过程中近似于冥想的过程。

原料：
- ⊙小扁豆
- ⊙小麦
- ⊙干橘子皮
- ⊙精制燕麦
- ⊙鹰嘴豆粉末

将小扁豆、小麦和干橘子皮研磨成小颗粒。对于敏感的皮塔型人，需要研磨得更细致。将这些原料混合在一起，放在密封的容器中保存。

用少许清水、柠檬汁或两者一起将一小把混合粉末搅成柔软的糊状物，这要根据的你的肤质来确定。然后用这种糊状物来去除皮肤角质。

小贴士 ♡

过敏警报

在往脸上涂抹任何一种化妆用品之前，先在手腕内侧对其进行测试。你打算让这种化妆品在脸上保持多长时间，就让其在手腕内侧停留多长时间。如果皮肤出现任何发红、发炎、疼痛等过敏症状，立即将手腕内侧的化妆用品冲洗干净，并立即放弃这种产品。

杏仁粉末

这对缓解皮塔能量或瓦塔能量失衡尤其有效，对干性或敏感性皮肤也有很好的效果。

原料：
- 核桃
- 精制燕麦
- 研磨的杏仁

将核桃研磨成小颗粒，与等量的燕麦和研磨好的杏仁混合，然后放在密封的容器中保存。使用时，用清水（适合油性皮肤）或牛奶（适合干性皮肤）将一小把粉末搅成糊状物。

小贴士 ♡

牛奶和糖

可以用它们来做最简单的面部保养。用水将脸弄湿，然后将 5 毫升糖轻轻地按摩在脸上。然后用清水清洗。煮沸的牛奶冷却后，在最上面会形成一层薄薄的奶皮，用它滋润面部。把它贴在面部，两分钟后，用清水清洗并按摩。

第二步：热气和精油

阿育吠陀疗法医师会选择一款精油用作身体按摩，帮助朵萨（意为力量或缺陷，也就是说朵萨是身体的能量，也表示这些能量的不平衡会造成身体的不适与疾病）恢复平衡，如芝麻油有助于减少瓦塔能量或卡法能量，椰子精油有助于消除过剩的皮塔能量。但是，对于面部和脖颈处的皮肤，最好根据个人肤质和皮肤的状况选择精油，因为这些部位皮肤的状况通常是朵萨能量的表现方式。

瓦塔型的人通常皮肤较干燥，皮塔型的人为敏感性皮肤，卡法型的人为油性皮肤。

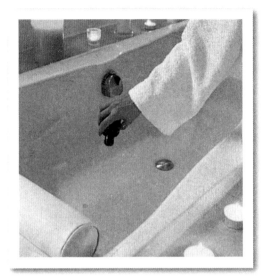

▲ 简单的蒸汽保养法：在浴缸中加入几滴草本精油，就可以放松沐浴了。

皮肤类型

典型的瓦塔型皮肤较薄、毛孔较细、干燥、皮肤凉并常常出现暗沉。这种脆弱的皮肤需要温柔的保护和滋养。一定不要用力揉搓或拉抻皮肤。

皮塔型的皮肤柔软、温暖，呈玫瑰红色，但是通常较敏感。不要使用刺激性的化学品或任何可能引起红疹或炎症的护肤品。皮塔型的人通常是混合性皮肤，T 字区较油，但是双颊和嘴唇周围的皮肤较干燥，易生粉刺和色斑。

卡法型的皮肤较健康、较厚，天生皮肤湿润。因此，这样的皮肤衰老和受到环境污染损伤的速度缓慢，但是容易出现毛孔粗大、黑头和出油过多的情况。

和多数人一样，如果你受到两种朵萨的影响，你应该注意到哪种朵萨掌控你的面部皮肤。你可能主要受到卡法能量的掌控，但是如果你的皮肤对热和化学品敏感，双颊和嘴唇周围的皮肤较干燥，这就是皮塔能量的表现，需要对此采取相应的措施。你的皮肤状态也可能会随着外界因素的变化而变化，比如天气，寒冷干燥的冬天使瓦塔能量增加，可能会对皮肤造成影响。

草本蒸汽保养

在热水中加入有香味的草本香料，用来进行温和的蒸汽保养。将脸贴近水面之前，先用手臂内侧测试蒸汽的温度。

原料：

- ⊙半个柠檬
- ⊙几片橘子皮
- ⊙少许檀香粉末
- ⊙干玫瑰花瓣

其他可以加入的原料如下。

⊙油性皮肤：甘草根、薰衣草、茴香子、迷迭香。

⊙成熟皮肤：甘草根、茴香子、丁香、搓碎的姜、薄荷。

⊙干性皮肤：甘草子、月桂树叶、洋甘菊。

⊙有瑕疵的皮肤：甘草根、柠檬叶、薰衣草、蒲公英根。

⊙中性皮肤：甘草根、百里香、洋甘菊、茴香子、薰衣草。

在瓷盆或非金属盆中至少加入 1.2 升清水，加入柠檬和两把已准备好的原料。盖上盖子煮沸，并要搅拌几次，然后关上火。将盖子拿开，使其冷却，直到蒸汽的温度适宜。

面部按摩精油

基础油可以单独使用，也可以尝试着做一些草本精油，用于面部和身体按摩，下面会介绍两种方法。有些浸泡精油可以买到，或者你也可以自己加入几滴精油（孕妇需要避免使用某些精油，因此在使用前，需要咨询专家）。

简单的草本精油

原料：

- ⊙一把新鲜草本植物
- ⊙250 毫升基础油

▲ 乳香曾是进贡给帝王的非常珍贵的贡品，它能滋养成熟的皮肤。

用杵将草本植物的叶子在研钵中捣碎，加入少量你选用的基础油，并充分搅拌均匀。然后将其倒在剩下的基础油中，再倒进有螺旋盖的瓶子中，充分摇晃。放在阴凉的地方保存，每天摇晃几次，3 天后再使用。

草本精油溶液

原料：

- ⊙ 4 份基础油
- ⊙ 16 份水
- ⊙ 1 份研磨的草本碎片或粉末

在釉瓷盆或其他非金属盆中倒入基础油，加入水和你选用的草本植物。用中火加热，快速搅拌，然后用文火慢慢加热，偶尔搅拌几次，直到所有的水分都蒸发掉。根据你制作的溶液的量，这一过程可能会需要 1 个多小时。在此期间，你可以做饭，除非你做的饭菜味道过于浓烈，影响到基础油的气味。

深层清洁：面部涂敷膏和面膜

使用最简单的具有清洁和滋养皮肤功效的面部涂敷膏，你只需要将一些熟透的水果在脸上揉碎就可以了。多数水果和蔬菜可以这样使用，但是对于较坚硬的水果和蔬菜，就需要将其搓碎或搅成糊状，尝试我们在这里给出的建议或找到对你的皮肤最有效的配方。用手指将面部涂敷膏涂在皮肤上，你要用点心涂，使涂抹更加方便容易，然后让其在脸上停留至少20分钟（除非有特殊说明），同时放松身心。最后，将其从面部揭掉，用清水洗净。

可以将黏土、燕麦、鹰嘴豆粉末加进任何一款面部涂敷膏中，制作成面膜，它能吸走毛孔深处的污垢，有助于皮肤的清洁。燕麦粉对于患湿疹的人的皮肤有舒缓作用，而鹰嘴豆粉会使皮肤清洁，所以最好将这两种原料和其他风干的原料混合使用。要使混合好的面膜有一定黏稠度，这样它就不会从脸上滴落，可以先在手背上试验一下，要敷至少20分钟，再按摩并清洗干净。

简单的面部涂敷膏

原料：
- 选择几种水果或蔬菜
- 5毫升酸奶或杏仁油

▲ 经常试验，配制适合你的面膜。

在非金属的碗中，将水果和蔬菜切碎、搓碎或捣碎。将多余的水分（是非常好的健康饮品）过滤出来，然后在糊状物中加入酸奶（适用于油性皮肤）或精油（适用于干性皮肤）。将混合物敷在整个面部和脖颈处，避开眼部周围细嫩的皮肤。躺下，休息至少10分钟，等待其发挥作用，然后按摩，用清凉的清水洗净。

令肌肤获得新生

此配方适用于成熟肌肤，有助于消除皱纹。

原料：
- 一把新鲜的带香气的天竺葵叶子
- 玫瑰花水

将天竺葵叶子浸泡在玫瑰花水中几个小时，直到叶子软化，然后将它们敷在脸上，躺下休息15 ～ 30分钟。

鳄梨面部涂敷膏

蛋清和柠檬汁通常适用于油性皮肤，但是鳄梨富含天然油脂，对干性皮肤有很好的舒缓作用。

原料：
- 1个鳄梨
- 5毫升柠檬汁
- 1个蛋清

将鳄梨捣碎，加入其他的原料，然后涂在脸上。

苹果面部涂敷膏

它适用于所有肤质。如果你的皮肤非常油，你可以使用荷荷芭精油代替杏仁油。

原料：
- 1/2个小苹果，削皮并切成碎块
- 15毫升蜂蜜
- 1个鸡蛋黄
- 15毫升苹果酒或酒醋
- 45毫升杏仁油

将这些原料混合。

▲ 苹果面部涂敷膏能恢复皮肤的平衡状态，黄瓜能消除面部水肿，做面膜时，身心要放松。

小贴士 ♥

不同肤质的面部涂敷膏原料

味道较酸的水果，如葡萄、柠檬、番茄或桃子，应该与较温和的含淀粉的水果或蔬菜如香蕉混合使用。要注意，如果原料中有葡萄，不要用于干性或敏感性皮肤，因为葡萄会使皮肤干燥脱皮。
- 中性皮肤：鳄梨、香蕉、西葫芦、葡萄、桃
- 干性皮肤：鳄梨、香蕉、胡萝卜、西瓜、梨
- 油性或混合性皮肤：卷心菜、黄瓜、西瓜、梨、草莓、马铃薯、橘子
- 成熟肌肤：苹果、鳄梨、香蕉
- 有瑕疵的皮肤：苹果、卷心菜、李子（煮熟并冷却的）、马铃薯

修复瑕疵的面部涂敷膏

原料：

⊙ 1 个蛋清

⊙ 5 毫升蜂蜜

⊙ 5 毫升胡萝卜汁

⊙ 5 毫升碾碎的大蒜

将蛋清搅拌至黏稠，加入其他的原料，敷在脸上 20 分钟，有助于消除瑕疵。

蜂蜜和鸡蛋面部涂敷膏

它能立即滋润干燥的皮肤。

原料：

⊙ 2.5 毫升蜂蜜

⊙一个蛋黄

⊙ 15 毫升脱脂奶粉

将原料混合，搅成糊状，敷在脸上 20 分钟。

果汁面膜

酸奶能清洁皮肤，而果汁为皮肤提供维生素和矿物质。

▲ 脆弱的瓦塔型皮肤的人在敷面膜时，可以加入少许清爽的精油，如杏仁油或荷荷芭精油，防止皮肤干燥。

  美丽锦囊

小贴士♡

鹰嘴豆粉面膜

● 油性皮肤：将鹰嘴豆粉与少许橄榄油和柠檬汁混合。

● 干性或中性皮肤：将鹰嘴豆粉与少许橄榄油和酸奶混合。

原料：

⊙ 15 毫升啤酒发酵粉

⊙ 2.5 毫升酸奶

⊙ 5 毫升橙汁

⊙ 5 毫升胡萝卜汁

⊙ 5 毫升杏仁油

将原料混合并搅拌成糊状。如果你是油性皮肤或暗沉，再加入 5 毫升柠檬汁；对于干性皮肤，精油的用量要加倍。

清透面膜

原料：

⊙ 10 毫升磨碎的杏仁

⊙ 5 毫升玫瑰花水

⊙ 2.5 毫升蜂蜜

将原料混合搅成糊状，然后薄薄地涂在脸上。清洗时要用清凉的玫瑰花水。

燕麦面膜

对于油性皮肤，用酸奶搅拌干原料，干性皮肤用杏仁油。其他类型的肤质，选择哪种都可以——双颊各用不同的原料，看看哪个效果更好。

原料：

⊙ 10 毫升精制麦片

⊙ 30 毫升橘子皮碎末

⊙酸奶或杏仁油

鸡蛋面膜

如果你想光彩照人，却没有时间精心护理皮肤，可以试试鸡蛋的效果。油性皮肤的人可将蛋清搅拌后，涂在脸上。待其干透以后，彻底清洗干净。这样可以使皮肤紧致，有暂时提升面部皮肤的效果。如果你是干性皮肤，将整个鸡蛋敷在面部。根据个人的肤质，可以只使用蛋清或整个鸡蛋，代替草本植物粉末和面部涂敷膏中的精油或酸奶。

▶ 鸡蛋不仅可以为肌肤提供营养，还有将粉末状的成分混合在一起的作用。

将麦片和橘子皮粉末混合，加入酸奶或杏仁油，搅拌成糊状。

马铃薯面膜

马铃薯富含维生素C，同时令皮肤紧致，非常适合于劳累的皮肤或成熟肌肤。

原料：

⊙ 15毫升马铃薯汁

⊙ 15毫升漂白土

将原料充分混合，搅拌成糊状，涂在皮肤上。

去除瑕疵面膜

这能非常有效地去除红点和瑕疵。

原料：

⊙ 1个鸡蛋黄

⊙ 15毫升啤酒发酵粉

⊙ 15毫升向日葵油

将原料搅拌成糊状，涂在脸上。15分钟后，用牛奶清洗干净。

橙子面膜

这款面膜适合于干性皮肤。

原料：

⊙ 5毫升鲜榨的橙汁

⊙ 15毫升漂白土

⊙ 15毫升玫瑰花水

⊙ 15毫升蜂蜜

将所有的原料混合在一起，搅拌成糊状，然后薄薄地涂在皮肤上。

调理和滋润

在做完面部皮肤护理后，在脸上拍些清凉的纯净水或泉水，令皮肤清透干爽。花卉水有天然的功效，它能柔和地收缩毛孔，而含有酒精的爽肤水会对皮肤产生刺激。对于油性皮肤，可以在水中加入少许的醋，或在玫瑰水中加入金缕梅精油。

花卉水

玫瑰花水是护肤的最佳选择。它能温和地收缩毛孔，舒缓滋润皮肤。在炎热的季节，玫瑰花水有为皮肤降温的功效，能消除皮肤炎症，其淡淡的花香可以令心情愉悦，提高性欲。

可以用玫瑰花水制成清爽的喷雾，尤其可以在干燥的空调房里或闷热的机舱中使用，其还有助于定妆。将化妆棉浸泡在玫瑰花水中，然后拿出拧干，敷在眼睛上，能柔和地消除眼部酸胀。

其他花卉可以用同样的方法使用。薰衣草一直以来受到很高的赞誉，它有清洁皮肤、清新空气的作用，香气宜人。在炎热的天气，是适用于全身的最理想的用品，也可以喷在衣服和床上。

玫瑰花水

将等量的玫瑰花瓣和清水混合，制成清香的玫瑰花水。如果花瓣较多，就要增加水的用量，但要保证水没过花瓣。为了使香气更加明显，要使用干花瓣（将新鲜花瓣放入纸袋子中，把袋子扎起，悬挂起来风干就可以了）。

▲ 自古以来，人们就十分喜爱玫瑰花水的香气。

原料：

⊙ 1茶杯新鲜清香的玫瑰花瓣，装满整个茶杯

⊙ 1茶杯泉水或纯净水

把花瓣放在隔热的非金属的容器中。将沸水浇在花瓣上。盖上容器的盖子，冷却。然后将制好的玫瑰花水倒入有螺旋盖子的瓶子或广口瓶中，放在冰箱中保存。

玫瑰花收敛水

适合于油性或有瑕疵的皮肤。

原料：

⊙ 1份玫瑰花水

> **小贴士 ♡**
>
> ### 正确的保存方法
>
> 在过去，女性通常喜欢自己种植植物或购买新鲜的植物。她们自己将香料、谷物或其他原料研磨成粉末，并立即使用，无论是用于烹饪还是皮肤保养。但是现在已经很少有人这样做了，所以我们需要正确地保存原料。
>
> 干原料应该在清洁、密封的容器中保存。放在阴凉的碗橱柜中，这样香气能保持几个星期甚至几个月。液体原料应放在冰箱中保存，防止发霉或滋生细菌。由于自制的化妆品不容易保存，因此最好在需要使用时再制作，如果用不完的话剩下的只能保存几天。

⊙ 1 份金缕梅

将原料放入有螺旋盖的瓶子或广口瓶中，充分摇晃均匀。

玫瑰花舒缓水

适用于干性皮肤和疲劳的眼部下方皮肤。

原料：

⊙ 250 毫升玫瑰花水

⊙ 1 滴檀香精油

⊙ 1 滴玫瑰精油、香水玫瑰精油或天竺葵精油

将原料倒入有螺旋盖的瓶子或广口瓶中，充分摇晃均匀。

▲ 有螺旋盖的广口瓶可用来混合原料，喷雾瓶可用于喷雾。无论化妆品还是瓶装水，打开包装后就要放在冰箱中保存。

在冰箱中保存。

花卉醒肤水

原料：

⊙ 1 份水

⊙ 1 份玫瑰水或薰衣草水

薰衣草水

原料：

⊙ 一把新鲜的薰衣草花，去掉花柄

⊙ 500 毫升纯净水或矿泉水

将薰衣草花放入有螺旋盖的瓶子或广口瓶中，加入水。放置一天，偶尔摇晃几次。要使香气更浓郁，可以最多放置 3 个星期，每隔几天就拧开盖子察看。然后将水过滤到另一个干净的广口瓶或瓶子中，放

▲ 为了调制出淡淡的、特殊的香气，可以在你的花园里转转，挑选你最喜欢的花卉制作花卉水。

⊙ 2 片黄瓜

⊙几滴柠檬汁（适用于油性皮肤）

将清水和花卉水混合，在冰箱中放置 5 分钟。把黄瓜片浸泡在混合液体中，再拿出来敷在眼睛上，放松并休息。将剩下的液体倒入喷雾瓶中，如果你是油性皮肤，再加入几滴柠檬汁。喷在面部和脖颈处，有醒肤的作用。

滋润乳液

根据个人的情况，调整我们所给出的配方以适应你的皮肤，然后选择一种草本植物粉末来平衡朵萨：白檀香或茉莉适用于皮塔型人，洋甘菊适用于瓦塔型人，印度楝树油适用于卡法型人。

原料：

⊙ 30 毫升蜂蜡

⊙ 175 毫升杏仁油

⊙一撮草本植物粉末或几滴玫瑰花或茉莉花精油

将蜂蜡放入非金属的碗中，放在热水里融化，然后在精油中搅拌。再加入草本粉末或精油，快速搅拌，直到混合物变得柔软。放置，令其冷却。

◀ 阿育吠陀美容法

你的肤质、状态和朵萨会决定当皮肤老化时，皱纹或皮肤松弛是否是你主要的皮肤问题。通常而言，如果你的皮肤较薄，是干性皮肤，就很容易长皱纹，这是很多瓦塔型人的皮肤问题。卡法型人皮肤易出油，而且容易发胖。这对保持面部的美丽有一定的好处，但是负面影响就是多余的脂肪会开始松弛下垂，产生双下

巴。受到皮塔能量或多种朵萨掌控的人（多数人是这样）会遇到这些皮肤问题中的一种。所以最好的保养方法旨在免受这些问题的困扰。

面部维生穴位按摩

每天进行30分钟的面部维生穴位按摩能减少岁月在面部留下的痕迹。在阿育吠陀疗法的理念中，我们应该激发菩拉纳——生命的力量，西方科学将其解释为，放松僵硬的肌肉，促进血液循环。坐着时，背部要挺直，不要弯曲。将手臂放在桌子上，并看着镜子检查自己的手指，当你不需要再看时，要闭上双眼，这是一种非常有效的方法。开始按摩之前，先用几分

小贴士 ♡

指压方法的变化

在按摩的第一个步骤中，你可以按照7-5-7-5-7-5的规律数数，也可以只按压一次，同时数7个数。另一种方法是，缓慢用力地向里按压骨头，不要向上或向下按压，除非有特殊说明。你也可以以转圈的方式，代替直接按压，按摩穴位。

钟时间按摩肩膀、脖子和头部，这些部位的肌肉紧张也会造成面部的紧张。

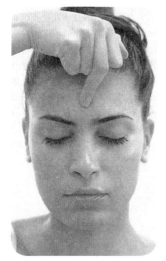

1 首先在鼻梁正上方摸到一个小小的凹陷，这是个重要的穴位。用力按压这里，呼气的同时数7个数，然后吸气，数5个数。重复3次。

2 在眼睛的中间位置、眉毛的正上方找到穴位，然后将手指排成一条线，上至头发。沿着这条线，用无名按压眉穴，食指放在发际线处，中指在中间。

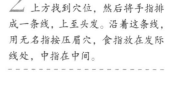

3 将拇指放在眼窝上方的边缘处，用力按压。注意在按压时，不要让拇指戳到眼睛或眼窝。将拇指上提，移动到眼窝的正上方，再次按压，向上推压使额头皱起。

4 将食指指尖放在颊骨处，其他手指垂直排列在眼睛中下方，然后用力按压。

5 在双颊的正下方也就是在眼睛的中下方找到穴位。向里、向上朝着颊骨底部按压。

6 将无名指指肚放在眼窝的外侧边缘，其他手指依次向斜上方排列到耳朵边缘。用力按压。

7 在鼻子两侧找到穴位，用无名指向斜上方、向内按压，食指和中指向内、向上按压颊骨下方。

8 将所有的指尖聚在一起，按压上唇和鼻子之间的区域，这一区域有很多维生穴位。下唇下方也以同样的方法按压。

9 用拇指按压下颌中间的穴位。

10 如果你愿意，将少许适合你肤质的精油或乳液倒在手上。把手放在面部的中下方，轻轻地触碰皮肤，直到手腕接触到双颊的下方。然后用手指向外轻轻揉搓双颊，不要摩擦到眼部下方细嫩的皮肤。然后双手用力向上移动到脸的两侧。重复2～3次。双手扣住眼睛，呼吸几次。

11 将手指在额头中间依次排列，向右耳方向轻轻拉抻皮肤，然后向左耳方向拉抻。重复几次。如果感到皮肤受到拉抻，可以在皮肤上涂上些乳液。然后向头发的方向重复刚才的动作。

12 按摩头部。轻轻拉起一些头发使头骨上的头皮动起来。最后用手指通梳头发，一直梳到发梢。

◀ 眼部皮肤的保养

眼部周围细致娇嫩的皮肤会最先显示出衰老的迹象。但是，不要试图使用较油的护肤品或保湿霜来解决这一问题，通常它们都会对眼部皮肤造成过重的负荷，容易形成眼袋和导致水肿。眼部的皮肤是面部皮肤最薄的部分，也就是说它无法锁住水分，所以需要特殊的护理保养。眼部皮肤脂肪腺很少，皮肤下方没有能起到缓冲作用的脂肪层，特别容易干燥。渐渐地，这里的皮肤就会松弛，失去弹性。

眼霜的选择

有很多眼部皮肤护理产品可供选择，重要的是要选择一款适合你的。眼部凝露最适合年轻肌肤或油性皮肤，用过之后感觉十分清爽。

但是，大多数女性都认为柔和的乳液型眼霜和膏状眼霜更为有效。

眼部护理品的用量很少，长期少量使用眼霜比偶尔大量使用眼霜的效果更好。涂眼霜一般用中指或无名指，最好是用无名指，因为无名指的力量最小，不会拉伤细嫩的眼部皮肤，有助于保持这一区域的皮肤细致柔嫩，防止过早出现皱纹。

预防眼部水肿

这是最常见的美容问题。下面的方法会对此有所帮助。

⊙涂抹眼霜时，用无名指轻点眼部皮肤，帮助吸收多余的眼霜。

⊙将眼霜放入冰箱保存，冷却的眼霜有助于消除水肿。

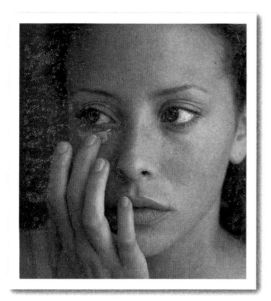

▲ 眼部皮肤非常柔嫩，所以一定要轻柔地涂抹保湿品，这一点很重要。

⊙将切好的马铃薯薄片敷在下眼睑，以消除肿胀。马铃薯中所含的淀粉能够使皮肤紧致。

⊙在小碗中倒入冰水或冰牛奶。将化妆棉在其中浸湿，然后敷于眼部，并躺下。当化妆棉的温度上升时要及时更换。保持15分钟。这种方法能消除水肿，并且美白眼部皮肤，令其更有光泽。

清凉黄瓜眼贴

这种方法见效快，简单容易。在双眼上敷两片黄瓜片，然后躺下放松15分钟。黄瓜能柔和地调理和舒缓眼部肌肤。

草本眼膜

眼膜能令双眼清爽，缓解水肿和发痒。

茴香汁眼膜

将10毫升的茴香子在300毫升清水中煮30分钟。把煮好的汁液过滤出来并冷却，然后将化妆棉在其中浸湿，就可以使用了。

▲ 无论你选择使用哪种眼部护理方法，重要的是你必须躺下并至少放松10分钟。

茶叶袋眼膜

喝茶剩下的茶叶袋冷却后可以敷于眼部。洋甘菊花茶对于缓解眼部疲劳非常有效。茶中富含单宁酸，有收缩作用，可以紧致眼部皮肤。

玫瑰水眼膜

将化妆棉浸泡在玫瑰花瓣和清水的混合溶液中，然后敷于眼部。

◀ 晚霜

使用晚霜后再去睡觉，晚霜在睡眠期间对皮肤非常有益。晚霜和普通日常保湿品的主要区别在于，多数晚霜含有特别添加成分，比如维生素和抗衰老成分。晚霜比日霜黏稠，并能深层滋润，因为夜间你并不需要化妆。皮肤细胞更新在夜间更加活跃，晚霜的功能就是充分利用这段时间。使用晚霜就是要修复白天时由于污染、化妆品或日晒造成的皮肤损伤。

小贴士 💛

营养晚霜

随着年龄的增长，我们的皮肤会变得干燥，也更需要长期的保养。茉莉和玫瑰精油有助于补充皮肤水分，而乳香精油有助于抚平皱纹，使松弛的肌肉恢复到紧致的状态。

▲ 根据自己肤质特点，选择添加了不同精油的晚霜。

原料：
● 50克装的无香型面霜，配有密封的盖子
● 3滴玫瑰精油
● 2滴乳香精油
● 1滴茉莉花精油
将这些精油滴入面霜中，搅拌均匀。在睡觉前，取少量涂在脸上。

◀ 蘸取少量晚霜放在手掌中，轻搓双手。手上的温度能融化晚霜，按摩皮肤，晚霜能更容易被皮肤吸收。

需要使用晚霜的人群

虽然年轻的肌肤不需要另外补充晚霜中的营养成分，但是大多数女性仍会得益于长期使用晚霜。晚霜对干性皮肤和特别干燥的皮肤尤其有效。要记住，你并不需要选择营养十分丰富的晚霜，清爽的晚霜同样含有特殊的有效成分。要根据皮肤干燥的程度来选择适合自己的晚霜，这一点很重要。

美丽锦囊

活 肤

在护肤热潮愈演愈烈的时候，商家似乎不愿再使用"活肤"这一术语，而改用"抗衰老"来表示相关概念。这是因为消费者宁愿行动起来预防肌肤老化，也不愿等着去修复老化的肌肤。

不过，活肤这个"术语"更加诚实些。首先，我们为什么要"抗衰老"呢？这有些自欺欺人。衰老是自然现象，我们应为自己逐渐变老而感到自豪，因为随着时间的流逝，我们积累了宝贵的阅历与生活经验。

此外，无论脸上是否有皱纹，衰老都是不可避免的。唯一能够阻止衰老的方式就是死亡。因此，"活肤"这个词的意义更大些。信不信由你，有些新出的护肤品真的能够修复老化、松弛的肌肤。这些产品中含有多种经过验证的有效成分，能够去除肌肤细胞中有害的自由基，淡化皱纹，修复胶原蛋白，有这些神奇功效，谁不想试用一下呢？

正如洁肤与换肤一样，活肤也有很多有效成分。你会选择哪种成分列入自己的基础护肤方案，取决于你对自身肌肤的关注点。

减少表面细纹与深层皱纹：你应选择含肽的产品。有些含肽产品只要使用一次，就会收到紧致肌肤的效果。另一种有助于减少细纹与深层皱纹的非处方类成分是维生素A醇。维生素A酸的研发者艾伯特·克莱曼（Albert Kligman）进行的一项研究证明，使用0.15%的维生素A醇减少了皮肤表面30%的皱纹。

改善动态皱纹：优质的神经肽能够战胜所谓的"个性皱纹"，如鱼尾纹或双眉之间的蹙眉纹。神经肽对于去除唇纹也有很好的效果，事实上，长期使用神经肽产品可以改善唇部外观。不过，有一点要注意：神经肽只能用于你需要减少皱纹的区域，而不要在整个面部使用。

战胜老化肌肤：吸烟者、长期失眠与压力大的人群，皮肤更容易受到有害的自由基的侵袭。对于她们而言，抗氧化产品是最佳选择，这类产品能够修复受损肌肤，令肌肤恢复健康、焕发光彩。

祛除老年斑：如果你是因为怀孕或是口服避孕药而出现了老年斑或是其他类型的色素沉积，那么可以尝试使用内含对苯二酚的产品，它是最好的祛斑成分。请注意，怀孕期间不要使用对苯二酚。

其实大部分护肤品中都含有活肤成分。基于你主要的肌肤问题，开始时最好选择涵盖面广的全效产品，比如添加了肽、维生素A醇、抗氧化剂，以及对苯二酚的 α 含氧酸护肤品。

▲ 舒缓按摩油的作用不仅是滋养干燥的皮肤，它还有助于抵消过多的瓦塔能量。

◀ 皮肤特殊护理品

除了日常的润肤品外，还有很多特殊的皮肤护理品，精华液和凝露就含有精心配制的成分，可用来解决特殊的皮肤问题。

特殊的护理品

皮肤特殊护理的方法有很多，护肤品也多种多样。

润泽精华液和凝露

润泽精华液和凝露含有防紫外线成分，质地细滑不油腻，有大量浓缩活性因子。这样的产品通常并不单独使用，除非是油性皮肤的人使用。通常要先搽润泽精华液或凝露，再搽润肤霜，以增强其效果，延缓肌肤衰老。

紧肤霜

使用这种面霜可以使你的皮肤立即变得紧致、柔滑。紧肤霜会在皮肤表面形成一层非常薄的保护膜，它能紧致肌肤，抚平细纹，效果能保持几个小时，也很容易上妆。晚上有特别的活动或是当你感到特别疲惫的时候，使用这种面霜能得到非常好的效果。

活肤霜

这种面霜含有能促进细胞自然新生和修复受损皮肤细胞的特殊成分。同时，它也能使皮肤清爽、年轻，消除衰老的痕迹。

按剂量调配的护肤品

这种护肤品含有高浓缩的活性成分，可以装在密封的小玻璃瓶以确保其不会变质。萃取液的原料包括草药、麦芽、维生素和胶原质，它们能深层滋养肌肤，见效快。维生素 E 是另外一种重要的皮肤救星。将维生素 E 丸刺破，均匀地涂在脸上，能达到快速护肤的效果。

脂质体面霜

这种面霜中含有微小的柔珠颗粒，能让肌肤吸收特殊的营养成分。当它们被皮肤吸收时，外层表皮就会溶解，释放出活性成分。

美丽锦囊

果 酸

含有氢氧酸官能基类的酸类也就是我们通常所说的果酸。果酸是从天然物质中提出来的。它包括从柑橘类水果中提取的柠檬酸，从酸奶中提取的乳酸，从葡萄酒中提取的酒石酸，以及从苹果和其他水果中提取的苹果酸。特殊护肤品中加入了果酸，果酸通常是这类护肤品的主要成分。

果酸能击碎将死细胞聚合在皮肤表面的蛋白质，清除死皮后，皮肤就能透出更亮泽饱满的新细胞。这种柔和的清洁过程能清洁毛孔，改善肌肤纹理，抚平细纹。果酸能很好地解决多数不太严重的皮肤问题。尽管很多女性称在使用仅仅几天之后就可以看到皮肤改善的效果，但实际上，几周之后你应该才会看到效果。

几个世纪以来，女性其实一直在不知不觉地使用着果酸，并得到了很好的护肤效果。例如，据传历史上的埃及女王克娄巴特拉就在酸奶中沐浴，法国宫廷中的女子用葡萄酒洗脸，以保持皮肤柔滑无瑕，这两种古代的美容用品都含有果酸成分。

每天坚持使用含有果酸成分的润肤霜，才能达到最好的效果。使用时要避免接触到细嫩的眼部和唇部。如果你属于敏感性皮肤，你可能会发现果酸并不适合你，但是也有非敏感性肌肤的女性在使用果酸产品时有刺痛感。有个非常好的消息是，果酸产品的价格越来越能为大众接受，而并非只是几个高档化妆品公司的专利了。很多中档化妆品公司都在他们的产品中加入果酸成分，这样每个人都能给予肌肤应有的保养。你还会发现手部和身体皮肤的护肤品中也含有果酸，所以你全身的肌肤都可以得益于果酸的功效。

▲ 使用含果酸的护肤品是激发皮肤活力的有效方法。

◀ 10 种抗皱方法

细纹和皱纹是不可避免的。事实上，皮肤专家认为，利用特殊的保养方法，可以避免多数皮肤损伤。无论你处在哪个年龄段，都要铭记以下 10 个要点。

防晒

日晒是引起皮肤衰老的最根本原因。每天都要使用防晒霜，因为无论是寒冷的冬天还是炎热的夏天，日晒都会使皮肤衰老。搽防晒霜能防止皮肤过早衰老，并能抵御灼热的日晒。

戒烟

香烟会带走皮肤中的氧分，并延缓新细胞再生的速度，从而加速衰老的过程。吸烟使肤色黯淡，皮肤松弛，有严重烟瘾的人吸烟时总是撅起嘴唇吸烟，因此会导致嘴唇周围产生细纹。

深层洁肤

很多年龄偏大的女性在清洁皮肤时不够彻底，她们认为那样会导致皮肤干燥，产生皱纹。但事实是，只有保证清除皮肤上的死皮细胞、尘垢和化妆品，皮肤看上去才显得年轻，并且散发光泽。

不要使用质地不细致的洁肤产品，洁面乳和洁肤棉对多数女性来说十分有效。如果你的皮肤很干燥，可以使用洁面乳并配合按摩。让洁面乳在脸上停留几分钟，然后用大量温水洗净。

深层保湿

每天使用保湿霜，皮肤的水分含量每周都会提升。除此之外，敷滋养面膜，在脸上搽一层较厚的保湿霜或晚霜都是有效的方法。无论你选择哪种方法，都要让护肤品在脸上停留 5 ~ 10 分钟，然后用面巾纸擦去多余的护肤品。在洗过脸之后，脸上还有些湿润的情况下搽效果更佳。

促进血液循环

购买一款性质柔和的去角质膏或磨砂膏，每周使用一次，保持皮肤表面柔滑。这能加速皮肤表层的血液流动，促进细胞更新。你也可以利用洁面胶产生丰富的泡沫，用干净的修面刷来达到同样的效果。

遮掩细纹

利用高光粉、遮瑕霜或粉来掩盖眼部的细纹。它们含有冷光微粒，能反射面部的光线，使细纹变得不明显，改善肤色。

定期护理

除了日常护肤外，还要定期进行特殊的皮肤护理，如去美容院做美容、使用润泽精华液和抗衰老面霜等。

注意天气变化

寒冷和炎热的天气都会使皮肤缺水，导致皮肤干燥，使皮肤更易受损。暖气也会引起同样的问题。因此，要长期做保湿护理，并且随着季节的变化更换护肤品。例如，在冬天，你需要偏油性的护肤品，它能保持皮肤的温度，使皮肤表面不易被冻伤。在炎热的季节，清爽的护肤品会让皮肤很舒服，在搽护肤品之前，先搽几滴特效护理润泽精华液，这样能提升皮肤活性。

轻柔护肤

请注意，在擦护肤品或化妆品时不要拉伤皮肤。眼部周围的皮肤尤其能泄露年龄的秘密。用力擦会损伤皮肤。所以，要轻柔地接触皮肤，并且要用向上的动作，而不是向下拉抻皮肤。同时，避免使用引起皮肤发痒、刺痛和过敏的

▲ 无论使用哪种护肤品，一定要用向上的、轻柔的动作来涂抹。

护肤品。如果护肤品引起了上述轻微的反应，要立即停止使用，更换配方柔和的产品。

巧妙化妆

护肤不仅仅限于使用护肤品。事实上，很多化妆品都含有抗紫外线和养肤成分，能护理和改善肌肤。因此，可以查看一下最近推出的化妆产品，其中一定有值得一试的产品。

◀ 滋养体肤

使用润肤乳能令肌肤如丝般柔滑完美。日常护理时注意润肤保养，你很快就会收到成效。

润肤产品

和为面部保养选择面霜一样，你也应该选择一款最适合你肤质的全身用润肤乳。

⊙啫喱性质清爽，最适合在炎热的天气使用，尤其适合油性皮肤。啫喱含有多种滋养成分，也很容易涂抹。

⊙润肤乳和润肤油适合大多数肤质，它们不黏稠，容易涂抹。润肤乳对干性皮肤有很好的滋润作用，尤其是对特别干燥的皮肤。

充分吸收润肤乳

⊙用润肤乳进行按摩的时候，要用力以促进血液循环。将润肤乳直接涂在皮肤上——沐浴之后是最佳时间。这样能锁住皮肤表层的水分，使皮肤更加柔嫩。

⊙使用深层滋润乳能使干裂的脚部皮肤变得柔软，

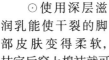
▲ 使用保湿滋润凝露轻拍脸部，可以使皮肤持久保湿。

抹完后穿上棉袜就可以上床睡觉了。早上醒来，脚部皮肤就会非常柔滑。

⊙要重点将润肤乳涂在皮肤特别干燥的地方，如脚跟、膝盖和肘部。小腿处由于缺乏脂肪腺，也很容易干燥。

⊙如果你洗完澡之后没有时间擦润肤乳，在浴缸中加入几滴润肤油就可以了。当你从浴缸里出来的时候，身体表面就会形成一层滋养油膜。要记得每次洗完澡后将浴缸洗刷干净，

防止下次使用的时候滑倒。

⊙胸部从乳头到锁骨的部分没有任何支撑性的肌肉，所以这里的皮肤很细致。紧肤乳没有太明显的效果，但是它有助于保持皮肤的弹性和柔滑。坚持使用润肤乳会有同样的效果。

自制润肤乳

如果纯粹是为了享受，那么特制的美容产品再好不过了。你可以选择最适合自己皮肤的配方，将各种精油混合，或者在事先准备好的无香乳液中加入你最喜欢的精油。配制方法非常简单，效果也很好。

天竺葵润肤乳

这是一款有香气的润肤乳。天竺葵精油是从带香味的天竺葵叶子中提取出来的，香气宜人。

原料：

⊙ 175 毫升无香润肤乳

⊙ 15 滴天竺葵精油

将天竺葵精油加入润肤乳中，混合均匀，然后倒进瓶子中，扣紧盖子。

椰子和香橙花润肤乳

这种乳液可以滋养干性皮肤。小麦芽精油富含维生素 E，其中的抗氧化成分能保护皮肤细胞，避免过早衰老。

原料：

⊙ 50 克椰子油

⊙ 60 毫升向日葵精油

⊙ 10 毫升小麦芽精油

⊙ 10 滴香橙花精华液或 5 滴橙花精油

◀ DIY 体肤保养

当你看到面部涂敷膏使面部皮肤发生的明显变化时，你还会停止使用吗？长久以来，印度女性就从草本涂敷膏中获益，用它来改善全身皮肤的状态。

草本浴对所有人来说是最简单的皮肤护理方法。在热水中放松身心，让草本植物中的营养成分滋养皮肤，同时热水能消除压力。液态的草本精油可以直接倒入水中。其他原料需要放在薄棉布袋中，在浴缸中搅动，沐浴时把它留在浴缸中就可以了。

适用于油性或有瑕疵皮肤的体膜

这有助于排毒、平衡调理、去除污垢，令皮肤光洁、如丝般柔滑。

原料：
- ⊙ 115 克鹰嘴豆粉
- ⊙ 5 克左右姜黄
- ⊙ 15 克左右白檀香粉
- ⊙ 7 克左右红檀香粉
- ⊙ 15 克左右印度楝树粉
- ⊙ 15 克左右橙皮粉
- ⊙ 清水
- ⊙ 酸奶（可选）

将所有干原料混合在一起，然后加入清水，或加入清水与酸奶的混合物，搅拌成稀滑的糊状物。将它涂满全身，等待 30 分钟，直到它变干。用水或牛奶将体膜稀释，然后用力在身体上按摩。最后用清水洗净。

适用于干性皮肤的体膜

原料：
- ⊙ 115 克鹰嘴豆粉
- ⊙ 7 克左右白檀香粉
- ⊙ 7 克左右红檀香粉
- ⊙ 7 克左右印度茜草
- ⊙ 7 克左右长刺天门冬

小贴士 ♡

快速美容小贴士

最简单的身体磨砂方法：将海盐涂在湿润的皮肤上并按摩，然后冲洗干净。

- ⊙ 7 克左右婆罗米（brahmi，印度的一种龙胆科小草）
- ⊙ 非均脂牛奶，用于混合和搅拌

将干的原料混合在一起，加入牛奶，加热到与体温相同的温度，然后搅拌成糊状。全身涂满糊状物，待其干透后，用温热的牛奶清洗干净。

新娘营养体膜

这是一种传统的全身保养方法，在婚礼前 10 天，每天为准新娘涂敷一次。它能令全身皮肤柔滑洁净。最简单的一种配制方法是只用姜黄和精油。

原料：
- ⊙ 7 克左右橙皮粉
- ⊙ 7 克左右柠檬皮粉
- ⊙ 15 克左右磨碎的杏仁
- ⊙ 一小撮盐
- ⊙ 15 克左右精麦芽粉
- ⊙ 7 克左右百里香粉末
- ⊙ 5 克左右姜黄
- ⊙ 杏仁油，用于搅拌
- ⊙ 几滴茉莉或玫瑰精油

将所有干的原料混合在一起，加入足够的杏仁油，搅拌成糊状，再加入茉莉或玫瑰精油。涂在身体上，等待 15 ~ 20 分钟。然后将其刮下，就好像你在轻柔地"打磨"身体。

▲ 用营养体膜护理全身皮肤，它能去除死皮细胞，令皮肤散发健康光泽。

舒缓沐浴水

将它放在洗澡水中，有镇静皮肤的作用，但是不要用于有伤口的皮肤。

原料：
- ⊙ 120 毫升苹果醋或酒醋
- ⊙ 30 毫升蜂蜜
- ⊙ 120 毫升柠檬汁（或 115 克燕麦）

如果皮肤很敏感，就不要使用柠檬汁，它会令皮肤感到发痒，可将燕麦包在薄棉布袋里使用。

皮肤软化沐浴水

这种沐浴水有滋养、舒缓皮肤的功效。

▲ 找点时间放松，消除疲劳肌肉的紧张感。沐浴后用凉水冲洗，令皮肤散发健康光泽。

原料：
- ⊙ 20 克左右燕麦
- ⊙ 7 克左右麦麸
- ⊙ 10 克左右研磨好的杏仁
- ⊙ 7 克左右小麦粉
- ⊙ 几滴玫瑰精油

将所有干的原料混合，然后包在薄棉布袋里，在洗澡水中滴入玫瑰精油，将布袋放在浴缸中。

牛奶浴

最简单的牛奶浴：在温水中加入几小袋奶粉，你也可以像埃及女王克娄巴特拉一样沐浴了。

乳房保养油

用乳房保养油按摩，有提升和紧致乳房皮肤的功效。芥菜油能令皮肤柔软，磨碎的石榴外皮有紧致皮肤的功效。

原料：
- ⊙ 4 份芥菜油
- ⊙ 1 份风干的石榴外皮

将石榴外皮研磨成粉末状。把芥菜油倒在碗里，放在热水中加热。将这些原料混合，并待其冷却。以向上打圈的方式涂在乳房上并按摩，从乳头向外按摩。让其在乳房上停留至少20分钟，然后用温水清洗干净，再用凉水拍打乳房。

指甲保养

在你使用精油的时候，可以将精油涂在指甲上。瓦塔型人的指甲通常苍白、不完美、易断。皮塔型人的指甲呈粉红色，是椭圆形的，较柔软。卡法型人的指甲是方形的，很坚韧。含有杏仁油和蜂蜜的护手霜都对指甲有护养作用。

除毛

亚洲的女性用细线去除她们不想要的毛发。具体方法是将棉线一端缠在牙齿上，做成一个套索，套在每根毛发上，并将其拔出。这可以由专业的美容师来完成。更容易学的方法是，用糖自制成糖浆来除毛，这种方法的适用范围较广。一次可以制作很多，放在广口瓶中保存，可以保存几个月，使用前将广口瓶放在热水中，令混合物软化。配料中的柠檬是天然的防腐剂。你还需要几条厚棉布，宽 5 ~ 7.5 厘米，长约25 厘米。

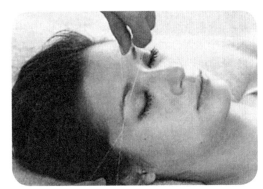

▲ 请专业的美容师用棉线修整你的眉毛，令眉型持久保持，你也可以学习这种修眉的方法。

原料：
- ⊙ 50 克糖
- ⊙ 30 毫升柠檬汁

用低温将柠檬汁和糖一同加热几分钟，不停地搅拌，直到它从蜂蜜色物质变得像黏稠的太妃糖一样。反复尝试，直到浓度适中。如果太稀了，就少放些柠檬汁。

稍微冷却后，在皮肤上涂上少许，看看温度是否合适。在它还保持热度时，用压舌板将其涂在皮肤上。在涂好的部位上放一条棉布，向下压，手的温度有助于它更好地粘在上面，然后揭下。在肌肉柔软的部位，如小腿，要将肌肉绷紧，防止拉伤皮肤。

◀ 芳香按摩

现在，出于各种各样原因，越来越多的人喜欢芳香疗法和天然美容产品。天然的疗法十分美妙，它使用方便，并能达到立竿见影的效果。

芳香疗法使用的精油是从草药、花卉和树木中提取出来的。这些精油的气味非常好，使用起来令人十分舒服。这样的气味吸引人们用它来治疗多种身体和精神上的疾病，比如皮肤感染、精神压力等。

芳香按摩

将3~4滴精油滴入10毫升的中性基础油如甜杏仁油中，然后用它来按摩身体，或者请他人帮你按摩。

精油使用注意事项

⊙如果你不想单独买各种各样的精油，那么可以买已经混合好的，或者使用含精油的沐浴和身体护理产品。

⊙有些精油被认为不适合在怀孕期间使用。出于这个原因，如果你已怀孕的话，想要使用精油之前可以先咨询有从业资格的芳香疗法师。

⊙不要将精油当作药物使用，一定要咨询医生。

⊙未经稀释的精油不能涂到皮肤上，这对皮肤来说浓度太大了，容易引起感染发炎。薰衣草精油是唯一的例外，它可以直接涂在蚊虫叮咬处。其他的精油都应该和基础油混合使用。

⊙不要服用精油。从植物中提取出来的精油浓度大约是天然植物的50~100倍。

⊙不要将精油涂在伤口、发炎处和新瘢痕上。

⊙无论你使用哪种香薰按摩方法，都要将房间的门关上，防止香气跑掉。

▲ 如图所示的塑料瓶使用起来很方便，可长期使用。

⊙要想达到立竿见影的效果，可以在一碗热水中滴入4滴你选择的精油，用毛巾将头发包好，然后俯身贴近热水。深呼吸5分钟。

⊙在纸巾上滴几滴你最喜欢的精油，这样你就可以随时闻一闻了。桉树精油对于感冒鼻塞有非常好的治疗效果。也可以在枕头上滴几滴洋甘菊精油或薰衣草精油，这种方法有助于睡眠。

⊙如果你是敏感性皮肤，最好在使用精油之前做皮肤测试。将稀释的精油涂在一小块皮肤上，然后等几个小时，确定没有不良反应才可以使用。

手霜和足霜

手霜和足霜是用合适的精油和无香乳液混合而成的，也就是说你可以选择适合你的配方。购买富含羊毛脂或可可油的乳液，因为深层滋养配方的产品对于手部和足部有很好的保养作用。虽然多数乳液都保存在玻璃或陶瓷容器里，但是这款特制的乳液要保存在真空塑料瓶里，以便于长期使用。

茶树油足霜

茶树油足霜能很好地保养和改善脚部皮肤。茶树油是最适合与足霜混合的精油之一。它有治疗和杀菌的功效，能有效杀灭真菌。

原料：
⊙ 120毫升无香乳液
⊙ 15滴茶树精油

器皿：
⊙碗和勺子
⊙塑料瓶
⊙漏斗

将精油充分混合在无香乳液中，然后用漏斗倒进塑料瓶中。

混合精油手霜

这种护手霜中的精油对双手很有好处：洋甘菊有舒缓作用，天竺葵有助于愈合伤口和擦伤，柠檬能柔滑手部皮肤。

原料：
⊙ 120毫升无香手霜
⊙ 10滴洋甘菊精油
⊙ 5滴天竺葵精油
⊙ 5滴柠檬精油

器皿：
⊙碗和勺子
⊙塑料瓶
⊙漏斗

将精油和手霜充分混合，然后用漏斗倒进塑料瓶中。

如何去角质

为了使肌肤更加柔滑，将按摩膏与水或精油混合，弄成糊状。

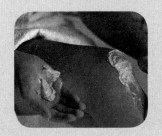

1 将按摩膏涂在湿润的皮肤上，用力按摩，重点按摩皮肤干燥的地方，如肘部、膝盖和脚踝。（左图）

2 用法兰绒尽量将按摩膏擦去，然后用温水轻柔地彻底清洗干净。（右图）

柑橘去角质膏

将柑橘皮和小颗粒状的葵花子碎粒、燕麦和海盐混合，就制成了去角质膏。这种去角质膏有助于去除死皮细胞，能促进皮肤血液循环，令皮肤紧致、有活力。

原料：
- ⊙ 45 毫升刚刚研磨好的葵花子
- ⊙ 45 毫升中等燕麦
- ⊙ 45 毫升精细研磨的柑橘皮
- ⊙ 3 滴西柚精油
- ⊙ 杏仁油

将原料混合在一起，但不要加杏仁油，把混合物密封在玻璃罐里。每次取一点，与适量杏仁油混合，将混合后的糊状物涂抹在湿润的皮肤上。

◀ 吃出美丽肌肤

乳液和按剂量调配的护肤品可以从外在改善皮肤，健康的饮食则是由内而外地起到保养皮肤的作用。营养丰富、均衡的饮食对皮肤保养有着神奇的效果。

吃出健康与美丽

健康的膳食不仅对身体健康有益，同样也能保持皮肤健康清透。我们应该大量摄取新鲜水果和蔬菜，它们富含纤维，脂肪、糖和盐的含量很低。这能够给你的身体和皮肤提供各种维生素和矿物质，令身体和皮肤的功能得到很好的发挥。

▲ 全麦食品如面包，富含维生素 B 族，还能提供身体健康所需的纤维。

健康肌肤膳食清单

以下是保持身体所必需的健康皮肤的营养物质。

⊙ 最重要的物质就是水。尽管你所吃的食物里都含有水分，每天还必须另外饮用 2 升水，以保持身体健康，皮肤清透。

⊙ 高纤食品（也被称为纤维食品）对皮肤有间接的影响。长期摄取，能保持肌肤亮泽清透。

⊙ 维生素 A 对皮肤某些组织的生长和修复是至关重要的。缺乏维生素 A 会导致皮肤干燥缺水、发痒，失去弹性。胡萝卜、菠菜、花椰菜和杏中富含维生素 A。

⊙ 维生素 C 是形成胶原质所必需的物质，它能保持肌肤紧致。草莓、柑橘类水果、卷心菜、番茄和豆瓣菜中富含维生素 C。

⊙ 维生素 E 有抗氧化作用，它能抑制引起衰老的自由基。杏仁、榛子和麦芽中富含维生素 E。

⊙ 锌和维生素 A 的共同作用能促进胶原质

▲ 每天饮用足量的水，有助于补充水分和清洁身体。

和弹性蛋白的生成，使皮肤紧致、有弹性。贝类、全麦食品、牛奶、奶酪和酸奶中富含锌。

有关健康饮食和美丽肌肤的问题

健康饮食和美丽肌肤是密不可分的。看看你对此了解多少吧。

☆ 问：如果体重持续下降，又很快长回来，这对皮肤很不好，是真的吗？

答：是的。暴饮暴食会使体重猛长，同时皮肤下的脂肪层增厚，结果皮肤就会受到抻拉。突然节食会导致皮肤松垮，出现细纹和皱纹。此外，突然节食会使皮肤和身体缺少保持健康

和美丽所必需的营养物质。如果你需要减肥，要慢慢地、明智地、逐步地减，给皮肤适应的时间。在开始减肥计划之前，应咨询医生。

☆ 问：要保持皮肤清透，什么才是健康的日常饮食呢？

答：人们已经研究出了应该遵循的规则。比如，你可以每天这样做。

早餐　一杯不加糖的果汁、一碗牛奶什锦早餐（格兰诺拉麦片）、切好段的香蕉、撇去奶皮的低脂牛奶、两片全麦吐司面包，配低脂奶油或果酱等。

午餐　烤马铃薯配松软干酪、新鲜的生沙拉、一杯低脂酸奶（任何口味都可以）。

晚餐　烤鱼肉或鸡肉、配糙米饭和煮蔬菜。鲜水果沙拉，加上酸奶和果仁。

☆ 问：我非常喜欢吃巧克力，但是我听说吃巧克力会引起粉刺，这是真的吗？

答：并没有科学依据表明吃巧克力会引起粉刺等，但是我们知道低脂、高纤维的饮食对皮肤有好处，尽量少吃巧克力这样的小食品，可以偶尔吃一次。如果你觉得自己总是很喜欢吃甜食，那么可以尝试喝酸奶，或者吃一碗美味的草莓。

◀ 足部保养

定期抽出时间做足部保养，能整年保持足部的健康。每月做一次足部保养，将极大改善足部外观，柔嫩足部皮肤，促进局部血液循环。你也可以在刚入夏或度假之前做足部保养。

做一次足部保养至少需要 1 个小时的时间，你也可以花上 2 个小时，充分享受这一过程。利用这段时间放松一下，你会发现将注意力集中在足部，能让你忘记日常生活中的烦恼。

足部滋养程序

使用一款较高档的足部按摩膏按摩足部，如果你没有时间完成这一步，可以购买含精油的产品，它的舒缓功效会对你很有好处。还需要准备泡沫足浴或啫喱膏，一个大水盆，一条大毛巾和两条小毛巾，两个能把脚套进去的塑料袋，一块浮石和修脚工具。

▲ 新鲜的生蔬菜和沙拉能为身体和皮肤提供有益的营养物质。每天要吃 5 份蔬菜和水果。

3 在右脚上重复刚才的方法。等待10分钟，然后解开塑料袋，把左脚拿出，在毛巾上将按摩膏擦掉。右脚也是一样。将双脚浸在水中。这时水已经凉了，有助于促进血液循环。

1 在大水盆中加入半盆温水。将盆放在地板上，下面垫一块大毛巾。在水中加入少许泡沫啫喱，再加入几滴事先用基础油稀释过的精油。用手搅拌水，制造出丰富的泡沫，并让精油的香气散发出来。将双脚放入水中，浸泡5分钟，坐下放松。然后将脚拿出，在地板上的毛巾上蹭干。

2 将毛巾放在右膝盖上，把左脚放在毛巾上。把去角质膏涂满这个脚，尤其是皮肤干燥的地方，以打圈的方式揉搓。之后把脚放在塑料袋里，系紧塑料袋。

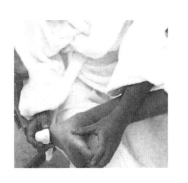

4 把脚从水盆中拿出。把左脚放在右膝上。拿起浮石揉搓脚底。揉搓脚跟和脚掌时要用力，足弓处要轻柔。然后轻轻揉搓整个脚面。这有助于改善皮肤肌理，促进营养丰富的血液流到皮肤表面，使足部更加美观。

5 修剪脚指甲，然后用指甲锉将边缘打磨光滑。用棉签将表皮软化液涂在指甲上，几分钟后，用棒钩将变干的软化液取下。将脚再次泡在水中，自己清洗指甲。擦干双脚后，用棉花将脚趾隔开，涂上护甲底液、指甲油和亮甲油。每层干了之后再涂另一层。

小贴士 ♡

保养足部

修脚有助于保持足部美观和健康。你需要几样特殊的工具，因为它们能使用很长时间，所以还是值得购买的。

● 洗甲水。最好选择经过检验的产品。

● 棉花。最适合用于洗去指甲油，也可以用来隔开脚趾，方便涂指甲油。

● 指甲刷或棉签。用来清洗指甲缝。

● 棒钩或棉棒。用来拉启变干的指甲表皮软化液。

● 指甲剪。比剪刀更容易使用。

● 指甲锉。脚指甲比手指甲要硬，所以需要坚硬的指甲锉。

● 表皮软化液。软化指甲表皮的必备工具。

● 指甲油和无色亮甲油。能够有效地保持指甲光亮，避免指甲干裂。

足部去角质膏

下面这个配方能够深层清洁、软化足部皮肤。当你感到足部需要保养时，随时都可以使用。但是，最好抽出时间做一次充分的足部滋养，以达到最佳效果。

▲ 把双脚在水盆中浸泡10分钟后，用丝瓜络或指甲刷洗擦脚部以深层清洁皮肤，然后用浮石去除足底的死皮。擦干双脚后，用经杏仁油稀释过的橙花精油和柠檬精油快速按摩脚部。

原料：

⊙杏仁油、荷荷芭精油和甘油各5毫升——营养和软化足部皮肤。

⊙漂白土和食盐各5毫升——软化和清洁皮肤。

⊙10毫升泡沫洗足液或沐浴乳——清洁皮肤和软化表皮。

⊙3滴精油——使足部清香，助你调整自己的精神状态。选择你最喜欢的精油，或使用混合精油：中国柑橘和天竺葵混合，或薰衣草和柠檬混合都能同时起到放松和清洁的作用。

将泡沫清洗剂、精油和甘油混合在一起，放在干净的小瓶子里。摇晃均匀后放在一边，开始准备其他的原料。将漂白土和食盐放在中等大小的盘子里，混合均匀。将杏仁油和荷荷芭精油混合。把甘油混合物放在碗中，用金属勺将所有的原料混合在一起。这时，你就会得到一团软而黏的糊状物了。

柠檬马鞭草和薰衣草足浴液

原料：

⊙ 15 克干柠檬马鞭草

⊙ 30 毫升干薰衣草

⊙ 5 滴薰衣草精油

⊙ 30 毫升苹果醋

将柠檬马鞭草和薰衣草放进盆中，加入热水，没过脚面。当水变凉后，加入薰衣草精油和苹果醋。坐下，浸足 15 分钟。然后彻底擦干脚部。

◀ 消灭脂肪团

不只是上了年纪和体态臃肿的女性才会在大腿、臀部、髋部甚至是腹部形成橘皮组织，很多苗条的年轻女性也会出现这种问题。虽然没有有效的方法消除这些脂肪团，但是仍有一些实用的办法能达到很好的改善效果。

了解脂肪团

脂肪团是如何产生的，专家们尚无定论。很有可能是由于脂肪、体液和毒素在皮肤深层的弹性蛋白和胶原质中不断堆积而形成的。这就会使皮肤形成凹痕，看上去像脂肪团。这些区域摸上去冰凉，这是因为血液循环不畅通，用来排出毒素的淋巴系统不能正常工作。这就使脂肪堆积问题更加糟糕，令脂肪堆积部分膨胀并且变得柔软。

脂肪团自测

试着用拇指和食指捏挤大腿上方，如果肉呈块状并且凹凸不平，那么这里就有脂肪团。另一特征是这里的皮肤比腿上其他地方的皮肤更白，感觉有点凉。

▲ 促进血液循环和淋巴系统功能有助于消除脂肪团。

形成脂肪团的常见原因

脂肪团可能会由以下原因引起或加剧。

⊙含有毒素的不良饮食会使身体的废物过多，不能全部排出。同时，不健康的低纤维、高脂肪的饮食也会使身体消化不良，很难排出毒素。

⊙压力和缺乏锻炼会减缓血液循环和淋巴组织的功能。

⊙遗传因素，如果你母亲有脂肪堆积情况，那么你也会有。

⊙激素，如避孕药或激素替代药物都可能引起脂肪堆积。

对付脂肪团

现在有很多针对消除脂肪堆积的产品，但是其效果如何尚无定论。要想有效地解决脂肪团，你应该遵循以下3个长期坚持的原则。

⊙促进血液循环。

⊙健康饮食。

⊙运动。

促进血液循环

有几种方法可以促进血液循环和淋巴组织的功能。不论你选择哪种，每天都要坚持5分钟。

⊙用柔软的体刷搓皮肤。在脂肪堆积的地方揉搓时动作幅度要大，并朝向心脏的方向。

⊙上面的方法也可以用按摩手套或剑麻手套来完成。

⊙使用消脂霜。消脂霜含有的天然成分，如七叶树、常春藤和咖啡因等，可以促进血液循环。你可以通过用手指在皮肤上按摩来增强消脂霜的效果。有些产品还配有塑料或橡胶手套以帮助促进血液循环。

消除脂肪的食品

你需要摄取低脂肪、高纤维的饮食来清洁身体，饮食中应还有丰富的新鲜水果和蔬菜。同时，还可以通过遵循下面的饮食习惯来自然地减去多余的体重。

⊙每天要吃5份新鲜水果和蔬菜。

⊙减少脂肪的摄取量。比如，吃烤肉而不是油炸肉，去除肉上明显的脂肪。购买低脂食品。每天饮用至少2升水，以清洁身体组织，排除细胞中的毒素。

⊙饮用绿茶和低咖啡因的咖啡来代替咖啡因含量高的茶和咖啡。饮用纯果汁代替碳酸饮料。

⊙尽量不喝酒，因为酒对肝脏十分不利，而肝脏是身体主要的排毒器官。

⊙早上起床后，饮用一杯新鲜的热柠檬水，这能非常有效地帮助身体排毒。

⊙两餐之间避免吃甜食，要吃一些水果、生蔬菜来代替。

小贴士 ♥

自制消脂霜

人们发现芳香疗法按摩对于消除脂肪团非常有效。在市面上有很多已经配制好的精油，你也可以轻松地自己动手制作。只要在15毫升的基础油如杏仁油中，加入迷迭香精油和茴香精油各2滴就可以了。然后用它在脂肪堆积的地方充分按摩，坚持每天按摩。

加强锻炼

锻炼身体可以促进血液循环和增强淋巴系统的功能，同时帮助身体排出由脂肪堆积而产生的毒素。坚持做有氧运动，每次运动20~40分钟，每周3~5次，你可以选择：快走、游泳、骑自行车、打网球、打羽毛球、参加有氧健身课或跑步（在开始进行新的运动项目前，咨询医生是非常明智的做法）。

开始加强身体锻炼

你也可以尝试一下下面的运动方法来促进血液循环，令腿部结实、腿形更漂亮。每天坚持锻炼，这会帮助你消除脂肪堆积。

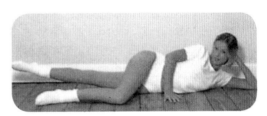

▲ 大腿内侧运动：侧躺在地板上，手臂支住头部。将上面的一条腿向前伸，放在地板上，然后抬起下面的一条腿，尽量伸直腿，不要弯曲，然后慢慢放下。重复10次。转过身，锻炼另一条腿。

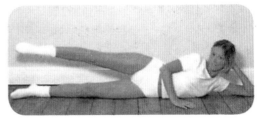

▲ 大腿外侧运动：侧躺在地板上，手臂支住头部。下面的一条腿向后弯曲。髋部稍微向前倾。另一只手放在身体前面以保持平衡。慢慢抬起上面的一条腿，然后放下，碰到下面的腿，重复这个动作6次。换另一侧，重复同样的动作。

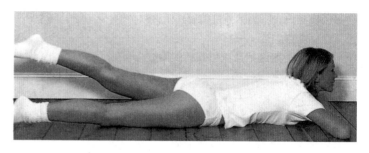

▲ 臀部运动：俯卧在地板上，双手重叠，如果你愿意，可以把下巴放在手上。将一条腿抬离地面 13 厘米，保持 10 秒钟。然后把腿放回地板上，每条腿重复 15 ~ 20 次。

◀ 髋部运动：站在椅子旁边，手扶住椅子。双腿站直，双肩放松。慢慢向外侧抬起右腿，保持身体平衡，脚面朝外。然后慢慢地、小心地收回右腿，重复这个动作 10 次。转过身来，左腿重复同样的动作。

无瑕肌肤"护"出来

◀ 防晒

护肤的必备武器是锌基防晒霜。选用既具有活肤功能又具有防晒功能的日霜是很明智的做法，它能够防止晒伤，进而防止老年斑与雀斑的形成。除此之外，氧化锌还能够舒缓肌肤，减少口服避孕药、绝经期、更年期激素失调所造成的肌肤红肿。其实，通过补充激素控制更年期症状的女性，经常会发现雌激素会导致毛孔阻塞。

想要选择一款适合的防晒霜，只要产品的气味、浓稠度、质地、涂抹在肌肤上的感觉让你觉得舒服就可以了。如果某种防晒霜令你的眼睛感到刺痛或是有着难闻的气味，那就别再使用了！

通常而言，很

▲ 要全天候使用防晒霜防晒（要避免日光浴），尤其是长有痣和雀斑的人更要加强防晒。

多患者都喜欢带有底色的防晒霜，因为这类产品除了护肤、润肤之外，还能为肌肤提供良好的"遮瑕效果"。如果你要使用锌基防晒霜，那么你一定会选择带有底色的产品，因为它不会像"无色的"Z-Cote（氧化锌）产品那样残留下白色的痕迹。

◀ 护肤问题解答

下面是我们针对常见护肤问题提出的简单合理的建议。

☆1. 问：我的皮肤很干，需要搽晚霜。但是我觉得晚霜都沾在枕头上了，怎么办？

答：可以尝试着把晚霜放在匙里，在煤气灶上用小火稍微加热一下，直到晚霜变暖，然后擦在脸上。这听起来有点奇怪，但是却非常有效。

☆2. 问：我花了不少钱买护肤品，但是不愿意买去角质膏。有什么可以替代的产品吗？

答：是的。洗完脸之后，用洗脸毛巾或海绵轻轻地按摩皮肤以去除皮肤表面的死皮细胞。

关于防晒的一些新想法

每次看到 20 多岁的患者背部的大面积雀斑时，我都会大吃一惊。那些雀斑表明她们很小的时候就过度暴露在紫外线下，同时也预示着她们在晚年患上皮肤癌的风险较高。当我在迈阿密海滨行医时，曾见过很多船夫和晒日光浴的人，我对他们的皮肤健康状况深感忧虑。

不过，虽然我是位皮肤学家，但我不得不承认：恰到好处的古铜色肌肤看起来确实比白皙的肌肤更健康。当我看到某人面色苍白时，我首先会猜测此人是否有病。我的这种反应在一定程度上受到我们崇拜太阳的文化影响。不过，除此之外，还有一些医学方面的原因，即认为日晒具有治疗效果，特别是对重症患者而言。此外，研究证实长期晒不到太阳的人会患上抑郁症。

越来越多的证据表明，我们不应时刻躲避日晒。哥伦比亚大学的著名皮肤学家、医学博士文森特·迪里奥（Vincent Deleo）推断：由于滥用防晒霜，我们很多人都无法生成足够的天然维生素 D，以保证骨骼健康。此外，迪里奥博士还说：目前，我们没有找到维生素 D 的替代品。他的言论是要提醒大家考虑一下在不抹防晒霜的情况下出门。

我有什么看法呢？诚然，95% 的皮肤癌是由过度日晒造成的，而且，日晒不仅会损害健康还会造成很多潜在的伤害。如果你对此表示怀疑，只需对比一下你暴露在太阳下的肌肤（如面部、胸部与肩部）与不常暴露的肌肤就知道我所言不虚了。到你 50 岁的时候，你的臀部要比其他部位的肌肤年轻十几岁——除非你以前经常裸晒日光浴或是对全身肌肤防晒问题都非常注意。

因此，我的建议是：享受阳光，但要保护肌肤。防止老年斑、皱纹与皮肤癌的最佳方法是在暴露部位涂抹防晒霜，关键是要选用真正能够防晒的产品。

我知道你会想：除了防晒指数（SPF）之外，是否还有更为确切的方法指导我们选购防晒产品？不过，防晒指数有一个很大的缺点：它是通过实验室测定中波紫外线的防护能力得出的。大部分皮肤学家一致认为，黑色素瘤（包括肌肤色素沉积与肌肤老化）是中波紫外线照射的结果，中波紫外线是紫外线中危害最大的光线。

很不幸，我们目前还没有可靠的测定中波紫外线防护能力的好方法。因此，即使你购买了防晒指数 15 甚至于 70 的产品，仍然不能保证该产品是否能够有效防止最为危险的紫外线。

我是如何防晒的？遵行皮肤学家公认的基本防晒方案。当我去海滨、野餐或划船时，我会涂抹上厚厚的防水防晒霜，它能够保护我的肌肤免受中波紫外线的侵扰。我之所以能保证产品具有这种功效，是因为这种防晒霜中含有氧化锌（我个人最喜欢的成分）、二氧化钛或 Parsol（中波紫外线滤光剂）。

选择防晒霜要像选择其他护肤产品一样，阅读标签至关重要。不过，因为防晒霜属于非处方类药物，必须严格遵照食品及药物管理局制定的标签格式，因而，其标签更简单。防晒剂（产品的活性成分）通常会列在成分列表的第一位。

如果你是干性皮肤，用洁面乳按摩湿润的面部，再用法兰绒揉搓。清洗干净后，按正常方法擦润肤乳。每次用完洗脸毛巾后，一定要清洗干净并晾干，以免滋生细菌。

✿ 3. 问：冬天的时候，我的嘴唇总是干裂、脱皮，我该如何解决这个问题？

答：下面这 3 个方法会有所帮助。

⊙用凡士林油按摩唇部。让它在嘴唇上停留几分钟以软化唇部皮肤，然后用温热湿润的洗脸毛巾轻轻揉搓嘴唇。凡士林油被擦掉的同时，嘴唇上的皮屑也随之脱落了。

⊙每天早晚都要使用润唇膏。

⊙换一款保湿唇膏，避免白天时嘴唇干裂。

✿ 4. 问：冬天时我的鼻头总是红红的，该如何遮盖呢？

答：擦粉底和粉之前，在红鼻头部分擦绿色的修颜霜或遮瑕液。绿色可以遮盖住红色。

✿ 5. 问：冬天也要擦防晒霜吗？

答：是的。日晒是生皱纹最主要的原因，在任何一个季节紫外线的照射都会诱发皱纹，所以要选择有防晒成分的润肤乳。

✿6. 问：冬天，我的皮肤需要深层滋润的面霜。但是我总觉得它们太油了。

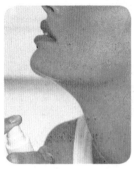

▲ 使用清爽喷雾来加强皮肤保湿效果。

答：油腻的润肤乳并不意味着有更好的效果，所以要选择一款适合自己的。在搽乳液之前，在脸上喷些水，这能有效地锁住水分。也可以选择滋润型粉底或带颜色的润肤乳，这样皮肤整天都会光滑柔嫩。

✿7. 问：我喜欢皮肤水嫩的感觉，但是我觉得香皂令皮肤很干燥。我应该使用洁面乳来替代香皂吗？

答：对于干性皮肤的人来说，最好使用洁面乳，用手指将洁面乳搽在脸上，然后用洁面棉扑清洗干净。这样能避免皮肤表面流失过多的水分。中性皮肤和油性皮肤不缺水，但是洁面凝露和洁面乳的配方在清洁皮肤的同时，能起到保湿的功效。

✿8. 问：我已经发现在手背上长有老年斑了。它们是怎么产生的？我该如何去掉这些老年斑呢？

答：很多人都发现，随着年龄的增长，手背上会长出淡褐色的斑点。这些斑点也会长在额头和太阳穴周围。这是由于黑色素的生成不均，在皮肤上造成色素斑点。过度日晒会引发这一问题，或导致问题加重。

你可以使用含有对苯二酚成分的面霜，它能渗透到皮肤里，"溶解"老年斑。6～8个星期后，你的皮肤就会恢复正常了。但是，对苯二酚的用量必须适中，以保证安全，建议的用量是，面霜中含有2%的对苯二酚。每天使用有防晒成分的护肤品能避免老年斑再次出现。

✿9. 问：为什么与夏天相比，冬天时我的皮肤更敏感？

答：有80%的女性认为她们属于敏感性皮肤——刺痛、发痒，容易干燥。冬天的冷风会使这一问题加剧，这是因为皮肤天然的油性保护层被破坏了。使用针对敏感性皮肤的抗过敏润肤乳会有所帮助。

✿10. 问：我怀孕了，发现脸上，尤其在眼睛下方和嘴唇周围，长了很多黑色的斑点。这是什么？

答：这被称作黄褐斑，或是"怀孕面具"。这是由于体内激素的变化引起的，日晒会使斑点更明显。在户外要避免直接日晒，擦上防晒霜，防止斑点颜色变得更深。在生完孩子数月之后，斑点会逐渐消失。避孕药也会引发黄褐斑，但是，一旦停用之后，斑就会消失。

✿11. 问：我的皮肤非常油，而且我觉得粉刺霜令皮肤很干。有什么解决这个问题的好办法吗？

答：选择一款抗菌面霜来杀灭引起粉刺的细菌，同时舒缓粉刺周围的皮肤。

✿12. 问：我觉得洗完澡之后搽乳液让皮肤又热又痒。我能用别的护肤品吗？

答：现在有很多皮肤护理喷雾加入了保湿液、爽肤水和香水的成分。你的皮肤会因此而清爽湿润，并散发迷人香气。

✿13. 问：我颈部的皮肤总是黯淡无光。有什么特殊的保养方法吗？

答：由于缺少皮脂腺，颈部皮肤会泄露年龄的秘密。使用洁面乳会有所帮助。用洁面乳按摩颈部皮肤，让它在皮肤上停留几分钟以溶解尘垢，然后用洁面棉扑清洗干净。经常去角质会改善黯淡无光的肤质——用洗脸毛巾或柔软的修面刷轻轻地快速地搓洗颈部皮肤。然后搽润肤乳以使皮肤更加柔滑。

✿14. 问：怎样才能去除背部的小疙瘩呢？

答：背部很难全部碰到，所以容易长小疙瘩。坚持每天用丝瓜瓤或背部清洁刷来去除死皮，会让小疙瘩无影无踪。后背长有顽固的小疙瘩的人，可以使用泥质面膜来清除深层的尘垢。

✿15. 问：我了解到我需要留意皮肤上的痣，那可能是皮肤癌的标志。我该怎么做呢？

答：痣是由于色素堆积而形成的，通常比

雀斑的颜色要深。如果痣发生了变化，要找医生检查。任何引起变化的原因都要取样并送去分析。你应该每月自己检查一下痣。检查时注意以下几个方面：检查痣是否对称，边缘是否规则，颜色的变化和面积的变化。

✿16. 问：如何解决黑眼圈的问题？

答：有很多原因会导致形成黑眼圈，包括疲劳、失眠、缺少新鲜空气和消化不良。黑眼圈也会遗传。如果还是有疑虑的话，可以去咨询医生。采取方法找到引起黑眼圈的原因，比如改善睡眠，坚持食用低脂、高纤维的食品。将化妆棉浸在冰水里，然后在眼睛上敷15分钟，可以暂时缓解黑眼圈。或者用遮瑕霜来遮盖黑眼圈。

✿17. 问：有什么方法可以让我的古铜色皮肤保持的时间更长？

答：皮肤会由于日晒变得干燥，因而老化的细胞脱落得更快。搽大量的润肤乳可以让古铜色保持的时间更长。在皮肤湿润的情况下搽润肤乳效果更佳。每天搽一点人工日晒肤色霜可以强化肤色，而且用人工日晒霜来保护皮肤效果会更好。

✿18. 问：我的运动量很大，身体上的汗味是个很大的问题。该如何避免呢？

答：出汗是身体降温的自然办法。汗液本身是没有气味的，但是一旦混合了皮肤上的细菌，就会产生难闻的气味。所以，要选择一款

▲ 不要忘了睡个美容觉。

香体止汗露。止汗露能阻止出汗，其中的香气能防止产生难闻的气味。同时，还要穿清爽的、天然纤维制成的衣服。

✿19. 问：我可以自己做面部按摩吗？

答：按摩是改善皮肤的理想方法。在手掌上滴几滴植物油，均匀地涂在面部和颈部。然后按照下面的方法做。

①用化妆棉从颈部下部开始向上按摩，一直到双颊处。

②继续按摩，先做脸的一侧，然后是另一侧。接着按摩鼻子周围，最后向上，按摩到额头部分。

③按摩额头的时候，要用一只手从左向右按摩。最后用一根手指轻轻按摩眼睛周围的皮肤。

✿20. 问：我怎样才能消除腹部、胸部和大腿上的橘皮组织呢？

答：当皮下脂肪迅速堆积，皮肤无法应付这一情况时，就会形成橘皮组织。皮下胶原质纤维和弹性蛋白纤维会随着皮肤的拉紧而被破坏。当体重激增时，比如青春期或怀孕期间，通常会出现这种情况。起初它们看起来略微发红，随着时间的推移，就会转为浅银色的条纹。橘皮组织一旦出现就没有办法消除，只能等着它们的颜色变得不那么明显。但是，有效的润肤护理有助于预防橘皮组织的出现。沐浴之后搽润肤乳，并且要让它充分被皮肤吸收。

◀ 假日护肤

没有什么比晒太阳更令我们精神振奋的了，适量的日晒实际上对我们的身体非常有好处。但是，晒太阳时做必要的皮肤保养也是非常重要的，防止皮肤晒伤。秘诀就是给皮肤必要的保护，同时还能逐渐令皮肤散发出迷人的光彩。

选择正确的产品

现在有很多防晒霜和防晒乳液，选择正确的产品是至关重要的。日晒不仅使皮肤老化，还增加了患皮肤癌的概率。按照下面的两个步骤，可以帮助你选择安全的防晒产品。

第一步：了解SPF

SPF（Sun Protection Factor）就是指防晒化

妆品的防晒系数。防晒系数越高，就越能保护皮肤不受紫外线的伤害。

第二步：了解肤质

要选择防晒霜，你必须要知道你的皮肤对紫外线的敏感程度。专家将皮肤分为 6 种类型。每种类型都需要不同程度的保护，因此，无论你去哪里旅行，都要确保皮肤得到很好的保护。

第 1 种皮肤类型 这是典型的爱尔兰或盎格鲁－撒克逊人的皮肤类型。这种皮肤类型的人经常晒伤，但不会晒黑。这种皮肤类型的人皮肤非常白皙，通常长有斑点。头发颜色为红色或金黄色。

在英国和北欧旅行：使用全效防晒霜，或避免日晒。

在美国和非洲等一些地区旅行：使用全效防晒霜。

在地中海旅行：使用全效防晒霜。

第 2 种皮肤类型 这是典型的北欧人的皮肤类型。这种皮肤类型的人很容易被晒伤，但不会晒黑。头发金黄，肤色白皙。

在英国、北欧旅行：开始时在皮肤细嫩的地方使用防晒系数为 20 的防晒霜。之后逐渐过渡到防晒系数为 15 的防晒霜。

在美国和非洲等一些地区旅行：开始时使用普通防晒霜，然后逐渐过渡到防晒系数为 20 的防晒霜。

在地中海旅行：开始时使用防晒系数为 20 的防晒霜，在皮肤细嫩的地方搽防晒霜，然后逐渐过渡成防晒系数为 15 的防晒霜。

第 3 种皮肤类型 这也是典型的北欧人的皮肤类型。有时会晒伤，晒过的印记不明显。浅棕色头发，肤色中等。

在英国和北欧旅行：开始时使用防晒系数为 10 的防晒霜，然后过渡到防晒系数为 8 的。

在美国和非洲等一些地区旅行：开始时使用防晒系数为 20 的防晒霜，然后使用防晒系数为 15 的，最后用防晒系数为 10 的防晒霜。

在地中海旅行：开始时使用防晒系数为 15 的防晒霜，然后换成防晒系数为 10 的。

第 4 种皮肤类型 有时会晒伤，很容易晒黑。通常是棕色头发和棕色眼睛，肤色为黄色。这是典型的地中海人的皮肤类型。

在英国和北欧旅行：开始时使用防晒系数为 8 的防晒霜，然后换成防晒系数为 6 的。

在美国和非洲等一些地区旅行：开始时使用防晒系数 15 的防晒霜，然后换成防晒系数为 8 的。

在地中海旅行：开始时使用防晒系数为 10 的防晒霜，然后换成防晒系数为 6 的。

第 5 种皮肤类型 这是典型的中东和亚洲人的皮肤类型。这种类型的人很难晒伤，但很容易晒黑。黑色头发，黑色眼睛，皮肤为黄色。

在英国和北欧旅行：一直使用防晒系数为 6 的防晒霜。

在美国和非洲等一些地区旅行：开始时使用防晒系数为 8 的防晒霜，然后换成防晒系数为 6 的。

在地中海旅行：开始时使用防晒系数为 8 的防晒霜，然后换成防晒系数为 6 的。

第 6 种皮肤类型 几乎从来不会被晒伤。头发、眼睛和皮肤均为黑色。这是典型的黑人和加勒比黑人的皮肤类型。

在英国和北欧旅行：不需要防晒。

在美国和非洲等一些地区旅行：开始时使用防晒系数为 8 的防晒霜，然后换成防晒系数为 6 的。

在地中海旅行：一直使用防晒系数为 6 的防晒霜。

安全日晒指南

⊙在出门前和穿上衣服之前要搽好防晒霜，不要遗漏任何地方。

⊙逐渐增加在户外的时间。不要试图待到皮肤灼热的时候，因为此时皮肤已经受到了损伤。

⊙中午 12 点和下午 3 点之间要避免日晒，这时的阳光是最强烈的，应待在阴凉的地方，或穿上 T 恤衫，戴上宽檐的帽子。

⊙如果你做大量的户外运动或游泳，那么就

▲ 在一天的日晒之后，一定要在面部和身体上搽晒后滋润乳或者舒缓油。

要选择特殊运动配方或防水配方的防晒霜。

⊙要用优质的护唇膏保护嘴唇不被晒伤和脱皮。

⊙如果你属于敏感性皮肤，询问药剂师，购买抗过敏的产品。

人造古铜色皮肤指南

现在就要介绍如何最安全地拥有古铜色皮肤。主要有3种方法。

古铜粉饼

这是专门用在脸上的产品，和腮红的用法一样。注意，不要选择珠光粉饼，否则在阳光下面部会闪闪发光。

可洗型人工日晒霜

能迅速在脸上和身体上制造出古铜色皮肤的效果。将它涂在皮肤上就可以了，晚上再洗去。

人工日晒

如果你还因为从前进行人工日晒时难闻的味道、难看的颜色还有肤色不均匀的效果，而好几年没有试过这种方法，那么你会惊奇地发现现在已经有了很大的改进。事实上，仔细挑选，你可以找到合适的产品，使皮肤呈古铜色。这样的产品含有活性成分二羟基丙酮，被皮肤吸收后，就会氧化，使皮肤变成棕色，晒出"古铜色皮肤"。这个过程需要3～4个小时，效果可以持续到皮肤细胞自然脱落——几天到一周的时间。

人工日晒时需要注意以下问题。

⊙在使用前先用全身去角质膏去除造成皮肤脱屑的死皮。

⊙用大量的润体乳按摩要涂人工日晒霜的地方，这能滋润干燥的皮肤，然后将日晒霜均匀地涂在皮肤表面。

⊙如果可以经常待在阴凉的地方，那么就随身携带颜色较浅的人工日晒霜，因为你可以随时补充以使皮肤颜色变得更深。

⊙每次都要少量使用，之后你可以再涂上一层。

⊙将人工日晒霜涂在皮肤上，直到它变干。任何残留的多余的日晒霜都会使肤色不均匀。

⊙如果你已经将人工日晒霜擦在皮肤上了，就要用湿棉扑擦拭通常不用晒黑的地方，如腋窝、乳头、足底和手指。在面部，用棉扑擦拭眼眉、发际线和下颌。

⊙尽管人工日晒产品在洗去之前能保护皮肤不受阳光的伤害，但是最好搭配与最适合你肤质的防晒霜使用。

美丽锦囊

护肤小词典

如果你被护肤品上各种各样的说明和成分弄糊涂了的话，在这个指南中你可以找到护肤品包装瓶和罐子上的最常见的术语，看看它们是什么意思吧。

A酸　A酸是从维生素A中提取出来的，一直被用来治疗粉刺。现在在医生的指导下，它常被用来消除皮肤衰老的明显痕迹。

Lanolin-free　这说明护肤品中不含有羊毛脂（从羊毛中提取的脂肪类物质成分）。尽管有证据表明羊毛脂也适合于敏感皮肤，但是曾经有一段时期，人们认为羊毛脂会引起皮肤过敏。

T字区　这一区域包括额头和面部中部，是面部油脂腺和汗腺分布最集中的地方。

不会堵塞毛孔　包装上有此字样的产品不含有会堵塞毛孔、引起黑头和粉刺的成分，这样的产品非常适用于油性皮肤。

防晒系数（SPF）　它的全称是 Sun Protection Factor，表明防晒用品所能发挥的防晒效能的高低。这个系数会告诉你防晒霜或防晒乳液能在多长时间内保护你不受紫外线的伤害。系数越高，保护的时间就越长。

果酸　含有氢氧酸官能基类的酸类（AHA）就是我们通常所说的果酸。很多天然物质中都含有果酸，如新鲜水果、酸奶和葡萄酒。许多面霜中都添加了果酸，果酸能击碎将死细胞聚合在皮肤表面的蛋白质，露出更亮泽饱满的新细胞。

过氧化苯甲酰　它经常用在非处方治疗青春痘和粉刺的产品中，它能温和地洗去表层皮肤细

▲ 酸碱平衡的洁面胶能缓解皮肤的紧绷感。

胞，清理堵塞的毛孔，而这正是引起粉刺的原因。

荷荷芭油　荷荷芭油是从墨西哥的一种灌木种子中提取出的液体蜡。它已经被美国印第安人使用了好几个世纪。它的性质温和，不会导致过敏，很容易被皮肤吸收，有非常好的滋润效果，同时能改善头发和头皮的状态。

胶原质　胶原质是皮下组织中的一种弹性物质，它能支撑皮肤，保持皮肤弹性。老化的胶原质不像新生的胶原质那样富有弹性，这也是随着年龄的增长，皮肤会变得松弛的原因。胶原质普遍应用在护肤保养中，尽管人们仍然不确定胶原质分子能否被皮肤吸收。

经皮肤专家测试认可　护肤产品在若干志愿者的皮肤上进行小面积皮肤测试，观察是否有过敏倾向。这样的产品通常适用于敏感性皮肤。

抗过敏　这样的产品通常是无香型的，没有添加色素，没有皮肤过敏记录。但是并不能保证不会发生任何过敏情况，因为有些人甚至对水都会过敏。

抗氧化剂　它们能清除和吸收皮肤中的自由基。自由基是一种非常活泼的分子，能损害皮肤，导致皮肤老化。复合维生素 A，维生素 C 和维生素 E 有很好的抗氧化作用。

可可油　这是从生长在热带的可可树的种子中提取出来的。可可油有很好的滋润作用，尤其对干性皮肤十分有效。

芦荟　从这种多汁植物的叶子中提取出的汁液经常被用作制造护肤品，因为它可以舒缓、滋润和保护皮肤。

去角质膏　去角质就是去除皮肤表面的死皮细胞，令皮肤更加亮丽光滑。去角质时，将去角质膏涂在湿润的面部并按摩，然后用温水洗去。

水溶性　如果洁面产品含有能溶解污垢和化妆品的油性成分，这种洁面产品就是水溶性的，同时它能被迅速轻松地清洗干净。

粟粒疹　粟粒疹是长在皮肤上的小圆粒。脂肪腺分泌的油脂聚集在一起形成了白色的颗粒，长在皮肤下层。你可以尝试用纸巾裹住手指将它们轻轻挤出来，或者涂抗菌面霜。

酸碱平衡　pH 值就是测护肤品中酸和碱含量的指标，pH 值为 7 即达到酸碱平衡。如果低于 7 为酸性，高于 7 为碱性。健康的皮肤偏酸性，因此酸碱平衡的护肤品都偏酸性，以保持皮肤自然的最佳状态。

弹性蛋白　弹性蛋白是皮下纤维组织，和胶原质一样，能使皮肤强韧，富有弹性。

脱敏测试　意思是护肤品中的各种成分都经过了严格的测试，确保它们可以安全使用，将导致过敏的可能性降到最低。

维生素 E　维生素 E 经常用在润肤乳中，因为它能有效地改善干燥的皮肤，抚平衰老的痕迹。同时对伤口愈合和晒伤都有很好的效果。

月见草油　这种从月见草种子中提取的精油非常有助于皮肤保湿。它极佳的保湿功效特别适合干性和非常干燥的皮肤，能给皮肤提供水分，保护和滋养皮肤，同时能全面改善皮肤，令皮肤柔嫩并富有弹性。它还能有效治疗湿疹。

脂质体　脂质体是一种充满液体的微小颗粒，是与构成细胞膜的相同物质制成的。由于体积非常小，其能够穿过皮肤活细胞，并释放出活性成分。

紫外线　紫外线会伤害皮肤。如果暴露在太阳下的时间过长，长波紫外线（UVA）会灼伤皮肤。中波紫外线（UVB）全年都很强烈，能导致皮肤老化，出现皱纹。选择全效防晒霜保护皮肤，它能同时抵御长波和中波紫外线的照射。

▲ 将维生素 E 胶囊的成分涂于面部，每周一次，能使开始衰老的皮肤变柔滑。

Part 3 与肌肤问题说"拜拜"

消除斑点

◀ 消灭顽固的斑点

请在明亮的光线下照照镜子，观察一下自己的面部。可以在阳光明媚的户外，也可以在室内刺眼的荧光灯下观察。是否看到了非常微小的黄褐斑？如果是，就大胆地承认吧。只有承认它们的存在，才可能想方设法地对付它们，这样，祛除这些斑块就指日可待了。祛除现有的老年斑并预防新生的老年斑，这是认真执行日常基础护肤方案的必然效果。

老年斑的医学术语是日光性黑子（solar lentigo），顾名思义，它是日照的产物。暴露于太阳下的面部、颈部、胸部、手臂与双手等部位，会出现较多的老年斑。顺便说一句，老年斑与肾脏疾病无关。我认为它之所以又叫"肾脏斑"，是因为当老年斑长到一定程度时，它的形状就如同肾脏一般。

通常而言，30岁以下的女性很少长老年斑。但是，也有不少20多岁就长了老年斑的患者，这通常是由于她们晒了太多日光浴的缘故。一旦老年斑开始出现，就会越来越多，一发而不可控制。

消灭不同的斑点

每个人的肌肤都各不相同。有些女性只通过家庭护理就能够完全祛除老年斑；而另一些女性运用这种方法只能淡化老年斑，并不能完全祛除。一般而言，你首先应尝试家庭护理。

在有效治疗老年斑的护肤方案中，有两种成分你应该已经非常熟悉了，那就是甘醇酸与维生素A醇。它们除了能够减少面部皱纹之外，还能够祛除老年斑与其他色素沉积。但并不能保证经常使用这些酸性成分就能够将所有老年斑完全祛除。不过，将这些成分添加到基础护肤方案中以后，如果肌肤状况有所改善——淡化了斑块，那么就可以坚持使用你所选择的产品。

如果你正在使用甘醇酸产品，那么可以继续使用。如果你正在使用某种形式的维生素A醇或是维生素A酸，那么可以经常把该产品涂抹在老年斑上，而不要用在其他地方。如果每天在整个面部都使用维生素A醇，很可能会造成肌肤过敏；如果只涂抹老年斑，将会收到很好的疗效。

如果使用甘醇酸或维生素A醇并没有使老年斑发生任何变化，那么该考虑更换效果更好的祛斑面霜了，这类产品专为均衡肤色、淡化色斑而设计。祛斑面霜中最有效的成分是对苯二酚，这种化学物质能够预防色素沉积。市面上还有其他一些祛斑成分，比如醋栗萃取物、曲酸与甘草精，不过，根据临床测试结果，对苯二酚祛斑效果最好。

对苯二酚与某些护肤成分混合使用时，可

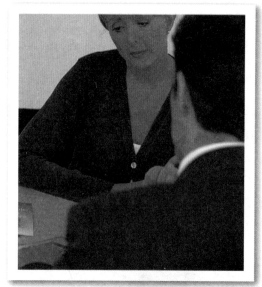

▲ 对于非常严重的斑点，咨询专业的医生更能帮你解决烦恼。

能会取得相反的效果。曾有人把处方类对苯二酚混在两层润肤霜之间使用，结果引发了严重过敏。她们改用非处方类（2%）氢羟肾上腺可的松面霜，每日两次。结果非常惊人。

很多患者都发现：每天使用两次2%的对苯二酚制剂，对祛除老年斑非常有效。浓度为2%的产品可以在药店或网络上购买。该产品的使用与其他祛斑类产品不同，它的最佳使用方法是涂抹在整个面部，而非仅涂抹在老年斑上。这种成分能够作用于色素沉积的任何区域，因此，全面涂抹不仅可以祛除可见的斑点，而且还能够祛除那些肉眼不可见的或是浅淡的斑点。

为了增强对苯二酚的效果，可以搭配甘醇酸使用，最好采用医用强效甘醇酸制剂。为了方便起见，可以直接使用混合了这两种成分的产品，通常是2%的对苯二酚混合5% ~ 15%的甘醇酸。同样，这种产品也可以涂抹在整个面部。

对于90%以上的患者而言，把1% ~ 2%的对苯二酚与甘醇酸搭配使用，其效果与处方类强效对苯二酚差不多。

很多女性都时刻谨防面部老年斑的产生，但对胸部与手上的老年斑却不太注意。这有点顾此失彼，导致的直接结果是，年轻的面容搭配着衰老的身体。因此，不要仅把产品涂抹在脸上，还要涂抹在暴露于太阳下的其他部位，特别是手背、颈部与胸口。

一般而言，如果对苯二酚 / 甘醇酸疗法能够祛除你的老年斑，那么在 6 ~ 8 周之内你就会看到明显的效果。如果没有发生任何变化，你应该采取其他行动，可以让皮肤科医生开具处方类强效（3% 或更高）对苯二酚，也可以改为专业治疗。

其他斑点

当你在镜中审视自己的面部时，也许会发现一些不像是老年斑的色素沉积。你的判断很可能是正确的。的确还有其他类型的色斑，皮肤学家将其进行了分类。虽然淡化并祛除这些色斑的方法大同小异，但是你最好先确定自己的色斑属于哪种类型，以便能够对症治疗。

除了老年斑以外，最常见的面部色素沉积有黑斑病、炎症后色素沉积（post inflammatory hyperpigmentation）与皮脂溢角质疣。下面我将一一介绍，希望你能够获取辨别自身色斑的详细信息。我们将会讨论一些有效的家庭护理方法。稍后还会谈到专业疗法。

黑斑病

这种面具状黑斑就如同投射在面部的阴影。如果它出现在上唇，你看起来就像长了"胡子"一样。

有些女性天生就容易患黑斑病，日晒、激素都能够引发黑斑病。女性在怀孕期间，或是

▲ 在治疗斑点之前，一定要确定斑点的类型。

采用激素替代疗法时（HRT），或是口服避孕药时，也会受到影响。如果你在怀孕期间患上了严重的黑斑病，那么当你采用激素替代疗法，或是口服避孕药，都会加重黑斑病症状。

黑斑病的家庭护理方法与老年斑相同。注意，如果黑斑病的诱因是激素替代疗法或是口服避孕药，那么除非停止用药，否则问题不会得到根本解决（当然要提前咨询医生）。

怀孕期间不要使用对苯二酚治疗黑斑病。可以通过搭配使用强效防晒霜与氧化锌粉末（能够阻挡有害紫外线的 3 种成分之一），改善怀孕期间的肌肤状况。

炎症后色素沉积

该医学术语用来概括肌肤受到严重刺激或慢性刺激之后所产生的黑斑，比如：厨房烧伤、蚊虫叮咬或是严重的痤疮瘢痕。虽然日晒会增加这类斑点产生的风险，不过遗传因素更为重要，具有肌肤色素沉积遗传因素的人非常容易生长这种斑点，特别是地中海人、中东人与非洲人的后裔。

如果你容易患上炎症后色素沉积，那么最佳的方法是提前预防。在烫伤、蚊虫叮咬处或是其他容易产生色斑的受伤之处，及时涂抹氢羟肾上腺皮质素乳霜。最好是在肌肤刚出现红肿迹象，还未变成褐色之前进行治疗。如果你能够尽快消除炎症（红肿），那么就不会产生色斑了。

在被蚊虫叮咬后，建议你尽快做出处理，每天在患处涂抹 2 ~ 3 次氢羟肾上腺皮质素乳霜。该乳霜不仅能够使伤口快速愈合，而且能够缓解叮咬后的瘙痒与其他症状，使你不去抓挠，避免伤口感染，从而降低色斑风险。如果你是蚊虫喜欢叮咬的对象，那么在外出之前，一定要涂抹驱虫剂。

如果你错过了及时治疗的时机，且受伤处已经长出了黑斑，那么在老年斑疗法——涂抹对苯二酚/甘醇酸混合物的基础上，添加局部用氢羟肾上腺皮质是个不错的选择。每天涂抹两次氢羟肾上腺皮质素，外加对苯二酚/甘醇酸疗法，任何色斑，即使已有数年之久的色斑都会很快祛除。

请注意不要使用过于刺激的产品，因为那样会加重色斑，而非祛除色斑。建议开始时使用非处方类 2% 对苯二酚乳霜，外加温和的甘醇酸祛斑霜，效果会非常显著。该方案对去除痤疮瘢痕也同样有效。

多久能够见效？这取决于你长了黑斑以后多久才开始治疗。对于产品效果，你应保持足够的耐心，并适当地调整期望值。如果你在使用 6 周之后仍然未见起色，那么我建议你去咨询皮肤学专家，他们将会就这一问题，讨论进一步的治疗方案。

皮脂溢角质疣

这些褐色斑看似是比较严重的色素沉积，然而，实际上，它们是肌肤上的良性斑（非癌性）。它们具有遗传性，并不是由外在原因造成的。然而，不幸的是我们无法阻止新斑产生。

有种特殊的、几乎扁平的皮脂溢角质疣，可以通过使用强效甘醇酸制剂将其淡化，但却不能完全祛除，只能通过手术将其清除。

治疗长期存在的老年斑或其他色斑，是一场考验耐性的持久战。如果短期内你看不到任何进步，你也许会质疑方法是否有效。

你是否也为看不到疗效而感到烦恼呢？一种简单的解决方法是：在明亮的光线下（不要太刺眼），拍摄不同角度的面部照片。然后用红

小贴士 💛

保持、保持、保持

祛除老年斑与其他色素沉积的一大常见误区是：一旦情况好转就马上停止治疗。这种做法是不可取的。因为导致老年斑产生的日晒很可能发生在几十年前，肌肤已形成了色素沉淀机制，一旦停止治疗，必然会重新生成新的老年斑。

也就是说，在你连续使用对苯二酚产品两个月以后，即使所有的老年斑都已淡化或是完全祛除了，最好也不要突然停止治疗。可以由 1 天使用 2 次对苯二酚改为 1 天使用 1 次。坚持 2 周之后，进一步减至 1 周使用 3 次。坚持 1 个月之后，再全面停用对苯二酚。但是 2 个月之后，要再次恢复使用。

采取这一策略是有原因的：长期使用对苯二酚会导致肌肤过敏，而对苯二酚过敏的症状是肌肤暗沉。

还有一点需要注意：即使使用了对苯二酚，仍然要注意使用防晒霜防晒。因为在治疗过程中，肌肤对日晒会更加敏感。

笔或标记笔圈出照片上的所有色斑，记录下它们的大小与深度。一周之后，再拍一组照片；第二周之后，再拍一组。对比新旧照片，看到肌肤的变化了吗？

另一种方法是左右脸对比测试。在一侧脸上使用该疗法，另一侧脸不用。大约一周以后，对比两侧脸。如果确定该疗法真正有效，再在整个面部使用。

如果你平时没有定期去看皮肤科医生，那么预约皮肤科会诊将非常麻烦。有些患者已尽力而为，但收效甚微。她们只好听天由命，期望能够出现最好的结果。

去看皮肤科医生或是其他医生时，千万不要唯命是从。在具有相关知识的情况下，我们自己才是自己最好的帮手，自己做出的护肤决定也更值得信赖。与生活中的大部分事情一样，具备一些专业知识会对你大有裨益。

在当今时代，没有听说过激光疗法、光子嫩肤（photofacials）与甘醇酸换肤神奇功效的人寥寥无几。为了收到应有的疗效（起码要维持现状，不令其恶化），找对医生与找到正确的治疗方案至关重要。在如此众多的祛斑疗法之中，你一定想从中选择最有效、风险最低、价格最合理的疗法。

选择医生需要考虑以下问题：

● 该医生治疗老年斑或是其他肌肤色素沉积的病症吗？（如果不治，继续寻找其他医生。）

● 他或她提供哪种疗法，使用哪种设备？（下面我们将会详细讨论你的选项。）

● 这些疗法或设备是新式的吗？（疗法或设备越新，医生的相关经验就越少。）

● 是医生亲自治疗，还是让其他人治疗？

● 该医生（或医生助理）接受过这些疗法与设备的相关培训吗？该医生提供的疗法包含几个步骤？

● 每种疗法可能出现的最坏结果是什么？

● 治疗的费用大概是多少？

● 这些疗法是否受人身健康保险保护？（大多数美容整形的医疗手术都不在保险之列。）

● 就诊可以预约在什么时候？

掌握了这些情况以后，先来看看最常见的专业疗法：逐个斑点，逐个色斑的治疗。在这一过程中，你应根据自己的经验以及知识，提出见解与建议。

老年斑的专业疗法

针对老年斑，皮肤科医生们最喜欢甘醇酸换肤或甘醇酸洗肤疗法。这种疗法会大面积使用 70% 的甘醇酸制剂（与家庭使用的 10% 制剂不同），比如整个面部、颈部、胸部和 / 或手部，而非仅在斑点上。通常一个疗程包括 6 ~ 10 次换肤，分 1 ~ 2 周进行。

这种疗法对祛除现有斑点并防止斑点新生具有很好的效果。

如果你的老年斑十分顽固，在进行了一个疗程的甘醇酸换肤之后还没有祛除，那么医生可能会选择几个斑点进行强效制剂测试，治疗时会选用更加有效的制剂三氯醋酸（TCA）。建议你与医生在界定三氯醋酸是否可以有效祛除顽固色斑时，至少要观察 12 周，因为局部治疗残留的浅色黑斑可能 2 ~ 3 个月才能完全祛除，这种疗法一个疗程大约需要花费 200 ~ 300 美元不等。

另一种是风靡市场的祛除顽固老年斑的激光疗法。激光的类型有很多种，其品牌名称各不相同。需要你记住的是激光疗法是一种可控制的激光术灼烧肌肤，这种疗法对肌肤细胞的损伤很大。激光照射时，医生扩大了治疗区域，强度控制不好，就会严重灼伤肌肤。

如果一定要接受这种疗法，让医生先测试治疗一两个老年斑，然后观察三个月。根据这两个斑的情况，评估该疗法对肌肤产生的影响，决定自己是采用同样的激光继续治疗，还是换一种激光，或是完全改变疗法。

另一种专业老年斑疗法与整体面部修复疗法是光子嫩肤（IPL）。与稳定聚焦的激光光束不同，脉冲光更像是一个不断闪

▲ 保持心情愉快，并进行适当的锻炼，才能保持好气色与好肤色。

烁的灯泡。因此，很多医生才会把脉冲光疗法称作光美颜术（photogacials）。

光子嫩肤比激光疗法更快受到认同。为什么？因为在进行光子嫩肤时，医生可以将这种光束扫过整个面部。因此，在花费同样时间与金钱之后，你将会看到自身肤质的全面改善。

实验证实，光子嫩肤能够有效祛除面部、胸部与手部的老年斑。刚刚结束治疗时，斑点会变深，4～7天就会完全祛除，胸部与手部的祛斑效果没有面部迅速。光子嫩肤还能够有效去除胸部泛红现象，（之后我们会详细讨论）而且没有什么恢复期可言，因为它本身没有任何风险。

如果说脉冲光疗法存在不足之处，那就是必须要按照疗程治疗，通常一个疗程需要进行3～5次治疗，分2～4周完成。激光疗法非常昂贵，特别是在某一区域进行深层治疗的情况下，医生们通常会根据激光脉冲次数收费。也就是说，老年斑多的人要想将斑点祛除干净，可能需要花费数千美元。与此相比，光子嫩肤就便宜得多。

有些医生喜欢利用左旋糖（Levulan）强化光子嫩肤的治疗效果，这点值得注意。左旋糖是一种光敏剂，需要提前30～60分钟涂抹在患者的肌肤上，它能够令肌肤做好应对光源的准备，进而引发肌肤发生更加强烈的反应。采用该疗法有时会出现结痂。

虽然光子嫩肤与左旋糖相结合的疗法能够产生神奇的效果，但同时也有可能会增加治疗的不适感，延长恢复时间。单独使用光子嫩肤疗法是更好的选择，因为这样可以在减轻不适感的同时取得很好的效果。

黑斑病的专业疗法

很多老年斑的专业疗法对于治疗黑斑病也同样有效，对肌肤刺激最小的甘醇酸换肤就是一种不错的疗法。对于容易长斑的人而言，较为强效的疗法可能会引起不适反应。如果你在怀孕期间患上了黑斑病，那么建议你暂时不要治疗。有时，只要使用正确的防晒霜，或是怀孕3～6个月之后，或是停用口服避孕药后，这些症状就会自行消除。

▲ 怀孕期间患上的斑点一般会自行消除，所以不要盲目治疗。

炎症后色素沉积的专业疗法

一般而言，专业疗法对于治疗这种色斑并非完全有效。据说，一个疗程的轻度水杨酸换肤（只需两三次），能够取得很好的效果，如果结合当前使用的家庭护理方法，会更加有效。通过换肤，制剂能够更好地作用于肌肤。

皮脂溢角质疣的专业疗法

针对皮脂溢角质疣，最简单的专业疗法是轻度电灼（light electrodess-ication）。换句话讲，就是医生用灼烧机烧掉斑点，这是皮肤学中由来已久的传统疗法。你要做好闻到肌肤烧焦味道的准备。当然，烧掉的是她们一开始就不想要的那部分肌肤。

虽然祛除皮脂溢角质疣必须用到灼烧机，但如果温度设定过高，就会留下伤疤。医生喜欢先用低温测试治疗一两个角质疣，然后让患者3～4周以后前来复诊。如果角质疣祛除了，那么医生会设置与第一次相同的温度，来治疗剩余的角质疣。如果疗效不好，医生会适当增加灼烧机的温度，再测试治疗一两个角质疣。总之，医生会以这种方法不停调试，直到找出适合这位患者的温度。

消除红肿

饮一杯热腾腾的绿茶或一杯红酒，喝一碗热汤或是吃一包辛辣的芥末饼干。15分钟之后，进入光照良好的浴室，照照镜子。你的鼻子或脸颊泛红了吗？

一到三十五六岁，很多人都会因为进食刺激性食物或饮酒，而面部泛红。在红肿现象中，最典型的就是红斑痤疮。红斑痤疮是一种成人痤疮。不过，并非每位面部容易出现红肿或潮红的女性都是红斑痤疮患者，我们稍后会谈到这个问题。

具体说来，红斑痤疮有三种：沿面部中线生长的痤疮，包括前额、鼻子、脸颊中间与下巴；由日晒造成的红肿与血管破损；而最为严重的情况是所谓的肥大性酒渣鼻，或称鼻子的球形囊肿。

所幸的是，红斑痤疮可以通过使用四环素类抗生素治愈。这个过程或短或长不一而足，但只要正确诊断并合理使用四环素，就可以治愈。

不过，红斑痤疮是一种慢性皮肤病，因此很多患有红斑痤疮的女性需要断断续续地使用数年抗生素才能够将其治愈。这会带来很多麻烦，因为长期使用抗生素会引发阴道酵母菌感染以及一些其他问题。更为糟糕的是，红斑痤疮会经常被误诊，因此造成有些女性无端服用抗生素，进而产生健康隐患。事实上，一项研究表明，连续服用抗生素超过1000天的女性，

罹患乳腺癌的风险较高。

如果你真的患有红斑痤疮，那么你可以通过以下几个步骤来减少发病。其一是要远离潜在的致病物质，比如热饮、刺激性食物与酒精，特别是红酒。

如果你正在持续服用抗生素，那么最好与医生讨论一下减少剂量。比如，很多红斑痤疮患者，她们只要服用少量药物，有些人每周只需服用一片药，即可控制红斑痤疮，令其不再复发。

好了，既然我们已经扫清了可怕的障碍，现在让我们来正视面部红肿与潮红的问题。最常见的红肿并不是由红斑痤疮造成的，而是由下面两种情况之一导致的：

●绝经之前的激素变化，通常出现在40岁左右。

●由于接触了某种物质而导致的面部过敏，比如香皂、香水、洗涤剂、柔顺剂或是其他物质。

下面我们来依次检测这些因素。

◀ 激素变化造成的红肿

如果红肿与潮红是由激素变化造成的，那么有几种简单易行的有效疗法。近期研究表明，使用4%的局部用烟酰胺有助于消除红肿与潮红。实际上，有些皮肤科医生会使用这一方法缓解激光治疗与服用某种药物产生的红肿，其中包括强效祛痘药物Accutane。

光子嫩肤这种有效祛除老年斑的专业疗法，还能够通过作用于皮肤表面的血管，有效去除红肿与潮红。与治疗老年斑一样，医生会建议你按照疗程接受治疗，分2～4周完成。

如果你决定采用光子嫩肤疗法，并且在问题区域进行了多次脉冲光照射，那么你将会迅速变得容光焕发。治疗后，肌肤会留下深红色甚至紫色的印记，请不要为此而感到紧张！这表明血管对光源产生了彻底的反应。几天之内，色素将会消失，红肿与潮红现象也不会再困扰

▲ 一些具有刺激性的食物会令你的肌肤泛红发肿。

你了。

光子嫩肤非常适用于面部与胸部祛斑。我很喜欢它的起效方式，借用《预防杂志》（Prevention magazine）中的一句话，它就如同肌肤的清洁剂一般。与 V 波束激光（V-beam laser）相比，我更喜欢光子嫩肤术，因为 V 波束激光只能作用于局部，而光子嫩肤术却能够作用于整个区域。

◀ 过敏造成的红肿

如果红肿是由过敏造成的，那么你首先要治疗过敏；其次，找出过敏原因。

就家庭疗法而言，建议你使用锌基防晒霜，最好选用带有细小的氧化锌微粒且毫不粘黏的优质产品。这种产品有助于舒缓肌肤，消除红肿，除此之外，还能够滋润肌肤。当然，也能保护肌肤免受阳光伤害，长出更多的色斑。

一些新推出的乳液，如优塞林红肿清（Eucerin Redness Relief，内含甘草萃取物），还有非处方类氢羟肾上腺皮质素乳霜，也可以消除红肿。

为了找出过敏与红肿的诱因，可再次查看护肤品的成分列表，尤其要关注前文讲过的毒物成分。不过，为了锁定罪魁祸首，还需要敏锐的观察力及富有逻辑的思维。也许下面两种情况会对你有所启示：

红肿原因 1：压力

最近来自各方面的巨大压力是否让你喘不过气来了？脂溢性皮炎是常见的压力反应，它会造成肌肤红肿、干燥、生长鳞斑，通常发生在毛发区，如眉毛与发际线处，有时还会出现在鼻子两侧以及从鼻子延伸至嘴角的皱纹里（鼻唇沟）。

局部用氢羟肾上腺皮质素对治疗脂溢性皮炎非常有效。建议每天使用两次 1% 的氢羟肾上腺皮质素乳霜，连续使用一周，然后减为一天使用一次，连续使用一周（如果你愿意，可以在睡前使用）。这样，你的肌肤就会痊愈了。

红肿原因 2：过敏反应

最近你是否佩戴过新项链，或是在耳后擦过新香水？你是否更换了洗发水或护发素？你是否

▲ 洗发和护发产品中某些成分也许会让你过敏，所以过敏体质的人要多加注意。

在服用新药或补品？如果其中任何一个问题的答案为是，那么你的红肿很可能是对这些物质的过敏反应。下面介绍过敏反应的常见诱因。

镍

大约有 10% 的人对镍过敏。很多女性都知道当她们佩戴非金属首饰时会起疹，但却不知道即使是 14K 金也会添加少量的镍。

可以通过更加专业的测试检测饰品中是否含镍，也可以用棉签蘸取某种试剂，涂在首饰上，如果试剂变色了，就说明该首饰含镍元素。

与此同时，在做检测之前，不要戴着项链睡觉。否则，早晨醒来时可能会面部发红。

香水

我们大部分人都认为造成过敏与红肿的香水一定是人工合成的香水。其实，从天然植物中萃取的香水也会给过敏性人群带来麻烦。换句话讲，只要是气味浓烈的产品，无论是天然的还是人工的，都可能会造成肌肤过敏。怎么办？将潜在的过敏诱因从护肤方案中剔除，在过敏部位使用 1% 的氢羟肾上腺皮质素乳霜，直到红肿消失。

洗发水与护发素

很多洗发水、护发素与其他护发产品中，都含有常见的肌肤刺激性物质。如果你刚刚更换了新产品，请检查成分列表中是否含有羊毛

脂、十二烷基硫酸钠与牛油树脂等毒物成分。这些物质会造成过敏与红肿，更不用说痤疮了。

护肤品

是否是采用了新的护肤方案以后，才出现红肿问题？如果是，让我们找出并去除已知的刺激性成分，至少要减少接触它们的次数。

如前所述，维生素 A 醇会令肌肤红肿、脱皮。最近，这种成分在众多化妆品中频频出现，比如防晒霜中。甘醇酸会造成过敏与红肿，特别是医用强效制剂，有时使用一天左右就会产生反应。

一旦你找出可能会对肌肤产生刺激的产品，那么持续一段时间不要使用该产品。如果红肿消失了，说明该产品就是罪魁祸首。但这并不意味着你应该丢弃该产品，特别是在你对该产品的其他效果较为满意的情况下。你只需减少该产品的使用次数，或是改用浓度较低的制剂即可。

美丽锦囊

引发痤疮的护发产品

如果你的目标是打造光滑、无痘的肌肤，那么你需要留心以下关于护发产品的建议。很多护发产品都会引发粉刺或生成痤疮，即使你把头发上的护发产品冲洗干净，也会有一些产品残留在面部，最终变干附在肌肤表面。

有些患者不相信自己的洗发水、护发素或是美发产品能够引发肌肤问题。实际上，这些产品会刺激皮肤，导致红肿、起疹及各种突发问题。曾有患者因护发产品使用不当而留下了顽固性黄褐斑与色素沉积，而治疗这些肌肤问题还会产生新的"瘢痕"。

为了弄清你所使用的护发产品是否会对肌肤产生影响，我们需要重新审视自己镜中的面容：是否能够看到一些红肿与小疙瘩？它们是否聚集在发际线附近？轻轻拨开脸上的头发，是否暴露了最为严重的问题区域？如果是，那么你必须尽快更换护发产品。下列提示将会帮助你做出明智的选择，并尽快治愈肌肤问题。

1. 仔细挑选洗发水。应选择半透明的洗发水，不要选择不透明的、珍珠色或膏状洗发水。如果你对香料过敏，那么应确保该洗发水中不含香料或是只有少许香料。

2. 不要选用膏状护发素。膏状护发素不易清洗，会在头发上残留能够引发粉刺的分子，这些分子将会使你的前额与发际线周围干燥、脱皮。膏状免洗护发素的危害十倍于此。

如果你离不开当前使用的膏状护发素，因为其他产品无法令你的头发达到如此好的效果，那么可以使用优质的水杨酸洁面乳洗脸，对于发际线周围的肌肤与颈部肌肤要格外呵护。

3. 宁用摩丝，不用发胶。发胶非常浓稠，长期使用会令毛孔粗大。定型喷雾不会伤及肌肤，但却会导致头发干燥。

4. 购买优质的塑料浴帽。希望你在开始阅读本书时，就已经准备好了浴帽。如果还没有，现在就去准备一个。浴帽可以保护头发免受每日沐浴的潮气侵袭。每当头发由湿变干时，都会损失一部分天然的油脂与护发成分。我们希望你的头发健康亮泽，而非干燥暗沉。

同样道理，如果你生活在多雨的地区，那么你可以购买一个可折叠的塑料雨帽，并随身携带。这样，如果你遇到下雨天，而又忘了带伞，带上雨帽，回家后就不用洗头发了。

5. 减少使用洗发水的次数。洗发次数越多，头发越干燥。头发越干燥，越需要补水，同时头发有效吸收护发产品中养分的能力也越差。

诚然，优质产品有助于为头发补水。但"润发"的最佳方法是少用洗发水，让你头发中的天然油脂发挥作用。

大部分女性都能够做到每周只使用一两次洗发水。那些经常更换发型的女性最好每周使用一次洗发水，在其他日子中，仅用清水冲洗即可。

如果你每周必须洗几次头发，那么可以尝试只使用一遍洗发水，而不要像产品标签中建议的那样"揉出泡沫 - 冲洗 - 重复动作"。如果你是油性发质，需要经常清洗，又该如何呢？建议你只用洗发水洗发，不要用护发素。一般而言，油性发质无须使用护发素，也不太容易因经常清洗而变得干燥。

药物与草药 / 营养品

有时新出的药物或补品也会引发肌肤过敏。比如，贯叶连翘（St John's Wort）会使肌肤对阳光更加敏感，而烟酸会使你的肌肤迅速泛红。阅读草药或营养品的标签，看看其中是否含有会引发肌肤不良反应的成分。

与对苯二酚和维生素A酸相似，抗生素与利尿剂（水丸）也会增加光敏性。口服避孕药也可能引起红肿与泛红现象，有些女性甚至会因此而长出痤疮。这类反应大多具有遗传性，因此你可以询问自己的母亲在怀孕期间是否出现过什么肌肤问题。

如果你还是无法找出肌肤过敏的诱因，那么你可以去找皮肤科医生做个专业的肌肤过敏测试，这项测试包含24种引发过敏反应的常见物质，每种物质又与10种其他物质相关。因此，实际上，为了界定哪种物质对你产生了不良影响，需要检测大约200种过敏原。

远离黑眼圈

◀ 造成黑眼圈的原因

没有一位女性希望在照镜子时看到黑眼圈。如果你受到黑眼圈的困扰，那么本节可谓是为你而设的。我们会先找出造成黑眼圈的原因，以便制定去除黑眼圈的有效策略。

站在镜子前，用指尖轻轻按压眼睛下方。保持30秒，压力要持久、均衡。移开指尖，看看出现了什么情况。

当你停止按压之后，如果黑眼圈没有任何变化，说明它完全是由色素沉积造成的。这时，你可以采用祛除老年斑的方法来对付黑眼圈，即使用对苯二酚祛斑制剂。

如果黑眼圈消失一会儿之后又再次出现，说明它是由血管通透性增强造成的，即眼睛下方、眼睛与鼻子之间的血管渗血。眼力士这种新的专利成分不仅可以减少肌肤薄弱区域，比

多睡30分钟

如果在你的面部问题列表上，有黑眼圈或肿眼泡的问题，那么这里有一个简单的方法，可以使这些问题得到明显改善。此外，该方法还有助于改善肤质。这个方法就是增加睡眠时间。

睡眠状态如何，会毫无保留地体现在脸上。有些女性为了达到充分休息状态下的肌肤效果，不惜去做大规模的整形手术，不仅疼痛而且价格不菲。其实，有一个更加简单的方法，你只需调整一下睡眠时间就可以达到这种效果。

你每晚至少需要保证7个小时的睡眠，睡眠时间不够，不但会影响健康，而且还会影响你的形象。

这里有一些增加睡眠时间的技巧，这些技巧不仅对我本人有效，很多患者也对此赞叹不已。首先，即使你非常繁忙，也要尽量做到每天晚上至少提前15分钟睡觉，早晨推迟15分钟起床。在紧张的早晨减少15分钟准备时间看似不可能，但早晨的时间安排确实是可以调整的。比如，在前一天睡觉之前就把第二天要用的东西都准备好，把早晨洗澡改成晚上洗澡。如果你确实没有办法晚起15分钟，那么可以早睡半个小时。

你可以在睡前做一些宁心静气的瑜伽动作，或是阅读一本乏味的图书。如果你平时习惯晚间食用带有咖啡因的食物或饮料，那么我建议你改掉这一习惯。同时还建议你午餐之后就不要

饮用咖啡、茶或可乐了，晚上也不要食用巧克力及其制品。辛辣的食物也会产生刺激作用，从而影响睡眠。葡萄酒可以促进某些人入睡，但也会造成另一些人失眠。很多烈酒都有同样的效果。

此外，还要注意你的生物钟与生活方式，看看它们会对你的睡眠习惯产生何种影响。比如，你每天何时运动？运动会令你放松还是会令你精力充沛？如果运动令你精神抖擞，那么你最好把晚上运动改成早晨运动。

如果你能够多腾出30分钟的时间用于睡眠，你将会惊奇地发现，用不了几天，皮肤就会大有改善。你可以分别拍摄试验前后的照片作对比。除此之外，你的感觉也会好很多。

要拥有优质睡眠，你还需要一个柔软的纯棉枕套。因为尽管有些女性习惯仰睡，但大多数人都习惯侧睡，面部贴在枕头上。只有采取这个姿势，才能够入睡。其实，你的枕套就如同整夜都扣在你脸上的面具。因此，正如你会谨慎选择护肤产品一般，你也应该谨慎选择那些与脸部接触的物品。

清洗枕套时，一定要使用全效洗衣粉。这种洗衣粉最不易引起过敏。

建议你使用全效洗衣粉清洗枕套、手巾与毛巾。你也可以用它清洗其他物品，包括衣服。

▶ 这是基本的瑜伽姿势，树式有助于增强骨盆、髋关节和肩膀的灵活性。

如眼睛周围的血管通透性；还可以增强淋巴管的收缩，加速排出积聚在眼睛下方的液体。这样，黑眼圈就消失了，或是淡化了。此外，眼力士中的三种活性物质还有助于恢复弹性、紧致肌肤。

淡化黑眼圈的另一种有效成分是局部用维生素K。含有维生素的产品，都会在产品名称或功能名称中标明内含维生素。

如果当你移开手指，停止按压时，黑眼圈并未完全消除，不过却淡化了一些。那么你需要同时使用对苯二酚制剂与眼力士产品来应对两个问题——色素沉积过多与血管通透性过强。

应对破损血管

造成毛细血管与血管破损的原因有很多，比如雌激素水平过高。正因如此，怀孕与口服避孕药才会成为诱发因素。过度酗酒与其他导致肾脏损伤的行为也是一大诱因，因为肾脏通常可以化解雌激素。肾脏不健康的人通常体内雌激素水平很高，甚至连患有肾脏疾病的男性胸部也会隆起，并发生血管破损。

有时血管破损带有遗传性。红发之人容易遗传白皙、雀斑性的肌肤，这种肌肤对太阳非常敏感，也因此更容易被晒伤、长雀斑、血管破损。很多前来治疗血管破损的女性，她们的母亲在相同的年龄也出现过同样的问题。

不幸的是，很多血管破损是后天造成的。经常使用高浓度的甘醇酸、Renova与维生素A酸都会造成血管破损。使用前一定要认真阅读护肤品上的使用说明以及此类警告，注意不要在已经出现血管破损的区域，使用这些产品。一般而言，在停止使用这些产品一段时间以后，微小的血管损伤会自动愈合。

有些女性使用局部用维生素 K 或是处方类红斑痤疮药物后，其破损的血管就会得到明显改善。如果你仅有几条不显眼的破损血管，比如鼻子两侧，那么 V 波束激光疗法将是最好的疗法。

在 V 波束激光疗法刚刚推出的时候，就打着减少术后损伤、恢复时间短的招牌。从那时起，我们就知道为了用激光有效去除破损的血管，我们需要先刺激皮肤引发紫斑痕或者说令血管呈深紫色。虽然深紫色是暂时的，但即使是使用了浓重的遮盖霜与遮瑕霜也很难遮盖。此外，由于大部分破损的血管都集中在面部中间——比如鼻子两侧的红色蛛网状静脉——患者治疗期间面部会变得非常吓人，不能外出见人（面部治疗大约需要一周到 10 天）。

V 波束激光治疗一个疗程可能就足够了，不过有时也会需要反复治疗。

淡化皱纹

◀ 日常抗皱

锁定问题对症下药

可能有一两个问题你想要尽快改变，或者这些问题你目前尚且能够容忍，但随着时间的流逝，谁料得定呢？这里将介绍应对最常见护肤难题的最佳方案。一旦你照建议行事，那么一两周之内就应该见到起色。

唇纹

吸烟者由于多次重复噘嘴动作，很容易出现唇纹。如果你是吸烟者，那么为了你的肌肤与健康，应该认真考虑戒烟。在喝饮料的时候，使用吸管或是直接对着瓶口喝，会用到相同部位的肌肉，因此也会导致唇纹产生。这听起来似乎有点荒诞，但却是经

▲ 皱纹是岁月在我们脸上留下的痕迹，你可以运用化妆品延缓衰老，同时也要用一颗平常心接受衰老的事实。

医学与解剖学验证的事实。

对于治疗唇纹，可以使用神经肽产品。它除了有助于平复唇纹，还能够丰盈双唇。如果你每周三晚使用神经肽，同时搭配 Retin-A Micro 或是浓度为 0.15% 的其他维生素 A 醇产品，那么在两周之内，就会发现唇纹得到了明显改善。

如果你不愿等待这么久，那么在护肤方案中添加微晶磨砂产品将会迅速见效。使用内含氧化铝晶体的微粒磨砂膏，在唇部周围按摩两三分钟，每周 2 次。动作要轻柔，掌握好肌肤对这种磨损的耐受力。按摩之后，用温水彻底洗净磨砂膏。

此外，每天早晨可以在唇纹处使用肽基乳霜，每天晚上使用维生素 A 醇产品，无论是零售品牌，还是医用强效制剂都可以。在肌肤对维生素 A 醇产生适应性之前，不要在使用微晶磨砂膏之前或之后立即使用维生素 A 醇，这会使你肌肤过敏。如果你每晚使用维生素 A 醇时，感觉唇部有如同晒伤一般的烧灼感，那么应改为隔一天用一次。如果这样还是不行，可以改为一周 2 次。

鼻唇沟与木偶纹

随着肌肤纤维与细胞被破坏，面部会产生深深的皱纹。这些皱纹非常深，因此，"沟壑"一词是对它们的形象描述。

鼻唇沟就是其中一种面部深纹，它从鼻翼两侧一直延伸至嘴角。迅速减肥与天生很瘦的人，很容易出现鼻唇沟。还有些人由于其遗传的面部结构，也很容易出现鼻唇沟。

另一种面部深纹是木偶纹，即嘴巴两侧延伸至下巴的皱纹，看起来就好像一直在生气一样。如果长有木偶纹的人增加 25 ～ 35 千克的体重，木偶纹与鼻唇沟就会自行消失。幸好，这不是去除木偶纹与鼻唇沟的唯一疗法。某些局部用产品能够淡化这些深纹，但是无法将其完全消除。

有一种维生素 A 醇产品非常有效，如果搭配免洗型甘醇酸产品，尤为有效。重申一遍，护肤之前进行换肤是必须的。至少要使用家用换肤霜或是微晶磨砂膏去掉角质层，这样能够

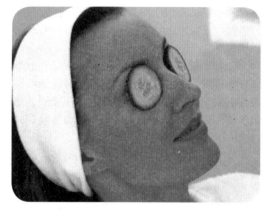

▲ 做眼膜和眼部保养可以改善眼部的皱纹。

更好地发挥其他护肤品的作用，令肌肤更加光滑。当患者搭配使用微粒磨砂膏与维生素 A 醇

美丽锦囊

两项真正有效的面部运动

微笑运动：这项运动对于紧致下颚线，淡化唇纹，提升嘴角大有帮助（嘴角本身能够明显改善你的形象）。首先，紧闭双唇，将嘴形尽量拉宽，做微笑状。然后慢慢地分开双唇，露出牙齿浅笑。接着把嘴张大——再张大一些，保持 5 分钟。

称它为微笑运动，是因为这项运动需要用到形成微笑的肌群。微笑肌群正好与噘嘴时（比如吸烟时或吹口哨时）的肌群相对。这符合生理学原理：强化某组肌群的同时，会弱化相对肌群运动产生的皱纹。这项运动还可以强化控制嘴角轮廓的肌群。做这项运动时，嘴角会变换方向，从静态略微下垂变成上扬状。

微笑运动每天做两次，早晚各一次。你可以在上下班途中，或是看电视的时候做。你的内心会充满愉快，因为微笑可以战胜肌肉松弛！

咀嚼运动：伸展颈部，头部后仰至舒服的位置，你会感受到颈阔肌的拉伸。因为颈部是由一系列带状肌肉组成的，它们以不同的角度连接着下颚与锁骨，就如同滑轮装置一般。头部保持后仰，张嘴、闭嘴，直到你感受到颈部肌肉的拉伸。这一串动作会使你联想到咀嚼牛排的样子。

▲ 适当的面部运动也是延缓衰老的有效手段。

这项运动，每天早晚至少分别做 5 分钟，如果你有 10 分钟以上空余时间，也可以做。利用 10 分钟时间去咀嚼一块并不存在的牛排很乏味，但你的付出绝对物有所值。你将会紧致下巴肌肉，强化下颚线，同时平复颈部细纹。

发型师斯坦利（Stanley）（迈阿密海滩全盛时期的发型师），有一位名为金吉·布莱尔（Ginger Blair）的顾客，大家都认为这位顾客的面部线条很美，而金吉就特别推崇这项运动。她活了很大岁数才去世，去世看起来不过 50 岁余而已。如今，斯坦利已经是曾祖父了，但他的下颚线与颈部却还像 40 岁左右时的样子。

注意：如果你患有颞下颌关节紊乱（TMD）或是其他下颚疾病，请先向医生咨询，以确认自己是否可以进行此项练习。

产品时，其面部深纹会得到明显改善。

蹙眉纹

解决这一问题非常困难，不过，很多女性在进行了一些简单的家庭治疗之后，蹙眉纹都得到了不同程度的改善。首先，建议试用神经肽产品，家用换肤霜与强效的免洗甘醇酸产品，也会有所帮助。至于浓度为 10% 的纯甘醇酸（未经稀释），最好选用冲洗型凝胶产品。在肌肤适应这种产品之前，可以每隔一天使用 20 ~ 30 分钟，之后改为每天使用一次。如果没有出现任何过敏现象，那么可以尝试更为强效的甘醇酸免洗产品，早晨抹上，一整天不清洗，外面再抹一层含肽润肤霜。

另一种去除蹙眉纹的有效方法是重度眉间换肤。将微粒磨砂膏小心地涂抹在眉间，开始时，注意不要和甘醇酸凝胶产品同时使用。你的肌肤需要在这两种疗法之间得到舒缓。开始时，每周 2 次，每次 2 分钟即可。肌肤适应后，可以增加到每周使用三四次，每次三四分钟。最终，你的肌肤将会适应更为强效的产品。切记，在使用微粒磨砂膏时，动作要非常轻柔。

你还可以试试类维生素 A 产品，这种产品能够有效治疗蹙眉纹。开始时，可以使用普通产品或是浓度较低的医用强效制剂。如果效果

不错，可以要求医生开些浓度较高的强效制剂，比如维生素 A 酸或 Tazorac。虽然这些是处方类产品，但购买这些产品无须专门就诊，特别是在你已经成为皮肤科医生的固定患者的情况下，就可以直接购买了。

鱼尾纹与起皱的下巴

针对这些问题，建议你遵循上述治疗蹙眉纹与面部深纹的家用疗法。鱼尾纹出现在极为敏感的区域，因此，换肤时要格外谨慎、格外

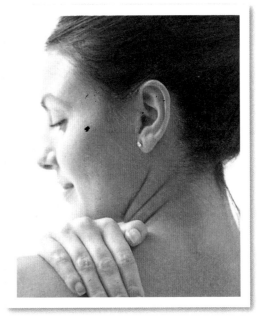

▲ 颈纹也会是你遇到的皱纹烦恼之一。日常护肤时不要忘记对颈部进行护理。

▲ 鱼尾纹的形成，是由于神经内分泌功能减退，蛋白质合成率下降，真皮层的纤维细胞活性减退或丧失，胶原纤维减少断裂，导致皮肤弹性减退，眼角皱纹增多，以及日晒、干燥、寒冷、洗脸水温过高、表情丰富、吸烟等导致纤维组织弹性减退。

轻柔。只要坚持使用推荐产品，细微的鱼尾纹即便无法完全去除，也会逐渐减少。

至于维生素 A 醇或是处方类维生素 A 产品，最初，三晚使用一次，然后递增至隔一晚使用一次，这也许是你的肌肤所能承受的极限。如果还可以承受，可以递增至每晚使用一次。

此外，还建议你使用内含高浓度甘醇酸成分的免洗型润肤霜，这种产品可能会造成麻刺感，只要不是刺痛就是好现象。

◀ 高科技疗法

静态皱纹是指即便在熟睡时也会呈现于面部的皱纹，通常是因老化、减肥、晒伤而产生的。对于年老的女性（七八十岁的女性）来说，动态皱纹甚至会随着时间的流逝逐渐转化为静态皱纹。

虽然减肥与晒伤会令动态皱纹更加明显，但动态皱纹主要是由于面部动作的重复造成的。想想微笑时眼部周围产生的细纹，想想皱眉时眉头之间产生的深沟，面部表情赋予了动态皱纹另一名称——"个性纹"。很多吸烟者由于经常重复噘嘴吞云吐雾的动作，而形成了动态唇纹。

针对动态皱纹，有一种疗法较其他疗法更为有效，那就是注射肉毒杆菌。静态皱纹可以借助换肤术、光子嫩肤等众多专业疗法得到改善，甚至完全消除。

现在来关注一下静态皱纹的美容疗法。皮肤学家将静态皱纹分为两类：深纹与浅纹。我们讨论时将会将其形象地称为沟壑与细纹，下面来看看这两种静态皱纹的疗法。

沟壑的疗法

有些面部深纹是由肌肤物质流失引起的。由于纹路很深，因此最好形象地称其为沟，而非纹。鼻唇沟——从鼻翼两侧延伸至嘴角的沟壑——就是其中的一种，好像长期耷拉着嘴角一般的木偶纹也是其中一种。

迄今为止，治疗这些随着时间流逝，因组织损失而下陷的区域，最有效的方法是填充。正因如此，皮肤科医生才会进行多种填充剂注射。肉毒杆菌主要作用于导致沟壑与皱纹产生的神经与肌肉，而胶原蛋白与瑞斯蕾恩旨在丰盈肌肤。它们能够令肌肤表面变得更加平滑，依据填充剂种类与注射位置的不同，其效果可以维持两个月到一年不等。

注射填充剂是能够快速见效的美容疗法。它不仅能够去除沟壑与细纹，还能够丰盈萎缩的或是天生较薄的双唇。注射瑞斯蕾恩能够填充某些痘印，有时还能治愈水痘瘢痕。采用瑞斯蕾恩疗法，可以帮助那些下巴与颈部轮廓不明显的女性，塑造更加紧致、分明的下颚线。此外，瑞斯蕾恩也很适于填充颧骨、双手与其他区域。

对于大部分面部沟壑，适当地注射填充剂要比拉皮手术效果强很多。我们偶尔会见到面部拉皮过度的情况，即整形医生为了去除深纹将下部肌群提拉得过紧。虽然，面部沟壑变得不明显了，但该患者的脸就像被暴风吹得走了形一般，甚至更加糟糕，就如同一块死肉一样。

丰盈肌肤，而非简单地提拉面部，这是我们的宗旨。皮下填充物质不仅能够填平沟壑，还会使面部略微向上提升，使人看上去精神焕发。其效果令人非常满意，看上去非常自然。

填充疗法有 3 种：瑞斯蕾恩注射、胶原蛋白注射与自体脂肪注射。每位美肤学家基于各自的成功经验，都有各自擅长的疗法。让我们来看一下这些疗法。

瑞斯蕾恩注射

瑞斯蕾恩注射其实就是透明质酸注射。透明质酸存在于所有肌肤之中，它能够锁住 1000 倍于自身重量的水分，因此能够令肌肤丰盈水润。

注射了瑞斯蕾恩之后，注射区会略微肿胀，沟壑似乎瞬间就被填平了。然而，当患者回到家，肿胀消退之后，就可能会感到失望。但是，只要让瑞斯蕾恩中的透明质酸吸足水分，沟壑很快就会消失，肌肤也随之呈现出平滑丰盈的状态。

有些患者反映，在注射瑞斯蕾恩几天之后，肌肤会变得凹凸不平。你应当注意注射后 48 个小时内，该物质结构还不

▲ 在延缓你的脸部肌肤衰老的同时，不要忘记呵护身体肌肤，使其紧致滋润。

稳定，非常易变形，就如同橡皮泥一般。通常，患者在注射的当晚应检查面部，第二天早晨与晚上也要检查一下，并将凸起变形的地方轻轻按下去。这样肌肤就不会凹凸不平了。如果还是凹凸不平的，请让医生检查该区域。

瑞斯蕾恩的疗效至少可以持续 6 个月，但很多患者在注射后都维持了长达一年的时间。长效保持的关键在于初次治疗时，要注射足量的瑞斯蕾恩。通常，医生会在初次注射时，使用两三个注射器的剂量，然后要求患者两周之后来复诊，看是否需要再注射一些。这样一来，在接下来的几个月，患者只需做较为便宜的简单修饰就可以了。

自从瑞斯蕾恩通过了审批之后，它就在很大程度上取代了胶原蛋白注射。因为瑞斯蕾恩的效果更持久，而且无须进行任何过敏测试，因而它是我最喜欢的填充疗法。

再得萌（Zyderm）/ 再倍丽（Zyplast）

再得萌与再倍丽都是由爱力根生产的，它们通常都被归为胶原蛋白注射疗法。它们已经推出了很多年，而且已经有了一批忠实的拥护者。

再得萌与再倍丽都是由原产美国的奶牛肌肤中的胶原蛋白萃取物制成的。迄今为止，还没有发现任何因注射这类胶原蛋白而引发疾病的案例。

再得萌诞生于 1981 年，一上市就掀起了

美丽锦囊

预防挫伤

注射填充剂很容易造成肌肤挫伤。建议患者在注射诸如肉毒杆菌、瑞斯蕾恩、胶原蛋白与自体脂肪等填充剂时，遵行下列预防步骤：

1. 接受治疗之前至少两天不要饮酒。

2. 提前 5 天停用维生素 E、Advil 与 Aleve 等消炎药物以及阿司匹林。

3. 如果你正在服用处方类血液稀释剂，请咨询医生是否可以在接受注射之前停药几天。如果不可以，请把相关情况告知皮肤科医生或是整形医生。

4. 如果你对疼痛较为敏感，一定要在接受注射之前 45 分钟左右使用麻木霜。麻木霜起效之后，你不会感到针头刺入肌肤的痛楚，从而避免在注射期间，因疼痛而不由自主的肌肉抽搐。抽搐不但会增加注射的痛楚，还会增加挫伤的风险。

5. 治疗后，连续冰敷注射区 5 ~ 10 分钟。如果离开诊所的时候，你的面部还异常红肿、疼痛，那么可以在注射之后，连续冰敷 1 ~ 2 个小时。冰敷对于注射填充剂必不可少，但注射肉毒杆菌，切忌冰敷。

6. 如果你发现产生了挫伤，可以要求医生涂抹维生素 K。局部用维生素 K 对于加速挫伤愈合非常有效。

▲ 接受高科技疗法美容之后一定要遵医嘱进行保养，以免产生副作用。

热潮。然而，不久之后，患者反映再得萌改善肌肤的效果不够持久，有时只能维持 6 ~ 8 周。这些评论促使厂家研发出了再倍丽。由于再倍丽中的胶原蛋白分子是交叉连结的，因此该产品效果更加持久，至少可以维持 3 个月。

这两种胶原蛋白产品都需要在注射前至少 1 个月进行过敏测试。对面部治疗，最好进行两次测试，这使得不必做过敏测试的瑞斯蕾恩疗法更受欢迎。肌肤很薄，注射瑞斯蕾恩很容易形成浮肿或挫伤的人可接受胶原蛋白注射。

胶原蛋白注射以后会立即见效，这令患者非常满意。事实上，她们在接受治疗之后，不用花费时间去观察镜中的自己，因为这种疗法见效快，只有轻微痛楚，且没有恢复期。

注射胶原蛋白的问题在于随后的不可预知性。有时，其效果持续时间不会很久。最好的情况是：初次注射以后，效果能够维持 3 ~ 4 个月。不过，大多数患者往往撑不了那么久就会回诊所接受补充治疗。

胶原蛋白注射器的尺寸从 1 毫升到 2.5 毫升不等，收费也有所不同，收费标准要视胶原蛋白的用量而定。

自体脂肪注射

该疗法需要抽取患者自身的脂肪（通常是从大腿或臀部抽取），然后再注射到面部。自体脂肪注射较瑞斯蕾恩与胶原蛋白注射更为便宜，因为医生可以从患者自身抽取所需的足量脂肪。但是，如果你很苗条，那么可能无法提供足量

的脂肪。此外，由于该疗法属于移植，因此移植后有些脂肪可能无法"存活"，这意味着你可能需要进行数次重复治疗。

与其他注射疗法相比，自体脂肪注射比较痛苦，还可能造成一些难看的肿胀与挫伤，并会持续一周或更长时间，因此恢复期较长。

如果你打算选用自体脂肪注射，我建议你事先仔细调研，选择一位在这方面经验丰富的医生。如果你期望得到很好的疗效，主治医生的专业程度至关重要。

痘印的治疗

利用填充剂可以治疗某些很深的痘印。为了给患者节约昂贵的填充剂费用，医生首先会在痘印处注射无菌生理盐水进行测试。如果痘印凸起，医生才会注射填充剂商品，通常是瑞斯蕾恩。

有时，痘印非常深，纤维结构非常紧密，以至于填充剂无法丰盈并填平这块肌肤。在这种情况下，可以通过手术切除痘印，用细线缝合。这只能由有着丰富痘印修复手术经验的专业医生来施行。

细纹的治疗

在绝大多数美肤治疗中，针对细纹的主要疗法是换肤术与微晶磨砂术。但它们并不是你的唯一选择，有些细纹通过注射填充剂也能得到很大改善。

小贴士 ♡

丰盈唇部

如果下唇比上唇更加丰盈（最好比上唇丰盈 50% 左右），会显得非常美丽自然。很多女性都渴望拥有丰盈的双唇，如果你看了最新的美容杂志，你会发现甚至连 20 岁左右的人都对丰唇很感兴趣。

如果你正在考虑接受这类治疗，请与医生密切沟通，确保双唇比例恰当。不要仅在上唇进行注射，而忽视了下唇。否则，你看起来恐怕会像被蜜蜂狠狠蜇过一般！

几年前，丰唇效果维持时间不长，因此任何失误都会很快消失。如今，大部分皮肤科医生都已改用了瑞斯蕾恩，一旦双唇比例失调，你需要 6 个月或更长时间才能再次注射来改变这种失调状态。

▲ 拥有丰盈的唇部也是保持年轻的秘诀之一。

很多患者对使用瑞斯蕾恩治疗唇纹的效果非常满意。瑞斯蕾恩比胶原蛋白的效果更持久，而且不易变形，此外，还能够在唇部周围形成漂亮的边缘，这有助于防止唇膏晕色。

至于再得萌与再倍丽这两种胶原蛋白，虽然再倍丽已经经过改进，但维持时间仍然较短。对患者而言，如果为了维持效果而经常做补充治疗，费用会非常昂贵。

很多医生都很难在可能导致肿胀的产品与持续效果不够长久的产品之间做出选择。而在上唇边缘注射瑞斯蕾恩会收到很好的效果，因为这种填充剂不会直接渗入唇纹，在治疗之后肿胀的风险也较小。

微晶磨砂术与换肤术

日新月异的专业换肤术已经超越了传统的化学换肤，美肤学家可以提供多种效果好、恢复期短、不适感弱的换肤治疗。

各种换肤疗法的本质都是要去除角质层，即肌肤表面的死皮细胞层。通常而言，最常用的两种换肤方法是微晶磨砂术与换肤术。

微晶磨砂术即采用机械设备在恒定压力下，利用磨砂颗粒摩擦肌肤（通常是氧化铝颗粒或是晶体盐颗粒）。这样不仅有助于去除细纹，还能均衡肤色，淡化表面瘢痕。

换肤术即医生在肌肤上使用某种物质（通常是酸性物质），引发化学反应，加速肌肤死皮细胞与受损细胞脱落，该过程需要持续数日，方可收效。

小贴士 ♡

关于唇疱疹

如果你的嘴部周围容易生长唇疱疹，那么在注射填充剂或进行换肤之前一定要告诉你的医生，以便他或她能够在治疗期间与治疗结束给你提供一些抑制疱疹的药物。（唇疱疹是由单纯疱疹病毒引起的。）其实，在接受嘴部周围的美肤治疗之前，可以服用 Valtrex，这是最为有效的抑制疱疹的药物。如果你在治疗前后没有立即服药，那么很可能会产生严重的疱疹。

早在 20 世纪 70 年代就推出了一种名为 TCA 换肤的换肤术。TCA 是三氯乙酸（trichloroacetic acid）的缩写，是一种浓度为 15% ~ 35% 的相对强效的酸性物质。当三氯乙酸（TCA）作用于肌肤时，立刻就会呈现"结霜"的迹象。随着结霜现象慢慢加剧，患者会产生轻度到中度的不适的灼烧感。在结霜现象开始之后，医生会引导患者进行冰敷。冰敷能够缓解不适感，但不会稀释三氯乙酸，因而不会对治疗产生影响。

三氯乙酸换肤术效果显著，如果患者非常适合这种疗法，且主治医生曾接受过这方面的严格训练，更能收到明显的换肤效果。但是，三氯乙酸换肤术会引发不适感，且需要较长的恢复期。患者在接受治疗后 3 ~ 7 天之内通常无法进行日常活动，治疗后至少 2 个月还要全面防晒。实际上，很多皮肤科医生都认为在夏季实施三氯乙酸换肤术并不安全，因为患者有被晒伤的可能，这会导致红肿期延长，或出现炎症后色素过度沉积（肌肤色斑）。

这里要着重强调一下安全进行三氯乙酸换肤术的重要性。如果你的肌肤在受伤之后，比如蚊虫叮咬或烫伤，容易出现黑斑，那么三氯乙酸换肤术可能并不适合你。实际上，治疗过程本身可能会令某些患者肌肤受伤，而产生色素沉积。

无论出于何种原因，当你想接受深层三氯乙酸换肤术时，一定要找具有该方面丰富经验的资深医生。在实施治疗之前，他会向你耐心介绍治疗过程与治疗效果。

甘醇酸换肤术或冲洗术能够取代三氯乙酸换肤术。"冲洗"这个词暗示医生会在治疗结束时将酸性物质冲洗干净，进而阻止酸性物质与肌肤进一步反应。该疗法并非真正意义上的换肤，因此不影响患者的日常活动。甘醇酸冲洗术不会像三氯乙酸换肤术那样，立刻产生显著效果，不过大多数患者都愿意为了较高的安全性与较短的恢复期，而选择甘醇酸冲洗术。

甘醇酸冲洗术的一大显著优势在于它的通用性，它既适用于敏感型肌肤患者，又适用于肌肤耐受力较好的患者。甘醇酸可以在肌肤上停留 1 ~ 15 分钟不等，停留时间越久，见效越快。此外，对于先前使用强效换肤产品而导致面部红肿或色素沉积的患者而言，甘醇酸冲洗术能够矫正顽固的色素沉积问题。

使用甘醇酸冲洗术唯一需要注意的是：在治疗前后需要涂抹防晒霜，治疗后一个小时之内不要涂抹化妆品（不过，一般而言，对于不愿意素面朝天出门的非敏感型肌肤患者，化个淡妆也无所谓）。另外，如果在你的家庭护肤方案之中存在其他换肤产品或是具有潜在刺激性的产品，那么我建议在你接受甘醇酸冲洗术之后停用该产品一两天（或一两晚）。

激光换肤术及其他

随着人们对三氯乙酸换肤术的热情逐渐消退，另一种美容疗法兴起了，这就是激光换肤术，即利用激光束有计划地灼烧肌肤表面，从而达到减少或去除细纹的功效。

20 世纪 90 年代，激光换肤术日益兴盛，部分原因是它除了能够作用于整个面部之外，还能够作用于敏感的特定部位，比如眼部周围与嘴部周围。那时，最受欢迎的是二氧化碳激光。虽然激光灼烧术有时效果显著，但激光强度较高，会导致剧烈的疼痛，红肿期与恢复期也较长，甚至有可能造成永久性瘢痕。

与光束聚集稳定的激光相反，另一种新技术光子嫩肤术采用的是快速闪烁的光束。它有点类似于持续闪烁的相机闪光灯，正因如此，该疗法获得了另一个名称光美颜术，它对重塑胶原蛋白、换肤、减少老年斑效果显著。

近年来，最为普及的活肤疗法之一应属电波紧肤术，这种电波设备于 2003 年获得了食品及药物管理局的认可。最初，该疗法的显著疗效确实令人印象深刻，不过，由于治疗时患者痛楚异常，价格昂贵，并且对 40 岁以上的女

性效果不佳。后来，医生们尝试利用强度较低的电波紧肤设备来减轻痛楚，他 / 她们对某些区域进行重复治疗，直到发现肌肤收缩，达到"紧肤"的效果。

◀ 动态皱纹的高科技疗法

当肉毒杆菌的电视广告出现时，许多人完全被这则广告吸引了。大家羡慕那些自称已经四五十岁，甚至更老的模特的年轻面容，对她们正在使用的营养品、护肤品与化妆品充满好奇。

多亏有了这些广告，大约 60% 的新患者才会咨询肉毒杆菌或瑞斯蕾恩的相关情况。通常这些女士（与男士）想知道在市场上大肆宣传的这些产品哪种效果更好，能够令她们像广告中的模特那样更加年轻，更加有魅力。

不过，这里强调一下：成为见多识广的消费者非常重要，不要受广告蛊惑而跃跃欲试、头脑发热，也不要让它影响到你的判断力。同样，你应该了解药店与百货商场化妆品专柜出售的护肤产品，对皮肤科医生与整形医生所能够施行的专业疗法保持清醒的认识，不要把所有决定权都交到医生或商家的手里。

▲ 高科技美容也会存在一定的风险，你需要事先了解这些风险。

肉毒杆菌注射的效果

除了能够使冷盘变质引发食物中毒以外，肉毒杆菌还有什么作用？ 20多年以前，这种具有潜在致命风险的毒素发挥了有益的功效。医生首次把从肉毒杆菌中提取的经过稀释的蛋白质，注入患有某种眼部神经疾病的患者的肌肉之中。有位采用肉毒杆菌疗法的敏锐的眼科女医生发现：经常接受肉毒杆菌注射的患者，眼部周围的皱纹减少了。恰巧这位眼科医生与一位皮肤科医生结了婚，因此，夫妻二人在一些同事与朋友身上进行了肉毒杆菌测试。接下来事情的发展就不言自明了。

那些无法接受细菌提取物的人，总是会把食物中毒与面部注射联系在一起。请注意：肉毒杆菌中的蛋白质在被稀释大约3000倍以后，才会被安全地用作美肤产品。为了体验内部系统性效果，很多患者在听说自己需要使用的肉毒杆菌剂量可以调整时会感到如释重负。一个疗程大约28瓶用药左右，一般每次注射只需不到半瓶的用量。

为了去除面部的动态皱纹，医生会直接把肉毒杆菌注射到与皱纹相关的肌肉当中。以鱼尾纹为例，需要在眼睛两侧的相关区域每侧选2～4个地方实施注射，位置大约在距离眼角1.5厘米左右的地方。

为了减少注射肉毒杆菌最常见的副作用——挫伤，患者在接受注射之后至少4个小时内不要躺下或过于疲劳。此外，如果患者能够在注射后24小时内，每隔1小时让接受注射的肌群做5分钟左右的运动，那么注射效果会更好。假如你的眉头接受了肉毒杆菌注射，那么你每小时应该进行5分钟的蹙眉与放松练习。针对鱼尾纹，你可以重复咧嘴微笑，然后恢复"常规"的一套动作。

有一件事情需要注意：注射肉毒杆菌之后，大约3～8天才会见效。医生一般会建议患者两周之后前来复诊，以确保达到最佳的效果。

注意事项

肉毒杆菌的副作用很少。然而，一旦出现就非同小可。一般来说，所有副作用都是因注射位置不当引起的。如果你打算注射肉毒杆菌，了解注射部位的禁忌一定会对你大有帮助。下面介绍注射肉毒杆菌可能引发的问题，以及为了避免问题应采取的预防措施。

针对鱼尾纹

注射时至少应距离外眼角1.5厘米，外眼角即所谓的目外眦（outer canthus）。如果距离太近，患者可能会斜视，或是眼球不自主水平震颤。虽然这一副作用通常不会持续很久，但完全可以通过正确注射加以避免的。

所有打算注射肉毒杆菌去除鱼尾纹的患者请注意：对待眼周射线状的浅纹，一定要谨慎。资深医生是不会对这些皱纹展开治疗的，因为肉毒杆菌对面部深纹更有效，用在浅纹上有些大材小用了。

▲ 在诱人的美容广告面前，你一定要保持冷静的判断力，要知道，即便接受治疗，你也很难达到广告模特那么美丽。其实，自信的笑容同样可以令你看起来年轻美丽。

有时，本着彻底治疗的原则，医生会对所有鱼尾纹实施注射。在这种情况下，每一侧注射的肉毒杆菌用量最好是常量的一半。否则，患者就会出现我所说的"环带效应"。当他或她微笑时，多余的皮肤会聚集在治疗区与非治疗区的交界处，这会令人联想到穿着紧身打底裤时，大腿上脂肪堆积的情形。

这个问题也有可能出现在曾经接受过拉皮手术，如今又来进行鱼尾纹肉毒杆菌注射的患者身上。在大多数情况下，这个问题是可以避免的，只要医生对浅纹的注射剂量使用常规剂量的一半即可。

针对下垂的额头

在提拉额头时，医生会将肉毒杆菌注射在靠近前额肌（额肌）顶端的地方，这块肌肉可以控制眉毛的位置。在额线上方几厘米处注射肉毒杆菌能够提升患者的眉毛，还能够增加眉形的弧度。

必须承认，如果实施肉毒杆菌提额注射的医生技术精湛，往往也会取得更好的效果。不过，要注意一点：如果注射位置过于接近眉毛，不但无法拉升眉毛，还会使眉毛更加下垂。

针对抬头纹

沿着前额，横向在距离相等的四五个点上注射肉毒杆菌，可以去除这一区域的水平皱纹。这是一种直接而有效的治疗，特别是对于那些说话时习惯眉飞色舞的人而言，她们的额头如今已布满了深深的沟壑，这种疗法效果更加神奇。

如果注射时过于接近眼窝的上缘（即眼眶上缘）——通常而言，距离不到1.5厘米——就会导致上睑下垂（ptosis），严重的话，你可能会无法完全睁开眼睛。幸好，这种烦人的副作用在数周之内就会消失，不过，在此期间确实很令人困扰。

避免上睑下垂很简单，只要医生在注射之前，精确测量，确定正确的注射点即可。如果你存有疑虑，不要犹豫，让医生在注射之前，先标出注射位置。如果你并不完全信赖医生，那么你为什么要找他或她进行治疗呢？

针对蹙眉纹

如果注射方法得当，肉毒杆菌对于治疗蹙眉纹确实非常有效。成千上万的患者倾向于用肉毒杆菌"去除11纹"，正如肉毒杆菌产品广告所宣传的那样。接受注射之后，要尽量少蹙眉。你可以常带太阳镜，这样即使太阳光刺眼，也可以不蹙眉。

针对不同的人，实现最佳效果所需的注射剂量存在很大的差别。

举例来说，如果患者是运动员，且经常进行剧烈运动，那么他或她的眉区肌群会更加结实。依据其运动强度（通常不太容易辨别，因为运动项目从举重到山地赛车不等），可能需要

▲ 经常进行剧烈运动的人的眉区肌群更加结实，需要注射更多的肉毒杆菌才能达到效果。

注射3倍于常量的肉毒杆菌，才能获得最佳效果。对于从事户外工作，经常皱眉眯眼躲避太阳光的人，也要采取同样的方法。如果你打算接受蹙眉纹肉毒杆菌注射，一定要把这些情况及其他个人生活方式等因素提前告知医生，以便他或她据此调节所需的注射剂量。

针对褶皱的颈部

对于经验丰富的医生来说，只需少量的肉毒杆菌即可去除环绕颈部的水平皱纹，同时起到紧致颈部肌肤的作用。但一定要谨慎选择医生，如果你没找到经过培训且具有该方面丰富经验的医生，那就干脆不要注射！不够专业的医生实施注射之后可能对患者造成不良后果，好一点的情况是虽未造成不良影响，但皮肤缺乏光泽；最糟的情况是颈部肌肉注射位置过深，引发了暂时性麻痹，患者无法进行吞咽。

第二篇
秀发篇

Part 1 基础护发课堂

解读秀发密码

◀ 头发的结构

人的头发主要是由一种叫作角蛋白的蛋白质组成。头发还含有一些水分，以及存在于身体的其他部分中的少量金属和矿物质。肉眼能看到的头发的部分叫作发干，它是由死去的组织组成的，只有头发根部——真皮乳头的部分才是活细胞，它生长在头皮下面（呈管状），也就是通常所说的毛囊。真皮乳头中的细胞由血液供给营养。

每根头发都分有3层。最外面的一层为表皮层，是头发的保护层，上面布满了微小的、互相重叠的毛鳞片，就像屋顶上的瓦片一样。当表皮毛鳞片平滑整齐地重叠在一起的时候，头发就会非常丝滑、熠熠生辉。但是，如果表皮毛鳞片受到损伤或断裂，头发就会干燥易断，而且很容易打结。

表皮层下面是皮质层，它由纤维状的细胞组成，使头发坚韧而富有弹性。皮质层还含有黑色素，它使头发展现其自然的颜色。头发的中心部分是髓质层，其中分布着柔软的角质蛋白细胞。髓质层的真正功能还不为人知，但是一些专家认为它为皮质层和表皮层输送营养和其他物质。这也能够解释为什么健康状况发生变化时，头发也会受到影响。

头发是否自然亮泽取决于它的自身状况，主要由皮脂来调节，皮脂是一种包含蜡质和脂肪的油性物质，同时也含有有助于抗击感染的天然杀菌成分。皮脂是由真皮层中的脂肪腺产生的。脂肪腺与毛囊相连，并向毛囊输送皮脂。作为一种润滑剂，皮脂能为发干提供有效的保护，抚平表皮毛鳞片，保持头发的自然水润和

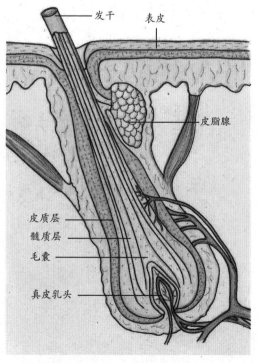

▲ 头发的结构

弹性。头发表皮层越顺滑，就越能反射更多的光，因此头发才能熠熠生辉。这就是为什么直发比卷发更显亮泽。

在某些情况下，如激素分泌旺盛，皮脂腺产生过多的皮脂，头发就很容易出油。相反，如果皮脂分泌过少，头发就会干燥无光。

头发生长周期

只有头皮下的细胞才是活细胞，从头皮中长出的头发已经变成死组织了。头发有 3 个生长期：生长活跃期、过渡期（头发停止生长，但是真皮乳头中的细胞仍然是活跃的）、停滞期（头发完全停止生长）。在停滞期，头发不再生长，真皮乳头中的细胞也不再活跃。最终头发被新生的头发推出，新的生长周期又开始了。头发的生长活跃期能持续 2 ~ 4 年，而过渡期只持续大概 15 ~ 20 天，停滞期持续 90 ~ 120 天。在任何情况下，一个人的头发有 93% 的时间处在生长期，1% 的时间处在过渡期，6% 的时间处在停滞期。像身体其他部分一样，头皮处的头发会受到激素的影响，其基因结构决定了在人的一生当中，它重复生长周期的次数平均为 24 ~ 25 次。

饮食对发质的影响

你的饮食是否健康会通过头发表现出来。像身体的其他部分一样，头发也要依赖良好的饮食来获取必要的营养物质以维持生长和健康。定期运动也是非常重要的，运动有助于促进血液循环，这样才能保证氧气和营养物质能够通过血液输送到头发根部。不良饮食和缺乏运动很快就会在头发上有所体现，即使是最小的疾病也经常令头发脆弱而黯淡无光。

从饮食中摄取足够的蛋白质是至关重要的。肉、家禽、鱼、奶酪、蛋以及干果和豆类中含有丰富的蛋白质。鱼、海藻、杏仁、巴西坚果、酸奶和白软干酪都有助于促进头发的强韧和自然亮泽。

全麦食品以及含有天然有形成分的食品非常有助于角质蛋白这一头发的主要成分的形成。豆类含有丰富的维生素和矿物质以及蛋白质。每天要吃 3 个水果，水果中含有纤维、维生素和矿物质。不要吃脂肪含量过高的食品，如红肉、煎的食物和全脂奶制品。选择脱脂或低脂

美丽锦囊

促进头发健康的一些建议

● 减少茶和咖啡的饮用，茶和咖啡对神经系统、呼吸系统和心血管有强烈的刺激作用，会导致水分和重要营养物质的大量流失。它们还会妨碍头发吸收重要的矿物质，不利于头发健康。最好饮用矿泉水（每天 6~8 杯）、草本茶和无糖果汁。
● 酒精可以扩张血管，促进血液流向各个组织。但是酒精会破坏一些有助于头发健康的矿物质和维生素。可以偶尔少量饮用。
● 定期做运动有助于增强循环系统功能，为细胞提供健康的血液供给，增强营养，同时也有助于细胞的再生和修复。
● 一些避孕药含有维生素 B 族和锌。如果你发现在开始服用避孕药或改服另一种避孕药后，头发的状况发生了变化，可以去咨询医生或营养专家。

▲ 每天吃 2 ~ 3 个水果，为头发提供必要的维生素和矿物质。

的牛奶而不是全脂牛奶，选择低脂奶酪或酸奶而非全脂的。食用植物油，如葵花子油、橄榄油等，不要食用动物油。这些食物都能为健康漂亮的头发提供必要的营养物质。

头发的颜色

与肤色一样，头发的颜色是由同一种色素——黑色素来决定的。皮质层中黑色素颗粒的数量和形状决定了人的自然发色。大多数情况下，黑色素颗粒的形状是细长型的。皮质层中含有大量细长形黑色素颗粒的人头发颜色为黑色，数量较少的为棕色，数量更少的则为金黄色。另外，有些人的黑色素颗粒为球形或椭圆形，他们的发色为红色。

球形或椭圆形的黑色素颗粒与数量较大的细长型黑色素颗粒混合在一起，这时头发的颜色为明显的棕红色。但是，如果球形或椭圆形的黑色素颗粒与大量细长形的黑色素颗粒混合在一起，那么黑色就会使红色不太明显，尽管头发还是微微发红，而不是完全呈黑色。

头发颜色随年龄的增长而加深，但是在中年时期的某个阶段，黑色素的生成变得缓慢，于是就开始出现银灰色头发。渐渐地，头发颜色开始变白，或慢慢变成银灰色。

▲ 卷曲的头发需要加强保湿以保持头发的弹性。要用大齿的梳子梳理头发，不要使用刷子，它会使头发毛糙。免洗型护发素非常适合卷发，能防止头发打结。为保持头发的卷曲，可以将头发稍稍弄湿，并用手揉搓头发。

◀ 头发的质地

头发的质地是由毛囊的大小和形状决定的，而这又是由激素控制的基因特征，也与年龄和天生的性格有关。

无论是卷发、曲发还是直发，都取决于两个因素：从毛囊中长出的头发的形状以及头发根部生成角质蛋白的细胞的分布情况。从横截面上可以看出，直发是圆形的，曲发是椭圆形的，而卷发则是肾形的。之所以会形成直发，是因为毛囊周围都形成同样数量的角质蛋白细胞。而曲发和卷发的角质蛋白细胞是不均匀的，所以椭圆形毛囊的一侧形成的角质蛋白比另一侧的要多。双侧形成较多的角质蛋白是交替进行的。这就导致了头发最初向一侧生长，之后又向另一侧生长，所以就形成了曲发和卷发。

头发天生的颜色也会影响到头发的质地。金发比黑发更纤细，而红发是最浓密的。

大体而言，头发可以分为3种类型：纤细、中等和浓密。纤细的发丝可能强韧也可能脆弱，但是，出于头发的质地，纤细的头发都有一个共同的特点——头发较稀疏。中等的头发既不稀疏也不浓密，它强韧而有弹性。浓密的头发量多且厚重，向上向外生长，缺乏弹性，多为卷发。

一个人的头发可能有多种质地。比如，太阳穴、发际线和颈部的头发较纤细，而其他部分的头发则为中等或浓密。

发质

卷发

卷发的毛干是自然弯曲的，发丝表层的毛鳞片（也就是头发的主要构成元素——角蛋白细胞）排列得并不平整，从而使得你发质卷

小贴士 ♡

了解头发

● 健康的头发弹性很好，能拉长 20% ~ 30%。
● 杂技演员可以用头发将自己悬吊起来表演杂技。
● 人的头发比同样粗细的铜丝更结实。
● 人的一把头发能够支撑相当于 99 个人体重的重量。

▲ 对于浓密的直发，向下垂会使它更顺滑。这有助于头发的表皮层平滑，散发光泽。

▲ 头发较稀疏的人需要定期剪发来使头发看起来较浓密。可以将定型啫喱喷在头发上，令发根立起，然后吹干头发。

▲ 中性的头发的造型通常能持久。中性头发较易打理，经常梳理和护养头发，就会令它服服帖帖。

曲，发色晦暗。打理卷发时，应该使用免洗型护发素、护发精华素和护发喷雾。

非洲式头发

　　非洲式头发通常较干燥，发丝纤细易断。打理此类头发，应该选用滋养配方的洗发水，洗发时轻轻按摩头皮，以促进血液循环和头发的健康生长。同时，按摩也能加速皮脂腺分泌油脂，适量的油脂可为头发提供一层天然滋养膜。

直发

　　直发的毛干是笔直的。如果头发的状况良好，表层毛鳞片平整排列（使用护发精华素也可以促进表层毛鳞片平整排列）。平滑的表层能够有效折射光线，所以直发显得颇为光亮。如果头发的状况不佳，发梢部位可能出现分叉、断裂。

毛糙的头发

　　毛糙的头发看上去乱糟糟的，洗发后发丝会变得像钢丝一样硬。打理此类头发应该选用护发精华素或是免洗型护发素，以平复毛糙的表层毛鳞片，并定期做深层护理。

细软的头发

　　这种头发通常稀疏、纤细，看上去毫无生

机。如果过多地进行护理，会加重头发的吸收负担，适得其反。打理此类头发，应该选用专为纤细发质设计的丰发产品，以增加头发的丰盈感。

化学烫染过的头发

　　随着科学技术的发展，染发试剂的配方越来越科学，也越来越温和。尽管如此，烫染还是会改变头发的结构。打理染过色的头发，需要选用保湿配方的洗发水和护发素，市场上有专为染烫发设计的产品。另外，还要确认产品是否具有防晒效果。在强烈的紫外线照射下，经过烫染的头发比一般的头发更容易受损。而且，经常在阳光下暴晒会使所染的颜色加速褪色。染过的头发跟肌肤一样，也要做好防晒工作，以使发色更亮丽，保持得更久。

◀ 头发的类型

中性、干性和油性发质

　　头发的类型是由头发的先天条件决定的，也就是说是由身体所分泌的皮脂的数量决定的。烫发、染色和热蒸汽定型会对头发产生一定的影响。下面就要介绍头发的自然类型和经过处理后的类型，以及怎么样正确地护发。

干性发质

干性发质看上去黯淡无光、干燥易断。特别是在头发湿的时候，很难梳理。发根处头发较粗，但是越长越细，发梢处常常会断裂。

原因 如过多使用洗发水、用热蒸汽烫发、染色或烫发不当、阳光照射的伤害或非常恶劣的气候。这些原因都会导致头发缺水并失去弹性和韧度。皮脂腺分泌的皮脂不足也会导致头发干燥。

解决办法 使用营养香波和深层滋养护发素。让头发自然干透。

中性发质

中性发质的头发既不油腻也不干燥，没有经过烫发或染色，容易定型，看上去总是很漂亮。中性发质的头发适合使用二合一洗发水。这样洗发护发一步到位，省去了麻烦。将洗发水抹在湿润的头发上，就可以洗去尘垢、油质和发胶。用大量清水漂洗头发，尘垢和油质就会被彻底清洗掉。微小的护发素因子能渗入到头发中，令头发亮泽、易梳理。

油性发质

油性发质的头发看上去很柔软，但总是油腻腻的，需要经常清洗才能保持干爽。

原因 激素分泌失调导致皮脂分泌过多、压力、炎潮热湿的天气、过分梳理或不停地用手摸头发、出汗或饮食中脂肪含量高。几天之内，

有时甚至是几个小时之内，头发就会变得油腻、不易梳理。

解决办法 使用温和、没有刺激的洗发水。轻微地烫发可以令发根立起，减少皮脂分泌。反思一下你的饮食，尽量减少全脂奶制品和油腻食物的摄取量。吃新鲜的食物，每天要饮用6～8杯水。

混合型发质

这种类型的头发发根处有些油，但是发梢处有时很干，甚至断裂。

原因 化学美发用品、频繁使用有去污能力的洗发水、长时间日晒、过度进行蒸汽定型，这些不正确的护发方法使发根部的皮脂分泌过多，但是会损害毛鳞片，使其无法起到保护头发的作用，这样发梢的部分就很容易干燥了。

解决办法 选择性质温和的护发产品，不要使用专门为油性发质或干性发质设计的产品。最好选用适合混合型发质的产品，如果找不到这样的产品，可以使用为油性发质设计的洗发水，然后在从头发中部开始到发梢的部分涂上护发素。

染发和烫发

经过烫染的头发较脆弱，所以要使用温和的洗发和护发产品来护理头发。锁色洗护产品有助于保护头发不受日晒的伤害而褪色。专门为护理烫发后的头发而设计的产品有助于保持头发的弹性，使烫发效果持久。

日常洗护有方法

◀ 不同年龄阶段的护发要点

在人的一生当中，头发要经历多个不同的阶段。每个阶段都有不同的护发要求。这里介绍了最重要的几个阶段，同时还介绍了在每个阶段应该如何保持头发健康。

婴儿和儿童

婴儿的头发特征在受精的时候就已经决定了。怀孕16周时，婴儿的头上就会长出胎毛，胎毛是柔和的绒毛，在婴儿出生前通常会脱落。在怀孕20周的时候，头发便会初显迹象，这时决定头发颜色的黑色素才产生。

▲ 新生婴儿的头发很柔软，毛茸茸的，但是长到6个月以后，头发就会形成个人特征。

▲ 初学走路的孩子头发需要简单的修剪。孩子通常就是在这个时候第一次被家长带去理发店。

▲ 小男孩的发型比较易于梳理。

▲ 短发适合多数女孩子。直发的小孩最适合剪短发，但是需要经常修剪。

　　出生几周后，婴儿最开始长出的头发开始掉落或被刮掉。新长出的头发与原来的茸茸的胎毛非常不同，所以出生时头发金黄卷曲的婴儿，6个月后可能会长出黑色的直发。

　　乳痂是长在婴儿头上的一层黄色的痂块，令很多妈妈担心。这是由皮肤细胞自然堆积而形成的，妈妈们大可不必对此忧心忡忡，晚上在长有乳痂的地方涂上一层婴儿油，它能柔和地软化乳痂，早上再将它清洗掉就可以了。这一过程需要重复几次才能将乳痂彻底软化并冲洗掉。

　　在必要的时候，妈妈们应该小心仔细地给婴儿修剪头发，当孩子长到2岁左右的时候，才可以去理发店理发。通常儿童的头发发质很好，很漂亮，也容易修剪和造型。

　　进入青春期后，青少年开始喜欢尝试不同的发型。这时他们也会感到头发和皮肤会出油。需要使用清爽洗发水和护发素来保持头发的良好状态。

怀孕期间

　　怀孕期间，孕妇的头发状态是最好的。但是当婴儿出生后，或者哺乳停止后，大约50%的妈妈们会察觉到自己的头发大量脱落。这与头发的第3个生长阶段有关。怀孕和哺乳期间，激素使头发比平时更长时间地保持在生长阶段，所以头发看上去很浓密。在婴儿出生一段时间后（通常是12周左右）头发的生长就进入了停滞期，在停滞期后期头发就会脱落。大量的脱发其实是正常脱发被延迟了，这种症状叫作产后脱发。

　　怀孕期间，会出现另一种较严重的问

▲ 中性发质的人此时头发已变得柔软，需要令头发蓬起来。可以烫发根处的头发，使其立起。

▲ 将两侧打薄，刘海处修剪饱满，长发就会显得柔顺。将头发梢微微烫卷曲会使头发更亮泽。

▲ 长发使头发更具动感和柔韧。将头发卷起吹干，然后涂上发蜡。

▲ 白发也可以梳理得非常精致。用洗发水洗头发，再用圆梳和吹风机将头发吹干。

▲ 伴随着年龄增长，女性的头发也变细了。中等长度的头发或短发能使人充满活力。

题，这是由于头发中蛋白质的缺乏而导致的，头发变得干枯易断。要用深层滋养的护发素来保养头发。在怀孕期间不要烫发，因为此时头发很脆弱，容易引发不良后果。可以尝试用草本洗发水清洗头发，在滋养头发的同时也会令你神清气爽。

老年

随着年龄的增长，身体各项功能会发生变化，这也包括毛囊，它的功能不如从前，头发开始变细变短。这种现象会渐渐显现出来，你会慢慢地察觉到发丝变细，头发开始变得稀疏。同时，皮脂腺分泌的皮脂减少了，随着黑色素生成减少，头发的颜色开始变浅。

进入老年之后，金发颜色会变浅，黑发也会失去自然的色泽，红发会渐渐变成棕色。当黑色素完全停止分泌时，新生的头发就是白色而不是我们通常看上去的灰色。黑色素的生成是由基因控制的，一个人的头发何时开始变白最准确的指标是其父母的头发何时变白。色素不仅能使头发呈现颜色，而且能使头发柔软而

富有弹性。这也是白发比较细而且质地粗糙的原因。

随着质地发生改变，头发更易沾染灰尘，看上去不干净，黯淡无光。生活在烟雾弥漫的城镇中的人尤为明显。吸烟或做饭时的油烟也会使白发变黄。经过氯净化的水中矿物质沉积，这种水会使人的白发微微泛绿光。

使用滋养型的洗发水和护发素能缓解头发因年老而干枯的情况。同时，定期护理头发，每周做一次深层营养护理，能有效地改善头发缺水的状况。

▲ 不同的洗发水会有不同的配方，以适应不同的发质。要选择适合你发质的洗发水，并要经常使用洗发水保持头发的清洁。同时彻底将洗发水清洗掉。

美丽锦囊

洗发5步曲

1. 润湿头发，30秒~1分钟后使用香波。取适量香波于掌心，然后涂到头发上。香波的量一定要适中，过少起不到清洁作用，过多不易冲洗干净。

2. 轻轻按摩头皮，切勿用力。长发不要在头顶堆成一团搓揉，以防头发打结，应该顺着水冲洗的方向梳理、清洁。

3. 按摩头皮的时候，用指尖代替手掌。按摩能够促进血液循环，避免头发表层变得毛糙。

4. 用清水多冲洗几遍。残留在头发上的泡沫干燥后会起屑，使头皮成片脱落，头发看上去晦暗无光。最后一遍最好用温度较低的水冲洗，因为低温可帮助毛鳞片闭合，而且冷热交替可以加速头皮的血液循环，促进头发健康，光滑润泽。

5. 用毛巾擦干头发。擦的时候要注意，应该用毛巾包裹头发，轻轻挤出其中的水分，并轻轻拍打，动作一定要轻柔。切忌用力过猛，否则会牵拉发丝，导致毛鳞片不规则排列，头发变得毛糙。

◀ 洗发

洗发水能够彻底清洁头发和头皮，清除尘垢、脏物和油腻，但会保留大部分保护性的自然分泌的皮脂。洗发水含有清洁剂成分、香精和防腐剂，有些洗发水还含有护发成分，能保护发干，令头发看起来更浓密。护发成分能够顺滑头发表皮的毛鳞片，防止头发打结凌乱，同时在头发干时，有助于防静电。

pH 值

pH 值就是物质的酸碱度。pH 值范围为 1 ~ 14，数值小于 7 为酸性，大于 7 为碱性。多数洗发水的 pH 值为 5 ~ 7，药物性洗发水的 pH 值大约为 7.3，接近中性。

皮脂的 pH 值为 4.5 ~ 5.5，是温和的酸性。细菌在这种酸度下不能生存，所以维持保护层的功能是非常重要的，这样才能保持皮肤、头皮和头发处于最佳状态。

很多洗发水都有"pH 值平衡"的标识，也就是说它的酸度与头发是一样的。脆弱的头发和经过烫染的头发需要使用这样的洗发水。但是，对于柔韧度良好的头发，就没有必要使用pH 值平衡的洗发水了，清洁完头发后使用护发素就可以了。

如何用洗发水清洗头发

要选购适合你发质的洗发水，包括干性、中性、油性或用化学方法处理过的头发。在洗发前，要梳理头发，通开打结的头发，使尘垢

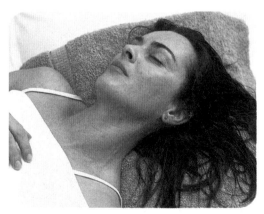

▲ 做一次真正的头发护理，护发油可以在头发上停留一个晚上，在你美美地睡上一觉的时候，它会持续发挥作用。

小贴士 ♡

● 选择适合你发质的洗发水（用量不要过多）。如果你不确定自己的发质，尽量购买性质温和的洗发水。
● 不要用洗涤灵、香皂或其他清洁剂洗头发，这些产品属于碱性，会带走头发上的天然油性物质，破坏头发自然的酸碱性。
● 使用洗发水前首先要阅读使用说明。有些洗发水需要在头皮上停留几分钟，然后再清洗干净。
● 如果可以的话，先购买小包装的洗发水试验一下，直到找到最适合你的洗发水。
● 千万不要在浴缸中洗头发，浴缸中的水不干净，不能用来清洗头发，同时也不能像淋浴喷头或流水那样将洗发水彻底清洗干净。
● 洗头发时，不要忘记清洗发刷和梳子。
● 定期更换不同牌子的洗发水，经过一段时间，头发似乎就会对同一款洗发水中的成分产生耐受性。
● 不要丢掉不起泡沫的洗发水。泡沫是否丰富是由清洁剂含量决定的。某些洗发水中清洁剂的含量相对于其他洗发水较少，但是这不能影响它的清洁效果。实际上，泡沫较少的洗发水效果更好。

和死皮细胞脱落。用温水洗头，热水会令你很不舒服。

将头发弄湿，涂上适量洗发水，用指肚轻轻按摩，将洗发水揉入发根部，千万不要用指甲去按摩。要特别注意发际线处，化妆品和尘垢会在这里残留。将泡沫揉至发梢，不要用力揉搓头发，这会将头发拉伤。

洗完后，要彻底将洗发水清洗干净，保证从头发上流下来的水是清洁的。如果觉得有必要，可以重复一次刚才的洗发过程，再一次提醒，要用适量的洗发水。最后，用毛巾将头发上多余的水分吸走，再使用护发素。

按摩头皮

按摩有助于保持头皮健康。它能促进血液流向头皮组织，有助于将营养物质和氧气输送到毛囊。同时，按摩还可以舒缓头皮的压力，这有助于防止脱发，使死皮细胞脱落，调节分泌过多的皮脂，保持头发清爽不油腻。

你在家里就可以按摩头皮。如果头皮干紧的话，使用温热的橄榄油。如果头皮较油，可以将

美丽锦囊

常见问题

问：经常清洗头发是否会伤害头发，使发色变淡？

答：不是这样的。只要你使用的香波质量好，pH 值平衡、内含保湿滋润因子，就不仅不会损伤发质，还能锁住头发表层的水分，防止头发褪色。

问：为什么洗发后感觉头发油腻腻的，而头皮却干巴巴的？

答：这是由于头发上的香波没有彻底冲洗干净。残留在头发上的香波会损伤头发，一定要冲洗干净；清洁彻底的头发摸上去应该很清爽。

问：洗发、护发和造型产品是否会在头发上残留有害化学成分？如果会，应该如何去除残留的化学物质？

答：有些产品中的某些成分确实会残留在头发上，从而影响头发对营养物质的吸收。解决这一问题的方法是，用去污性强的香波清洁头发，每两周一次即可。这种香波同时还能去除头发和头皮上沾染的其他有害物质。

金缕梅与同等量的矿泉水混合使用。将玫瑰精油同适量的矿泉水混合使用较适合中性的头发。

首先用指肚在头皮上来回轻轻地按摩。先从前额部分开始，逐渐按摩到两侧，再按摩头顶，最后按摩颈部。然后用手指按压头顶，但不要太用力。将十指分开插入头发中揉按头皮，注意不要拉抻头发。1 分钟后，再揉按头皮的其他部分。对整个头皮和颈部上方都进行按摩。

◀ 护发

我们希望只要定期用洗发水洗发就足以使秀发亮泽。但是，很少有人能通过洗发就能维持头发的健康状态。大多数人还需要其他的护发方法来克服现代生活对头发的影响，而偶尔出现的问题更需要特殊护理。

护发素

表皮毛鳞片平滑整齐地重叠在一起，就能更好地反射光线，令头发亮泽。烫发、染发、不仔细地对待头发和热蒸汽定型都会使表皮毛鳞片翘起，导致皮脂层中的水分流失，从而造成头发干枯、黯淡无光、容易打结。如果受损严重，表皮就会断裂，而纤细的发丝最终也会断裂。

要想令头发恢复闪亮，重新变得自然亮泽，

就要使用特殊的护发素来满足头发的需求。护发素中不含热油，用洗发水洗过头发后，将多余的水分用毛巾吸干，然后擦上护发素。

现在，在市场上出售的护发素有很多种，令人眼花缭乱，不知道如何选择。下面介绍的是最常见的护发素。

基础护发素

基础护发素能在头发上形成一层细致的保护膜，能暂时抚平表皮毛鳞片，令头发亮泽并易于梳理。让护发素在头发上停留几分钟，然

▲ 长发需要经常使用护发素以保持健康亮泽。

后彻底清洗干净。

护发喷雾

在头发做造型之前，喷上护发喷雾，会在头发上形成一层保护膜，保护头发不受高温损伤。

热油

热油能深层滋养头发。先将未开盖的热油放在热水中，放置几分钟。然后，将头发弄湿，用毛巾吸干水分。将热油均匀地涂在头皮和头发上，并按摩大约3分钟。戴上浴帽，可以增强营养护理效果。最后用洗发水将头发洗净。

深层护发素

深层护发素有助于保持头发的自然水分平衡，有效地补充水分。如果头发分叉、毛糙或不易梳理的话，可以使用深层护发素。将护发素均匀地涂抹在头发上，停留2~5分钟，让护发素充分渗入到头发中，如果有必要的话，时间还可以更长些。用大量温水彻底将头发清洗干净，不留任何护发素残余。

免洗型护发素

免洗型护发素有助于保持头发中的水分，减少静电，令头发更加亮泽。这种护发素尤其适合发质良好的秀发，它能避免头发的负担过重。免洗型护发素使用起来方便容易，同时能在头发上形成一层保护膜，保护头发不受热蒸汽烫发造成的损伤。用洗发水洗完头发后，涂上护发素，但不用冲洗，这种方法最适合日常护理使用。

修复护发素

这种护发素能渗入到皮质层中，有助于修复内部受损的头发。最适用于黯淡无光的头皮和由于烫染发或其他原因造成的头发损伤等失去弹性的头发。

头发分叉修复护发素

适合修复受损的头发。解决头发分叉问题最好的办法就是修剪发梢，但是这不能完全解决这一问题，因为头发还是会有不同程度的断裂和分叉。使用这种特殊的护发素能暂时缓解这一问题。用洗发水洗过头发后，在发梢处涂上护发素，就会在头发上形成薄薄的保护膜，令头发顺滑。

锁色/烫后护发素

这是为护理经化学处理过的头发而设计的。锁色护发素会在头发上形成保护膜，防止颜色褪去。烫后护发素能够保持卷发的造型和弹性。

▲ 用护发油按摩完头发后，要将护发油留在头发上，这有助于保持头发和头皮的良好状态。

头发问题和解决办法

发梢分叉、头屑和头皮干痒是头发的常见问题，会损害头发健康。在多数情况下，通过正确的头发护理，就能解决这些问题。

头皮鳞屑

头皮鳞屑是紧贴头发根部的头皮碎屑，油腻泛光。不要将它和头皮屑混淆。

原因　饮食不良、新陈代谢缓慢、压力、激素分泌失调、感染会诱发头皮屑。这些诱因会加速细胞的更新速度，也常常会增加皮脂的分泌。头皮鳞屑会吸收多余的油，但是，如果问题得不到解决的话，就会变得更糟。

小贴士 ♡

● 应该根据自己的头发和头皮类型选用合适的护发素。但是要记住：再好的护发素其护理效果也是有限的，头发所需的营养物质主要还是来自你所摄入的食物。

● 头发上了发膜后，要用金属箔片或保鲜膜包裹头发，它们可以封住热气，只有温度高到一定程度时，毛鳞片会张开，这样才便于滋养因子渗入发丝深处。

● 另一个方法就是，用热毛巾将头包起来，这样也能提供适当的热度和蒸汽，防止头发变干。

● 清洗护发素的时候，最后一遍要用冷水，促进张开的毛鳞片闭合，使头发恢复柔顺、光滑。冷热交替还能加速头皮的血液循环，促进头发健康生长。

● 有些护发产品中含有一些具有奇效的物质，比如小麦胚芽油（天然保湿因子）、绿茶萃取物（可有效锁住头发表层的水分）、维生素原 B_5（可令头发更有光泽）。

小贴士

● 使用护发素之前，请将头发多余的水分吸干。
● 轻轻将护发素按摩在头发上，或者使用宽齿梳子将护发素均匀地抹在头发上。
● 让护发素在头发上停留一定的时间。
● 必要的话，将护发素充分清洗干净。
● 要小心对待未干的头发，湿润的头发比干发更加敏感，容易受损。
● 不要揉搓或拉抻湿润的头发。

解决办法 重新审视一下你的饮食和生活习惯。如果头皮鳞屑是由压力引起的，就要学会放松的方法。用洗发水洗发之前，先用平梳和发刷小心地梳理头发。要选择有温和去屑功能的洗发水，它能温和地使鳞屑脱落，并阻止新生鳞屑。然后使用调理型洗发水，用手指在头皮上按摩。调理洗发水需要经常使用才会有效。不要过多地去烫发。如果仍然有头皮鳞屑，就要去看医生或咨询专家。

头屑/头皮发痒

头屑是白色的、从头皮上脱落的微小的死皮细胞碎屑，你首先会在肩膀上发现脱落的头屑。人们常将头屑与头皮鳞屑混淆，它们是不同的。有头屑时，头皮可能会微红或干痒。头发黯淡无光。

原因 遗传因素、压力、洗发水残留、皮脂分泌不足、使用有刺激性的洗发水、维生素摄入不均衡、污染、空调和暖气都会诱发头屑的产生。

解决办法 选择滋养型的洗发水和含有草本精华的护发素，有助于舒缓和滋养头皮。

发丝纤细

这样的头发看起来扁平，不容易定型。所以很难做造型。

原因 头发的质地是遗传决定的，但是如果使用较黏稠的护发素，护发素的重量使头发下垂，会使这一问题更严重。过度使用头发造型产品也会对头发产生同样的影响。

解决办法 经常使用温和的洗发水和清爽的护发素。丰盈洗发水有助于增加发量，轻微地烫发会令头发看起来更多一些。

头发卷结

在雨天或其他空气潮湿的时候，头发吸收了湿气后就会卷结，看起来干燥、黯淡无光、难于梳理。

原因 可能是遗传，也可能是护理不当引起的，如梳头发时太用力，或经常用粗糙的发带系头发。

解决办法 洗头发时，要将洗发水按摩至头发根部，让洗发水的泡沫充分发挥作用。从头

美丽锦囊

了解护发产品的成分

不同类型的头发所需要的主要护发因子也不相同，因此，在购买护发产品时，一定要认准对你有效的护发成分。要想做个护发达人，必须对护发产品的各种成分及其功效了如指掌，只有科学地了解它们的特性和用途，才能让它们更好地为你服务。

氨基酸：可锁住头发表层的水分，持续润泽发丝。

阳离子活化剂：带正电的阳离子，通常为聚合物，可附在发丝的受损部位，修复发丝，使头发恢复平滑柔顺。

绿茶萃取物：一种抗氧化剂，具有防辐射的功效，可促进头发健康生长。

泛酰醇或维生素原B$_5$：可渗透毛鳞片，深度滋润发丝，提高发丝韧性，锁住头发表层的水分，保持头发的光泽。

聚合物：增强头发的弹性和光泽。水溶性硅树脂和矽灵会在头发表面形成一层保护膜，修复受损的角质细胞，使头发更具光泽。

维生素E（又名生育醇）：同样是一种抗氧化剂，可以保护头发免受污染、油烟、含氯物质和紫外线的伤害，减缓氧化和衰老。

小麦胚芽油：可润泽发丝，减少静电。

发中部至发梢涂上护发素，或使用免洗型护发素。用啫喱给头发定型是最理想的，而啫喱在头发未干的时候使用最有效。也可让头发自然干透，使用发蜡或润发油给头发定型。这些产品会在头发表皮上形成薄而透明的保护膜，保护发干的顺滑。乳清能有效地防止水分流失，并阻止头发从周围空气中吸收水分。

发梢分叉

头发表皮受损，皮质层中的纤维断裂时，发梢就会分叉。头发因此干燥脆弱。易打结，发梢或发干易断。

原因　过度烫发或染色、护养不够、经常梳刷或逆梳头发（尤其是使用质量较差的梳子或发刷）使用尖卷发筒和别针、过度使用蒸汽定型和长时间不修剪头发也会引起这一问题。

解决办法　分叉的发梢不能修复。唯一的长效解决办法就是经常修剪发梢。虽然头发会因此变短一些，但却会使发质变好。不要频繁地使用洗发水，这会增加头发的负担，导致发梢发干甚至分叉。用吹风机吹头发时，不要离头发太近，温度也不要调得太高。尽量不使用吹风机。可以尝试使用专门为暂时抚平发梢分叉和防止继续分叉而设计的护发素。

护发产品残留造成毛囊堵塞

头发造型产品和二合一洗发水残留在发干上。

原因　当残留的护发产品与水中的矿物质混合时，就会导致毛囊堵塞，不利于彻底清洗头发和护发素的吸收。头发因此而干燥并且黯淡无光。这也会影响到烫发或染发的效果，因为不利于化学物质渗入到发干中。毛囊堵塞还会造成染发的颜色不均匀，烫发的效果也会不好。

解决办法　使用轻盈洗发水、螯合洗发水或深层清洁洗发水，这些是专门为清洗残余物而设计的。在烫发或染发之前使用，非常重要。

◀ DIY 护发膜

几千年来，人们将草药和植物混合在一起，并用它们来护养头发，令头发清爽美丽。下面是一些古老的护发配方，你可以在家里尝试。要记住，配制好之后要立即使用，不能长时间保存。

▲ 用宽齿的梳子梳头，有助于护发产品从发根到发梢充分均匀地分布在头发上。

天然去头皮屑护理

将 2 个鸡蛋、50 毫升矿泉水和 15 毫升苹果醋或柠檬汁混合在一起，慢慢搅拌 30 秒。用它在头皮上按摩，然后用温水充分洗净（热水会使鸡蛋残留在头皮上）。

草本洗发水

用擀面杖或杵将几片月桂树叶在研钵中捣碎，加入一捧洋甘菊和一朵迷迭香。将它们放入水壶中，倒入 900 毫升半开水。等待 2 ~ 3 分钟后，加入 5 毫升细盐。把它们涂在头发上并按摩。最后充分清洗干净。

清爽发乳

将 150 毫升酸奶与一个鸡蛋混合在一起，加入 5 毫升海藻粉和 5 毫升碾碎的柠檬皮。将混合物充分均匀地涂抹在头发上。然后戴上浴

▲ 涂上护发产品后，要轻轻地按摩头皮几分钟，促进血液循环，并使护发产品充分发挥作用。

帽，等待 40 分钟。再用洗发水洗净。

受损发质护理

对于干枯受损的头发，可以在用洗发水洗完头发之后，涂上下面的配方，5 分钟后再洗去。

原料：
- 30 毫升橄榄油
- 30 毫升芝麻油
- 2 个鸡蛋
- 30 毫升椰奶
- 30 毫升蜂蜜
- 5 毫升椰子油

器皿：
- 搅拌器或食品加工机
- 瓶子

充分搅拌混合物，将它倒入瓶中，放在冰箱中保存，在 3 天内使用。

欧芹护发泥

这款护发泥能促进血液循环，有助于头发的生长，保持头发的健康与亮泽。

原料：
- 一大捧欧芹
- 30 毫升水

1 将欧芹放入搅拌器或食品加工机中，并加入水。

2 将欧芹搅拌至浓汤状。将它涂抹在头皮上，然后用温热的毛巾将头发包裹住。半个小时后，按常规清洗头发就可以了。

器皿：
- 搅拌器或食品加工机

迷迭香头发调理水

这款头发调理水是用气味清新的迷迭香制成的，可以作为温和的药用洗发水使用。它能有效地控油，提升头发的自然色泽，对黑发有特殊功效。用洗发水洗完头发后，使用这款调理水，再充分冲洗干净。

原料：
- 100 克迷迭香枝
- 1.2 升水

器皿：
- 平底锅

1 将迷迭香和水放入锅中加热。用小火煮大约 20 分钟，然后关火冷却。

2 用筛子将汁液过滤出来，倒入干净的瓶子中。放在阴凉的地方保存。用洗发水洗过头发后使用，可以滋养头发，令人神清气爽。

- 过滤器
- 漏斗
- 瓶子

热油护理

任何植物油都可以作为护发品使用，只要将油稍微加热就可以了。在头皮上抹上少许，然后将它涂抹在所有的头发上，并轻轻按摩。戴上塑料浴帽，20 分钟后摘下。头上的热气有助于油渗透到发干中。然后用洗发水洗发，并彻底清洗干净。

深层护发

　　将小麦芽精油和橄榄油各 15 毫升加热，轻轻按摩在头皮上。用温热的毛巾包住头部 10 分钟。然后在一盆加入柠檬汁的清水中清洗头发。

使用精油

　　纯芳香精油也可以用来护发。下列几款精油配方是由著名的芳香治疗师罗伯特·蒂莎兰德创造的。下面列出的精油需要在基础油中稀释，基础油的用量为 30 毫升。

　　干性头发　9 滴蔷薇木精油、6 滴檀香精油。

▲ 草本植物和精油这样的天然配方有助于你获得一头健康美丽的秀发。模特的头发是用热油护理过的，健康亮泽。天然油如植物油适合涂在头发和头皮上，迷迭香、依兰依兰和薰衣草精油有很大的香气。

　　油性头发　9 滴香柠檬油、6 滴薰衣草精油。

　　去屑配方　9 滴桉树精油、6 滴迷迭香精油。

　　将精油混合在一起，涂在干发或湿发上。保持 2 ~ 5 分钟，然后用洗发水洗发，并彻底清洗干净。

温油护理

　　这种护理方法会使你感觉更好，而且护发成分容易被吸收。一个月使用 1 次，会明显改善发质和头皮的状态。

　　原料：
- ⊙ 90 毫升椰子油
- ⊙ 3 滴迷迭香精油
- ⊙ 2 滴茶树精油

▲ 很多天然的头发护理品都可以在家制作，安全、经济、简单。新鲜的植物是最有效的，品种繁多的、带有宜人香气的草本植物很容易在花盆和花箱中种植。

器皿：
⊙有盖子的深色玻璃瓶

①将这些精油倒进瓶中并摇晃均匀。将少量精油混合液涂抹在干发上，不要抹在头皮上。

②按摩头发，用温热的毛巾包住头部，20分钟后再用洗发水清洗。

天然头发护养液

头发护养液制作方法简单，原料新鲜而天然，香气宜人，可以在用洗发水洗过头发后使用。

柠檬马鞭草护养液

它会令头发飘香，并使毛孔张开，促进头皮的血液循环。马鞭草可以在自家花园中种植。

将一把马鞭草叶放入碗中，倒入230毫升开水。浸泡1个小时。将液体过滤出来，可以扔掉马鞭草。将液体浇在头发上就可以了。

小贴士 ♡

头发洗液

用下列草本植物制作特殊用途的头发洗液。
● 青蒿能缓解头发油腻。
● 荨麻能促进头发的生长。
● 迷迭香能防头发静电。
● 薰衣草能舒缓紧绷的头皮。

天竺葵和洋甘菊护养液

洋甘菊不会影响头发的颜色，无论是中性的颜色还是深色，它有助于使头发更加自然亮泽。天竺葵会在头发上留下淡淡的香气。

将25克的洋甘菊花放入锅中，加入600毫升的水。用小火加热，煮15分钟。将煮好的液体浇在天竺葵叶子上，浸泡30～40分钟。将液体倒入瓶中。

苹果醋护养液

这种传统的护理方法能滋养头皮，令头发自然闪亮。下面介绍的配方是一次护理使用的量。将250毫升苹果醋与1升温水混合，可以最后用它来冲洗头发。用毛巾将头发擦干，轻轻地用梳子梳通头发，让头发自然干透。

也可以制作其他护养液（用来最后冲洗头发）来解决各种各样的头发问题。首先，将30毫升的草本植物浸泡在瓷碗或玻璃碗中。最好是新鲜的草本植物，如果你使用风干的草本植物，记住它们的效力很强，使用量要减半。然后加入475毫升的开水，要没过草本植物，浸泡3个小时。使用前要先过滤。

◀ 假日护发

如果你在夏天外出度假，头发暴露在阳光下的话，对头发造成的损伤会比一年当中任何时候都要大。阳光中的紫外线不仅对皮肤有伤害，也会对头发造成损伤——使天然油性物质和水分流失。强烈的风会将没有任何保护的头发吹得凌乱，造成头发断裂和发梢分叉。含氯和盐分的水会一起作用，使头发褪色，使烫过的头发毫无生机。

烫染过的头发更易受到化学品的伤害，水分流失得更快，对阳光也特别敏感，这是因为头发失去了天然色素（黑色素）保护，色素能在一定程度上过滤对头发造成伤害的紫外线。

正午

和保护皮肤一样，保护头发不受日晒的伤害同样重要。坐在海边的沙滩上时戴上帽子或围上头巾，或使用防晒喷雾，保护头发不受日晒的伤害。游泳之后，要用大量的清水彻底清洗头发上的海水或含氯的水。如果没有淡水，

▲ 游泳之后，要用清水清洗头发，并用宽齿梳梳通头发。使用能抵御紫外线的防晒啫喱，更好地保护头发。

▲ 保持头发整齐，用漂亮的发卡束起头发。色彩缤纷的头饰最适合去海滩时佩戴。选择能与游泳衣搭配的头饰。

可以用软饮料瓶自带清水或使用瓶装水。

　　头发防晒啫喱对头发有很好的保护作用。用梳子将防晒啫喱完全涂抹在头发上，保持一天。游泳之后要再涂上些防晒啫喱。你也可以使用有防紫外线功效的免洗型护发素。

　　在刮风的时候，要将长发束起，防止头发凌乱打结。长发湿润的时候也可以编成麻花辫，保持一天，晚上将辫子解开，你就会获得一头漂亮的卷发了。

　　如果你的头发被风吹得凌乱打结，要轻轻地用宽齿梳将头发梳开，从发根到发梢都要梳顺。

　　即使不在海滩也要保护头部和头发。逛街或观光的时候戴上太阳帽，尤其是在中午时分。日落时，用洗发水和护发素护理头发，最好自然干透。只在晚上有特殊活动时，才去烫发或做造型。

冬日护发

　　在冬天，尤其是初冬时节，寒风会破坏头发的健康，低温和暖气会使头发干枯。暖气会使头发和头皮的水分流失，易起静电。寒冷导致头发干枯易断，潮湿的天气会破坏发型，使卷发毛糙，使直发看上去毫无生气。

　　用几种简单的方法就能解决这些问题。在暖气旁放上一盆水或使用加湿器就能缓解由暖气引起的头发静电问题。在寒冷的时候，使用深层滋养的护发素，就不会令头发干燥了。天气潮湿时，可以使用定型摩丝、啫喱或喷雾，保持发型，并能给予头发一定的保护。

◀ 饮食护发

额外补充营养

　　关于是否需要额外补充维生素和矿物质，社会各界正争论得热火朝天。很多医生和营养学家认为，均衡合理的饮食足以提供人体所需的各种营养物质（包括维生素和矿物质），维持生命活动的有效运行。但是，现代社会的生活方式和节奏让我们不得不承受着巨大的压力，不得不摄入多种有损健康的物质，比如咖啡因、

小贴士 ♥

准备工作

● 至少要在出门度假前一周染好颜色，这样颜色就不会太"耀眼"，同时有足够的时间让深层护发素滋养干燥的发梢。

● 如果你想在度假前烫发，要在出发前3周安排烫发时间，使头发有时间恢复健康状态。

● 要整理好度假期间需要的护发品——最喜欢用的洗发水、护发素和造型产品。同时还要戴上最喜爱的头巾和头饰。你在度假时有足够的时间来进行搭配。

● 如果可能的话，带上旅行吹风机，别忘了带电压适配器。

● 用电池的头发造型电器最适合度假时使用，但要记住准备好备用电池。

● 柔韧度好的卷发筒比加热型的卷发器要好，它不会伤害头发。

● 在出发前要修剪头发，但不要剪新发型，这样你就不用费心打理你的新发型了。

▲ 如果你一整天都待在海边和阳光下，最好将长发束起或系成麻花辫。在辫子上插上鲜花或丝制头花会令这种发型更加漂亮。

尼古丁、酒精和过度加工以致营养大量流失的食物。与此同时，我们还饱受紫外线、环境污染和各种电器所产生的辐射的侵害，所有这些都能导致人体营养物质的流失，即便饮食合理均衡，也有必要额外补充一些营养物质。

为头发、皮肤和指甲补充营养

β 胡萝卜素：具有抗氧化作用，人体摄入后转化成维生素 A。

Ω–3 脂肪酸：可为人体提供必需脂肪酸。

葵花籽油：富含必需脂肪酸和 γ–亚麻酸（GLA），两者可形成一道屏障，保护皮肤健康，维持体内激素平衡。

硒：是人体必需的矿物质，能促进抗氧化酶发生作用。

B 族维生素：能促进皮肤、指甲及头发健康生长，保护神经中枢系统。

维生素 C：能够促进胶原蛋白的生成，保护人体免受辐射的伤害，防止皮肤氧化衰老。

锌：是人体必需的矿物质，能够维持 100 多种酶的活性。

能缓解压力的营养元素

β 胡萝卜素、维生素 C、维生素 E、硒和

锌：相互作用，破坏人体因压力产生的自由基，抗氧化，从而延缓衰老。

越橘：能有效延缓机体细胞的老化。

钙和镁：机体缺钙和镁的现象在受重压困扰的人群中很常见，通常表现为易焦虑、恐惧，严重的甚至会产生幻觉。

当归：中枢神经、肾和肾上腺是最易受到压力影响的器官和组织，当归则可增强神经系统和肾脏的功能，平衡肾上腺素的分泌水平。

γ–氨基丁酸：具有镇静安神的作用，可抑制中枢神经过度兴奋，进而消除神经紧张。

银杏：有利于促进大脑的发育，维持大脑神经系统的健康，还可以促进人体内循环。

啤酒花：具有镇静作用，可以缓解紧张、不安等情绪，同时可以减轻人体对酒精的迷恋，可用于戒酒。

咔瓦：具有镇静作用，同时可以缓解大脑和机体压力。

L–酪氨酸：产生神经传导素必不可少的氨基酸，可辅助睡眠，缓解抑郁情绪。

缬草：具有强大的助眠作用，睡前服用，可解决失眠等睡眠问题；作为镇静剂则可治疗因压力引发的头痛。

B 族复合维生素和额外添加的维生素 B_6、B_{12}、B_5：维持神经系统健康和功能必不可少的营养物质。特别是维生素 B_5，可调节胸腺分泌，达到抵抗、排解压力的作用。

维生素 C 和生物类黄酮：两者共同作用，可增强肾上腺功能，调节肾上腺素分泌，产生抵抗压力的激素。

小贴士 ♡

滑雪时的头发护养

● 经过雪地的反射，阳光的照射会更强烈，所以头发需要头发防晒品的特殊保护。

● 风、雪和阳光都会损伤头发的健康，所以要尽可能戴上帽子。

● 寒冷使头发易起静电，导致头发凌乱，不易梳理。梳头发之前，在梳子上喷上头发喷雾，能消除静电。

● 温度突然变化比如从冰冷的滑雪场到温暖的酒店或频繁更换头饰时，你需要每天都洗头发。洗头发时应使用温和的洗发水和清爽的护发素。

干　发

◀ 吹干的基本过程

（1）用毛巾裹着头发，轻轻挤出湿发中的水分。大力揉搓会损伤头发角质层，使发丝缠绕打结。

（2）头发在潮湿的时候，弹性只有原来的3/4，因此梳理湿发的动作要格外轻柔，由发梢开始梳理，不要刚开始就试图从头顶梳到发梢。

（3）将吹风机调到暖风档，低下头，将头发吹至七成干，不应吹到完全干燥。用手指由发根捋向发梢，手指不停抖动，可使头发看起来更加丰盈。

（4）头发还有点湿的时候，涂抹造型产品。然后用大发夹将后面、头顶、前刘海儿以及面颊两侧的头发分别固定。

（5）从后面的头发开始，拿掉发夹，依次给各部位造型。用发刷将头发由根部梳向发梢，吹干发丝上残留的水分。前面和面颊两侧的头

> **小贴士 ♡**
>
> 吹风机的风口要沿着发丝向下吹，防止发丝表面的毛鳞片翻起，毛鳞片排列不规则的头发会显得毛糙无光。
>
> 使用定型喷雾的时候，头稍微向下低，尽量使发根部位也能涂上喷雾，这样可使头发更加丰盈、柔顺。

发要多花点时间和精力，因为正是这几个部位决定了发型的基本结构。如果基本结构设计到位，其他部分也不会差。

（6）将吹风机调到冷风档，吹风时用发刷梳理。冷风可以帮助头发定型，让头发表层张开的毛鳞片重新合住，令头发更加顺滑有光泽。

（7）最后，涂抹护发精华素，使头发看起来更加光亮；或者用发蜡让头发更有层次感；也可喷点定型喷雾，将发型固定。

梳　理

◀ 选择发梳

选择正确的工具梳理头发，似乎很容易，但是，很少有人能真正做到这一点。比如湿发自然干燥的速度、发丝的顺滑度和丰盈度等都与梳理工具密切相关。

一把好的发刷或梳子，可以防止头发断裂和拉伤，让梳理和造型的过程变得轻松愉悦；而一把糟糕的梳子，其消极影响也是显而易见的：不但会刮伤头皮，而且会使发丝受损。购买梳发工具时，一定要检查刷毛、梳齿是否齐整。

平板发刷

发刷呈宽阔的矩形，可用于理顺头发，特别适合长直发使用。刷板上装有橡皮衬垫，可加强抚平效果，同时还能防止产生静电。

滚筒发刷

配合吹风机使用，卷发刷可以变身为移动卷发器，瞬间就能使头发卷曲丰盈。有些卷发刷上带有金属滚筒，可以将吹风机的热风最大限度地传输给头发，缩短干发时间，增强卷发效果。滚筒部分可以卸掉，单独用作卷发器，效果非常理想。如果头发容易产生静电，可事

先在滚筒上喷点护发喷雾。

丰发刷

与普通的发刷相比，丰发刷的刷头是张开的，而且刷毛或刷齿相对比较稀疏。刷子上的小孔就像是通风口一样，保证吹风机的暖风循环流动，从而增加头发的光泽和丰盈度。

平滑发刷

日常使用的发刷应带有橡皮垫，预防静电产生。刷毛最好是天然刷毛和尼龙混合而成的。尼龙刷毛能夹住发丝，天然刷毛则能抚平毛糙。

尖尾梳

尖尾梳的梳柄造型独特，吹干头发或做造型的时候，可借助于其尖尾将头发分开，便于操作。

叉型梳

叉型梳可插进卷发，分开卷曲、难缠的头发，适用于卷发。

▲ 选择正确的美发工具不但能使你拥有漂亮的发型，还能使头发造型更加容易。

小号、中号梳

这两种型号的梳子通常用来将头发向后梳或修饰精致的刘海儿。但是，使用难度较高，一般只有专业的发型师才能熟练使用。

阔齿梳

这种梳子可以用来给湿发涂抹护发素。

◀ 梳发技巧

在一定范围之内，头发是具有弹性的。但是梳发的时候过分用力，还是可能会拉伤头发，导致头发断裂。

（1）洗头时，头发润湿后，应先用发刷理顺，再涂抹洗发水，这样既可以按摩头皮，去除死细胞，也能解开缠绕打结的发丝。而且，头发润湿后会变得更加脆弱，缠绕的发丝也会更加纠结，不易理顺。

（2）梳理头发的时候，要先理顺发梢，然后再一步一步地理顺发根，千万不要一上来就从发根向发梢生拉硬拽。这样虽然有些慢，但比较容易解开纠缠的乱发，还不易造成损伤。

（3）理顺打结发丝时，应从打结处向发梢慢慢梳理，动作要轻柔。

（4）头发全部理顺后，再慢慢从发根梳向发梢，将头皮分泌的油脂顺着梳齿均匀地涂抹到整把头发上，使头发散发自然光泽。

（5）人们常说：发宜多梳。请忽略这一说法吧。过多的梳理只会加速头皮分泌油脂，导致头发起油、断裂、分叉。在维多利亚时期，已婚女性都将头发挽成发髻盘在头上，很容易滋生虱子。有人就谣传，每天多梳几下头，就可以破坏虱子的卵，并杀死虱子，有效遏制虱子繁殖。这简直是无稽之谈！时代不同了，我们的美发习惯也要做出相应改变。童话中的长发公主有足够的时间慢悠悠地梳理头发，而对于我们这些生活在现代社会中的人来说，把大量时间花在梳头上简直是太奢侈了。

（6）保持发刷和梳子清洁，没有残留的发丝、污垢。清洗梳发工具的方法：在温水中加入少许洗发水，将发刷或梳子在其中浸泡 5 分钟左右，然后取出自然晾干。

剪 发

◀ 剪发前须知

　　一个完美的发型可以带给你前所未有的美妙感受，它可以为你增加自信，让你觉得自己更加性感、高挑、迷人，全身都散发出让人难以抗拒的吸引力。而且最重要的是，它还能展示你与众不同的个性。只要精心设计，新发型可以立即让你发生翻天覆地的变化，它会突显你脸上最动人的部位，比如完美的脸型、美丽的眼睛等，而皱纹、斑点等令人遗憾的瑕疵，则被巧妙地掩饰起来了，这能够让你看起来年轻许多。点染、挑染能够在视觉上增加头发的丰盈度和光泽，我们甚至可以毫不夸张地说，一个合适的新发型完全能让你的整体形象来个大转变。当女人作出一个重大决定，比如开始全新的职业生涯，再比如投入或结束一段恋情，通常最先改变的就是她的发型；心情郁闷的时候，去美发沙龙做头发则可以使精神迅速振奋——当你体验到完美发型的美妙之处时，所有的不快都忘到九霄云外去了。不管因何种理由，也不管要换成什么发型，定期修剪头发（至少6周1次）绝对没有坏处，可以防止发梢分叉，改善发质，让秀发更易打理。

需要考虑的因素

　　改变形象时，有3个方面的因素值得考虑：

　　（1）从现实出发。每天你愿意花多长时间打理头发？实际上，你又有多少闲暇时间？如果你选择的发型打理起来比较费事儿，而你又不愿意浪费那么多时间，那再完美的发型也不可能发挥应有的作用。

　　（2）充分利用先天优势。无论天生的头发是顺直还是卷曲，是黑色还是金色，浓密还是稀少，在设计发型的时候都应该发掘一切可以利用的优势。除了精心设计与修剪，头发只有在能展现自然优势的情况下，才是最动人的。

　　（3）全面养护。通常，拥有一头自然亮丽的秀发，主要靠各种美发产品。稍微花点时间多试验几次，找出最适合自己头发的产品，并在不断实践中提高使用技巧。

长发还是短发

　　长长的头发如瀑如云，起伏波动，充满浪漫主义的情调。长发是最具女性气质的发型，同时也最受异性的青睐。不过，要留长发一定要保证发质顺滑有光泽，不要像披头士那样披头散发的，头发不能太厚，太厚会缺乏灵动感。最好修剪出层次来，这样显得比较利索，还可以突出脸部线条，使整个人显得更精神。另外，头发经过层层修剪后会轻盈许多，从而改变浓密的头发带来的厚重感。要注意，长发需要精心保养，千万不能对其不闻不问，随便拿皮筋扎个马尾，在背后甩来甩去的，简直太糟糕了。如果你懒得细心清洗、护理、吹干和定型，那么还是不要留长发了。

　　时尚和女人味是每个女人都想拥有的特质，短发恰好能把两者巧妙地融合在一起，而且具有一种非常独特的性感。对那些想展现女人味，却不愿千人一面，丧失个性，又懒得花时间打理的女性来说，短发无疑是上上之选。性感、时髦的短发越来越受到女性的推崇，梅格·瑞恩、格温妮丝·帕特洛、卡麦隆·迪亚兹等女星都以一头俏丽的短发示人，风情万种。或随意，或正式，层次可以让头发更有型，更丰盈，更加具有立体感，造型也随之变得更简单。所以，无论是长发还是短发，都应注重层次的修饰作用。

> **小贴士** ♥
>
> 　　当你有意对自己来个形象大转变时，不妨先翻阅一些有关美容和时尚的杂志，看看有没有自己喜欢的发型和发色，并作相关搜集。然后将搜集到的图片展示给发型师和个人形象设计师，他们会根据你的发质情况，从你喜爱的各款发型中找出适合你的元素，并重新组合出适合你的全新发型。

最终决定

选择长发还是短发取决于你的脸型、发质和头发的类型，女士们只要根据多方考虑，将发型设计到位，便能一展风采。掌握自身基本信息后，可以翻阅美容杂志，参考模特的发型或美发建议，从中寻找灵感，设计适合自己的发型。其中最关键的一点是，要记住脸型在发型设计中扮演着举足轻重的作用，绝对不可小觑。颜色、形状搭配恰当的画框可以让画作更加引人注目，发型和脸型的搭配也是如此。如果发型和脸型相协调，那么面容会显得更加漂亮和年轻，眼睛也会被映衬得更加明亮。总而言之，理想的发型可以让你的优点更加突出。相信自己的头发有与众不同的优势，在发型师的引导下选择一款最佳发型来彰显这一优势。如果对自己与生俱来的头发不满意，寄希望于物理、化学手段，那么很可能导致你的发质越来越差。而且你会逐渐沦为头发的奴隶！付出大量金钱、时间和精力护理头发，一旦停止护理，头发就又变得惨不忍睹了。

◀ 头发的修剪

头部不同的位置，头发生长的速度也不一样。这就是为什么新剪的发型不能长久保持。通常的做法是，精剪的短发每4周就要修剪1次，长发每6～8周就要修剪。即使你想要蓄长发，也要定期修剪头发（至少3个月1次），这能防止头发分叉，保持发端顺滑。

美发师会使用各种各样的技巧和美发工具令头发看上去更浓密、饱满、顺直或卷曲。下面我们会介绍这些技巧和工具。

齐剪法

也就是将发梢的长度修剪一致，适用于没有层次感的发型。头发的重量和厚度分布均匀。

推剪法

推剪适用于剪短发，有时也会在最后修饰剪好的发型时使用推剪。平头是青少年喜爱的发型。

小层次剪法

这是一种有一定角度的剪发方法，头顶的头发饱满，颈部头发较短，头顶和颈部的头发

▲ 这款层次分明的发型长度只到颈部，并使用了植物染发剂给头发增添色彩和光泽。最后用吹风机定型。

过渡自然。

大层次剪法

这种技法使头发的重量和厚度分配均匀，发型呈圆形。

滑剪法

这是一种剪刀刀刃滑过发束将头发打薄的修剪方法。通常将头发吹干后运用这种技法修剪。

削刀法

削刀法是运用向内打层次的技法使头发更具动感，通常用于修剪短发。

▲ 这款发型中，模特的直发被剪短，向后梳理成型。颜色持久的染发令头发看上去健康亮泽。

打薄法

运用打薄剪刀或是削刀将厚重的头发打薄，但不影响头发的整体长度。

剪发技法

齐剪法可以使纤细易飞起的头发显得厚重，富有动感和弹性。小层次剪法可以使中等长度的头发显得更长，而齐剪则可以使短而稀疏的头发更具动感。

有些美发师用削刀法来使纤细的头发更显厚重。头发纤细的人最好不要将头发留得过长。一过肩，头发就会显得很脆弱，不易打理。

通过打薄，可以使厚重的头发飘逸、更时尚、更有层次感。由于头发不服帖，所以不要将头发剪得过短。可以尝试有层次的、富有动感的发型。

富于层次的发型同样能使头发蓬松飘逸。短发也可用打薄剪刀去除多余的发量，只在发梢的地方打薄就可以了。

有时，由于头发生长方向不同，发型很难打理。比如额前常常会长出蓬乱的一绺头发，同时也会有发漩，头发前后生长不一致。剪发时最好重新分配发量，解决这一问题。

为了加强额头处发梢的效果，要逆着头发的生长方向修剪头发，这能体现出自然的波浪形。

增加发量和突出发型的剪法

运用专业的技法，发型师几乎能做出任何一种发型，所以要与发型师探讨你的头发，对头发你哪里满意，哪里不满意。剪发过程应该尽量少地使用造型产品和吹风机，以达到最令人满意的效果。

1 剪发前，模特有一头自然的长发，但是由于发量过多使头发下垂，破坏了整体造型。她想要一款短发造型，看起来更精致，同时要容易打理和保持。（左图）

2 用洗发水和护发素将头发洗好，然后用平梳梳开并理顺。这时发型师就要开始剪发了。先将前面的头发分开，才能将后面的头发剪到想要的长度。（右图）

3 把前面的头发向前梳，按照一定角度直剪。这能保证头发在吹干后能自然垂下。

4 头顶的头发要剪得有层次感，增加发量，使发型具有时尚感。这款多层次的发型使头发的前半部分衬托脸庞，后半部分蓬起。

5 将头发弄卷曲，用吹风机吹干头发，然后打上摩丝，保持头发的卷曲。吹发时要使用适合吹风机的散梳，以使头发蓬松，富有动感。

Part 2 时尚美发秘籍

选对发型是关键

◀ 发型与脸型

选择一款适合你的发型会使你变得更漂亮，突出你的气质。首先要考虑到你的脸型是圆形、椭圆形、方形还是长形。如果你不确定你属于哪种脸型，最简单的方法就是拨开头发，将面庞完全露出来，这样你就能清楚地看到自己脸部的轮廓了。端坐在镜子前，用口红在镜子上勾勒出脸部轮廓，这样你的脸型就显现在镜子上了。然后向后站，你就能看出你属于下列哪种脸型了。

方脸

方脸棱角明显，宽额头，方下巴。要选择长而有层次的发型，头发微微卷曲为最好。这能柔和面部的棱角，尤其是下颌处。头发向两侧梳，刘海儿也要分开梳，不要遮住面部。

不适合的发型：不要剪棱角分明的发型，这会使方形脸的轮廓更加明显，也不要剪刘海儿较厚的短发，还要避免将脸部完全露出的中分发型。

圆脸

圆脸的人，额头到下巴的距离和双颊间距

离相等。刘海儿要剪短，以拉长面部，短发会使面部显得消瘦。

不适合的发型：不要梳卷发，这会使面部显得更圆。也要避免浓密的长发。不要向后梳头发而露出面部。

椭圆形脸

椭圆形脸双颊处较宽，下颌处逐渐变尖，额头较窄。这是很多专家公认的完美的脸型。如果你是椭圆形脸，那么你可以梳任何发型。

长脸

长脸的人额头较高，下巴较长，需要利用发型加宽脸部。短而有层次的发型能达到这样

> **小贴士 ♡**
>
> **如果你戴眼镜**
>
> 选择和发型相配的有框眼镜。过大的眼镜会破坏完整、有层次的发型，太小的眼镜与浓密的发型不相称。在理发店修剪发型时要戴上眼镜，这样美发师就会考虑好如何把握发型的整体效果。

的效果。也可将短发的刘海儿剪齐。有层次的短发或卷曲的短发能平衡长脸型。

不适合的发型：没有刘海儿的发型、长直发和齐剪的发型。

整体协调

剪好新发型后，你还要考虑到你的体型。如果你是梨形身材，不要选择让你看上去比较活泼的发型，它会将别人的注意力集中到你的下半身，使你的胯部看起来更宽。身材娇小的女性不要梳浓密的卷发，这样会使头部显得很大，与身体不成比例。

小贴士

● 高鼻梁：要与发型相匹配。

● 尖下巴：下颌处的头发要有一定宽度。

● 低额头：选择稀疏而不是饱满的刘海儿。

● 高额头：用刘海儿遮盖。

● 下颌后倾：选择长度正好在下颌下方的曲发或卷发。

● 发际线不均匀：用刘海儿遮盖能解决这一问题。

▲ 卷翘稀疏的刘海儿能遮盖额头。

美丽锦囊

转型需要考虑的因素

不论你是喜欢变化并乐此不疲，还是恐惧变化而谨慎行事，都不应该莽撞。决定改变个人形象之前，一定要考虑清楚，仔细选择，同时还要咨询发型师的意见。让陪伴了自己好几年的发型在剪刀的起落间消失不见，不是轻易就能做到的。

1. 想想自己为什么要来个巨大转变。要知道，分手的恋人不会因为你剪了头发就重新回到你身边，世界也不会因为你的新发型而有所变动。但是，崭新的发型确实可以让你振奋起来，重新焕发活力。

2. 你是否准备更换化妆品，并重新购置衣服？要知道，新发型需要与之搭配的衣服和化妆品。比如说，你本来是黑色长发，但是现在剪短了，还染成了金色，那么很显然，以前的化妆品和衣服已经完全不适合现在的你了。对于这一点，你应该有所准备。

3. 看到某人的发型很棒，然后原封不动地搬到自己头上，这绝对是个致命的错误——适合别人的发型不一定适合你。在发型师的帮助下，将自己喜欢的发型稍加变动，改成最适合你的样式。

4. 最理想的发型是，可以根据要求做较大幅度的加工、改变。目前，你可能很喜欢短发，等新鲜劲儿一过，你可能又想换个发型。但是，短期之内根本不可能，剪短的头发需要留一段时间才能重新造型。所以，选择发型的时候要谨慎。

5. 其实，要想“改头换面”，染色比剪发更简单。而且，染过的头发，在长度、发型方面并没有太大变化，随时可以重新造型。要知道，头发一个月才长 1 厘米左右，一旦剪短，很长时间才能长到原来的长度。

6. 如果你想把长发剪短，最好先别忙动手，可先戴假发试试看短发是否适合自己，然后再做决定。

7. 如果你想留长发，也可以先选择假发，看看自己留长发效果怎么样。

8. 改变发型前一定要做好充分的准备，考虑成熟后再行动。千万不能让别人左右你的想法，以免到头来后悔莫及。

9. 还要考虑新发型的打理和保养。新发型打理起来是否比较麻烦？你能否抽出足够的时间打理它？你是否需要经常改变发型，以适应不同场合的需要？需要多久光顾一次美发沙龙，以维持发型不变形呢？这些都必须考虑到。

◀ 短发

短发通常较容易打理，但是需要经常修剪。可以按照头部的形状修剪，也可以剪得很短或有层次地修剪成各种发型。通常而言，短发会使脸部看起来瘦一些。

▲ 将纤细的直发修剪出层次，长度在脖子上方。烫发根能使头顶的头发更显浓密。

▲ 将自然卷曲的头发剪成统一长度的短发，两侧头发别到耳后，用保湿啫喱定型，突出头发的卷。

▲ 天生卷曲的头发稍微修剪出层次就会富有动感。涂上保湿定型啫喱，用梳子梳理出卷发的效果，然后令其自然干透。

▲ 头发遮住耳朵，能让你看上去有所改变。

▲ 将浓密的头发打薄，剪出层次，脖子处的头发要留长些。使发型层次明显，然后吹干，用发型刷将头发梳理成型。

▲ 将柔软的头发修剪出层次，然后涂上摩丝。吹干时，用手指整理头发，让发根立起。

▲ 同样的发型也可以向前梳并吹干。

▲ 这款发型向前吹干，刘海儿柔软。更能突出眼部。

▲ 可以将短发染成蜜黄色，令其更有魅力。用吹风机吹好头发，涂上发蜡，以突出层次感。

▲ 层次分明的短发适合所有发质的头发。可提升头发的亮泽度，使纤细的头发更显浓密。

▶ 对于发质中等的头发，可修剪出层次，然后涂上强效定型摩丝并吹干，使头发蓬松。最后喷上定型水。

▲ 卷发使层次分明的头发更显浓密。涂上摩丝并吹干，用造型刷整理发型，使头发蓬松。

▲ 对于短发，发根烫发使头顶部的头发更蓬松，有层次感。涂上摩丝能使头发更蓬松，向前吹干头发。

▲ 非常卷曲的头发适合紧贴头皮修剪，然后用少许发蜡定型，突出层次感。

▲ 直发可以修剪成整齐、紧贴面部的发型，然后向前吹干。用亮泽定型水提升头发的亮泽度。

◀ 中性发质的头发在头顶处较饱满，向下逐渐变薄。从发根到发梢都要涂上定型摩丝，然后向前吹干头发。

◀中等长度的头发

中等长度的头发可以变换多种发型，可以梳光滑的短发，还可以有层次地修剪，塑造出多种发型。

▶ 中性发质的人可以梳鲍伯式短发。将定型水喷在还没有干透的头发上，然后把头发卷在大卷发筒上，加热定型。拆下卷发筒，将头发梳理成型。

▲ 头发较长、长度一致的鲍伯式短发非常适合浓密的短直发。通过染色可以使头发更加闪亮。

▲ 这款有层次的短发在烫过之后更富动感。将头发吹干并定型，头发要向上定型，这样会令头发更显浓密。

▲ 纤细的中等长度的头发可以齐耳剪短，达到令头发更显浓密的效果。先用卷发筒定型，然后用毛刷通梳头发，让头发顺滑，或者只用圆梳和吹风机将头发吹干。

▲ 波浪烫发可以使短发显得浓密，使用摩丝将吹干的头发轻轻抓得蓬松。

▲ 浅金色使鲍伯式短发散发自然的暖色调光泽，用柔和的定型摩丝将头发定型并吹干。

▲ 将摩丝涂在中等长度、发色较浅的鲍伯式短发上，用手将头发弄干，并弄乱。然后使用发蜡令头发更显浓密。

▲ 有层次的修剪使这款20世纪70年代的发型看上去焕然一新。喷上定型水并大致吹干，最后涂上亮泽啫喱。

▲ 将厚重的直发打薄，并剪成短发，可以吹干也可以自然干。

▲ 可以使用定型刷来完成这款发型，令其更加顺滑。

▲ 将优雅的直发修剪成简单的鲍伯式短发，容易定型，洗发后可令头发自然干透。

美丽锦囊

假 发

假发既可以增加发量，令头发丰盈，还能延伸头发的长度，一举两得。但是，要想使假发达到以假乱真的效果，自己原有的头发应该达到一定长度，这样，真假发混在一起，效果才比较自然。

为使假发更加自然，应该取5～10股60厘米长的假发片，用假发夹依次固定在后颈处至头顶部位。这些假发片都是根据头部弧度设计的，因此能很好地贴在头上。如果你的头发很短，不妨尝试假马尾和麻花辫，用发夹或插梳固定。

假发建议

1.假发戴好后，让专业美发师根据个人的头部轮廓加以修剪，发型会显得更加自然。最好运用削剪技艺，将假发稍微打薄，削出层次，从而显得更加自然。

2.对假发做特别造型，比如将假发的发尾稍微烫卷，可以显得更为逼真。

3.如果你有一定颜色接近你基础发色的长直假发，可运用一些小技巧实现以假乱真。将假发剪掉一小部分，然后用同样发量的真发填补空缺。这种真假混合的方法不仅使发型看起来更逼真，而且有助于固定假发，避免假发滑落。

4.如果你本来就是长发，要想使假发跟头皮贴合得比较紧密，可以先用透明丝袜将真发罩在头顶，再戴假发。

5.制作假发的材料一般有两种：一种是真发，一种是人造发。两种假发的清洗方式不同，清洗前最好先咨询专业人士。假发需要特殊护理，如果处理不当，很有可能导致假发受损，丧失美感。

6.假发是由真发或人造丝编织而成的，质地、结构非常脆弱，戴、取、清洗，都要格外小心。

7.购买假发前，一定要亲自查验实物。假发的真正颜色可能跟图样所示的颜色存在较大的色差，购买前一定要查验清楚。

▲ 将浓密的头发修剪成鲍伯式短发，在大卷发筒上喷上定型水，吹干以后，用发刷梳理，最后用摩丝定型并吹干。

▲ 用削刀修剪的短发富有层次感，自然飘逸，红褐色使头发看起来更浓密，涂上摩丝并吹干。

▲ 建议使用削刀剪发，洗发后让头发自然干透。另外，也可以将喷雾器附在吹风机上将头发吹干。

▲ 用定型水和大的卷发筒也可以做出相同的造型。把卷发筒拿下来时，头发会自然卷翘。

◀ 长 发

长卷发尤其多变，可以通过不同的方法转改变成令人惊艳的多种款式，可以烫成波浪、烫卷、拉直或自然下垂。

▲ 通常都是通过使用卷发筒，加温烘干头发，最后用发刷梳理以使卷发呈波浪式，类似的发型也可以通过柔烫来实现。

▲ 使用定型喷雾喷过后，使用大卷发筒，把干发梳到一边之后，使其垂下，呈柔软的波浪，在一只耳朵前留一绺须状头发。

▲ 植物染发剂可以使头发看起来更浓密，然后用吹风机对头发做简单的定型。

▲ 柔和的波浪卷可以通过用夹子夹住头发，然后轻轻梳理得到，最后使用喷雾。

▲ 将头发粗略吹干，使用摩丝，然后用卷发筒并加热，最后将头发梳理成柔和的波浪卷。

▲ 这种造型是通过用夹子夹头发实现的，也可以使用定型器。

▲ 将直发分层，然后用洗发水洗，涂上护发素，最后使其自然干。

▲ 自然的波浪式使头发更有层次感，可以使用大卷发筒，当头发干了以后，轻轻地梳理，使其呈现出波浪卷。

▲ 浓密的头发从各个角度分层剪短，并留出较厚的刘海儿，呈现20世纪60年代的风格。可以用吹风机吹干头发或使头发自然干。

▲ 使用定型胶定型，然后用大卷发筒卷起头发并加热吹干。当头发完全干了以后，取下卷发筒，从后面底部轻梳，使头发看起来更浓密。

▲ 将浓密的头发修剪得有层次，将定型啫喱喷在发根部，轻轻地向后梳理，然后梳理头顶的头发。

让长发更顺滑

对于长发来说，最重要的是保持头发良好的状态——服帖、柔顺，但是如果头发受到损伤，可以通过使头发卷起来弥补，效果非常理想。

▲ 在头发上喷洒定型水，使用卷发筒卷起头发并加热，头发干了以后，用发刷将头发梳成波浪卷。

▲ 用平剪的方法修剪长发的发梢，然后从中间进行简单的中分。

不同造型

示范：以下的各款式说明了如何使用不同的方法使同一长度的头发改变造型。

▲ 用卷发筒可以做出柔和的波浪卷。

▲ 上部的头发剪短，后面的头发用夹子夹成须状。

▲ 将头顶的发辫仔细地束好，所有垂着的头发烫弯。

▲ 用发带和一绺头发将头顶的头发束好，其余的头发自由下垂。

▲ 将头发向后梳理，用发卡固定，然后两侧各梳一个麻花辫。

▲ 头发向前梳理，喷上定型水，使长度一致的头发更显浓密。

长发的扎法

顺滑、时尚的长发，于无意中流露出端庄、高雅、梳整齐后，用假髻高高挽起，是非常典型的职场发式。层次分明的头发或者是齐刀剪的长直发，都可以扎成简单的马尾，效果也不错。

1. 在扎马尾前，应该在错落的层次和羽状碎发上涂点摩丝，用发梳梳拢到一起。

2. 如果你头发很少，扎成马尾显得过细，可借助假发增加发量。发型设计师会教你如何选择和自然发色颜色一样的假发，以及如何戴假发才显得自然。

3. 马尾尽量不要扎到头顶。如果头发扎得太高，不仅破坏了你想营造的端庄气质，反而多了小女孩的没心没肺，就好像是中学时代的拉拉队长。

4. 出差的时候，戴上专为马尾设计的假发。如果你没有时间洗头发，只要戴上假发，遮盖油腻的真发，一瞬间就会扭转局面，让你看起来依旧光彩照人。

5. 绑马尾时，要留出一小绺头发，绕着扎马尾的皮筋缠绕一圈，巧妙地盖住皮筋，然后将这绺头发的发梢藏在发辫下，并用发卡固定好。与利用头饰来掩饰皮筋相比，这种方法的效果更好。另外，为了防止马尾辫松动，可用湿头绳代替橡皮筋。湿头绳干了之后会收紧，从而更紧地固定发辫。与前面的方法类似，也可以用一绺头发遮盖头绳。

6. 在扎不住的头发上涂抹点护发精华素和定型喷雾，会使头发看起来更顺滑。想想看，如果这些头发都因静电四处乱飞，让你看起来就像刚跑过800米似的，可一点也不漂亮。

7. 如果你头发细软且容易外翘，最好在造型前一天清洗头发，这样头发会比较服帖，容易打理和定型。

时尚烫发有门道

◀ 烫发

将直发烫成卷发并不是什么新鲜事了。在古代埃及，女性就将泥涂在头发上，把木棒卷在头发上，然后利用太阳的热度使头发变卷曲。

洗头之后仍然保持头发卷曲是近代的发明。现代烫发技术是由A.F.威特创造的，他在1934年发明了冷烫技术。从那以后，烫发水的配方得到了改进，也出现了更先进的烫发技术，现在烫发造型的种类非常多。

烫发的原理

烫发时头发的内部结构会首先分解，然后再用卷发夹重新做出新发型。在烫发前要先洗发，这样毛鳞片就会微微张开，有助于烫发水迅速渗透到发干中。烫发水能改变角质蛋白，并分解连接头发内部纤维状细胞的硫链。当这些纤维变得松散时，头发卷在卷发器或烫发棒

▲ 特殊配方的烫发水有助于美发师将你的头发卷得更自然。

▲ 螺旋烫使长发呈螺旋状卷曲。头发长长时，只能在发根部分重新烫发，否则就会破坏之前烫好的发型。

▲ 烫发能使短发更显浓密。将头发卷在卷发筒上，最大限度地向上拉头发，这样能使短发蓬起。

▲ 染过色的头发也可以烫发，但要选对烫发水。发型师会在这方面给予你建议，要选择最适合你的烫发水。

上，就很容易形成新的形状。

把卷发夹或卷发棒卷在头发上，再涂上一层烫发水，等待新发型定型。等待时间要根据头发的状态和发质来决定。然后再涂上中和剂，已发生改变的硫链就会形成新的形状。中和剂中含有氧化剂，能有效地聚合断裂的硫链，从而形成持久的卷发。

卷发的类型由很多因素共同决定。卷发夹的形状是最重要的，它决定卷发的类型。通常来讲，卷发夹越小，烫出的卷就越小、越紧密，而中号和大号的卷发夹做出卷就比较松弛。烫发水的效力以及头发的质地和类型也会对烫发效果产生影响。发质较好的头发比发质较差的头发的烫发效果好，而顺滑的头发也比毛糙的头发更易上卷。

在烫发后，角质蛋白需要48小时来自然恢复强韧。这时头发很容易受损，必须注意保护头发。不要用洗发水洗头发，避免使用发梳和发刷，用吹风机吹头发会使发卷展开。

尽管新长出来的头发是直的，但是烫过的头发仍会保持卷曲。随着时间的推移，卷曲的头发会变得松弛，随着头发不断地生长，头发的重量会使发卷更加松弛。

在家烫发还是在理发店烫发

烫发是一项精细繁琐的过程，大多数女性倾向于让专业的美发师来为她们烫发。在理发店烫发的好处有很多。美发师会分析你的头发是否处于健康状态，能否烫发。染过色、发质不佳或经过多次烫染的头发会因再次烫发而受到损伤。由专业美发师烫发，你可以选择不同类型的卷发效果，不同的烫发水效力和卷发技术会形成各种各样的卷发，而在家中你只能让头发微微卷曲。

在家烫发的规则

如果在家烫发，要阅读产品说明，并仔细按照说明去做。在烫发之前，要记得做测试，看看你的头发是否适合烫卷，同时要保证有足够的卷发夹。你也可以考虑寻求朋友的帮助，来卷好后面的头发，所以你可能需要一个帮手。

要计算好时间，不要时间还没到就将烫发

小贴士 ♡

● 刚刚烫完头发后48小时之内，不要洗头发，拉扯会使发卷松开。

● 要使用针对护养烫后头发的洗发水和护发素。这有助于保持头发的水分平衡，使发卷更持久。

● 用宽齿的梳子从下向上梳头。不要使用发刷。

● 用毛巾包住湿润的头发，吸干水分，然后再梳理发型，这样能防止拉扯头发。

● 避免用热风吹烫过的头发。如果可能，洗过头发之后，让其自然干透。

● 如果卷发失去弹性，可以将头发沾湿，使发卷更明显。这能立即使头发更显浓密，富有弹性。同时也能抚顺毛糙的头发，这是天生的卷发常出现的问题。

● 根据烫发技巧和烫发水的质量不同，烫后效果能保持3~6个月不等。

水洗掉，或让烫发水在头发上停留过长时间，超过使用指南上说明的时间。

在理发店烫发

专业的美发师能做出各种各样不同的卷发，这些事你在家中是做不到的。

酸性烫发 烫出的卷发很有弹性。非常适合发丝纤细、敏感、脆弱、受到损伤或染过色的头发。烫发产品中含有温和的酸性物质，能将对头发的损伤程度降到最低。

碱性烫发 适合中性和不易上卷的头发，烫出的卷发很强韧。

热烫 热烫指的是烫发水混合后发生化学反应，释放出温和的热量，使发卷富有弹性和活力。热量有助于烫发水渗入到表皮层中，在使头发卷曲的同时，从内部滋养头发，令其强韧。

烫发技巧

上述的任何一种烫发类型都可以运用不同的技巧而产生数种效果。

只烫发干 用大卷发夹，有时用卷发筒烫出柔软、松弛的发卷。烫后的头发成波浪形而非十分卷曲，这样能增加视觉上的发量。

只烫发根 能使发根立起，只增加发根部头发视觉上的发量。这样能使头发显得更加立体，

适合平贴头皮的短发。

别针烫 事先用别针在小部分头发上卷好卷，然后只在一部分涂上烫发水，烫后的头发有柔软自然的卷曲效果。

层叠烫 通过烫出不同大小的卷，使同一长度的头发更显浓密卷曲。头顶的头发不烫卷，头发从中部到发梢卷曲，富有动感。

螺旋烫 将头发卷在特殊的长卷发夹上，能制造出迷人的螺旋卷，使长发更显浓密。

局部烫发 只在头发的局部进行烫发。比如，要想使头发蓬起，只烫头顶的头发就可以了。也可以烫刘海儿或脸部两侧的头发。

编织烫 一部分头发烫卷，一部分头发保持原状，卷发和直发相互交错，使头发自然有弹性，尤其是脸部周围的头发，如刘海儿。

新生头发的问题

烫过的头发长长时，如果新生头发和旧发之间出现分界，可以烫新长出的头发。分界明显的部分用特殊的发乳或塑料膜进行保护，防止烫发水和中和剂接触到已经烫过的头发上。

还有一些产品可以重新烫全部头发，而不破坏发型。这种方法很复杂，只能在理发店中做。

巧为秀发添色彩

◀ 染色的类型

半永久性染发

半永久性染发所使用的染发剂都是植物性的，颜色只是略微渗入发丝，附着在发丝表层，很容易就能冲掉，一般而言，发色能持续1~2周，经过12次左右的漂洗，头发就能恢复原色。半持久性染发一般用于加深原始发色，没有漂浅的作用。而且，染成暖色调要比染成冷色调效果好得多。

浅染

浅染需要将头发一束束地固定在金属箔片上，然后染成比基础发色浅的颜色。如果不把头发分成小束，直接大面积染色，染发剂往往无法均匀涂抹到每一根头发上，效果非常不好。每片金属箔片上的头发越少，染发效果越好。浅染的效果是永久性的，不过由于头发不断生长，通常每隔一段时间，发根部位都需要补染。

永久性染发

永久性染发可使发色变深，也可使发色减淡，甚至可以完全改变基础发色。这种染色方法

不仅可以给头发着色，同时还能滋养、护理发丝。无论所染的颜色有多鲜艳，都不会显得不自然。永久性染发可以用于局部，也可以用于所有头发。

▲ 色彩可以为头发增添光泽，使头发更加顺滑丰盈。

深染

深染需要将头发一束束地固定在金属箔片上，然后染成比基础发色深的颜色。深染的效果也是永久性的。如果你发色晦暗，深染可以帮助你提亮发色。深染可以选择显眼的颜色，也可以染跟基础发色非常接近的颜色。

一次性染发

一次性染发可以迅速改变发色，不过效果只能保持一两天。你可以在周末时使用，换个发色，换个心情。着色摩丝和着色定型剂均可用作一次性染发剂，只要洗次头，颜色就会消退。另外，还可以使用植物配方的自然着色剂，它既可以掩饰已经褪淡的发色，同时还能给头发提供一次护理。

护发染

护发染即运用跟基础发色相同的色彩染发，这种染发技巧可增添发丝的光亮、盈彩，使发丝看起来更具光泽和活力，而且不会使基础发色变浅，因而特别适用于白色头发。护发染的效果一般能持续4~6周。这种技艺结合创艺染发，可使发色更深入，更均衡。

层次染

同一缕头发使用同色系的两三种不同深浅的颜色染色。半永久性染发剂可用于细节处，增强发型的立体感；护发型染发剂可使头发倍增亮彩；永久性染发剂则可制造出非常引人注目的色彩效果。对于发量较少、发质纤细的人来说，层次染还可使头发看上去更加浓密、丰盈。

块染法

块染法也叫断层染，是用发梳或发刷将染发剂整片涂抹于要染色的头发上，一般用于顶发和侧发染色。柔和或艳丽的色彩能够营造出截然不同的效果。如果能选用同一色系但深浅略有不同的颜色，染发效果将会更加突出，既协调一致，又不乏变化的动感，能做到这一点的染发师，可以说块染技艺已经达到了炉火纯青的地步。

漂染法

是指对头发做漂白处理而使发色变浅。漂浅的程度可以自由选择，可以是在原始发色的基础上稍微变淡，也可以将原有发色完全消除。有时候通过浅染无法达到理想的效果，只能将发色漂浅。漂染剂能使原有发色中的色素含量变少，通过漂洗达到你理想中的发色时，要及时停止，以免漂得过浅。需要说明的是，漂染技艺比较复杂，漂到何种程度可以"叫停"很难把握，更重要的是，漂染对发质会有影响，护理非常必要，因而，最好到专业的美发店里去做。健康状况良好的头发，漂浅的效果会比较好。

双色、三色染

双色、三色染用的也是跟基础发色同色系的颜色，非常有创意。效果可以是半永久性的，也可以是永久性的，随喜好而定。将头发的不同部位染成略有差别的颜色，很有层次感，非

> ### 小贴士 ♡
> #### 遮盖白发
>
> 如果你的白发并不多，可以使用暂时性或半永久性染发剂来遮盖，它们能持续6~8周。要选择接近发色的颜色。如果你的发色为棕色，使用暖棕色的染发剂能遮盖白发，并形成浅栗色的效果。也可以使用凤仙花天然染发剂，它能令染过的头发更具光泽，有时也会染出漂亮的红色。对于长有大量白发的人，可以使用效果更持久的半永久性染发剂。它能保证洗发20次颜色都不会褪去，同时能增加头发的亮泽程度。
>
> 如果头发全白，可以用永久性染发剂来遮盖，但是需要每6~8周就要重新染色，在购买前需要考虑到这一点。想要保持白发的人，可以使用调理洗发水、护发素和造型产品来改善头发，它们能使白发的颜色更纯，并增添闪亮的银色。

常引人注目。双色意味着头发呈现两种颜色；同样，三色指头发呈现三种颜色。

发蜡、发油染

染发蜡和染发油的染发效果只是暂时的，深受"周末狂欢派"的喜爱。平时，他们的言谈得体，举止雅致，到了周末则想改头换面疯狂地玩乐一番，因此常常借助于这种方式改变造型。染发蜡和染发油适用于干发。如果你的头发经过漂染或原始发色非常浅，最好先拿少许发丝做实验，以免颜色渗入发丝而无法恢复原始发色。

喷染法

这种染法的关键是，先运用浅染，然后运用护发染。经过浅染的头发，非常有个性，效果也不错，而护发染可以修复因浅染而受损的发质，使发色更加明亮、盈彩。这种染发技艺适用于短发。如果采用鲜艳的红色、金红色，效果会更加显著。

◀ 选择染发剂

无论是晦暗无光泽的头发，还是干燥无生气的头发，都可以通过染色瞬间变得迷人，永久性、半永久性或暂时性染发均可营造出不同凡响的效果。色彩之间的巧妙搭配加上精心打造的发型，会让你立即变得光彩照人。如果你的发型数年如一日，与百变女郎丝毫沾不上边儿，高贵典雅也不是你的风格，那么可以给头发加点明亮的色彩，任何发型都会因此增色不少。如果你不够大胆，则可不改变基础发色，只是稍微将头发色泽提亮一些。当然，也可以冒点小险，尝试一些比较前卫的颜色。比如说，用几种对比鲜明的颜色挑染面颊两侧的头发；或者将头顶的一小撮头发染成大胆的亮色。不要对染发心存顾虑，大胆尝试各种色彩，这也是一种享受，而且五彩缤纷的色彩可以帮你发掘连自己都不知道的魅力。看看百变天后麦当娜，她成功地驾驭了色彩，将个人魅力的方方面面都展露得淋漓尽致。

周末的色彩体验

暂时性染发的好处就在于其见效迅速而效果短暂。一方面，你可以尝试各种色彩，感受不同的风格，实现"发随心换"的心愿；另一方面，染色效果只是暂时的，很容易就能洗掉，不会留下无法抹除的痕迹，而且如果不喜欢，随时可以洗掉重染，完全不必对着染坏的发色追悔莫及。

染发，没有无师自通这一说，千万不要拿起染发剂就往头发上涂，否则你肯定会后悔的。染发前，一定要咨询专业发型师，他们经验丰富，可以提供一些非常实用的建议，并且会根据你的肤色、头发类型，找出最适合你的色彩。

染发水

染发水能够迅速改变发色，不过着色不牢，洗一次头就能完全消除。可用来加强基础发色，使发色更加鲜亮。染发水也叫作植物染发剂，适用于头发褪色的人。染发剂附着在毛发表层，可以掩饰褪淡的发色，同时还能滋养、润泽发丝。

半持久性染发剂

半持久性染发剂一般为植物配方，着色效果比暂时性染发剂要长些，大概能维持两周左右，一般洗发 12 次就可完全消除。一般来说，半持久性植物染发剂只能染比基础发色深一两度的颜色。

▲ 染色既可以加强自然色，也可以以一种截然不同的颜色展现你与众不同的个性，甚至彻底转变个人形象。

着色喷雾

简单的发型，如麻花辫，可在着色喷雾的作用下增添几分光泽和性感。另外，利用着色喷雾还能让你的发型和着装更加协调。比如说，你穿着银白色的礼服去参加晚宴，就可以选择银白色的着色喷雾，使头发闪耀出与礼服同样的光泽，看上去就好像是性感而妩媚的太空丽人芭芭丽娜，令人惊艳。

着色摩丝

着色摩丝适用于黄铜色头发，可降低其过于张扬的华丽视觉感受；也可以晚上使用，改变原有发色。使用着色摩丝前，最好咨询专业发型师的意见，因为有些着色摩丝使用后，就像给头发蒙了一层面纱一样，很不自然。

染发蜡和染发油

染发蜡和染发油在头发吹干和造型后使用。使用前，最好先在隐蔽部位取一小绺头发做染色测试，确保即便染色较重，也很容易就能清洗干净，不会在头发上留下痕迹，如果你是金色或浅色头发，尤其要注意这一点。另外，染发蜡和染发油最好小面积使用。

染发膏

染发膏上色迅速，而且因为膏体装在管状容器中，涂抹时比较方便。一般用在前额和面颊两侧的头发上，以更好地衬托肤色和面部轮廓。值得注意的是：开始染色前，一定要先拿小束头发做色彩测试。在管子中看起来很漂亮的颜色，染在头发上并不一定漂亮，这恐怕是你始料不及的吧？为了避免出现这种情况，一定要先做测试。

◀ 选择颜色

染发颜色的选择有一条基本原则：比头发本身的颜色深或浅 1～2 个色度。最好先用暂时性染发剂试验一下。如果你对结果感到满意，再使用半永久性或永久性染发剂。如果你是黑发，而你想要一头金发，那么你应该先去咨询专业美发师。

当你想要改变头发颜色时，要记住非常重要的两点：一是要在头发处于健康状态时才能去染发，干燥、多孔的头发能很快地吸收染发

剂，但是也会导致头发的颜色不均匀；二是你需要根据头发的新颜色改变化妆风格。

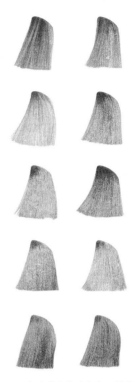

创意染发

美发沙龙中所说的创意染发，通常指的是永久性和半永久性染发。如果你不喜欢不断变换发色，不愿经过几次清洗就要重新染色，而是想获得较为持久的发色，那么创意染发无疑是你的理想选择。所谓创意染发，顾名思义，就是美发师就像画家一样，充分调动创造性思维和独特的审美能力，将头发当作画

▲ 有很多自然的颜色可供你选择，来改变头发的颜色。可以选择时尚鲜艳的颜色。

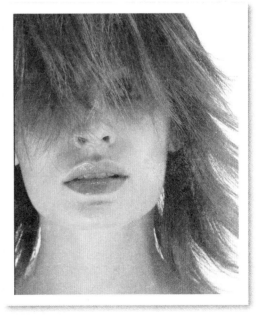

▲ 在中世纪，人们将藏红花、硫黄和明矾混合使用来染发和漂发。后来人们发现这种方法会让头皮和发根受到损伤。

布，运用精湛的技艺，渲染出最美好的颜色。有些创意染发会形成一种非常夸张的色彩效果，因此染发前一定要和美发师好好沟通，弄清楚自己要染的颜色以及相关的发型设计，千万不要让自己的头发显得突兀、不自然。比如，你在银行或律师事务所工作，那么色彩绚丽的扎染绝对不适合你。

如果你想体验浸染、扎染等染发工艺，但是又怕效果太夸张，或持续时间太久。可以采用如下方法：将假发染成你想要的样子，然后再将其巧妙地混进自己的头发中。这样既可以过色彩瘾，又不用拿自己的头发冒险，何乐而不为呢？

浸染

浸染这种染发技艺源自布料染色工艺，它只对发梢作染色处理，适合于中等长度以上、未经烫染处理的自然头发。可以选择接近基础发色的颜色，也可以选择与基础发色反差较大的颜色。但是，最好选用跟基础发色具有强烈反差的颜色，使发型充满变化、动感、活力。比如，如果你的发色本来是深棕色，那么发梢可染成鲜红色，形成明显的层次。

▲ 如果你的头发已经染色有一段时间了，而你想要使头发恢复本身的颜色和色泽，可以去咨询专业的美发师。

个性染

染色的头发可以彰显个性，弥补发型的不足，于细枝末节处展露你的与众不同。这种染发工艺可增强发型的线条及立体感，使发型极具动感。

条染法

条染实际上是浸染技艺的缩微版，适用于短发及层次分明的中长发。同浸染相似，对发梢作染色处理，然后用半永久性染发剂处理头发的上半部分，色彩不妨鲜艳、浓重一些，形成鲜明的层次差别。无论是否经过烫染处理，都可运用条染技艺为发型增姿添彩。只有一种情况例外，即如果你的头发已经染成了纯黑色，那么条染就不适用了。

立体染

将全部发丝都染成深浅不一的金色，发根染成深金色，发梢则染成浅金色，像阳光般闪闪发光。立体染适用于基础发色为金色的短发及中长发。无论头发是否经过烫染处理，都不会影响立体染的效果。

隐色染

隐色染只对内层的头发作染色处理，这可以帮你实现一款多型的心愿。只要用别夹将外层的头发夹起来，露出隐藏在下面的头发，毫不费力就能从工作状态转到约会状态。隐色染适用于未经过染色处理的中长发和长发。

双色染

外层头发染成较浅的颜色，内层则染成较深的颜色，或者反过来，外层发色深，内层发色浅。不同部位发色不同，效果非常微妙。双色染适用于中长发和长发，不管是否经过染色处理均可。三色染指的是运用3种对比鲜明的颜色处理头发。

◀ 染后护理

补救措施

如果对所染的发色不满意，可以将真实想法告知美发师，让他们采取补救措施尽量满足你的要求。他们可以用更深的颜色覆盖你不满意的颜色，也可以通过去色使你恢复原始发色。如果对漂染成黄铜色或黄色的头发不满意，可以用一次性漂染剂继续漂浅成银色或银灰色，也可用更深的颜色加以覆盖。去色剂或色彩还原剂可用于去除永久性染色。反复清洗头发可以去除半永久性染色，但是过度清洗容易伤害发质，因此，每次洗发后，都要做具有蛋白重构功能的倒膜护理。

增亮发色

每周使用一次增色香波，并做一次护理，可以保持染发不褪色。使用增色香波前，一定

▲ 要给发根重新染色或漂色，只染新长出的头发就可以了。颜色重叠会使颜色不均匀，也会对头发的健康造成损伤。

要仔细阅读产品说明书。按照要求，对头发和皮肤做过敏测试。并按照说明书上规定的时间，耐心等待滋养、增色因子渗透发丝；而香波中极其细微的色素则会附着在发丝表面，使发色历久弥新，光彩依旧。染发后，随着时间的推移，发色会逐渐发生变化，可以选用专为此设计的增色洗发、护发产品，并根据自身情况调整用量，以充分发挥产品效用。

染发专用香波、护发素

染发专用香波、护发素是专为染色头发设计的。前者在清洁头发的同时，可以有效滋养发丝，保持发色润泽亮丽；后者可在头发表面形成一层保护膜，防止颜色脱落，同时还能修复受损的发干毛孔，改善发质，使发丝更加柔韧、亮泽。

摆脱暗淡发色

如果染发后，头发看上去晦暗无光，一个迅速而有效的解决方法就是洗发后将鸡蛋打匀敷在头发上，5分钟后，冲洗干净。鸡蛋富含蛋白质，可使发丝润泽、丰盈。不过，要用冷水或者微温的水搅匀鸡蛋。水温太高，鸡蛋会凝固成糊状，冲洗起来会比较麻烦。

天然修护

如果恰好护发产品都用完了，那么可以寻求天然护发品。染过的头发经常曝晒于阳光下，会显得干枯、易断裂。洗发后，可将一只鳄梨捣碎，取汁涂抹于头发上，至少保持5分钟，让汁水充分滋润发丝，然后冲洗干净。

应对褪色

如果你发现，天然的棕发开始越变越浅，晦暗无光，你可以烧一大壶热水，将3个茶叶包浸于其中，冷却后，用茶水洗头。茶叶中的天然染色成分可以巩固并加强棕色的原始发色。与此类似，如果你的原始发色是比较淡的金色，可以用同样的方法，制作甘菊水洗头。除了天然染色成分以外，茶水中还含有抗氧化成分，能够保持发色鲜亮、润泽。

▲ 金红色染发剂用在棕色头发的效果最佳。但是，红色很容易褪去，所以染发后要注意保护头发的颜色，不要在阳光下暴晒。应该使用有特殊锁色功效的洗发水和护发素来保持头发颜色。

警惕氯化物

氯化物具有漂白作用，要特别警惕。泳池中经过氯气消毒的水也具有漂白作用，可能会使漂染过的头发或化学制剂染成的金发变成很不雅观的绿色。为了避免这种情况发生，可使用专门针对氯化物设计的洗发、护发产品。另外，要养成游泳后立刻洗头的习惯。洗发后将番茄汁涂抹于头皮上，轻轻按摩几分钟后冲洗干净，也可以让金发恢复原有的色泽。番茄中富含活性因子，能够抑制氯化物的活动，并消除发丝表面的绿色。

Part 3 看我百变造型

玩转造型工具

◀ 造型剂

反复练习实践，使用正确的定型产品，你在家就能完成个人美发，你可以使用以下产品为头发做造型。

啫喱

有时也叫造型胶，用于比较精细的定型。啫喱黏度不同，有的是凝胶状，有的为液体喷雾。它们可用来提升发根、束缕、做絮状卷发、防止静电、加温时定型，湿凝胶可用来塑形。

> **小贴士** ♡
> 用啫喱凝胶定型时可以用沾湿的手反向梳理头发，这样第二天头发仍会充满活力。

喷雾

传统的喷雾只适用于在一处定型，但现在，由于黏稠度的不同，喷雾已经可以满足所有的需求了。使用喷雾时将头发固定在一处，揉搓头发以定卷，定型时要使用卷发筒。

喷雾适用于各种造型，包括固定松散和束紧的头发。

> **小贴士** ♡
> ● 将喷雾轻轻涂抹在毛刷上梳头，可以让毛糙的发端变得柔顺。
> ● 在发根部位使用喷雾，然后用发钳夹住或用吹风机吹该部分，能够立即让头发直立起来或抬高。

摩丝

最灵活的定型产品——摩丝是一种泡沫，可用于湿发或干发。它含有调节剂和蛋白质，能滋养和保护头发。它们可以使柔软的头发得到最大强度的固定，也可以用来使轻而薄的头发更显厚重或使卷发更顺滑，可以在吹干和揉搓头发时使用。

> **小贴士** ♡
> ● 确保从发根到发梢都使用摩丝，而不只是在头顶使用。
> ● 针对头发选择正确的产品。如果想得到更强力的定型效果，不要一味地多涂摩丝，那样会损伤头发，要选择黏稠度较高的摩丝产品。

发乳

由油脂和硅构成的发乳能在头发上形成一层薄膜，从而增加亮度和柔软度，可能会比较油。发乳还含有能润滑角质层、促进表皮平滑，使头发更加闪亮的物质。使用这些产品能够改善头发，抑制静电，增加光泽，修复受损发梢。

定型剂

定型剂含有松脂，可以在头发上形成薄膜，既有助于定型，又能防止加热给头发带来的损伤。定型剂有多种类型，可供干发、染发或敏感性头发使用，使头发显得浓密，且更加亮泽。用于卷发筒定型、揉搓、吹干和自然干。

> **小贴士** ♡
> 如果使用定型剂并加热，要注意看定型剂是否有热保护的成分。

发蜡、发油

这些产品是由含蜡质的原料（如巴西棕榈树）与其他成分（如矿物油和羊毛脂）混合，使头发具有更好的柔顺性。一些发油含有蔬菜蜡剂，可增加光泽，有的产品会产生泡沫，并可溶于水，不会留下残余物，它们可用于为头发定型、防止静电和保持头发卷曲。

> **小贴士** ♡
> 使用时，不要超过一手的量，确保均匀涂抹。

◀ 各类工具

发夹

在给头发做造型和梳理头发的过程中，发夹对于分开和固定头发来说是不可缺少的。大多数的小发夹都用于隐藏发梢。所以头发上的别针可以不用那么引人注目。它们大部分是由金属、塑料或不锈钢构成的，颜色包括棕、黑、灰、浅金色、白和银色。

双叉发夹

它们经常用于做桶式的发卷，夹子较易固定卷发、法式卷发及所有上拢的发型。在北美，人们称其为"芭比别针"。为了避免引起不适，在头发上固定夹子时要将平滑的一端贴着头皮。

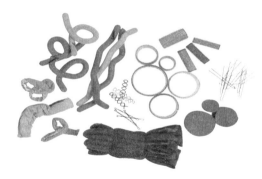

▲ 这些是可以使用和买到的各种发夹、卷发筒和美发定型产品。

大发夹

用金属制成，适用于波浪卷或直发，用于固定卷发筒和上拢的头发。

小发夹

适用于给头发造型，它们柔软、较容易变形，所以只适合固定少量的头发。这些别针较容易隐藏，它们通常用于固定做好的别针卷，不会留下痕迹。

单叉发夹

这些夹子只有一个分叉，比其他的发夹长。它们的作用通常是，在给一部分头发做造型时固定其他部分或固定做好的发卷。

螺旋形发夹

形状像一个螺丝，用来固定发髻或法式髻。

空气卷发器

结合了吹风机的速度与定型的快捷，工作原理与吹风机一样，都是通过轴杆吹出热风。多数卷发器都可以在夹子、发刷、叉子和带有可伸缩锯齿的发钳的配合下使用，可以增加头发柔软度，并使头发更显浓密。

> **小贴士** ♡
> 在进行空气烫之前使用造型喷雾或发乳，在头发还是湿的时候进行发型设计。

卷发器

由两个能在头发同一水平线上做出同一式样卷发的脊形金属片构成，使用时首先将头发

美丽锦囊

吹整器和吹风机喷嘴

起初，吹整器是为了使卷曲的头发慢慢变干而专门设计的。通过这种方式能促使发卷形成，便于设计蓬松的卷发造型。吹整器将气流分布在头发之上，因此头上的小发卷不会被完全地吹得飘散起来。在吹整器的最前部分有一些突出的支叉，它们也有助于增加发根部位的气流量，并抬升这一部分的头发。而最前部分的支叉是用来使头发慢慢变干的，而且不会将头发表面弄得起伏不平，这种吹整器更适用于较短的发型。最新款的吹整器的支叉长而笔直，它们可用来在最后做出头发顺滑的效果时将气流吹入直发中。吹风机喷嘴安装在吹风机的圆筒内，在整梳发型时可精确地确定头发偏斜的方向和角度。

拉直（可以通过吹风机或熨板），然后利用卷缩机释放出的微波为头发做造型。有些卷发器有正反或双重功效的金属片，可达到不同效果，可用来做特殊风格的定型或使头发更显浓密。

小贴士 ♡
● 不要用卷发器打理受损、漂过或过度损坏的头发。
● 用发刷刷用卷发器做的头发能达到使头发更柔顺的效果。

吹风机

选择一个可调节热度和风速的吹风机。这样头发可以在开始吹时用高温，以低温结束，以凉风定型。吹风机的平均使用使用寿命是200 ~ 300小时。

小贴士 ♡
● 保持吹风机始终向下对着头发，这可以润滑头皮，使头发更加亮泽。
● 小心不要离头皮太近，以免烫伤头皮。
● 使用完毕时，让头发彻底冷却，检查头发是不是真的干了。未冷却的头发经常给人以假象，而实际上头发还是湿的。
● 切勿使用没有滤器的吹风机，否则容易将头发吸进风筒中。

卷发筒

早期的卷发筒有钉，普遍受到女性的欢迎，因为能固定得比较牢。新发展出来的卷发筒有带棱纹的橡胶表面，可用于筒卷发式，它能将头发抓得更紧。

由于类型不同，卷发筒受热速度不一样。快速加热型卷发筒是加温速度最快的，因为每

▲ 当你想要快速干发的时候，吹风机是非常有效的设备。

▲ 卷发棒比发钳更易拿。卷发棒有很多尺寸，能适应各种烫发的需求，可以仅使发根立起，也可将头发卷起。

个卷发筒里都含有一种元素，能使热量迅速传到卷发筒底部。蜡质卷发筒需要时间长一些，大概15分钟，因为它们需要很长时间积存热量，所有的卷发筒都需要冷却20分钟左右。使用卷发筒来做卷发对长发来说是很理想的选择。

卷发棒

最有效的定型方法是使用卷发棒来吹头发，然后停几分钟，使热量分散，再将卷发棒轻轻从头皮中移走。不用插电源的卷发棒利用电池产生热量，旅行或出差时携带很方便。

使用卷发棒时要保持整洁，否则头发会打结。用大夹子夹住剩余的头发。

▲ 使用卷发棒时要认真地遵循使用说明书介绍的方法进行操作。

美丽锦囊

造型实用技巧

1.为了防止头发因静电而四处飞散，一个最简单的方法就是在发梳上喷点喷雾，然后轻轻地梳理头发。

2.劣质洗发水中含有强效清洁剂，会去除头发表面的天然油脂，由于缺乏滋润，头发就会变得晦暗、无光泽。

3.如果头发毛糙，打结厉害，在用发刷之前最好先用发梳梳理，这样可以将对头发的伤害降到最低。

4.保持头皮和头发的温度不要过高。将吹风机调至冷风档，有益于头皮和头发健康，油性头发尤其应该这样做。如果吹风机温度太高，吹干后15分钟，头皮就会开始分泌汗液，受潮的头发就会紧贴头皮，再精致的发型也会变得不堪入目。过热的风还会导致皮脂腺分泌更多的油脂。因此，无论何种发质，都应该避免用热风吹干。

5.为了防止一觉醒来头发变得乱糟糟的，最好使用绸缎枕套。这样，睡觉的时候，你的头发就会在光滑的缎面上轻轻滑动。而棉质枕套会和发丝产生摩擦，使发丝表层的毛鳞片变得不规则分布，从而使头发变得毛糙。

6.其实，一觉醒来乱糟糟的头发并不难打理。头天晚上睡觉前，你可以微微湿润头发，然后再涂点摩丝。第二天早上起床后，只要一点定型发蜡或发油就能轻而易举地恢复发型。

7.头发最好每隔6周修剪一次，这样可保持头发表层光滑，避免发梢断裂、分叉。

8.定型之后，尽量不要再碰头发了。否则，发型会很快变形，甚至变得油腻。

9.简单的造型不必动剪刀，一次性染发就能完成。比如，要想显得大胆、前卫，不妨试试亮蓝色或黑色染发油。

10.要防止早晨起床后头发因静电而四处乱飞，睡觉时可用丝质头巾松松裹住头发（当然，这种方法也许只适合独睡时使用）。

11.保证头发在睡觉前已经完全干燥。如果头发还未干透，你就躺下睡觉，第二天醒来，你就会变成毛烘烘的拖把头，更可能的是，头发完全贴在头皮上，毫无生气。

12.使用二合一的洗发、护发产品可节省不少时间，但是最好不要用含有硅树脂配方的产品。如果长期使用，硅树脂产品会残留在头发表层，使发丝变硬，变粗糙，给造型、定型带来困难。

日常造型有"新"意

◀ 长发造型

顺滑的直发

使用有散风器的吹风机,
能使直发显得更加浓密。

Step 1

Step 2

Step 3

▲ 浓密的长发常常容易打结,很
难打理。

▲ 用洗发水和护发素洗头发,然
后将头发从中间分开。将有长齿的
散风器接到吹风机上,吹干头发的
同时长齿能够梳理头发。操作时动
作幅度要大。这使气流向下流,能
抚平并理顺头发。

▲ 要增加头顶和两侧的发量,将
长齿伸进头顶头发的根部,轻轻晃
动吹风机。不断重复,直到头发显
得浓密为止。

顺滑长发

按照下面简单的步骤去做，
可以使吹干后的头发非常顺滑。

▲ 用洗发水清洗头发，并用护发素
护发。用宽齿梳子梳通头发，打开
死结。

▲ 将头发吹得半干，同时用手指
将顺头发，去除多余的水分即可。

▲ 在手上挤出一捧摩丝，然后另
一只手将摩丝涂在头发上，从发根
到发梢均匀涂抹。

▲ 从头顶开始向侧面将头发分成
两个部分。然后，分出一缕头发，
一手拿吹风机，一手拿发刷。将发
刷放在这缕头发的根部。拉紧头发
（但不要过度用力），开始向下移
动发刷，让吹风机的气流透过头发。

▲ 在发梢处向内卷发，以使头发
轻微地弯曲。首先要将发根吹干，
当发刷移动到发梢时，再次放回到
发根部，直到头发干透。重复步骤4，
直到把后面所有的头发都吹干。

▲ 放下头顶的头发，按照同样的
方法吹干其余的头发。最后，将几
滴精华素涂在头发上，抚平飞起的
发梢。

丰盈发型

这是一种既漂亮又简单的发型，整个发型蓬松、丰盈，极有女人味。

◀ **Step 1** 洗发水、护发素使用完毕后，用吹风机把头发吹至七成干。

◀ **Step 2** 取适量摩丝或吹干专用喷雾于掌心，用手指蘸取，均匀地涂抹到头发上。

◀ **Step 3** 用分发夹将外层头发固定起来，先处理内层的头发。吹风时，用滚筒刷紧贴头皮支撑发根，要掌握好角度，以便使发根最大限度地隆起，使头发更加蓬松、丰盈。

◀ **Step 4** 内层处理好后，将固定外层头发的分发夹取下，用刚才处理内层头发的方法吹干。现在可以卸下发刷柄，只用卷发筒来固定，这样可增加发根的隆起度，使头发更加蓬松；同时还可以抚平头发表层的毛鳞片，令头发光亮、顺滑。

◀ **Step 5** 最后，把吹风机调到低温档，以冷风吹发定型；等头发完全冷却下来后，小心地取下卷发筒。

◀ **Step 6** 吹发工作完成后，用手指稍微整理一下发型，喷点定型喷雾就大功告成了。

"草叶"直发

除了普通的直发、大直发以外，还有一种"古奇"风格的直发，造型后的头发就好像一丛草，草叶交叉重叠在一起，也正因为其独特的形状，美发沙龙将其命名为"草叶"直发。

Step 1　◀ 按照前文介绍的用吹风机打理直发的方法吹干头发。

Step 2　◀ 挤压式喷雾每次挤压出的量要远远多于气雾型喷雾。本款发型对定型喷雾的需求量较大，所以最好选择挤压式喷雾。将喷雾均匀地由发根涂抹至发梢，令整根头发都显得非常湿润。

Step 3　◀ 将头发分成若干部分，每部分发宽约为 2.5 厘米。取一部分头发，用加热过的直发板从发根拉向发梢。

Step 4　◀ 重复上一步骤，处理全部头发。不只对表层头发精心处理，内层的头发同样不能忽视，每一绺头发都要拉到，这样才能打造出精致的草叶直发。

小贴士

如果所处环境比较潮湿，可选择防水效果好的定型喷雾。喷雾中含有的防水因子，可在头发表层形成保护膜，防止水汽侵入；使用免洗型护发素也可以避免顺直的头发在潮湿的空气中纠结成杂乱的一团。另外，也可将护发精华素和定型啫喱按照 1∶2 的比例混合，涂抹于湿发。

卷发造型

卷发筒是做很多发型的基础，它使头发更加柔顺，制造波浪形或柔和的卷发，也可作为爆炸式发型的基础。

▲ 用洗发水和护发素清洗头发，然后去除多余的水分。喷上定型喷雾。

▲ 对于基础造型，从中间取5厘米宽的头发，然后用梳子向上梳，将头发梳通。

▲ 将头发缠绕在卷发筒上，注意不要拉抻头发。然后将卷发筒用力向下卷，一直卷到头皮处，用力要均匀。

▲ 继续向下卷，直到发根部。自动固定卷发筒可以自己固定在头上，但是如果你使用刷型卷发筒，则需要用发夹固定卷发筒。

▲ 将所有的头发都用卷发筒卷起，注意头发的宽度要一致。如果头发开始变干，把定型喷雾再次喷在头发上。

▲ 让头发自然干透，或用附带吹风头的吹风机吹干头发。若使用吹风机，待头发开始冷却时，再取下卷发筒。按照造型的方向通梳头发。用定型喷雾将发刷弄湿，令头发更加顺滑。

柔和的造型

织布卷发筒是旧物的现代利用。除了使用方便以外，它们还能令头发呈现独特的造型。

▲ 用定型喷雾将头发弄湿，确保喷雾从发根到发梢均匀分布。

▲ 将 2.5 厘米宽的头发缠绕在织布卷发筒上，平顺地向下卷。

▲ 慢慢地用力卷卷发筒，卷到发根部。

▲ 只要将卷发筒两头向中间弯曲就可以固定了。这能夹住头发，保持固定。

▲ 等待头发彻底干透，然后向相反的方向转动卷发筒，将它们从头上取下。

▲ 用手指一缕一缕地揉搓卷发，使头发更饱满而且蓬松。

凌乱"枕头风"

这种发型看上去乱糟糟的，仿佛刚刚起床还未来得及梳理，带着慵懒气息，显得既性感又自然。

Step 1 ◀ 取适量摩丝或啫喱于掌心，用手指蘸取，插入头发，均匀涂抹在发丝上。

Step 2 ◀ 吹发前不必精心梳理，越乱越好。吹风时，不需要将头发细分成几个部分逐一处理，整体操作即可。吹风的时候也不必讲究什么章法，可以随意一些，同时用手指抓发，让头发内部充满空气，显得蓬松、散乱。

Step 3 ◀ 最后使用定型喷雾，令发型固定。

美丽锦囊

发型的权宜之计

● "枕头风"不是某种特定的发型，它可以长也可以短。比如，用在长发上会流露出不羁的摇滚之风，著名的摇滚歌手克莉丝·辛德、柯妮·拉芙、玛芮安妮·菲丝弗都是以这种散乱的头发，展现叛逆、倔强的魅惑之美的。

● 如果头发本来就是卷曲的，可用手沾水抓几下头发，使发卷更明显。如果发丝太过干燥，应该均匀地涂抹一层护发精华素。将头发划分成几部分，一部分一部分依次打理。

● 如果头发紧贴在头皮上，可以用梳子逆着头发生长的方向梳理，使头发隆起，显得丰盈。先梳头顶，再梳面颊两侧。你没有必要把整头头发都来个逆梳，只要做出蓬松感，使头发不再贴着头皮就行了。

● 千万不要大量使用啫喱，否则会使头发看上去湿漉漉的。虽然啫喱广告都做得特别诱人，但现实中是不会有人为了获得同样的效果而将啫喱涂得满头都是的。

螺纹卷发

如果你的头发是自来卷,那么打造螺纹卷发非常容易。下面介绍的这种方法还可以使乱七八糟的发卷变得整齐有序。

Step 1 ◀ 把护发精华素和定型啫喱挤到手掌心,混合均匀,然后涂抹到湿发上。

Step 2 ◀ 让头发自然晾干,螺纹状的卷发就形成了。也可在头发完全干燥之前,借助手指缠绕、卷曲细小发束,加强卷曲效果。

Step 3 ◀ 最后喷点定型喷雾,使头发更有光泽。

发型的权宜之计

● 如果你的头发本来是笔直的,那也无妨,仍然可以拥有一头迷人的螺纹卷发。可以运用传统的"压花"工艺,即用布条卷发(牛仔布条效果最好)。在科技发达的21世纪,这颇有点返璞归真的意味。一旦掌握其诀窍,能够熟练操作,你会发现布条要比卷发筒更好使,造型又快又好。

● 你花多长时间洗头、吹干,这一点非常重要。只要条件允许,都应该选择时间充足的时候洗头,吹干。时间仓促也能打理出好头发,做出完美造型的说法,绝对不能相信。基础工作不到位,很可能弄巧成拙。

● 如果你对自己使用发夹和梳子的功夫不是很有信心,觉得自己绝对不可能凭一己之力为自己做发型,那也不必沮丧。与其呆站在镜子前为造型发愁,不如趁这时间好好洗一下头发,让发丝散发出清爽、芬芳的味道。只要头发干净清爽,就算发型很一般,也足够迷人啦。

波浪发型

已经不再明显的烫卷发可以通过发散吹干的方法令其重新焕发活力。

▲ 头发已经烫过很长时间了，因此发根部分较平，从头发中间的部分到发梢略微有卷曲。

▲ 清洗头发，使用护发素护发，然后用毛巾将头发擦干，用活力卷发水将头发弄湿。

▲ 使用宽齿的梳子，从发根部开始梳理头发，保证卷发水均匀地分布在头发上。

▲ 将散风器接在吹风机上，然后吹干头发，将头发放在散风器上。这使热量能够传到头发各个的部分，让头发卷曲。为了达到最佳的卷发效果，用手揉搓头发。

▲ 低下头，将头发放在散风器上。不要抻拉头发，轻轻地将发卷挤压成型。

▲ 重复步骤4和步骤5，直到头发干透。

双麻花辫

这款麻花辫的造型看起来有点像鱼骨，使你看起来与众不同。

▲ 将头发从中间分成两部分，用梳子梳直。

▲ 将一侧头发分成3股，如图所示放置好。

▲ 将头发编成麻花辫，编到最后你会看到鱼骨的效果。用发带将底端系好，或系上羽毛状的发饰，也可用精致的皮质发带束好头发。另一侧头发用同样的方法梳好。

美丽锦囊

装饰头发

头发上的各种装饰，比如刘海儿等，是非常个性化的东西。有人喜欢在耳侧的头发上插一枝仿真百合花，有些人则对这种做法嗤之以鼻。发卡、发夹、羽毛、花朵以及各种大大小小的亮片、珠子、链子等等，都能迅速为头发增姿添彩。但是，这些装饰品的更新换代非常迅速，一般只能风靡一时，因此，没有必要买特别贵的；而且购买之前一定要试戴，保证它们在有限的时尚生涯中能够发挥最大的作用。

这款发型极具都市风情，既能够在白天的阳光下大放异彩，稍加改动还能在晚间继续发挥作用。

Step 1 ◀ 将头发分成几部分，每部分都用卷发筒处理。注意发卷的方向：顶发偏向一侧，两侧的头发向前，后面的头发向下垂落。

Step 2 ◀ 喷上弹力定型喷雾，令头发最大限度地隆起。

Step 3 ◀ 卷发筒完全冷却后，小心翼翼地移除，用发刷梳理头发。如果头发容易产生静电，可先在刷子上喷点喷雾，然后再梳理。最后再喷上弹力定型喷雾固定发型。

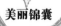 **美丽锦囊**

● 车里或办公室中应准备一个装有各种造型工具的应急工具箱，在必要时可以随时做发型。工具箱中应包括：发刷、无线直发器、卷发器，小瓶装的摩丝和护发精华素，还有发夹和橡皮筋等等。

● 如果你有两个吹风机，那么最好在办公室里放一个。想想看，自己有多少次淋了雨，只能顶着湿漉漉的头发坐在办公室里？

● 如果你头发十分油腻，又没有时间洗，可以将干洗香波或滑石粉涂到发根部位，轻轻按摩，直到多余的油脂被吸收，然后梳理干净即可；也可用棉球沾点金缕梅水，在发根部位轻轻拍打，去除过多的油脂。

魅惑风

在白天发型的基础上，把两侧的头发向后梳理，将顶发逆梳。

Step 1 ◀ 准备工作参照上面白天发型的步骤。

Step 2 ◀ 用分发夹把顶发分开，然后涂上定型啫喱。将两侧的头发向后梳理，用发卡固定。

Step 3 ◀ 将顶发的发根逆梳，使之最大限度地隆起，以发卡固定。发丝可以任其自然散落到脸颊上，效果柔和。最后喷以定型喷雾。

美丽锦囊

空中旅行如何保养秀发

脱水：飞机飞行的高度和机舱中的气压，都会引起人体脱水，导致皮肤和头发干燥，暗哑无光泽。必须饮用大量纯净水或不含酒精的饮料防止脱水。避免摄入茶、咖啡或其他酒精饮料，这些饮料中含有大量利尿成分，会加重脱水症状。另外，上飞机前，喝些胡萝卜汁和苹果汁也可有效防止头发脱水。

静电：机舱里的空调使空气比较干燥，很容易产生静电，使头发乱飞（尤其是披散开来的头发，受静电的影响更大）。在机舱内梳理头发时，你会听到发丝噼啪作响。机舱中的环境你无法改变，你所能做的就是降低静电对头发的作用。可利用发蜡或啫喱增加头发的重量和垂感，从而抵制静电。在座位靠背上铺一块头巾，可以降低头发和座位之间的摩擦，从而减少静电的产生。

侧麻花辫

将两侧的头发梳成麻花辫，后面的卷发自然垂下，使卷发既平整，又不显得拉得过紧。

◀ 将头发从中间分成两大部分，用梳子从头顶开始梳理平整。

◀ 将一部分分成 3 股，用手分别拿好。

◀ 开始将头发向前编麻花辫。

◀ 编好麻花辫，将底端固定好，将麻花辫放到耳后，用发夹固定，然后用同样的方法束好另一侧头发。

多股发辫

这是一种既漂亮又简单的发型，将头发巧妙地编结成大方精致的辫子，秀气典雅，极富质感。

Step 1　◀ 将头发划分成左、中、右3部分。

Step 2　◀ 将左侧的头发再等分为3股，紧贴头皮编成辫子，然后用橡皮筋绑住。

Step 3　◀ 以同样的方法处理右侧的头发，中间的头发不要编。

Step 4　◀ 然后，将左、中、右3部分头发编到一起。中间未经编织的发丝和左右两侧编织好的辫子奇妙组合在一起，呈现出松紧交叉、错落有致的质感。

Step 5　◀ 最后，用定型喷雾或抗毛糙配方的护发精华素抚平发丝表层的毛鳞片，令头发光亮、顺滑。

小贴士

　　不要用粗大的橡皮筋固定麻花辫的发尾。相应地，大辫子宜选择简单的、不缠头发的橡皮筋，小辫子可用珠链固定。最后应该将发尾稍微逆梳一下，增加发尾蓬松感。
　　法式辫看上去比较清爽。如果你在编发过程中，每次都加进一小部分头发，那么发辫会显得更紧凑，发型也更持久。再强调一遍，编结一定要紧贴头皮。
　　将彩色丝带或皮绳编进辫子，可令发型瞬间变得与众不同，让人眼前一亮。利用鲜花和羽毛修饰发辫，也可体现独特的风情和趣味。

马尾辫造型

用造型工具能方便快速地使普通的马尾辫更加漂亮。

▲ 将头发梳成马尾辫,用发带系好。然后如图所示,插入造型工具。

▲ 将马尾辫从造型工具中穿过。

▲ 向下拉造型工具。

▲ 继续向下拉。

▲ 这样马尾辫就穿过了头发。

▲ 将整个马尾辫拉出来。

▲ 用手将头发抚平,再次插入造型工具,重复步骤2～6,直到形成一个平整的发髻。

卷发马尾辫造型

卷发马尾辫也可以做蓬松的造型，使平凡的马尾辫具有双重卷曲效果。

▲ 用宽齿梳子将头发平整地梳到后面，束成马尾辫，用发带系好。

▲ 如图所示，将造型工具插到头发中。

▲ 将头发从造型工具的环中穿过，然后拉出来。

▲ 将造型工具向下拉。

▲ 继续拉。

▲ 将整个马尾辫拉出来。

▲ 重复步骤3～6。

▲ 在手掌上涂些摩丝，使卷曲更加明显，揉搓头发达到理想的造型。

高马尾

马尾，高踞于头顶，简单、典雅，具有范思哲风格，特别适合出席晚宴时使用。

Step 1 ◀ 将头发理顺，然后向后拢起，在头顶部位用橡皮筋或湿头绳扎好。湿头绳变干会收缩变紧，从而能更好地固定马尾。

Step 2 ◀ 将丝巾系在橡皮筋上，或从马尾中取一绺头发，缠绕到橡皮筋上，发尾绕到马尾下方，用发卡固定。这样，就可以将皮筋或头绳完全盖住，整体效果更好。

Step 3 ◀ 最后使用护发精华素或盈彩喷雾，使头发更具光泽。

小贴士 ♡

　　冠状饰物适用性很强，长短发皆宜。不要一说起"冠状"，就联想到笨重的皇冠，不妨想想柯妮·拉芙的优雅发型。我们应该庆幸，时尚界的领军人物又让头巾和丝质大手帕重新回到时尚的潮流中。图案鲜明的头巾比丝质大手帕更适合顺直的长发，它会令发型看上去韵味十足。而且，发质状况比较糟糕的时候，还可以借助它们加以掩饰。

　　发带的材料、宽窄和系法多有不同。皮革质地的发带、缀有珠花的丝带，凡是你能想到的，都可以找到。选择哪款发带，取决于要修饰哪款发型以及实际效果，更重要的是戴着要舒服。

垂帘型发髻

这款优雅的发型适合于晚上出席特殊的场合。

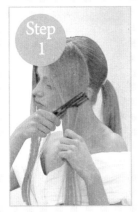

◀从前额到头顶中间的头发分出来。向两侧梳头发，将后面的头发束成低低的马尾辫，用发带系好。

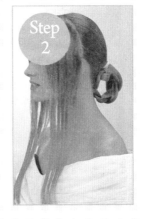

◀将马尾辫编成松松的麻花辫。底端用发带系好，然后将麻花辫卷成一个环形，将发尾藏好，用发夹固定。

◀将左侧头发梳到马尾辫环上，并整理顺滑。

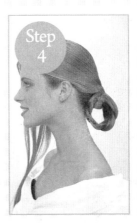

◀将这绺头发绕着马尾辫环绕，用发夹固定。按照步骤3和步骤4梳好右侧的头发。

扭卷和盘绕造型

用简单的马尾辫做出这款造型，操作方便，而且令你魅力四射。

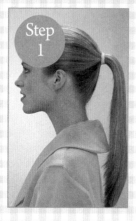

◀ 将头发平整地梳到后面，束成马尾辫，用发带系好。

◀ 将头发分出细股，用亮泽喷雾为秀发增添光泽。

◀ 拿住这一股头发的发梢开始扭卷，直到头发自然地盘绕起来。

◀ 如图所示，将头发固定好。将剩下的头发按同样的方法做好。

华丽的扭曲之风

这是一款精巧可爱、古灵精怪的发型，尽显你的时尚触觉。

Step 1 ◀ 1.先将头皮分为5厘米见方的若干部分，用发夹固定好各个部分的头发。

Step 2 ◀ 从临近颈部的头发开始，把各部分头发拧成一股，然后再由发根盘至发梢。你会发现，在你拧发辫的时候，头发会自动弯曲，盘绕成团，你可以顺势扭结，直到发梢完全缠绕其上。然后用小夹子将发梢固定。

Step 3 ◀ 重复上述动作，直到将所有头发都扭结成团。

Step 4 ◀ 最后喷点定型喷雾，进一步固定发型。

美丽锦囊

　　利用旧饰品自制头饰非常有趣，而且一个独一无二的头饰诞生时，你获得的成就感简直无法言说。你可以把胸针用线缠到梳夹上，把珠宝、亮片等粘到发卡上，也可以把珠子穿起来，然后缠在发夹上，都可以成为一件不错的头饰。你甚至可以直接把镶钻的项链或手链用作头饰，就那样随意地放到头发上，用防滑发夹固定住即可。

　　找一根细长的皮带，把彩色装饰性羽毛粘在上面。羽毛的颜色应该比较鲜艳，可以是天然色，也可以是后染的颜色。用防滑发夹将皮带固定在头发上。

　　用细线将一朵或一簇鲜花固定在发夹、发卡、发梳上，一个自然清新的头饰就完成了。

钉状发结

钉状发结适用于中长发。发型极具朋克风格，是参加狂欢派对的绝佳选择。这款发型看似复杂，实际操却很容易。这种发型对脸型、头型有一定的要求，所以选择之前，要确定它是否适合自己。

Step 1 ◀ 将头发轻轻逆梳，使其稍蓬，然后全部喷上强效定型喷雾。

Step 2 ◀ 将头发随意分成几股，每股发束大约在4平方厘米左右。然后，把每股发束从发根向发梢拧成一股绳。拧好后的"发绳"会顺势在头皮上卷成一团。

Step 3 ◀ 用发卡将发结固定住，留出几厘米发梢向上竖起，稍后打理成钉状效果。固定发结的发卡最好互相交叉锁叠，这样固定效果比较好。

Step 4 ◀ 重复以上步骤，直到全部头发都处理成发结。

Step 5 ◀ 轻轻梳理发梢，使之张开，在头顶形成钉状效果。

小贴士 ♡

我们很容易就能明白，时尚的大趋势是光泽和盈彩。皮肤护理与化妆行业早就注意到了这一点，光泽和盈彩是其产品一直都在追求的目标。头发也应该如此。试着在脸颊两侧的头发上喷一些亮泽喷雾和啫喱，头发瞬间就能焕发光彩，而且还能有效衬托肤色，让你一整天都心情愉悦。

魅惑的发髻细语

这是一种既漂亮又简单的发髻，秀气典雅，极富质感。适合宴会等较隆重的场合。

Step 1 ◀ 将头发松松地拢至脑后，用一根不缠头发的橡皮筋扎成马尾。

Step 2 ◀ 轻轻梳理马尾辫，使之整齐、顺滑、丰盈。

Step 3 ◀ 将马尾分成若干束，分别折向头顶，用发卡固定在橡皮筋附近。这种发型看上去随意自然，这正是它的动人之处。

Step 4 ◀ 所有的头发都固定好后，喷少量定型喷雾。

Step 5 ◀ 可选择合适的头饰，锦上添花。

美丽锦囊

巧用发夹

　　闪闪发光的，镶着钻石的，粘有珠子的，缀有羽毛的……发夹的种类和式样数不胜数，使用方法简单，扮靓效果上佳，是发饰中最好的一种。发夹夹在哪里，非常随意，只要你愿意，你可以把它夹在头发上的任何部位，也可以用来把脸颊两侧的头发夹到后面去。

贝壳型发髻

缠绕麻花辫为平凡发髻增添了华丽的色彩。

▲ 将头发平整地束成马尾辫，留出一部分头发。

▲ 将一个发圈系在马尾辫上。

▲ 将马尾辫上大约 1/3 的头发缠绕在发圈上，用发夹固定，将剩下的 2/3 的头发按同样的方法梳好。

▲ 将预先留出的头发编成麻花辫，缠绕在发髻的根部，用发夹固定好。用装饰发带装饰头发。

用麻花辫做发带

将细细的麻花辫缠绕在马尾辫上，能立即将平凡的马尾辫变漂亮。

▲ 将头发平整地梳到后面，束成低低的马尾辫，留出一绺头发，编成麻花辫。用少许的造型发蜡将头发整理平滑。

▲ 将留出的一绺头发平均分成3股，按照平常的方法编成麻花辫。

▲ 将这条麻花辫紧紧地缠绕在马尾辫根部。

▲ 缠绕几圈，最后用发夹固定好。

夹起头发

长卷发有时很难打理。这种方法能简单方便地将头发整理服帖，同时保持秀发的长度。

▲ 在双手手掌上涂些发蜡，然后涂在头发上，用手指整理好头发。这有助于使卷曲的头发根根分明，自然亮泽。

▲ 取两个错齿的曲型发梳，用它们将两侧的头发向头顶中间梳。

▲ 将发梳的齿交错在一起，固定在头顶。

▲ 将耳朵周围的头发用同样的方法梳好，固定后面的头发。

头顶发辫

将头顶的头发编成麻花辫，用剩下的头发修饰脸型，能达到强烈的对比效果。

▲ 将头顶一侧的头发固定好，不用管后面的头发。将耳朵处的头发梳直。

▲ 开始紧紧地编麻花辫，然后慢慢将后面的头发编进去。

▲ 这样将麻花辫一直编到后面，用小的发带系好。

▲ 编好另一个麻花辫，大约2.5厘米宽，和前一个平行，重复刚才的方法。按照这种方法将前面的头发都编成麻花辫。揉搓剩下的头发，令头发更显浓密，最后用头饰带装饰。

简单的发髻

将卷发梳理成整洁的发髻，能使你显得更成熟。前端的头发要浓密，以使发型更柔和。

▲ 留出前端的一绺头发，用少量的发油使其更顺滑。用手抓起剩下的头发，就好像要梳一个马尾辫。

▲ 从左向右卷起头发。

▲ 卷好后，将头发向上卷，形成一个发髻。用另一只手弄平发髻，同时使头顶的头发更平滑。

▲ 将耳朵周围的头发用同样的方法梳好，固定后面的头发。

环形卷

两个马尾辫是这款优雅发型的基础。

▲ 只在发梢涂上定型发胶。这有助于使发量和头发弹性均适中，以形成发卷。用卷发筒固定头发。当发卷冷却时——大概10分钟后，将其摘下，让头发自然垂落。

▲ 将头顶的头发高高束起，用夹子固定。加入几滴发油，增加头发的光泽度，然后通梳头发。

▲ 将剩余的头发梳成较低的马尾辫。

▲ 将每个马尾辫分成几个部分，每个部分大约2.5厘米厚，然后梳通每个部分，并卷成卷，用夹子固定，喷上发胶。

法式盘发

法式盘发在各种盘发中最能彰显高贵典雅的气质，这一点毋庸置疑，想想凯瑟琳·德诺芙在影片《白日美人》中的法式盘发吧。

Step 1 ◀ 将头发吹蓬松，然后喷上中等强度的定型液。

Step 2 ◀ 用手指插入头发轻轻梳理，将定型液均匀涂抹在每根头发上。

Step 3 ◀ 将头发拢至头顶，不必刻意梳理。将拢到一起的头发拧上几圈，然后顺势挽成发髻，用发卡将发梢固定在头发上，以免发髻散开。

Step 4 ◀ 喷上定型喷雾，使发型更持久。

Step 5 ◀ 法式发髻比较古典，可以为其注入几分时代气息。比如，在盘发的过程中，故意将少许发梢留在外面，这样发型就显出不经意的凌乱感，既随意又时尚。

小贴士 ♡

　　一朵硕大的花，无论真假，都能给发型增添一份别致的风情。点缀在耳旁或脑后，不仅能为发型加分，还能提升整体形象，浪漫约会前来这么一手最合适不过了。

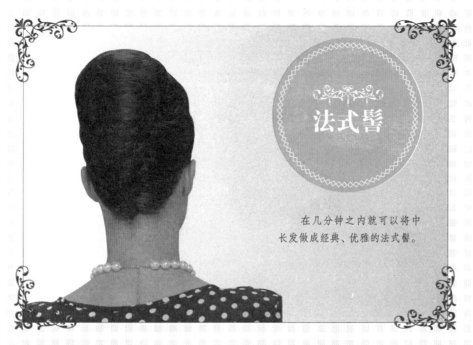

法式髻

在几分钟之内就可以将中长发做成经典、优雅的法式髻。

◀ 从发梢到发根，逆着梳好所有的头发。

- - - - - - - - -

◀ 将头发梳到后面中间的位置，如图所示，用发夹别好。

- - - - - - - - -

◀ 轻轻卷起两侧的头发，让前面的头发自然垂下，将发梢藏好。

- - - - - - - - -

◀ 用发夹固定好头发，轻轻梳理前面的头发和发髻上端，最后喷上发胶定型。

- - - - - - - - -

圆形发圈

发圈是打理长发的一大实用工具，用它盘头，既简单又迅速。一般各大商店都有销售。

Step 1 ◀ 用平滑刷将头发向后梳理，在颈部扎成低马尾，用橡皮筋固定。把定型喷雾喷到大型化妆刷上，然后用化妆刷轻扫头发表面，抚平毛糙发丝。

Step 2 ◀ 把圆形发圈套到马尾上，然后用发卡固定。

Step 3 ◀ 将头发分成几个部分依次绕到发圈上，同样用发卡固定。

Step 4 ◀ 重复上一步骤，直到全部头发都整齐地绕在发圈上，发圈隐而不现。

Step 5 ◀ 完成以上步骤后，用尖尾梳从发圈中勾出几绺发梢，形成比较自然的效果。最后喷上清爽盈彩喷雾。

Step 6 ◀ 如果你想让发型更引人注目，可在发圈上插一根装饰性羽毛或发钗。

小贴士 ♡

旅途中如何应对头皮屑

头发脱水容易出现头皮屑。如果你在旅途中遇到这种情况，最好将头发扎起来，防止头皮屑雪花般散落在肩膀上，那样很不雅观。到达目的地后，立刻全面梳理头发，将头屑梳下来，不过动作要轻柔，防止刮伤头皮。然后给头皮来个全方位的按摩，促进血液循环，加速营养物质和氧气向发根输送，同时还能舒缓旅行的疲惫和压力。最后，洗头，并做一次深层护理，就会将头屑一扫而光，使头发重新恢复润泽和丰盈。

窈窕淑女

这种发型绝对会让你拥有可观的回头率。

Step 1 ◀ 把头发卷到预热好的卷发筒上,再喷上定型喷雾。

Step 2 ◀ 卷发筒冷却后将其移除,然后让发卷自然垂落。

Step 3 ◀ 将圆形发圈套在头发上,用防滑发卡固定。

Step 4 ◀ 将头发逆梳,形成棉花糖般的蓬松效果。

Step 5 ◀ 用手指随意拨乱头发,让一部分卷发自然地掩在面颊上。一定要让头顶的头发隆起一定的高度,并且完全遮住圆形发圈。

Step 6 ◀ 如果你想佩戴头饰,可以将散落在脸颊上的头发拢到后面去,然后把镶钻项链挂在头发上,最好能垂在光洁的前额上,用发针固定。

小贴士 ♡

　　吹头发时,一定要以冷风结束。冷风不仅可以起到定型作用,还可以使发丝表层张开的毛鳞片闭合,使发丝光滑,亮泽。这是非常实用的一招!

　　为了更好地造型,可先将头发吹至七成干,然后再开始设计发型。如果头发还湿漉漉的就开始做造型,会花费较多的时间和精力,绝对是事倍功半。

沙滩发团

发团制作简单、方便，一点都不耽误你观光游乐。只消在出门前稍微抽出些时间，就可打理出俏丽、可爱的发型，而且不失时尚气息，让你成为舞会、晚宴上的焦点。

Step 1 ◀ 用梳子将前面的头发分到一侧，然后将后半部分的头发分到另一侧。也就是说，发缝是从前额的一侧延伸到后颈处的另一侧，是一条对角线。

Step 2 ◀ 将两部分头发分别扎成马尾，用橡皮筋固定好。马尾的高低根据个人喜好而定。高低不同，会显得精灵古怪。

Step 3 ◀ 将两根马尾分别扭转，并绕着马尾根部盘成发团，不用太紧，营造出随意感。发梢部位小心地塞到头发中间，并用发卡固定。

Step 4 ◀ 最后喷点亮泽喷雾或定型喷雾，抚平毛糙的发丝，固定好发型。

小贴士

从下往上吹头发的时候，要格外小心。这种吹发方式容易伤害头发，使头发表层的毛鳞片受损，令头发看起来晦暗无光。因此，不可经常用这种方式处理头发。偶尔用一次，效果还比较理想。

使用发蜡和护发精华素的秘诀是，开始时只取少量，如有必要可逐渐增加。这样既不浪费，又能打造出最好的发型效果。

发刷和发梳要保持清洁，上面不要缠着发丝，或沾有美发产品。可在温水中滴几滴洗发水，浸入发梳和发刷，稍加清洗，每周至少一次。

莫西干马尾

假期就是放松心情，寻找快乐的。如果你有足够的勇气，不妨尝试一下这款另类的发型，保证回头率极高。这种发型可以使用色彩夸张的皮筋、头绳，也可以选择相对低调、中性的色彩。

Step 1　◀ 将头发从前额至后颈横向分成若干部分（视发量而定），从最前面那部分头发开始处理。将这部分头发拢到一起，梳理整齐后用橡皮筋固定。

Step 2　◀ 接着将下一部分头发拢到头顶处，梳理整齐，然后把第一部分头发的发梢部分并进来，用皮筋固定好。固定时将头发折叠、弯曲成环状。

Step 3　◀ 重复以上步骤，将其余几部分头发也处理成"发环"，最后一股头发贴着颈根绑成低马尾，涂上发蜡，使之顺滑。

Step 4　◀ 最后，用准备好的头绳缠在橡皮筋上加以掩饰。

美丽锦囊

假日头发快速修复法

1. 白天去沙滩的时候，随身带上一瓶干净的自来水，用来彻底清洁头发上的沙子和盐分。每次游泳后都要清洁头发，还要重新涂抹具有防晒效果的免洗型护发素或喷上防晒喷雾。当然，面部、身体部位涂擦的防晒液也一样要重新补充。

2. 背包中要带上一小瓶旅行装的免洗型护发素，以便在头发出现紧急状况的时候随时加以保养。免洗型护发素既可以锁住发梢的水分，防止发梢开裂分叉，又能及时抚平发丝、迅速造型。

◀ 短发造型

手指干发

这是干发及造型的简单快速的方法。这种方法利用的是手的温度而不是吹风机的热度。但是，只适用于短发或中长发。

◀ 用洗发水和护发素洗头发，然后涂上嗜喱，梳通头发。

◀ 快速用手指向上向前抓起头发，从发根到发梢。

◀ 提起头顶的头发，使发根部显得浓密。

◀ 继续，直到头发干透，用手指抚平两侧的头发。

圆筒式卷发

将头发缠绕在手指上以使头发卷曲，然后用夹子固定。该造型自然柔和。

◀ 用洗发水和护发素洗发，然后涂上定型水，用梳子梳通头发。取一缕头发，向上捋顺。

◀ 将头发绕成一个大的环形。

◀ 用夹子固定。将其他的头发按照同样的方法固定。

◀ 让头发自然干透或烘干，然后小心地取下夹子。用手指整理头发，以达到自然的效果。可以使用发刷令头发更加柔顺。

卷发钳

电热卷发钳可以用来使头发更顺滑，令头发更具动感。

◀ 用洗发水洗发，护发素护发，并吹干头发。将定型喷雾喷在头发上。不要使用摩丝，因为它会粘住电热卷发钳，烧焦头发。卷发前先将头发分成几部分以方便处理。

◀ 松开卷发钳，压在头发上。

◀ 将头发缠绕在卷发钳的发筒上。

◀ 夹紧卷发钳，将头发固定住，等待几秒钟，以形成发卷。取下卷发钳，让头发冷却，做其他部分头发的造型。然后用手指整理发型。

快速定型

通过使用卷发筒为头发定型，能使头发蓬松、有弹性、富有动感。

◀ 用洗发水和护发素洗头发。涂上摩丝，吹干头发。根据使用说明给卷发筒加热。

◀ 将头发卷在卷发筒上，注意不要拉抻发根。前端和侧面的头发使用中号或小号的卷发筒，头顶的头发使用大号的卷发筒。

◀ 将卷发筒向头发根部卷，注意要平滑地卷起发梢部分。用力要均匀。保持每个卷发筒都用别针固定。然后将定型水喷在头发上。

◀ 卷发筒冷却后，将其摘下，注意不要破坏发卷。随后，用手指掠过头发，使发卷蓬松。

都市丽人

在几分钟之内，用啫喱将你的头发梳理得成型并散发光泽。

◀ 将大量的啫喱涂在头发上，从发根到发梢。

◀ 用梳子或手指梳理头发，使啫喱均匀地分布在发丝上。

◀ 用造型梳将头发梳理成型，增加动感。

◀ 使头发更卷曲些，使两侧和后面的头发更顺滑。

短而凌乱的发型

用啫喱和发蜡为短发造型方便快捷，能使你看上去活泼俏丽。

Step 1

◀ 从发根到发梢，涂满啫喱。

Step 2

◀ 用吹风机直接将头发吹干，使发根稍稍立起。

Step 3

◀ 当头发干透时，逆着梳头发，令头发看起来更加饱满。

Step 4

◀ 最后，在手掌上涂少许发蜡，然后涂在头发上，使造型的特点更鲜明。

短碎发

这是一款极富质感的短发发型，既大胆又有魅力，走在大街上，回头率100%，绝对能够引领时尚。

Step 1　◀ 在湿发上涂抹大量的定型啫喱，将手指插入头发，由发根将向发梢，将啫喱均匀涂抹在整根头发上，并令头发根根竖起。

Step 2　◀ 顺着头发向上竖起的方向吹风，同时运用造型集风嘴保持发丝直立。

Step 3　◀ 最后，为了进一步固定发型，增加光泽，喷上定型喷雾。

美丽锦囊

俏丽短发

这款短发视觉效果独具一格，对发型本身质感的要求较高。但是，一旦形成便很容易保持。适合于时间不充裕的忙碌人群。

你需要：吹风机、轻强度啫喱、定型发蜡、别夹

1. 在发根部位涂抹轻强度定型啫喱，使发根隆起。
2. 头发干后，处理成理想的发型，用定型发蜡固定。
3. 把前刘海儿向后梳离脸颊，别上几个发夹。

美丽锦囊

关于造型的建议

1. 一定不要小看头饰的作用。市场上有各种各样的头饰，简单的，华丽的，精巧的，无所不有，它们具有巨大的魔力，能够让你的发型在瞬间发生质的转变。有时，简单地换个头饰，你就可以从工作状态转入晚宴状态。

2. 任何发型都应该使用亮泽喷雾或啫喱，让头发显得分外顺滑，充满光泽。

3. 如果你要参加一个容易流汗的"热辣"派对，最好将发根逆梳，这样，即使流再多的汗，整个晚上头发都能保持蓬松、丰盈。

4. 时刻保持头发的光泽。可以在手掌中倒几滴护发精华素，然后用化妆刷蘸着刷在头发上。这种方法尤其适用于长发。

5. 将金色、黄铜色等比你基础发色稍浅的染发膏涂在脸颊周围的发丝上，迅速做一个简单的浅染，能更好地衬托面容。

6. 为了使头发散发自然芬芳，可在空气中喷几下香水，然后走过香雾。香水的味道能在头发上持续很久，这个小诀窍能让你在甩发、回首时，散发高贵迷人的魅力。

7. 可用镶有漂亮钻石（真假都可）或假花的发夹将散在面颊周围的头发拢起，露出迷人的面庞。

8. 要想快速吸人眼球，可以将头发扎成马尾，然后逆刮头发，作一个蓬松的大发型。

9. 用卷发钳将直发的发尾略微烫卷，直曲对比鲜明，别有一番韵味。

10. 偶尔将部分头发作波纹烫，能够增加头发的蓬松感和丰盈度，使头发富有质感。

11. 把卷发拢到一起，用闪闪发光的发夹固定。看似随意，却于细节处流露出慵懒、简约的女性风情。

12. 拉直的长发显得有些呆板，可以随意编几个辫子，或将彩色丝带编进去，给发型注入一股新鲜的活力。

13. 如果你因出席各种各样的派对，需要时常染、烫头发，那么一段时间后，你就会发现头发变得既厚重又粗糙。这是各类化学产品在头发上残留的结果。解决的方法是用去污效果较强的洗发水彻底清洗头发。

14. 巧妙地利用假发。偶尔让自己变成另一个人，感觉应该还不错。

15. 过度频繁地使用加热型造型工具会损伤发质，使头发变得过于干燥。因此，一定要严格按照产品说明使用。如果你担心头发变得干燥、枯黄，可选择滋养型护发产品，坚持每周做一次倒膜，补充流失的水分，并防止水分再次流失，保持发丝润泽、盈亮。

16. 睡觉前，可将直发润湿之后编成辫子，第二天醒来后，用手指蘸取适量护发精华素，慢慢理开发辫，头发就会具有比较蓬松的质感。另外一个迅速造型的方法就是在干发上喷上定型喷雾，然后编成辫子，半小时后拆开，头发也会微微呈现波纹状。

17. 划分发缝的时候应考虑当时的着装，发缝最好和领口的形状与线条相协调。

盛装造型也时尚

◀ 晚宴造型

当你想参加晚会或出席特殊场合时，以下的发型可供你选择。

▲ 在头发顶端梳一个高高的马尾辫，然后分股并烫成卷。如果你的头发不够长，也可以使用假发。

▲ 动感的浅金色和铜色可以提升头发的亮度。将前面的头发分成几部分，将后面的头发梳成高高的马尾辫，然后分股，并在烫卷之后用发卡固定好，前面的头发平整地梳到后面。

▲ 头发从后面轻轻压成一个大卷，用发卡固定，让前面的刘海儿自然下垂，使整个造型更加柔和。

▲ 利用卷发筒完成此造型，将后面的头发梳成发髻，上面的头发烫弯，梳理到一侧并用发卡固定好。

▲ 将非常卷曲的头发放在后面，简单地盘起，用发卡固定好，卷发从一侧自然下垂，突出你的女性魅力。

▲ 将长发烫弯，盘起，此造型的关键在于卷发在脸周围垂落下来。

▲ 高高的马尾辫是此造型的基础，将头发烫成卷发，梳到一侧，并用发卡固定。

镂花喷涂饰

出席晚宴，可以选择镂花喷涂饰，让你在夜晚更加亮丽夺目，迸发十足魅力。

你需要：蜡纸、易洗型彩绘颜料、小画笔、闪光粉、定型喷雾。

（1）选择自己喜欢的镂花图案，可以从家居店购买现成的镂花图案，也可以亲自动手设计。先在一张硬纸板上画下图案，然后沿轮廓小心地裁剪下来。

（2）把裁剪好的镂花图案固定在头发上，用画笔蘸取颜料涂进空心处。等所有空心都填满后，在尚未干燥的颜料上撒点闪光粉。镂花纸一定要固定好，如果移位，可能会造成颜料拖拉，在头发上留下痕迹，影响美感。

（3）小心地移除镂花图案纸，喷上定型喷雾使发型固定。

绳带

丝带和细绳缠绕在挽起的头发上也能产生惊人的美感，效果非常独特。不过，盘起的发髻要够高，绳带一直盘旋而上，效果才更好。

你需要：吹风机、吹干型喷雾、发梳、定型喷雾、防滑发卡、发带。

（1）给头发喷上吹干型喷雾，然后将头发吹至八成干。这种喷雾质地清爽，适合吹干时使用。

（2）头微低，让所有的头发都垂到额前。轻轻逆梳，令头发蓬松，然后喷上定型喷雾。

（3）用防滑发卡将发带的一端固定在后颈的

头发上，然后绕着蓬松的"发堆"缠绕。如果你不按次序随意缠绕，发带的固定效果将更好。

（4）缠好之后，将发带的另一端用防滑发卡固定在头发上。

◀ 婚礼发型

波希米亚经典复古风

女孩子们多少都有点复古情结，喜欢旧衣新穿。随着波希米亚风格和异国情调再度狂飙，她们希望在路边摊、古董店中淘到20世纪40年代流行的旗袍、丝织手套和镶嵌珍珠的精致女包。床头放着用松枝改制成的衣架，上面挂满了透明衬裙、可爱的蕾丝或针织花边，甚至还有一条维多利亚风格的华丽睡衣，充满了浪漫气息。出嫁那天，美丽的新娘穿着爱德华风格（流畅的线条和结构）的紧身胸衣、薄纱大摆裙，加上充满浪漫气息的紫水晶项链，绝对会在婚礼现场掀起一股波希米亚经典复古风。

发型设计

如果你的头发较长，可以一半散落，一半挽起。将头发随意地挽至头顶，留下几缕发丝垂在脸颊两侧，衬托面部线条，使面部轮廓更

加柔美。中长发可以借助头纱营造长发的飘逸感：将头发向后梳理，然后戴上双层头纱，垂落的头纱可以制造长发的视觉效果。短发则可以使用轻强度的发蜡，并点缀发夹或蝴蝶结之类的小饰品。

用卷发钳处理头发之前，先在头发上涂抹清爽的吹干专用喷雾，这样卷烫过的头发会更加有弹性，并且具有起伏的动感。把3个发圈别在一起，放到头顶部位，然后顺着发圈缠绕头发，用发夹固定，最后喷上定型喷雾。取一条彩色发带缠绕在做好的发型上，末端巧妙地固定在耳后。如果你还想进一步装饰，可在发型一侧插上饰物。为了防止松动、滑落，可用发针进一步加固。

左下图中的发型非常具有浪漫风情。可以采取经典的造型方法，在头发湿润的时候编成辫子，等头发干后解开发辫；也可以利用现代的电热卷发技艺，烫出理想的发型。最后喷上光亮盈彩喷雾，用一条细项链简单地装饰一下，也可以只在前额别上头饰。

乡村清新风

新奇、时尚的发型并不是只有名模们才能拥有，也不是只有极端或叛逆才能跻身潮流的前沿，精巧、别致的生活发型同样具有鲜活的生命力。而且，越是简单的东西往往越能打动人，时尚的节拍总是在奢华与朴素之间反反复复。看惯了雍容华贵的妆容与发型，自然风又重新成为国际潮流。选择乡村风发型的女孩，喜欢一切都是简单、自然、随意的，同样希望在婚礼上展示清新与恬静的一面。妆容、发型随意不做作，充满舒适的家居气息和令人青睐的女人味，除了这些，她别无所求。头饰方面可能只选择淡雅的小野花或者花环。

发型设计

发型保持随意的基本格调。如果你是长发，可以披散着下来，看似不经意，其实展现了一

用手指轻轻抓乱发卷，模仿戈黛娃夫人的发型。最后，涂上亮泽喷雾或护发精华素令发卷更加有型。这款发型可选的装饰物很多，鲜花、头冠、镶钻丝带、珠链均可。

奥黛丽·赫本式发型

不得不承认，"赫本式"的出现，给当时的时装界吹入了一股清新之风。奥黛丽·赫本的发型非常迷人，散发着高贵的气质，将时尚阐释到极致，时至今日依旧是长盛不衰的经典。在《蒂凡尼的早餐》中，赫本扮演的角色夏天穿着小黑裙，冬天身着高领紧身毛衣。挺括修身的裁剪，黑、白、灰三色搭配，于不露声色中散发出致命的诱惑。时至今日，她的品位和穿着风格依然是全球女性模仿和崇拜的对象。仰羡赫本的女子会这样选择自己的婚礼装束：

裁剪完美的无袖白色礼服，面料光滑，手执用浅蓝色丝带系成一束的白玫瑰，或者是一朵枝茎修长的孤挺花或百合，款款地踏上红毯，走进教堂。

发型设计

长发的设计基调以古典风格为宜，头发向后梳成顺滑的发髻，戴一个精致的头冠或者及肩的缎质头纱，非常的雅致、温婉；中长发可在头顶绑上彩色的宽发带，头纱的长度、尺寸

种自然美。饰物可以选择鲜花，最好选择淡雅、低调的野花，让其星星点点地点缀于发间。也可以从前面的头发中分出两部分，与细丝带一起编成辫子。丝带最好选择亮色，可爱的粉红色也行。后面的头发用橡皮筋固定，用丝带缠在皮筋上加以掩饰。短发也可以俏丽惹人怜爱，在头顶上戴一个小野花编成的花环，不经意间就可以散发田园风情。

将头发划分成若干部分，然后由头顶中部开始处理，将每部分头发都扭转成发结，发梢部分不必扭转，然后分别用发卡沿着发际线固定好。散着的发梢形成一种凌乱、自然的美感。

如果想让发型更加引人注目，可以根据整体风格，选择与之搭配的羽毛插在发结上。

在头发上喷上轻强度的定型喷雾，然后用大小不等的卷发钳卷头发，营造出充满浪漫风情的发卷。头发卷好后，发型就基本成型了。你可以保持发卷原貌；也可以

选择比较窄小的，营造柔美的视觉效果；短发则可以在耳后戴几朵鲜艳的蓝花，然后垂下几缕绿色的茎须，看起来娇俏可人。

喷上弹性定型喷雾后，用大小适中的卷发筒处理头发；等卷发筒完全冷却后轻轻移开；用阔齿梳轻轻梳理，慢慢打散发卷。头顶的头发逆梳，以获得最大的蓬松度和丰盈感。两侧的头发拢到耳后，用防滑发夹固定。要想添点点缀，可以选个精美的插梳别在一侧。

首先，梳理头发，在头顶正中央扎成高高的马尾；用加热型卷发筒处理头发，待卷发筒完全冷却后移走；然后取两个发圈，将烫卷的头发缠在发圈上，用发卡固定好。可以沿着发际线绕一根项链加以装饰，其经典复古气质无可比拟。

经典复古发式

"品位至上"是崇尚古典风格的女孩们的生活格言。她的一颦一笑、举手投足间都散发着独特的韵味，她的衣着总是完美无瑕，仿佛从油画上走下来的公主，美得有些失真。上班的时候穿着线条优美的套装，端庄而尊贵；周末的时候则换上舒适的牛仔布或灯芯绒服装，简约而温婉。她尊崇一切古老而传统的礼仪、习俗，希望自己的婚礼同样一脉相承，具有古典主义的独特品位和优雅风格。奢华、高贵的缎料婚纱，胸前精致的维多利亚刺绣，镂空的纯白头纱，充满了贵族风格和女性特有的娇柔媚态；手捧的花球最好选择白色的，在绿叶的衬托下，有那么一点点清纯、一点点迷离。此时她是迷人的古典新娘，独特的气质和品位无与伦比。

发型设计

古典风格的发型通常是新娘发型的经典之选，它可以和头冠、头纱等搭配得天衣无缝。顶纱适用于短发，长发则需要盘起来才能更有古典韵味。若是中长发，不妨利用假发打造传统风格的独特发型。

头发梳理通顺，

在头顶扎成法式辫，用发钗和发夹固定；将发辫在头顶盘成发团，用一个小头冠套住，既能固定发团，又具有装饰作用；最后喷上定型喷雾。头顶的发髻尽显高贵典雅，而偏向一侧的刘海儿则增添了几分妩媚的女性气质。

头发吹干后向后梳理通顺，分成上下两部分。下层颈部周围的头发向上挽至头顶中部，用发夹固定；上层的头发由一侧环绕、卷曲到头顶正中央，形成柔和的弧度，用防滑发卡固定，防止散乱。发卷部分可以装饰羽毛等饰物。这款发型线条简约不失柔美，大气而优雅。

喷上弹性定型喷雾以后，用大小适中的卷发筒处理头发；等卷发筒完全冷却后，轻轻移走；然后用阔齿梳梳理，慢慢打散发卷；脸颊两侧的头发用手指整理，营造出具有层次的波浪卷；最后，把定型喷雾喷到手上，用手指均匀地涂抹在发丝上。这款发型充满古典而浪漫的意味，别具一格。

行逆梳，使头发显得乱糟糟的，似乎缺乏打理，有点夸张，却又相当随意。这就是所谓的"枕头风"，具有刚爬出被窝的慵懒风情，是性感和自然的完美结合。打造这种发型时，定型产品只需用在发根部位，否则可能令发型塌陷、变形。短发应该适当削剪，赋予头发足够的层次和质感，然后装饰上精心选择的头冠。另外还有一点要注意，头发不论长短，都要将顶发打理得蓬松一些。

左页这款发型呈现了经典的另类摇滚风格，发色经漂白处理成泛白的金色，吹干之后削剪发梢，给这款非常摩登的发型注入些许正统、严肃的元素。最后，涂抹发蜡让发型更有型。如果愿意，可戴上璀璨的水晶头冠，为自己增添几分女人味。

如右上图这款发型非常摩登，极具现代气息。用丰发剪将头发剪出参差的层次，发梢飘逸、灵动。发色染成深浅不一的红色，渐变的

另类摇滚风

这种类型的女孩子生性活泼，喜欢尝试新鲜事物，集摇滚歌星的另类风格和街头浪人的不羁气质于一身。通常她的行头是紧身裤，贴身小T恤，皮革护腕，高跟短帮靴，浑身上下充满动感、摩登的时尚元素，同时还隐约散发出一种不羁的气质。对那些恬静、优雅的淑女，她们从骨子里透出不屑。在婚礼当日，她会勉强穿上裙子，不过裙子的长度非常短，上身是斜吊带，腿上穿上性感的渔网袜，颜色一律为纯净的白色。她不会效仿其他新娘，在头上装饰鲜花，或手捧花束走进教堂；相反，她会戴上钻石项链和钻石护腕；妆容则倾向于烟熏妆，另类而时尚；发型相对于浪漫的婚礼而言，则会略显严肃、刻板，不过其独特个性依然无人能敌。

发型设计

不管头发的长度如何，另类的新娘发型就是庞大、夸张，再庞大些、夸张些。长发多进

色彩尽显前卫、新潮。

如上页右下图这款发型，使用吹干型底液，吹干头发，令头发蓬松、丰盈；将头发随意拢在一起，不必精心梳理；然后沿着头部中缝扎成若干莫西干式样的马尾，随意一点，规则、次序都不是这款发型追求的效果。最后可以点缀发针，令硬朗的发型变得柔和、时尚。还可以根据个人喜好，装上假发辫，使发型更加引人注目。

时尚教主派

随着时代的发展，传统的婚礼不再一枝独秀，个性化主题婚礼逐渐受到新人们的推崇，个性、时尚、前卫成为非传统婚礼的主流。要想把婚礼办得有特色、有意义、有品位，需要智慧和创意，其中更能体现自己对生活的理解。婚礼风格的转变，对于永远走在时尚前端的女孩来说是莫大的喜讯。她的婚纱肯定出自名设计师之手，价格不菲，明亮的粉红色，透明纱状蕾丝。当她踩着跟高得吓人的露跟凉鞋，走过教堂的通道时，身姿摇曳，脚步轻盈，就好像模特在 T 型台上走时装秀。胸前兰花样的项链熠熠生辉，腰间垂落着娇艳的花朵。婚礼的整体风格乃至服饰、细节都诉说着流行、时尚。

头发无论长短，发质都至关重要。大喜之日到来之前最好有计划地进行相关护理，将头发养护到最佳状态。长发可设计成没有固定轮

廓的庞大发型，随意、散乱；还可放弃传统的头冠，把几条项链交叉有序地环绕到头发上，体现个性和品位。稍短的头发只要稍加打理，然后简单地点缀一些闪亮的钻饰，效果就非常突出，简约又不失时尚。中长发稍微抓乱，显得更有女人味。具体方法是：在头发湿润的时候涂上摩丝，然后扭转、盘曲，等头发干后解开，头发就会呈现蓬松、卷曲的效果。可用精美的发带或皇冠把头发拢起来，这样，发型会更加引人注目。

如上左图，这款发型采用"乱揉"的方法设计而成，卷曲的发丝令发型迸发出时尚气息，能够展现新娘独特的个性。头发润湿后涂抹摩丝，将头发分成若干部分，取一部分乱揉一气，然后用发卡固定；其他部分依样处理。等头发干后，移走所有的发卡，整个发型就会显得凌乱、蓬松；最后还要喷上定型喷雾。可借助发带或皇冠等饰物来令发型更加引人注目。

如上右图这款发型，将头发拢在一起，尽量向后梳，扭转发束，使其自然盘绕成发团，发梢部分散落在一侧，展开呈扇形；用发蜡加强发梢部分的线条感和质感。选择吸人眼球的项链垂在额前做装饰，时尚气息十足。

浪漫柔情派

这类女孩子满脑子都是罗曼蒂克的念头，浪漫得不可救药。她最喜欢在阴雨天气里躺在床上读《乱世佳人》，虽然已经看了无数遍，但是每一次重读都会使她热泪盈眶。她会提前很久就开始准备婚礼，仔细安排每一个细节。漂亮的大摆裙，上身是精心选择的紧身胸衣，裙裾拖地，能有多长就有多长，就像她那绵绵无尽的浪漫思绪。对了，还有鲜花！个人造型、婚礼现场到处都是盛开的娇艳玫瑰，颜色一律为粉红和乳白，淡雅、温馨，一如新娘的气质。

发型设计

长发自然披散，塑造出柔和的波浪卷，在头顶装饰少许鲜花，尽情演绎浪漫风情。对于中长发，可以用淡紫色和粉红色的玫瑰编织成花环，像发箍一样戴在头顶，充满自然的清新气息。短发可以借助镶嵌珍珠的王冠将头发拢在脑后，将美丽的面颊完全展露出来，典雅、尊贵，效果非常不错。

下图这款发型本来属于经典复古风格，但是经过一番修饰后则散发出浓郁的摩登气息。将头发划分成若干份，每份大约5厘米宽；用手指缠绕发丝，扭转、盘曲成发团后，用防滑发卡固定；在发团之间插上鲜花，加以点缀。

右图的模特原本是顺直的长发，用直径较大的加热型卷发钳处理后，形成柔和的波浪卷，如瀑布般在背部倾泻而下，起伏有序，动静结合，拥有似水般的柔情。为了给整体效果增色，

可在头顶佩戴鲜花编结而成的花环，其清新气息，会将浪漫风情发挥到极致。

沙滩创意派

喜欢阳光沙滩的女孩，充满了活力，她的婚礼也会选择在沙滩举行。绿水白沙，和风煦语，内心的幸福与自然的轻灵，达到水乳交融的境界。她们那超乎寻常的想象力让人惊叹，可以把沙滩婚礼办得无可挑剔！婚礼现场大概是这样布置的：海滩上搭着台子和遮阳棚，遮阳棚上缠着粉红色的轻纱，几排铁拱门上缠绕着牵牛花，满眼柔和的绿色和淡紫色的小花宛若一幅天然的幔帐，隔绝了有些灼热的阳光。新娘穿着白色的露肩长裙，那裙子有大大的轻纱裙摆，微风吹过，裙裾飞扬，或者选择极具沙滩风情的比基尼，脚上套着独特的趾戒！手执一把精巧的阳伞，既阻挡了强烈的光线，也成为整体造型的点睛之笔。海浪声中，和新郎轻轻拥吻，说"我愿意"，一切都像甜蜜的童话。

发型设计

沙滩新娘发型的设计原则就是运用最简单的方法创造出最出色的效果。不管头发有多长，造型前都要抹上防晒发油。海边的紫外线较强，再加上海风，对头发的伤害极大，因此一定要

做好防护措施。长发可以偏向一侧，在颈后挽成一个低发髻。留出几缕发丝，垂落在耳畔、脸侧，使发型显得俏皮，恰好和新娘的个人气质吻合。这种发型最好不要用头纱和头冠了，在耳后别上一朵硕大的鲜花效果会更好，更能传达浪漫的异国情调。

如下左图，用大小适中的卷发钳打造出松散的发卷，喷上抗毛糙配方的吹干型喷雾，防止发丝打结的同时，尽量延长发型的持续时间。如波浪般起伏的发卷，充满浪漫风情。另外一个方法就是涂上护发精华素后散开发卷，再把顶发向后梳，用发夹固定在头顶上。

如下右图，将头发划分成若干份，每份大约2.5厘米宽；选择和整体装束相匹配的彩色丝带，系在各份头发的发根处，然后按照十字交叉的手法将彩带缠在发束上；一定要缠紧，防止发辫松散，在发梢处固定；彩带的末端可以自然散落，也可以修剪整齐。

第三篇
美甲篇

Part 1 美甲之前先护甲

准备工作不可少

◀ 了解指甲的基本结构

手指甲的基本结构

在了解美甲专业知识之前，先来了解一下指甲的基本结构。下面提到的每一部分都发挥着非常重要的作用。

❉ **指芯**

指甲前缘，位于甲盖和甲床分离的地方。只有超出指芯的指甲才可进行修剪。

❉ **甲盖**

指甲本身，由角蛋白（即半透明的蛋白质）构成。

❉ **甲弧**

也称为"半月甲"，呈白色，半月形，位于指甲根部，实际上属于甲基。甲弧也由角蛋白组成，只是此处的角蛋白还未完全变平，还不足以称为真正的指甲。甲弧的弧形刚好与指甲前缘的弧形一样。

❉ **甲基**

位于指甲根部，包括甲弧顶部到指皮下几毫米的部位。其作用是生成角蛋白细胞。角蛋白细胞向上向外移动，甲基就接着生成更多细胞。甲基越长，其生成细胞的能力就越强，指甲也会越厚。甲基若遭到损坏，可能就意味着你的指甲生长将变得不规则。因此，指皮和指甲后缘对甲基的保护作用是相当关键的。

❉ **甲床**

甲盖下面极为敏感的皮肤。甲床上分布着大量的血管、神经末梢、黑色素生成细胞（即黑色素细胞）。

❉ **甲周皮**

甲盖的边缘，即皮肤盖住指甲几毫米的部位。

❉ **指皮**

指皮也就是指甲皮，位于指甲根部甲基生成的地方，即甲基底部的角质层。

❉ **指甲后缘**

紧贴在甲基上的薄层指皮，可以防止甲基受到感染。

护理指甲必知的 10 条法则

1. 摄入维生素。指甲的基本成分是角蛋白，所以要保证在饮食中有足够的钙、蛋白质和维生素。

2. 保湿和补水。干燥的指甲容易开裂，所以出门在外一定要使用保湿剂，在家则应该多喝水。

3. 保持指甲清洁。藏污纳垢的指甲是不堪入目的，所以要记得：清洁才有高雅！

4. 每周打磨指甲。不管指甲是长或是短，都要每周定期将它们打磨得光滑平整。

5. 管好自己的工具。学好 3S 法，即消毒（sterilization）、卫生（sanitation）、保管（storage）。还要小心，因为感染仅是可预防而已！

6. 相信自己的直觉。如果你觉得指甲有些痛，先不要动它们；若是感觉不对劲，就停止护理；要是流血了（但愿不会如此），应该马上使用药物或者去看医生。

7. 指甲油如果干裂，就把它都洗掉。如果你能看到指甲油的裂纹，别人也一定能看到。其实，只要用清洗剂洗一下，你同样拥有可爱的指甲。

8. 不要"随波逐流"。如果你发现同样的指甲油颜色随处可见，那就标新立异吧。要学会对同伴的压力说"不"。

9 不要害怕潮流。不要固守陈规，要去尝试新事物。

10. 真实快乐，不断尝试。记住，指甲的风格不要一成不变。如果你看厌了自己目前的指甲，就马上换一款指甲油。

但是，所有的规则都是用来被打破的。

▶ 呵护指甲从家开始

美甲既可以缓解压力，还能追求美的享受。另外，每次完成护理，都会获得极大的成就感，可以一边欣赏自己完美的脚趾和光滑的手指，一边沾沾自喜。

大多数女性，第一次接触到指甲油，一般

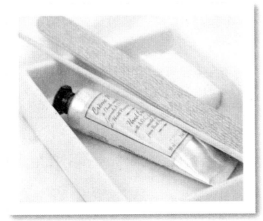

▲ 基本工具：保湿霜、一根橘木棒、一把一次性指甲锉和一小块抛光板。

是在家里。比如，小女孩看着自己的妈妈涂指甲油，也会在自己的指甲上涂上斑斑点点的颜色。等她长大之后，每逢特殊的日子（如一个特别的约会、朋友聚会）或者只是一个阳光灿烂的星期天下午，在家里进行指甲护理就成了她生活中必不可少的内容。

现在，确实是时候开始你的家庭指甲护理了。不需要太多的时间（比去一趟美甲吧还快），你就可以修饰双手，养护指皮，绘彩指甲，取得极好的效果。既然如此，何乐而不为呢？

那么如何享受指甲护理的乐趣呢？因为是你自己在家做，所以完全可以按照自己的喜好来进行。比如，你可以一边涂着气味芬芳的精油，一边听着自己最喜欢的音乐，怎么舒服怎么来。

美甲吧里能为你提供的所有服务，你在家中基本都可以做到，而且还能做得更好、更快、更省钱。那么，你还等什么呢？赶快行动吧！

护甲达人的百宝箱

顾客谈起家庭护理指甲时，他们总会问到品牌的问题。他们一般会问：我应该用哪个牌子的润肤露来滋润双腿呢，我要用哪种乳霜来

▲ 实际上，任何的美容产品都可以用来养护手脚。

改善我粗糙的脚后跟呢，我要用哪种软化剂来使我的双手变得柔软呢？

答案很简单：品牌并不影响效果。名牌产品没有什么神奇的成分，它们并非用珍稀花草制成，也不是僧侣在满月时采集而来，无法一下子改变你的指甲和生活。其实比品牌和其主要成分更重要的是：你能做到每天都使用吗？事实上，任何个人护理（包括指甲护理），最重要的就是要养成正常而有规律的习惯。

然而，我们对产品都是有点挑剔的。我们都看重品牌，许多人都不例外。也许你会倾向于到药妆店，买有着亮丽包装的品牌产品和一大堆的互补产品；或者你会省吃俭用，去购买品牌化妆品店里限量版的进口产品。不管你的选择如何，你的抽屉（或盒子、药箱甚至壁橱）里很可能已经装满了只用了一半甚至还未拆封

的产品。不过，你不要急着扔掉这些瓶瓶罐罐，也不用马上跑去买指甲护理专业产品。

先松一口气，不要为买了这么多自己并不需要的护肤品自责，看看抽屉里这些闲置的美容产品，其实只要转变一下思路，你就可以变废为宝。实际上，所有用于脸部和身体的产品都可以用于养护手脚。也许，你百宝箱里的产品足够你做一次奢侈的护理。

倒出并整理

把所有东西都倒出来，根据有效期进行整理。已经过期的产品，不管有多贵多好闻，都要扔掉。

清点

将剩下的产品都记录下来，并将其分为脸部产品（包括洗面乳、磨砂膏、爽肤水、保湿剂、眼霜）和身体产品（包括沐浴露、磨砂膏、精油、乳霜和护肤液）。你不要自己随意使用处方乳霜或乳液，这些产品只能在医生的指导下才能使用。

局部测试

既然是要转换产品用途，就需要先在手腕内侧做个皮试，以防万一。也就是将少量的产品涂到手腕上。若是有什么不良的反应（有时可能要 24 小时才会有反应），就把该产品扔掉。要是情况很严重，你必须赶紧就医。

所留下来的产品，都应该归入以下列出的类别中。另外，当你发现某件护肤品并没有达到预期的护肤效果时，也可以试着把它变成美甲产品，说不准会有很好的效果。

乳液和霜剂

面部产品

有一点是可以肯定的：任何用于面部的产品，都可以用在手上。因为面部皮肤比手部皮肤细嫩，要求也高，所以洗面乳、脸部增湿剂和乳液都可以用在身体的其

他部位上，而且效果相当好。

洗面乳

大多数洗面乳都是用超柔和配方制成的，跟温水混合来浸泡指皮，效果非常显著。因为我们的指皮很容易干燥，而洗面乳中的柔和配方刚好能保持指皮湿润和柔软。

脸部磨砂膏

请看一看你的抽屉里有没有不用的面部磨砂膏，要是有的话，就将它们挑出来，放到浴缸和厨房的洗手盆旁边。这样每次洗手的时候，你就会记得用它来清除手上的死皮了。磨砂膏本来是用于细嫩的面部皮肤的，性质比较温和，所以用来清除手掌和手指上粗糙的死皮肯定很有效果。

补水霜

补水霜跟洗面乳一样，性质比较温和，所以也是理想的手部护理液。补水霜若是还有防晒功能，那就再好不过了。如果补水霜是便携型的，那你就把它放在化妆袋或手提包里。这样，你就可以随时随地给双手保湿了。比如上班时，外出时，特别是旅行的时候（飞机上的空气都非常干燥，会对你手部的细嫩皮肤造成严重损害），只要随身带着补水霜，就没有后顾之忧了。

爽肤水

爽肤水分为含酒精的和不含酒精的两种。含有酒精的爽肤水会损害人手上的保湿层，导致皮肤干燥，所以这样的爽肤水不宜用来护理双手。而不含酒精的爽肤水可以用来快速清洁双手。在用补水霜给双手保湿之前，你可以用棉球在手背和手指上抹点不含酒精的爽肤水，快速洗净双手。

眼霜

市面上大多数的眼霜都富含维生素和保湿剂，比较适合用于指皮和手背上。此外，眼霜通常还含有防皱或抗皱成分，可以有效消除明显的衰老痕迹，如斑点和死皮等。因为皮肤在夜间比较容易吸收大量的营养成分和水分，所以建议你晚上睡觉之前用眼霜涂抹双手。

晚霜

前面说过，用于面部的产品大多适用于手部。大多数面部晚霜都富含营养成分，对于手部也是大有裨益的。与眼霜一样，你应该在睡觉之前使用。这样，在接下来几小时的睡眠时间里，它们就会发挥奇妙的作用。

抗衰产品、果酸产品和乙醇酸产品

许多人总是兴高采烈地跑去买抗衰产品，使用后却大失所望。因为抗衰产品一般是由酸性配方制成的，刺激性比较大，而脸的皮肤过于细嫩，难以承受这样的刺激。然而，对于面部太刺激的产品，对于手部则刚刚好。因为手部的皮肤不那么敏感，有承受较大刺激的能力；而且，手部的衰老迹象也比较明显，急需这样的抗衰产品。有些人手指边上的指皮会硬化，甚至形成老茧。这也不用担心，因为抗衰产品里的弱酸可以有效改善这种现象。并且其中的抗衰成分还可以有效地修复被日晒损伤的皮肤和老人斑。所以，睡觉前记得涂点抗衰产品。注意：一定要先对产品进行局部测试，以防皮肤过敏。

沐浴露

沐浴露一般比洗面乳浓度高一些，气味重一点，通常含有诸如维生素 E 或牛油树脂等保湿成分。浸泡指皮前，你可以事先在肥皂温水里滴一两滴沐浴露；也可以将沐浴露放在洗手盆旁边，当作洗手液使用。

身体产品

面部产品适用于细嫩的面部皮肤，所以都比较柔和，而身体产品则没有这么柔和。

保湿产品

保湿乳液、乳霜和其他的保湿产品都可以当作手部乳霜来使用。你可以在卧室、浴缸和厨房的洗手盆旁放几瓶按压式或普通瓶装的乳霜。这样，每次你洗完手或者换频道或者无聊的时候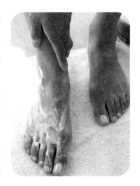

（也就相当于任何时候），都可以用乳液来保护双手。

身体磨砂膏

身体磨砂膏虽然比面部磨砂膏稍微粗糙一些，但用来祛除手上的大块死皮，几乎是攻无不克的。

这种磨砂膏也可以用来改善脚底和脚后跟粗糙而干燥的皮肤。洗澡的时候，你可以在脚上涂抹一些身体磨砂膏，很快就会有效果的。

精油和润肤油

任何含有"油"字的产品，对指皮都有极好的保护作用。这些"油"中富含大量的保湿成分，只要在沐浴后或睡觉前在手指和脚趾上滴几滴，很快就会产生比较明显的效果。注意：一旦用"油"滋润了指皮，你最好也要有规律地使用补水霜护理手脚的其他部位。

◀ 拯救不完美指甲

纵使我们花了很多的时间和精力将手脚都塑造得十分完美，有些事似乎还是我们控制不了的。关键问题在于你要懂得分辨什么是正常的，什么是不正常的，还要懂得碰到这些情况时该怎么做。

使尽浑身解数之后，也许我们的双手就会变得完美无疵，相当迷人了。但是，这并不表示万事大吉了，其实我们要做的还有很多。当有脆弱、裂纹、凹凸、斑点、变色出现在指甲上的时候，甚至仅仅是对自己的甲形不满，都表示别人迟早也会发现我们指甲上的缺陷。也

美丽锦囊

自制磨砂膏

要用磨砂膏来护理双手的时候，你最好先在自己不用的护肤品中找找，看有没有面部或身体磨砂膏。若是没有找到，千万不要马上就冲出去买。因为只要用家中现有的材料，你就可以自己制磨砂膏，既方便又有效。

简单的砂糖磨砂膏

这种磨砂膏既可以除去死皮，又不会让人觉得不舒服。只要将两份砂糖（注意：不可以用粉状或细砂糖，这些砂粒都太小了，必须用稍微粗一点的砂糖）与一份乳液、乳霜或者精油混合在一起，不断搅拌，就能得到一大团软膏。用这团软膏按摩手脚一会儿，然后用水彻底清洗。之后，将没有用完的软膏装到密封的罐子里，并在罐子上贴上标签，写明软膏制成的日期。这种软膏一般可以保存一周左右。

如果你是在厨房做砂糖磨砂膏，但却忘了将乳液、乳霜或者精油带到厨房，而又不想出去拿，可以用橄榄油代替。橄榄油是一种很好的成分，再加上些柠檬皮，气味就更香美。要是没有橄榄油，你也可以用植物油（如胡桃油、杏仁油或花生油），加上几滴香草精，再加上砂糖，就可制成芳香扑鼻的磨砂膏了。你还可以用谷物油或者菜籽油，加点普罗旺斯香草（或者你喜欢的其他香料），再加入砂糖做成磨砂膏，之后就可以享受舒适的香料按摩了。

热带水果磨砂膏

如果你想制作纯天然的磨砂膏，那就要从农产品中取材了。比如菠萝和木瓜，都含有大量的果酸，可以用来制作纯天然磨砂膏，效果极好。只是用过这类磨砂膏之后一定要将手脚冲洗干净，不然，水果中的糖分会弄得你的手脚很黏糊。

不管你使用哪种水果，都要选用又熟又好又完整的。先除去果皮，削下果肉（削下来的果肉放到旁边，可以做成水果冰沙或者沙拉）。你需要用的是水果的中心部分，如菠萝的果心、木瓜的果核（果核上要留点果肉）。这些中心部分就如同手握式抛光器，相当奇妙。用削出来的果心粘些砂糖，轻轻地在手上和脚上打磨，特别是粗糙的皮肤和长老茧的地方要多磨几下。要是糖粒磨没了，就再将果心或果核放到糖里滚几下，再接着按摩手脚。

你还可以在这种磨砂膏中加入少量细咖啡粉（含咖啡因），因为有关研究发现，咖啡因可以促进血液循环。此外，咖啡因还可以使水果的香味更加浓郁。

许有些人不在意这些不完美，我就碰见过很多这样的人。其实，你若愿意配合，只需一点点护理方式上的改变，就可以取得非常明显的效果。除了基本的打磨和补水之外，有时我们的指甲还需要一点额外的温柔体贴。

对于大多数人而言，双脚完全是个谜，这也许是因为它们总是藏在鞋里面，因而容易被忽视。但是，从参差不齐的脚趾到粗糙不堪的老茧都说明我们的脚踝、脚掌和脚趾比手部更需要呵护。毕竟，我们不是用手走路，双手也不用像双脚穿 10 厘米的高跟鞋那样戴着又硬又紧的手套。所以，我们劳苦的双脚就更有权利享受温柔照料了。

指甲的常见问题

脆弱的指甲

许多女性都经常哀叹道："为什么我的指甲这么脆弱？"这个问题的性质和为什么你的头发是褐色的，以及为什么你的手臂上会出现雀斑是一样的。总的来说，指甲的坚硬程度是由遗传 DNA 决定的。你可以观察一下你的兄弟姐妹、父母、堂兄弟姐妹和自己的孩子们。他们的指甲是否也是脆弱的？如果是，那只能归因于遗传。前文已经给出了解决方案，就是多涂一层护甲油和指甲油。

如果你的家族的指甲并不脆弱，或者说你觉得需要为指甲付出更多，那就先看看你是用什么来喂养指甲的。说到"喂养"，并不是指你所擦用的护肤液和指皮油，而是指真正的食物。和头发一样，指甲也主要是由角蛋白（一种纤维蛋白）构成的。同样，就像饮食会影响头发

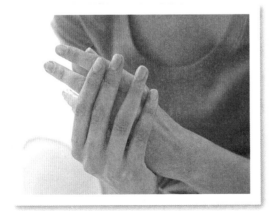

▲ 手部需要滋润和保养。

的光泽度和皮肤的水嫩度一样，饮食也一样会影响指甲的坚固性。也就是说，你需要均衡地摄取维生素、蛋白质和钙，才能养出坚固的指甲。许多女性为了保持体重，在饮食方面很约束自己。但是过度控制饮食，反而会渐渐导致消化系统紊乱，是很不健康，也很危险的。而且，这些饮食不正常的人的指甲极有可能是又薄又脆的。

不管你有多年轻，无论你什么时候去看医生，我敢肯定人家都会告诉你要多补充钙质，以防以后患骨质疏松症。而且，我还敢肯定你一走出医院就将这种劝说抛到脑后。骨质疏松症？那么遥远的事情，谁会愿意从今天起就坚持每天多喝一杯牛奶呢？好，那你听着：如果这种劝说和提醒还是不能促使你改变饮食习惯，那么说高钙质的饮食可以马上使你的指甲变得更加健康呢？即使不愿长远考虑为骨头多吸收点钙质，那你也应该为了指甲这样做。你可以反过来想一想，多吃含钙丰富的食物能得到健康的指甲，也能顺便增加骨密度，何乐而不为呢？除了要补充大量的钙质之外，你还得均衡摄取其他维生素，特别是维生素 E。

最后再提一下，你的指甲如果真的很脆弱，就绝对不要强求留长或涂指甲油。要使指甲保持健康，就得将指甲剪到最短，两边剪圆（以甲床为轮廓）。只要精心护理，你的指甲一样会很迷人。再次强调一下：绝对不要将脆弱的指甲留长。

▲ 饮食可以自己做主，健康合理的饮食可以养出健康美丽的指甲。还有，记得吃维生素。

变色的指甲

人们通常会用指甲油来使指甲显得更加坚固，也顺便掩盖指甲的变色。其实，变色是指甲发出求救信号的一种方式。如果天天都涂着指甲油，那就想想看，你是否给过指甲呼吸的机会？大多数人刚刚洗去指甲油，中间最多只隔了20分钟就又涂上另一种指甲油。如果你用的是深色指甲油，涂法不恰当，又没有先涂一层护甲油，那么颜料就会渗透到指甲里面，污

染角蛋白，于是指甲就变色了。

要预防指甲变色很简单，方法如下：

● 涂指甲油之前一定（再次强调是"一定"）要细心做好指甲的准备工作，并且一定要先涂上护甲油。自己涂指甲时，许多人很容易因偷懒而跳过涂护甲油这一步，因为护甲油都是透明的，大家就会觉得涂不涂好像都一样。但是，其实护甲油真的很重要，不容忽视。护甲油能够使指甲油更好地粘在指甲上，能有效防止指甲油碎裂。再者，护甲油还能作为指甲和指甲油之间的保护层，有效防止指甲被染色。

● 经常换用不同颜色的指甲油。如果你喜欢浓稠的暗色调，那就每个月抽一周的时间换用软色调的指甲油。

● 如果指甲的变色情况非常严重，就把指甲全都剪短，以促进新指甲的生长，而且在重新蓄指甲的时间里完全停用指甲油。如果你的指甲还比较坚固，也可以试试抛光指甲，也许就能清除变色了。

如果你的指甲油变黄了（不是指甲变黄），不要担心。这是因为亮甲油脱落了，指甲油因此失去了保护，以至于颜料被氧化而产生变色，所以，这种现象经常出现在阳光下的沙滩上和公园中。会造成氧化的不止有阳光，许多产品也会损坏亮甲油，包括含有化学物质的护发产品、含有果酸或乙醇酸的护肤品、洗涤剂、防晒霜等。发现指甲油变黄，你只要重新涂上亮甲油就可以了。

凹凸不平的指甲

许多女性抱怨指甲容易出现凹凸。导致指甲凹凸不平的原因有很多，如激素、基因和其他一些因素。就如指甲油有多种颜色一样，指

小贴士 ♡

家庭疗法

变色的指甲一般会自动消失（通过生长），只是可能需要较长的时间，要是你无法等这么久，那就使用以下几种家庭疗法，马上就能起作用。

● 用指甲刷或者旧牙刷蘸点过氧化氢，轻轻地刷洗指甲。

● 将一个柠檬切成四块，将其中一块的汁挤到指甲上，然后用指甲刷或旧牙刷擦洗，再用水清洗。

● 像涂面膜一样将所有指甲都涂上些液氧霜（美容产品店均有出售；要是找不到，也可以用增亮或者美白的面霜）。5分钟之后，清洗掉液氧霜并擦干指甲，再用抛光块或抛光板沿着 X 的形状进行抛光。

小贴士 ♡

凹凸填充

凹凸填充其实就是加厚护甲油层，也就是用护甲油填满凹下去的地方，使指甲的表面显得更加平滑。不管是用护甲油填充还是用指甲油填充，这种填充方法都比较适用于较浅的凹凸，但只是治标并不治本。所以，填充法只是一种美化的途径，而不是根本的解决方法。

小贴士 ♡
凹凸和指甲油

如果你指甲的凹凸情况比较严重，就不要使用以白色为基色的指甲油，包括乳白色、粉色和淡色调。也许有些人认为多涂点指甲油就可以掩盖这些凹凸，其实不然，这些颜色只会使凹凸更加明显。而且，涂多了只会让指甲油层更厚，反倒不好看，而且要好几个小时才能干透。所以，对于有凹凸的指甲，比较适合红色和暗色的指甲油。不妨尝试用软色调、纯色和经典色的指甲油，因为这些颜色会使指甲看起来更光滑些。

甲的凹凸也有好几种类型，但大体上可以归为两大类。

如果你的指甲虽然凹凸不平，但指甲本身却很坚固，指甲表面呈现出不规则的波纹。要处理这样的凹凸简直就是小菜一碟，沿着 X 的形状，用抛光块或抛光板对指甲表面进行抛光就可以了。等指甲长长后，这些凹凸还会再出现，那就用同样的方法再次进行抛光。

要是你的指甲比较脆弱，那凹凸就会呈现出"条纹形状"。这条纹从甲根延伸到甲尖，而且指甲一旦长出甲床，就会顺着条纹裂开，指甲随之断裂。要解决这样的问题，除了要一直都把指甲剪到最短，防止甲尖裂开之外，就别无他法了。不过，黏合剂是很好的保护层，哪怕只是一层护甲油，也能使指甲更加坚固，从而降低破裂的可能性。但也要注意，不要对甲面进行抛光，因为这些"条纹"的出现，是指甲本身对脆弱指甲的一种保护，不要破坏这种

小贴士 ♡
指甲保养

在你使用精油的时候，可以将精油涂在指甲上。瓦塔型人的指甲通常苍白、不完美、易断。皮塔型人的指甲呈粉红色，是椭圆形的，较柔软。卡法型人的指甲是方形的，很坚韧。含有杏仁油和蜂蜜的护手霜都对指甲有护养作用。

保护层。

有些人在压力之下或者无聊之时，会习惯性地抠甲盖。这其实是一种很不好的习惯，因为这会使指甲产生凹凸。这种习惯的害处仅次于啃咬指甲，而且令人奇怪的是男性比女性更经常这么做。对于有这种习惯的女性来说，只要涂层指甲油来保护指甲表面就可以了；而对于男性，就需要为指甲做个完整的抛光，磨平所有的凹凸之处，并经常给指甲补水以改掉这样的习惯。

如果你的指甲一直都很健康很美丽，但是有一天突然出现了凹凸，那就赶紧去看医生。这可能是营养不均衡引起的，也可能是激素分泌异常造成的，还可能是某些药物的副作用。

裂开的指甲

指甲裂开或破碎最令人讨厌，也最让人伤脑筋。我们每个人都会碰到这种情况，比如将指甲撞在了桌角上，打电话摁按键时用力过猛，从盒子里快速地抽出磁带，还有过分地咬甲行为（令人惊讶）等，都会造成指甲的开裂。也许你的指甲本身就比较脆弱，容易裂开；也有可能你的指甲本来非常健康，只是偶尔被你拿来当工具，用力过重而开裂。不管是哪种情况，你都要学会怎样去处理裂开的指甲。

● 如果裂开的只有甲尖（甲床上的指甲没有裂开），那就用指甲刀把裂开的部分修剪掉，然后用指甲锉把甲尖磨平。这时，这个指甲可能会比其他指甲都短，那就咬咬牙，把其他指甲也剪到一样的长度，毕竟整齐的指甲要比参差不齐的指甲看起来优雅得多。

● 如果连甲床上的指甲也裂开了，那就将甲尖沿甲芯剪齐，再用抗菌皂洗净双手。等双手都干透了，拿出急救箱，给受伤的指甲涂上新孢霉素，缠上绷带，防止进一步的损伤。接下来的几天你要一直绑着绷带，如9果绷带松了、湿了或

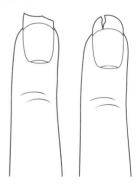

▲ 如果你有一个指甲断了（如左图），或者裂开了（如右图），那就全都剪掉，让指甲重新生长。

脏了，就立刻换用新的。每次更换绷带的时候，要记得再涂上新孢霉素。

有白斑的指甲

所有人的指甲都会有出现白斑的时候，也都为此焦虑不安。于是，人们就用无穷无尽的想象来猜测白斑出现的原因。是缺钙了呢还是缺锌了呢，难道是身体不健康了，是因为没有锻炼身体，还是天气变冷造成的，类似的猜测不胜枚举。但是很遗憾，这些都不是原因。白斑其实是伤痕。当你用指甲轻叩硬物时（通常连你自己都不知道指甲已经受伤了），甲基中生成指甲的组织就遭到了损坏，指甲就产生了这种斑点。解决方法就是等白斑长出来，适当的

时候剪除。

当然了，如果你指甲上白斑非常大，或者凸了起来，或者凹了进去，总之看起来不大正常，那你就要赶紧找医生检查。毕竟，小心不出大错！

脚部疗法

脚趾的形状会有影响吗

当然有影响。脚趾若是形状各异、太长或太短，你穿上鞋子后，脚趾要么被夹痛，要么被磨伤。而且，你的脚若受伤了，全身都会不舒服。想想看，若有一个脚趾刚被碰伤或长出水泡，痛得你不得不一瘸一拐地走路，这会是

美丽锦囊

自制护甲贴

如果你的指甲很长，而甲尖上的裂痕又没有达到甲床部位，你又想要保住指甲，那就给指甲做一个保护套吧，就算是为破裂的指甲打上石膏。那要怎么做呢？这可能是指甲行业的"商业机密"。其实很简单，就是面巾纸加上指甲胶（这是一种特制的胶水，大部分药妆店和美容产品店都有出售）。制作方法如下：

1.剪下一块面巾纸，跟指甲差不多大小。注意：不要使用湿巾，若是面巾纸有好几层，只用一层就好。2.用面巾纸盖住指甲破裂的地方。3.一次滴一滴指甲胶，指甲胶会渗透到面巾纸的纤维里面，最后会粘到指甲上。就这样慢慢地多滴几滴，看起来就像是面巾纸的纤维溶解到指甲上了。注意：不要滴太多的指甲胶。4.指甲胶干后，拿掉面巾纸，并用抛光块或抛光板磨滑甲面。这样就保住指甲了！

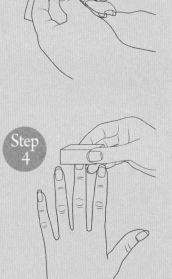

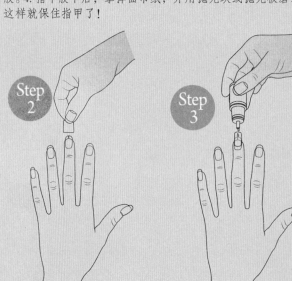

▲ 这种款式的平底芭蕾鞋超级高雅，而且不会损伤双脚！可以的话，就经常穿这种鞋子以保护脚跟。

什么样子呢？其实你只要稍微花点精力护理一下脚趾，就能预防这些意外，也就不会产生什么不便了（特别是趾甲内生的困扰）。

以前，我一直深受趾甲内生的痛苦折磨，特别是大脚趾，而我的做法总是：拿起剪子，剪掉嵌入我可怜皮肤的指甲，然后尽力把指甲旁边的死皮都挖出来，挖得越多越好。就这样，我陷入了恶性循环当中：挖、挖到流血、再出现再挖……直到我的足病医生大声呵斥要我停止，我才知道我的所做所为害处比益处多得多。所以，你们也应当从我以往的经历中吸取点教训。接下来，我就介绍一下如何克服这种又挖又剪的习惯：

● 绝对不要剪掉趾甲的两边。若是剪掉的话，反而会为趾甲留出生长空间。这样的话，趾甲要长出来就会刺破皮肤，那就更加痛苦了。所以，还是让指甲自然生长。这也许需要几周的时间，而且前面三四天可能会疼痛不堪。但是，一旦内嵌指甲纠正过来了，你就不用再经历这些痛苦了（至少只要你按照接下来的几步做，就绝对不会再经历这些痛苦）。

● 不要穿鞋跟太高的鞋子，也不要穿鞋头很窄的鞋子，不然会把脚趾挤坏的。要是你实在想打扮得时尚一点，不得不穿 10 厘米高的细高跟鞋，那就选择圆鞋头的鞋子；并且尽量避免久站，更不要走得太久。

● 如果你穿的是鞋尖封闭型的鞋子，那就要时常将趾甲剪短。在这种封闭的环境中，长趾甲只会招来更多的麻烦。

● 将趾甲修成直线，不要把两边修圆，更不要剪成千奇百怪的形状。

● 不要再剪掉趾甲的两边，也不要再挖死皮，就让脚指甲自然地生长。

如果你发现你的内嵌趾甲异常疼痛，或者趾甲旁边的皮肤看起来又红又肿的，不要自己动手。这时要聪明一点，马上找医生检查。

老茧

可怜的老茧一直都被恶意中伤。老茧是在受压严重的点上长出来的一层很厚的皮肤，它的产生只有一个原因：就是为了更好地保护你。难道你没有发现，只有那些承受着巨大压力的地方才会长出老茧吗？比如脚后跟的外面、脚掌的中间和大脚趾的外面，这是承受全身重量的三个地方，也是你每走一步路有可能与鞋子摩擦的地方。

处理老茧时，你绝对不能使用老茧刮刀（也称为君度刀），在美国大多数州使用这种刮刀都是非法的。这个小工具就像是小型的奶酪刮刀，可它不是用来切奶酪而是用来切除老茧的，想想就可怕。我想谁也不愿意拿着把刀对自己下手吧！如果你还是坚持要用的话，那就这么想吧：每次去除完老茧，不久后它还是会再长出来的，而且会更厚更粗糙，甚至还会裂开。想想这个，你还想刮掉吗？

老茧本身并没有什么不好，但这并不是说你就不用护理它们了。老茧若是干到裂开了，你可是找不到任何借口推卸责任的。不过，也不要紧张，你需要做的不过就是多给老茧补水，最好比给脚部其他部位补水的次数多些，而且每次淋浴的时候都要记得用脚部锉刀打磨一

▲ 脚部锉刀简直是去角质的超级明星，每用一次，都会让你的老茧招架不住。

下老茧。就这样，老茧保护你（这是它们的工作），你也保护它们。

鸡眼

如果你把自己8号的脚硬塞进6.5号的鞋子里，几年之后，你就会发现脚趾上长出了一些有点硬的肿块。这些肿块就是鸡眼，也不值得太担心。

跟老茧一样，鸡眼只是在压力或摩擦比较集中的地方长出来的一层较厚的皮肤。实际上，老茧和鸡眼在医学上是一样的，但老茧一般位于脚底、脚侧或身体其他部位，而鸡眼是一种只长在脚趾上面或脚趾旁边的特殊老茧。

要防止鸡眼出现，你就需要穿比较合脚的鞋子，而且鞋尖不能太紧。要是你最终还是抵挡不住一双梦寐以求的完美舞鞋的诱惑，并且已经对双脚造成了伤害，鸡眼也已经出现了，那就需要经常打磨鸡眼，并经常补水，这样能使之变得柔软光滑些。

不要使用"鸡眼膏"、药垫和其他非处方的鸡眼疗法。这些只会带来更严重的疼痛和不适。如果你的鸡眼特别痛，影响了你的日常生活，那就去找医生，不要自己处理。

预防感染

每次跟顾客讲起清洁和卫生的时候，他们总会问，"我怎么知道我有没有受感染？"其实感染的第一个迹象一般都是看得到的，比如趾甲颜色、厚度和质地的改变等。如果这类变化出现得很突然，而且很严重，你就必须马上就诊。还要注意的是：真菌感染和细菌感染，包括脚癣，都是极易传染的，所以在你消除感染之前，绝对不可以跟任何人共用指甲护理工具、袜子、毛巾和鞋子等。

厚脚指甲

我右脚上有三个"淘气的趾甲"，又厚又弯，还有点变色，是从我亲爱的爸爸那里遗传过来的。如果你也像我一样，一生都要面对这样的指甲，我想你也会别无选择，只好把趾甲抛光打磨得薄些平些。抛光之后，就好看多了，不过，你还得经常用抛光器进行抛光，以磨去新长出来的指甲。

如果你的指甲是突然变厚或突然变色的，那你肯定要马上就诊，确认是否受到了感染。

脚臭

脚跟身体的其他部位一样，也会出汗，因为出汗是身体保持凉爽的方式。但是双脚闻起来之所以会这么臭，还有另外一个原因，就是双脚一整天都闷在鞋子里，汗水就会发酵，散发出我们熟悉的难闻的味道。摆脱这种味道的方法之一就是保持双脚和鞋子的干净。

然而，人们觉得仅是保持双脚和鞋子的干净是不够的，就研究出了许多方法来去除脚部异味。于是，市场上就出现了许多药粉，据说可以减轻脚部的臭味。有些药粉也确实很有效，不过一般都很贵。其实，你也未必非要去买这么贵的药粉，在脚底敷上止汗剂也一样很有效果。你要注意的是，一定要等止汗剂干透之后，才能把脚放到鞋子里，不然的话，你一整天走路都会觉得滑滑的。

要是你想用些高科技药品，以减少出汗量、防止臭味产生，那就让医生给你开些处方级的产品。

▲ 许多女性喜欢穿非常高的高跟鞋，但是，这样的鞋子对双脚的健康有害无益。

趾甲脱落

脚指甲绝不会平白无故地突然掉下来。如果你的趾甲变紫了或开始掀开了，那极有可能是你伤害了它，比如把什么东西滴到了脚趾上，用脚趾猛撞了什么东西，用力踢在了门上，或者夹伤了脚趾，以至于甲基受到损坏。紫色很可能是趾甲下面有淤青，也可能是趾甲下面有干掉的血块（如果甲床上的皮肤裂开流血了，就会这样）。这时，受伤的甲基根部就会开始判断是要继续生长，还是要放弃已有的趾甲？如果受伤较重的话，甲基根部会选择在旧的趾甲下面长出新的趾甲。若是这样，就让新的趾甲自然生长吧，但也不要扯掉旧的趾甲，以后它会自己掉下来的；也别自己动手处理淤青，就等着它自己消失吧。如果脚趾很难看的话，你可以贴上创可贴。在新趾甲生长的过程中，你一定要善待双脚，不要穿太紧的鞋子，更不要穿高跟鞋，不然的话，大脚趾会承受很大的压力，不利于新趾甲的生长。

如果你还是觉得很不舒服，就去看医生或者找其他专家咨询一下。

◀ 使用假指甲的注意事项

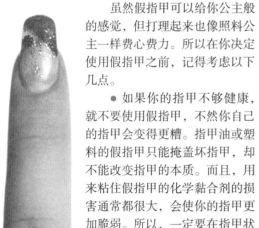

虽然假指甲可以给你公主般的感觉，但打理起来就像照料公主一样费心费力。所以在你决定使用假指甲之前，记得考虑以下几点。

● 如果你的指甲不够健康，就不要使用假指甲，不然你自己的指甲会变得更糟。指甲油或塑料的假指甲只能掩盖坏指甲，却不能改变指甲的本质。而且，用来粘住假指甲的化学黏合剂的损害通常都很大，会使你的指甲更加脆弱。所以，一定要在指甲状态良好的情况下使用假指甲。

● 随着天然指甲的生长，假指甲就会逐渐剥离，水分便容易进入假指甲下面。这样的话，你很有可能会被细菌或真菌感染。所以，一般情况下技师会要求你每隔一周左右去做一次填充或润

色，你要按她所说的去做，这样就能降低感染的可能性。

● 使用假指甲时，你得远离游泳池、河湖和海洋，防止水分、沙子或污垢进入假指甲下面。这些异物一旦侵入，会导致指甲产生不良反应，结果就更不好处理了。所以，即使是在打扫房屋的时候，你也要戴上手套，杜绝灰尘进入假指甲下面。

● 如果你的技师在处理指甲时使用面罩，那你也要跟着使用面罩。

● 决定使用假指甲之后，打磨指甲就必不可少了。然而，锉磨和砂磨都可能会对你的指皮造成损伤，所以你要请技师打磨时尽量轻点。

● 使用假指甲都要接触化学黏合剂，经受频繁的砂磨和锉磨，与指甲油亲密接触，还得经常使用清洗剂。所以，怀孕期间最好不要使用假指甲，以免对孩子造成不好的影响。

● 假指甲上涂的指甲油一般会比真指甲上的寿命长些。这是因为人的天然指甲会分泌油脂，这些油脂会使指甲油开裂甚至脱落；而假指甲则始终干燥，指甲油就不易脱落。

拿掉假指甲

假指甲确实能使指甲变得更好看，但当你拿掉假指甲后，你会发现自己的指甲变得更脆弱了。

不要强行扯下假指甲，否则你的指甲会遭受更大的损害。要是你没有时间去美甲吧，而又不得不在家里拿掉假指甲的话，请你一定要使用纯净的丙酮。如果你没有，也可以用以丙酮为主要成分的指甲油清洗剂，但要用两次。

（1）用指甲刀或指甲剪修剪假指甲，把它

> **小贴士** ♡
>
> **在家里拿掉假指甲的工具**
>
> ● 一把指甲剪或指甲刀
> ● 一把中等或粗粒的指甲锉
> ● 一个小碗
> ● 纯净的丙酮或以丙酮为主要成分的指甲油清洗剂
> ● 一块白色的抛光板或抛光盘
> ● 橘木棒或消过毒的修指皮刀
> ● 纸巾或毛巾
> ● 保湿霜

们剪得比天然指甲短些，便于接下来的操作。注意：这时的指甲不可超过指尖。

（2）修平假指甲表面：用中等或粗粒的指甲锉轻轻地磨掉结块的胶水、丙烯或者凝胶。

（3）在碗里倒入丙酮或者指甲油清洗剂，然后将手指在碗里浸泡2～3分钟。

（4）把手拿出来，用白色抛光板轻轻抛光指甲表面，再浸泡2～3分钟，再进行抛光，直到假指甲完全软化。

（5）这时，假指甲就会开始脱落，你就用干净的橘木棒或消过毒的金属修指皮刀将假指甲轻轻推掉。注意：动作一定要轻柔。

（6）接着就用肥皂和温水彻底清洗双手，再轻轻将双手擦干。

（7）检查指甲，抛光所有残留的胶水、丙烯或者凝胶。最后，再次冲洗双手，并涂上保湿霜。

等你拿掉假指甲之后，你的天然指甲很可能会脆弱而易断。要使指甲再次快速生长，最好的办法就是做一次指甲护理，或者到美甲吧享受专业的服务。在指甲恢复期间，一定要让指甲保持短而干净，并使用护甲油。还要注意：拿掉假指甲后的几周时间里，不要使用指甲油，因为你现在的甲盖还很薄，容易被指甲油中的色素染色。在这样的精心呵护和细心照料下，你的指甲很快就会恢复健康。

◀ 指甲护理工具

准备工具

图示指南

曾经有一位顾客带着自己整套的指甲护理工具过来，我非常感兴趣，问她是在哪儿买的？令我惊讶的是，她竟想不起来是什么时候在哪儿买的，甚至连一点点印象都没有。她所能记起的就是有些工具是很久以前买化妆品时送的，有些是从母亲那儿接过来的传家宝，有些是亲戚朋友送的礼物，有些则是住旅馆带回来的，只有极少数是真正为护理指甲而买的专业工具。我并不是说这些来路不明的工具没有用，其实，不管它们来自哪里，现在都有使用价值，哪怕是刚从阁楼里翻出来的也一样。

要是你手头上已经有了一些工具，那就先检查一番。其中若有非金属材料制成的，就扔

到垃圾箱里，永远别再捡回来。因为塑料的工具是不能进行消毒的，而塑料抛光器或指甲锉容易滋生细菌，用的话很容易受到感染。接着，再检查金属工具，看看有没有生锈损坏的，再决定是否留下。虽然你在家中被真菌或细菌感染的可能性比到美甲吧小很多，但还是有可能的，所以，留下来的这些工具都得能进行消毒而且必须进行消毒。

不过，我建议你还是去买新的工具。下面列出了指甲护理常用的工具，你不用都买，但一定要买最有益于指甲的。

指甲锉

金属指甲锉

关于金属指甲锉是否对指甲有益处，一直是众说纷纭。在我看来，金属指甲锉完全是好用的。它们不仅易于消毒，而且打磨效果非常好，能迅速使你的指甲边更为滑顺，指尖也更平整。

玻璃指甲锉

这是一种利用玻璃磨砂工艺制成的指甲锉，是最近才出现在市面上的，进行消毒非常方便。但话又说回来，这种指甲锉的砂粒过于平滑，没法用来打磨较长的指甲。所以，一般都是先用其他指甲锉打磨，快完成的时候再用玻璃指甲锉磨几下，这样指甲就会更有光泽。

▲ 指甲锉分为三种：金属指甲锉、玻璃指甲锉和一次性指甲锉。

一次性指甲锉

虽然一次性指甲锉（通常也称为钢砂板）很便宜，但每次用完都要扔掉，所以从长远来看，这是一笔很大的开支。一次性指甲锉是分等级的，等级越高，锉刀就越细致柔和。因此，若是你的指甲比较脆弱或者你对磨指甲比较敏感，那你就要选择最高等级的一次性指甲锉；若是你的指甲比较厚，那你就要选用中等的指甲锉。不管你选用哪种等级，都要记得一次多买一些，这样你就可以跟卖主讨价还价。一次性指甲锉分为三种，每种都有特别的功用。以下列出它们各自的优点：

▲ 钢砂板：既便宜又有许多砂粒粗细不同的等级可供选用。

● 优等：适用于脆弱易裂的指甲，其中砂粒多向分布，用来打磨指甲显得轻松而又简单。

● 中等：适用于所有类型的指甲。这种指甲锉的两端不一样大，大的那头可以粗磨指甲，小的那头可以用来做细致的修饰，也可以清除指甲缝里的污垢。

● 粗等：这种指甲锉的沙粒既粗糙又密集，适用于打磨难以对付的脚指甲和拇指边上的厚角质层。

指甲刀

与指甲锉一样，大小不同的指甲刀也各有所长。

● 小型：适用于手指甲和较小或较脆弱的脚指甲。要是你的手比较娇小，小型的指甲刀用起来更灵活方便。

▲ 中型指甲刀

● 中型：手脚都适合，也可用于脆弱和普通的指甲。这是一种标准型的指甲刀，大多数店里都有售。

● 大型：可用于大脚趾上大而厚的趾甲等，

但不要用来剪脆弱的指甲，不然指甲会崩裂的。

指甲剪

指甲剪只能修剪指甲的尖端和两边，不宜用来剪很长的指甲。使用时一定要保持剪刀的两刃锋利笔直，要记得进行消毒，就像给其他美甲工具消毒一样。要是剪刀钝了，要交给专业人士磨利。

▲ 指甲剪

修指皮刀

金属修指皮刀

跟金属指甲锉一样，金属修指皮刀也引起了很多的争议。有些人说用这种刀修指皮是很残酷的，因为若推得太重了，金属就会损坏指甲的根部。我则认为若是用得不当，不管是金属的、木制的，还是塑料的都会对指甲造成损伤。金属修指皮刀最大的优点就是可以进行消毒，所以我很喜欢。而且，我强烈建议每个人

▲ 金属修指皮刀

都去买一把。

修指皮刀有很多不同的形状：

●一般的修指皮刀：适用于各种指甲。这种修皮刀的一端是齐的，另一端是圆的。但一般只用圆的那一端，因为齐的那端很可能会撕裂甲床。

●"美甲工坊"指皮刀：这是一种一端为斜面的多功能修指皮刀，不大可能会破坏你的指皮，也不大可能会推得太深。

塑料修指皮刀

除了可以通过机场的安全检查外，这种修刀再没有其他优点了。它没有金属的结实，很容易弯曲。而且很多时候，塑料修刀太短，握都握不牢。所以，最好不要选用。

橘木棒

这是我最欣赏的指甲护理工具，既经典又实用，我一直都在用。但是要注意：每次护理完都要将用过的橘木棒丢掉，所以最好一次多买一些。买回来后，将这些橘木棒切成两半，然后储藏在密封的容器里或者塑料袋里。

▲ 橘木棒

指皮钳

指皮钳用起来相当有技术难度，特别是自己动手的时候。只有经过技术训练，你才能把指皮剪整齐。但是，就算你使用指皮钳的技术非常精湛，受伤的可能性还是非常高的，尤其是当你用辅助手操作的时候。所以，我建议你

▲ 指皮钳

不要在家里使用这种工具。要是你真的必须使用，一定要十二分地小心。记得，熟能生巧，要多多练习再使用。

指皮剪

指皮钳是不能用的，除非已经练习得相当熟练了。那么，必须要修剪指皮时怎么办呢？这时，我们就可以选用这种特殊的弧形剪刀。

用这种剪刀剪倒刺，是小菜一碟。即使是你技术不纯熟或者使用辅助手操作，也不必担心会受伤。

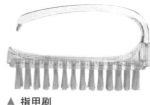

▲ 指甲刷

抛光块和抛光板

在进行指甲护理时，抛光块或抛光板是必不可少的，因为它们不仅能使你的指甲表面变得更为光滑，而且还能为涂抹指甲油预备一个极好的画板。最好的抛光器是一次性的，都比较便宜。但是，所有一次性工具用完就得扔掉，如果一次用不完一整块的抛光器，你可以按以下方法处理，以免浪费：将一块长方体的抛光块切成4块，一次使用一小块。比如我自己就喜欢一次性购买大批量的抛光器，接着把它们全切好，再装到密封的容器或塑料袋里，日后慢慢使用。

▲ 抛光块

指甲刷

你在整理花园、烧饭、画画或做其他事情后，发现指甲缝脏了，这时就要用到指甲刷。大多数指甲刷都是塑料的，要保证无菌很困难。指甲刷不是一次性的，你最好用几个月就换新的。要是你经常需要使用指甲刷，那就在特定的区域（如厨房、浴室、花园洗手盆等地）放置专用的指甲刷。

磨石

提到磨石我就紧张不安，因为我不喜欢磨石。我曾经用它们磨过脚掌，却没有除去什么角质。更糟糕的是，

▲ 磨石

磨石都又湿又暖，是细菌的爱巢。不管你将磨石放在哪里，它们都会留下脏兮兮的印记，又

▲ 塑料脚部锉刀

无法进行消毒。所以，我建议你们最好不要使
用磨石，可以用粗锉或脚趾锉来代替。

▲ 金属脚部锉刀

脚部锉刀

　　跟指甲锉一样，脚部锉刀也有不同的种类。
根据等级和使用时间的不同，脚部锉刀可以分
为下面几种类型。虽然一次性锉刀很便宜，但
用过就得丢掉，天长日久也会成为一笔很大的
开支。金属锉刀买起来虽然很贵，但质量好，
又比较耐用，爱惜着用的话能用很久。所以，
我个人还是建议大家选择金属脚部锉刀。

　　● 塑料脚部锉刀：这种锉刀其实就是一把
塑料的短柄一端粘了几张砂纸。第一次使用时
效果极好，但很快这种锉刀就变钝了。虽然广
告上说这种砂纸锉刀可以重复使用，但第二次
使用时效果就很差了。也就是说，每次都得换
新的，不然就达不到很好的效果。

　　● 金属脚部锉刀：金属脚部锉刀是锉刀中
的主要类型，用于深度去角质。只需一会儿工
夫，就能收到惊人的效果。而且，这种金属工
具有一个优势，就是便于消毒。不过，这种锉
刀用久了也会变钝的，那时你就需要再买一把
新的。每把金属锉刀大概可以使用一年，也还
算比较实惠。

　　● 钻石牌脚部锉刀：实如其名，这种特殊
的锉刀确实是由钻石粒子铺成的。用它去角质
具有梦幻般的效果，而且，你不用担心它会变
钝，因为它越用越锋利。只要定期消毒，这种
锉刀永远能保持完美。要注意的是：这种锉刀
十分精细，最好是先用粗糙一点的锉刀去掉大
量的角质，然后再用钻石锉刀打磨几下。

内侧脚趾边锉刀

　　有些人的脚趾两侧经常会长满死皮，这些
死皮就像藤一样缠着脚指甲，极其讨厌又很难
处理。要除去这类死皮，内侧脚趾边锉刀就是
最好的选择。这种工具的形状设计得很巧妙，
任何所谓的"难以够到的角落"都逃不过它的
"法掌"。这种锉刀使用起来非常简单，是脚趾
护理的极佳帮手。

▲ 内侧脚趾边锉刀

美丽锦囊

购物单

用于手部：
指甲刀或指甲剪
各种等级的指甲锉
修指皮刀
指皮剪
抛光块或抛光板
指甲刷（可选）
用于脚部：
指甲刀或指甲剪
各种等级的指甲锉
修指皮刀

指皮剪
各种等级的脚部锉刀
抛光块或抛光板
指甲刷（可选）
通用：
化妆棉
棉签
密封塑料袋
乳液和霜剂：
指甲油清洗剂
补水霜

磨砂膏（手部用柔和的，
脚部用粗糙的）
指皮油

▲ 爱可以共享，但工具绝对不可
以！请准备两套护理工具：一套
用于手部，一套用于脚部。

▲ 刮匙

刮匙

刮匙的外形跟脚趾边锉刀有点相像，但刮匙有一头是个小小的匙形。有内生脚指甲的人用它来清除脚指甲和指皮之间的死皮，效果很好。

脚盆

在脚部护理中，你若兑好了特别的浸泡液准备泡脚，但又不想放到浴缸里，就要用到脚盆了。

▲ 脚盆

如果脚盆是金属制的，就更便于消毒。只要将脚盆放到洗碗机，设定"热气"档就可以了。

指甲护理碗

用于浸泡手指和搅拌磨砂膏。

▲ 毛巾

毛巾

用来擦净洒出来的液体，保护桌面，垫手腕，以及其他一般用途。

化妆棉和棉签

用于清除指甲油、修补指甲油和擦净工具。在修补指甲油时，最好不要使用棉球，因为它上面的绒毛会粘到指甲上。最好是使用化妆棉或棉签，因为它们上面多余的棉花已被除去了。要是棉签的头是尖的，那就更好了，因为尖的棉签使用起来更方便，能使指甲油更精致完美。

▲ 棉签

消毒

不管我们将护理工具放在哪里，都会滋生大量的细菌，这是很实际的问题。就算每次用完你都彻底清洗了所有的工具，还是可能会有这么一群可恶的家伙黏附在工具上。

解决的方案当然就是消毒，即杀死所有的微生物。值得庆幸的是，对于有心避免感染的人来说，消毒易如反掌。不管是自己在家里做护理，还是打算把工具带到美容中心享受专业服务，你都可以先在厨房彻底杀灭所有的微生物。

干热法

准备材料：
中性洗涤剂（如洗碗液）
要进行消毒的金属工具
饼干盘
坚固的金属钳子（非塑料柄的）
微波炉手套
密封的塑料袋
消毒步骤

1. 将烤箱预热到175℃。

2. 用热水和中性洗涤剂彻底清洗美甲工具、饼干盘和金属钳子，直到看不见任何污迹。

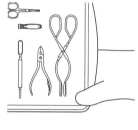

3. 将洗净的工具和金属钳子放在饼干盘里。一定要让这些工具分开，不能有任何接触，然后将饼干盘放到烤箱里加热12～15分钟。

4. 戴上微波炉手套，小心地从烤箱里取出饼干盘，冷却后，用金属钳子将这些工具放到新的密封的塑料袋里。然后在袋子上标明消毒日期，等到下次使用时再拿出来。

烧煮法

准备材料：
中性洗涤剂（如洗碗液）
金属锅
金属钳子
要进行消毒的金属工具
纸巾
密封的塑料袋
消毒步骤

（1）在锅里加满水，高温加热。等到水快要烧开时，用温水和中性洗涤剂将钳子和工具洗净，直到看不见任何污迹。

（2）等到水烧开的时候，用钳子将工具放

到沸水当中。注意：不要丢进去，不然滚烫的水会溅出来的，应该慢慢地将工具放进去。将工具烧煮 15～20 分钟，并使热水保持沸腾状态。在这个过程中，你可以在旁边铺几层干净的纸巾，并准备好一个新的密封的塑料袋。

（3）将钳子的顶部浸在沸水中约 60 秒，杀死钳子表面的细菌。然后，用钳子取出沸水中的工具，将它们放到纸巾上。

（4）用钳子夹着工具在纸巾上擦干。注意：千万不要用双手碰工具，就算不怕被烫伤，你也应该知道，手上的细菌会再次弄脏工具的。

（5）打开密封的塑料袋，用钳子将擦干的工具放到袋子里。封上袋子，再在袋子上标明消毒日期，等到下次使用时再拿出来。

酒精法

要是你既没有厨房，也没有烤箱，那该如何进行消毒呢？这时，你可以使用酒精消毒，只要将金属工具放到酒精（异丙醇）里浸泡 25 分钟就可以了。具体的步骤是：先将工具放到罐子或碗里，甚至玻璃杯也可以。然后倒入酒精，直到酒精漫过所有的工具为止。浸泡 25 分钟后，取出工具，擦干残留的酒精，并马上将它们放到密封的塑料袋里，封好袋子并标明日期。

如果只是用酒精快速地擦洗一下工具，只能称为净化工具，因为这样只能除去工具表面的污垢。这是一种快速清洁方法，但不能除去细菌、病毒和真菌，所以不是真正的消毒。然而在条件不允许的情况下，能用酒精对工具进行净化总比不加净化好得多。

手指甲护理指南

◀ 第一步：备好工具

要做好最基本的家庭指甲护理，就需要先准备好工具。注意：不要忘记提前对工具进行消毒。

开始护理

等你准备好所需的工具、乳液和霜剂之后，就找个合适的地方坐下来。最好找个舒服的座位，比如你最喜欢的椅子或者床上，甚至铺着

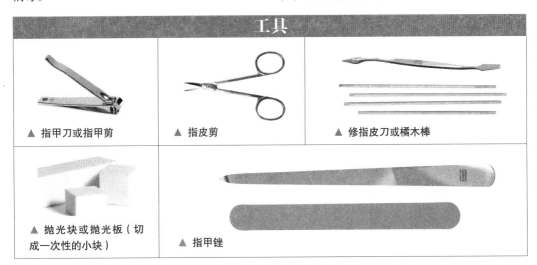

工具

▲ 指甲刀或指甲剪	▲ 指皮剪	▲ 修指皮刀或橘木棒
▲ 抛光块或抛光板（切成一次性的小块）	▲ 指甲锉	

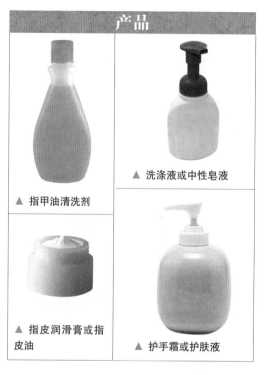

产品

▲ 指甲油清洗剂

▲ 洗涤液或中性皂液

▲ 指皮润滑膏或指皮油

▲ 护手霜或护肤液

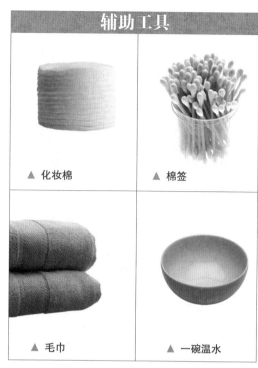

辅助工具

▲ 化妆棉

▲ 棉签

▲ 毛巾

▲ 一碗温水

垫子或者柔软地毯的地上也可以，因为这样你就更接近平坦的地面了，也不大可能会弄翻瓶子。我觉得坐在桌子旁边，把纸巾或旧毛巾等摊开放在面前也挺不错的。确定好位置之后，把所有的材料在旁边摆放好。

记得给美甲增加些气氛，如点上蜡烛，放点自己最喜欢的音乐，或看场最喜欢的电影等，只要你喜欢都可以。这样，你就更加放松，也更享受了。

◀ 第二步：修剪和打磨

1. 去除原有指甲油

如果你指甲上已经涂有指甲油，就需要先清除它们。具体的做法是：用化妆棉蘸点指甲油清洗剂涂在指甲上，擦掉所有指甲油。如果一次擦不净，可重复多次。

2. 洗净双手

用温水和肥皂彻底洗净双手，再将手擦干。注意：一定要擦干所有的水分，因为在打磨和抛光时，指甲上若残留有水分，就会产生过大的压力，指甲若是不够坚固的话就会裂开。

3. 修剪指甲

等手干透了，先花点时间仔细观察自己的指甲，然后再决定要将指甲剪成什么形状。如果你对自己现在的甲形很满意，那就跳到第4步，直接进入打磨阶段。

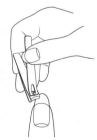

▲ 一定要从指甲的一边剪到另外一边，千万不要从指甲中间剪起！

　　剪指甲的时候，一定要从指甲的一边剪到另外一边，而且要一小下一小下地慢慢剪平。不要一开始就在指甲中间剪一个大口，否则会导致指甲崩裂。若是你使用的是剪刀，就要使刀刃始终与甲芯保持平行。若是使用指甲刀，就用指甲刀的切口从指甲前缘的一边开始剪起，同样也要使指甲刀始终与甲芯平行。注意：剪指甲的时候要小心一点，千万不要剪到肉。而且要尽量把所有的指甲都剪得差不多长。也许剪好后指甲还是很难看，但不要担心，接下来的打磨会使指甲变得完美。将剪下来的指甲都丢到垃圾箱里，或放在纸巾上以便过后丢掉。

4. 打磨指甲

　　剪好指甲之后，就开始磨指甲。如果你用的是一次性指甲锉，那就要先将锉刀的表面在抛光器上磨几下，因为这种指甲锉过于锋利，容易

▲ 将这种可重复使用的金属指甲锉倾斜 45° 捏紧，可以更顺利地完成打磨。

弄伤手指。不管你用哪种指甲锉（金属的、一次性的或是玻璃的），都应该按以下方法进行：

　　A. 用拇指和食指拿住指甲锉尾部的三分之一，用拇指抵住指甲锉的底面，其他的手指（小拇指除外）则始终搁在指甲锉的上边。小拇指自然弯曲，这样打磨时手就会更加灵活自如。

　　B. 双手保持放松，将指甲锉放到甲床和甲盖之间，也就是甲盖前缘稍下的位置。再将指甲锉倾斜 45°，使之轻轻抵住指尖。

　　C. 保持这样的姿势，开始打磨指尖。每一下都要磨得长而平稳，不要来回拉锯。这样，你就可以将指尖磨得很平整。注意：打磨时不要断断续续的，哪怕你已习惯如此也要改正，否则，不够坚固的指甲就会很容易裂开，再坚固的指甲也会变脆弱的。

　　D. 将所有指甲都打磨成同样的形状。注意：不要把指甲打磨得太短，也不要将指皮边上的两角磨得太深，否则指甲对指头就起不到保护作用了。

5. 指甲抛光

　　将指甲磨整齐之后，开始对指甲表面进行

▲ 将一整块白色的抛光块切成四小块，一小块恰好适于一次使用。

▲ 沿着 X 的形状，磨平所有的凸起和不平之处。

抛光。先用指甲锉的粗糙面轻轻磨几下（三四下就行）抛光器，磨平抛光器的表面，防止刮伤。抛光的具体方法如下：

A.用抛光块的粗糙面轻轻抛光指甲前缘的下面，以磨滑打磨时留下的边边角角。

B.用抛光块较柔软的尖角细心地擦去指甲下面所有的余渣。

C.如果你的指甲表面凹凸不平，那就用抛光器轻轻将凸起部分磨平。具体做法是：先用抛光器的粗糙面沿着 X 的形状，从指甲的左下角磨到右上角，再从右下角磨到左上角。重复几次后再用抛光器的柔软面进行抛光。每边磨上几秒钟就足够了。

D.要是指甲上还有粗糙的地方，那就继续用抛光器的柔软面将其磨光滑。

6.清理余渣

用橘木棒或者棉签清除指甲表面和下面所有的余渣。

指甲的塑形

指甲的形状不仅关系到美观，而且还关系到实用的问题。与颜色和长度一样，你所选用的指甲形状也会透露你的个性，以及你对世界的态度和渴望得到的评价。

自然的短指甲

你是否认为指甲若是太短了，就不好做护理呢？其实不然。短指甲是最优雅的，涂上各色指甲油都很漂亮。最关键的是，要想拥有天然的短指甲，就要将指甲边剪得与手指头齐（虽然每个人的指甲前缘都不一样，但大多数都跟指尖的形状相似）。这种形状的指甲不大需要费心护理，所以最适合于手工劳动者。

◀要剪出自然的短指甲，那就要将指甲剪得很短，几乎剪到甲芯处，并沿着天然边进行打磨。

方形的指甲

如果你的指甲比较脆弱，又容易断裂，或者你的甲床比较小，那方形指甲就很适合你。虽然方形长指甲的两边都很尖，但它直而平的

表面可以承受住每日频繁使用的作用力。而且，只要不留太长，就不容易裂开。

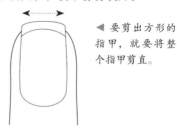

◀要剪出方形的指甲，就要将整个指甲剪直。

方圆形的指甲

方圆形是商业界最流行的指甲形状。这种顶尖直两端圆的指甲能使手指显得更加修长，使双手看起来更有女性魅力。但是，只有坚固的长指甲才适宜选用这种形状。脆弱易断裂的指甲若修成方圆形，在打磨时很容易裂开。还有，一定要记住：指甲越长，越需要精心护理，特别是像方圆形这种形状的指甲。

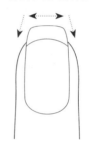

◀要剪出方圆形的指甲，就需要把指甲前端和侧面都剪直，然后将直角修成圆弧形。

圆形指甲

未经修剪的指甲本身就呈圆形。这种形状很适合男性，也同样能满足女性对美观的要求，又方便打理。圆形的指甲最好不要太长，特别适合那些经常会将指甲弄脏的人（比如园艺和厨艺爱好者）。还有，如果你的甲床比较宽，也可以选用这种形状，因为圆形指甲能使甲床显得细长些。

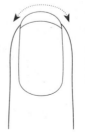

◀要剪出圆形的指甲，就不能直直地剪下指甲，而是要沿着指甲的天然弧线修剪。

椭圆形指甲

如果你的工作不需要经常打字或者频繁使用

手指，那你就可以选择椭圆形。这种形状，既好看又显得手指细长。跟圆形指甲类似，椭圆形看起来也比较自然，不同的是椭圆形指甲需要长一点，毕竟只有足够长的指甲才能修出椭圆形。修剪椭圆形指甲必须注意：打磨时要特别小心。打字或摁手机按键时更要小心，不然的话指甲会立马折断，那样就变成方圆形指甲了。

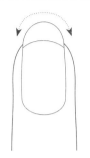

◀ 要剪出椭圆形的指甲，就要从指甲的一边剪到指甲的中间，然后修成椭圆形，再同样从另一边剪出另一半椭圆形。

尖形指甲

一般人都不大会剪这样的指甲，但你若是确实羡慕好莱坞古典美女（如贝蒂·戴维斯）的美甲，也不妨一试。然而，要想成功地拥有这样的指甲，你必须具备以下条件：拥有超级结实的长指甲，有喜欢打磨指甲的习惯，能够对指甲进行非常细致的照料，以及一份不用动手的工作，也就是说，连纽扣都得别人帮你扣。

◀ 要剪出尖形指甲，方法与椭圆形的类似，只是要在指甲前端剪出三角形。

◀ 第三步：指皮护理

1.湿润与按摩

在一碗温水中加入少许肥皂或者洗面乳。若是指皮比较干燥，还可在碗里滴几滴指皮油。若是指皮实在太干了，那就不要使用肥皂。将这碗温水搅拌几下，再将一只手的所有手指都放进去，等手指湿润后拿出来。然后，给指皮

涂上一层厚厚的指皮润滑膏或者指皮油，并按摩几下。

2.浸泡

把手放到温肥皂水中泡几分钟。在浸泡时，你就可以尽情地享受这样的惬意，闭上眼睛，听听音乐，完全放松一下。要浸泡多久由你自己决定（我喜欢在水变凉之前拿出来），差不多了就将手拿出来，再用毛巾轻轻地擦去手上的水分。

3.修指皮

用修指皮刀或者橘木棒轻轻地将指皮推离指甲。注意：要将指皮全都推开，包括指甲的三边（底边、左边和右边）。指甲和指皮之间若长有死皮，你可以顺便清除。

4.处理另一只手

另一只手也照着 1～3 步进行护理。

5.按摩

最后，在双手上滴一滴护肤液、指皮润滑膏或指皮油，并按摩几下。

6.打磨

用第一阶段（即修剪和打磨）中所使用的抛光块或者抛光板清理一下所有的指甲。先打磨粗糙的指甲边，并磨平所有不对称的地方。再用

▲ 每周你只需花几分钟时间修一下指皮，就能使你的手指保持极美的状态。

▲ 指皮油能提供最基本的水分。

橘木棒或修指皮刀的圆端，用左右摩擦的方式彻底清除指甲下的余渣。

7. 再次修指皮

最后，用橘木棒或修指皮刀再次轻轻地将指皮往后推。

8. 清理

这时，你的双手应该干透了。如果你愿意的话，可以用干燥的指甲刷沿着指甲擦掉所有的余渣。注意：只可用指甲刷刷净，不可用肥皂清洗。

9. 最后修饰

用指皮剪小心地剪掉推修指皮时留下来的死皮和倒刺。注意：千万不要剪过头了！因为指皮是用来保护甲基，使甲基不受细菌感染和

其他伤害的。如果指皮受损，如太干或者被切掉（天哪，还有被咬掉的），甲基就失去了应有的保护。除非到了非剪不可的地步，否则不要将指皮剪短。

◀ 第四阶段：收尾工作

1. 整体修饰

观察指甲。此时的指甲应该是外形完美、长短一致，而指皮看起来则是既平滑又健康的。如果觉得有些地方还是不大好看，就回到前面的阶段，重新修补。

2. 去角质

在双手和前臂上涂少量的磨砂膏，轻轻按摩 60 秒钟左右。注意：不要太用力，只需一点

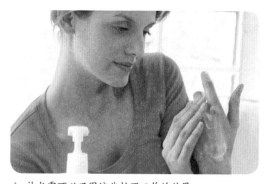

▲ 补水霜可以巩固这些护理工作的效果。

美丽锦囊

精油护甲

毫无疑问，坚硬且经过精心修剪的指甲有助于提升女性的形象，而破损、开裂或是脆弱的指甲则会有损于女性的良好形象。精油能有效改善指甲状况。

护理方法

薰衣草精油特别有利于增强指甲硬度。每天晚上将手指放在装有薰衣草精油的瓶子瓶口，然后倾斜瓶子，使得指甲表皮能接触到精油。在坚持两三个月之后，当新指甲全部长出来时，你就会有惊喜地发现。

进一步护理

每周用这种方法护理指甲能使指甲保持健康和坚硬，如果你的指甲特别脆弱且易破

1 先将指尖浸泡在温水中，然后轻轻清洗指甲角质层。

2 用棉签蘸上薰衣草精油涂抹每个指甲的角质层。

损，则更应该每晚坚持这种快速疗法。因为指甲的生长速度比较缓慢，所以并不会立即产生效果，可能需要两三个月左右方显成效，但绝对值得一试。

指甲护理小结

准备材料

选个舒服的地方坐下，整理出一个平整的操作面，并摆好需要的所有工具和产品。

修剪和打磨

1. 清除指甲上原有的指甲油。

2. 用温水和肥皂将双手洗净，擦干。

3. 将指甲剪成你想要的长度。

4. 用长距离慢磨的方法将指甲打磨整齐。

5. 用抛光块磨平前面留下的粗糙边。

6. 用橘木棒或化妆棉清除指甲表面和下面的所有余渣，再用湿布擦洗手指。

指皮护理

1. 在一碗温水中加些皂液或清洗剂，把手指放进去浸湿，接着给指皮涂上指皮润滑膏或指皮油，按摩几下后擦净手指。

2. 把手放到含肥皂的温水中浸泡几分钟，再拿出来用毛巾轻轻擦干。

3. 用修指皮刀或者橘木棒轻轻将指皮推离指甲。

4. 另一只手也照着 1~3 步进行。

5. 给双手抹上护肤液、指皮润滑膏或者指皮油，按摩几下。

6. 仔细检查双手，若有需要抛光或打磨的地方，就做好修补工作，并清理余渣。

7. 最后，用橘木棒或指皮推修刀再次轻轻地推几下指皮。

8. 双手干透之后，若愿意，你可以用指甲刷刷干净。

9. 极其小心地用指皮剪剪掉死皮。注意：不要剪到嫩皮！

收尾工作

1. 这时你的指甲一定是整齐、光滑、干净的。

2. 给双手和前臂涂上磨砂膏，并按摩 60 秒钟左右，接着用湿毛巾擦掉磨砂膏。

3. 在双手和手臂上涂上一层厚厚的补水霜，并进行按摩。

4. 要是你愿意的话，将湿毛巾放在微波炉中加热几秒钟后，用它包住双手。

清理

丢掉所有垃圾，对玻璃和金属工具进行消毒并放到密封的塑料袋里，以备下次使用。

最后，就可以欣赏自己漂亮的双手啦！

点压力，磨砂膏就会起作用的。接着，用湿纸巾或毛巾擦掉所有的磨砂膏。

3. 补水

在手上和手臂上涂上厚厚一层保湿乳液或乳霜，进行按摩。你可以慢慢来，轻而稳地多按摩几下，直到乳霜完全吸收。注意：手腕内侧、拇指根和手指之间是你应该多费心按摩的地方。

4. 热敷

补水完成之后，要是你乐意的话，还可以将湿毛巾放到微波炉里加热（不要超过 20 秒），然后用它包住双手。等 10 分钟或毛巾完全变凉，再拿掉毛巾。这样，毛巾里的热气就会促使水分渗到皮肤中，使保湿效果更好。现在，让我们一起来做吧，真的很神奇！

清理

做好手部护理之后，一定要清理桌面和工具，以备下次使用。先把垃圾和非金属工具都扔掉，接着在热水中用抗菌皂和刷子擦洗

▲ 最好的储藏方式就是先对工具进行消毒，再放到密封的塑料袋里，并标明消毒日期。

所有的金属工具和玻璃工具，然后再进行消毒。

最后就可以欣赏自己精心护理的双手了。

脚指甲护理指南

◀ 第一步：备好工具

在进行脚趾护理之前，你要先准备好所有的工具和材料，以便快捷地进行操作。不然的话，你可能要中途拖着湿淋淋的双脚到处寻找脚部锉刀。跟手指护理一样，一定要事先对所有的工具进行消毒。

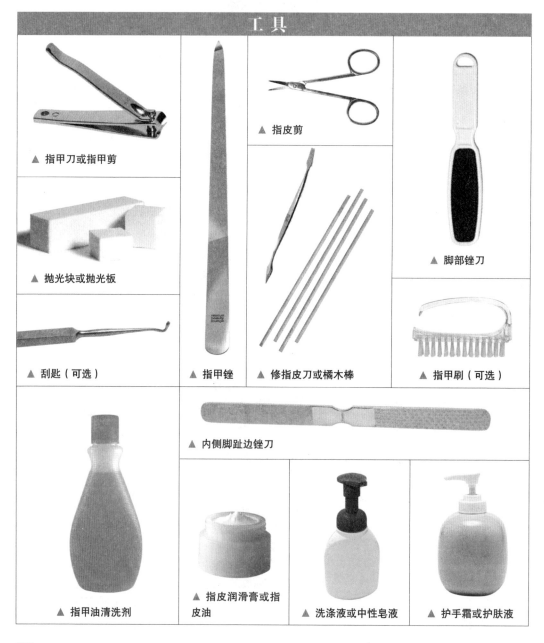

工 具

▲ 指甲刀或指甲剪

▲ 抛光块或抛光板

▲ 刮匙（可选）

▲ 指甲锉

▲ 指皮剪

▲ 修指皮刀或橘木棒

▲ 脚部锉刀

▲ 指甲刷（可选）

▲ 内侧脚趾边锉刀

▲ 指甲油清洗剂

▲ 指皮润滑膏或指皮油

▲ 洗涤液或中性皂液

▲ 护手霜或护肤液

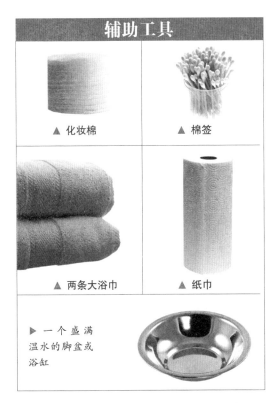

辅助工具

▲ 化妆棉　　　　　　▲ 棉签

▲ 两条大浴巾　　　　▲ 纸巾

▶ 一个盛满温水的脚盆或浴缸

找准地方

一切材料都准备就绪后，你需要找个合适的地方坐下来，以便舒舒服服地进行操作。因此，你所选的位置必须能让你把脚抬到双手够得到的地方。我觉得浴室是个蛮合适的地方，你可以坐在马桶盖子上，将脚放在浴缸边上。这样，浸泡、清洗都很方便，浴巾也可以一直放在手边。

▲ 用柳橙薄荷混合液来浸泡双脚，能有效修复穿细高跟鞋造成的损伤。

◀ 第二步：准备

1. 整理操作面

如果是在浴室，就将一条浴巾对折好，铺到浴缸边上，也就是你要放脚的地方；如果是在别的地方，那就将一条浴巾铺在地面上。将脚盆加满温水，放在铺好的浴巾上（注意：要将脚盆放在你够得到的地

▲ 一定要先清除原有的指甲油。

方）。将另一条浴巾对折两次，放在脚盆前面，再将一张纸巾放在这条浴巾上——这就是你放脚的地方。

2. 清除脚趾上原有的指甲油

具体做法是：用一块化妆棉蘸点指甲油清洗剂，用力擦除趾甲上的指甲油，并且洗净脚趾。如果指甲油是深色的，那就在脚下放一张纸巾，让指甲油落到纸巾上。千万不要让深色的指甲油落到毛巾上，不然毛巾会被染色的。

◀ 第三步：修剪和成型

1. 修剪

清除指甲油完毕，就该修剪脚指甲了。如果脚指甲比较长，就用指甲刀或者指甲剪进行修剪。大脚指甲一般都比其他趾甲大一点、厚一点，所以用指甲刀修剪会容易些。剪的时候，要从趾甲的一边剪到另一边。注意：千万不要一开始就剪趾甲的中间，不然会给趾甲造成很

▲ 不管你用什么浸泡液，都要使双脚得到完全放松。

大的压力，导致趾甲崩裂；趾甲两边不要剪得太深。剪小脚指甲的时候，既可用指甲刀也可用指甲剪，但一定要轻轻地剪，而且不能剪得太短。最后，将剪下来的趾甲都丢到垃圾箱里，或用纸巾包好，以便过后丢掉。

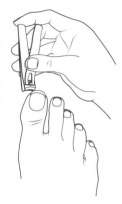

▲ 剪脚指甲的时候，一定要从趾甲的一边剪到另一边，千万不要从中间剪起！

2. 打磨

将趾甲剪到你想要的长度后，再用指甲锉打磨成型。由于大脚指甲能承受较大的压力，所以可以用粗糙一点的锉刀。而其他脚指甲比较细嫩，只能用较精致的锉刀。关于怎样使用指甲锉，可参见第三章的打磨部分。

3. 抛光

等到趾甲被剪得长短相同、形状一致后，就用抛光块或抛光板磨去甲面上的凸起（一般都出现在大脚指甲上）。沿着 X 的形状（即从左下角到右上角，再从右下角到左上角），用抛光器的粗糙面轻轻地磨平趾甲表面。接着用抛光器的柔软面，用左右摩擦的方式再擦几下。其他趾甲也照此处理。

4. 清理与浸泡

用橘木棒或者化妆棉清除趾甲表面和下面的所有余渣，再将脚伸到脚盆或浴缸的温水里浸泡。

◀ 第四步：指皮护理

1. 按摩

将指皮润滑膏、补水霜或指皮油涂到趾甲表面和指皮上，轻轻地按摩一会儿。

2. 浸泡

将涂着润滑膏或指皮油的双脚放到装满温水的脚盆里。如果你就坐在浴缸旁边，那就在浴缸里先放好足以没过双脚的温水，再将脚放进去。然后，你就可以一边浸泡双脚一边尽情放松。这是极美的享受！

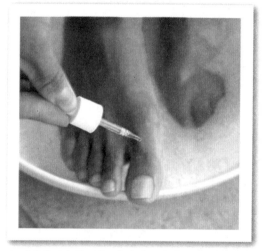

▲ 对于脚趾来说，清理指皮是必需的，所以事先要涂抹一层厚厚的指皮油。

3. 修指皮

等你泡腻了，或者水开始变冷，就将脚拿出来，用修指皮刀或者橘木棒轻轻地往后推指皮，要全都推到，包括趾甲的三边（底边、左边和右边）。这时你要特别注意趾甲和指皮之间，因为这些地方很容易长死皮，特别是大脚趾上。如果你有刮匙，就顺便清除这些死皮。另一只脚也依此进行。

4. 处理另一只脚

另一只脚也重复 1 ~ 3 的步骤，即按摩、浸泡（需要的话可再添加热水），修指皮。只要你愿意，再重复一遍也无妨。

◀ 第五步：去除死皮

1. 去角质

先把一只脚从水里拿出来，轻轻地用毛巾擦干。这时，你的脚非常柔软，既不太湿也不太干。一手抓住这只脚（可能要把脚拉到另一侧的大腿上），另一手拿起脚部锉刀，用左右摩擦的方式磨去脚掌粗糙的硬皮。你要慢慢来，专心除角质，并

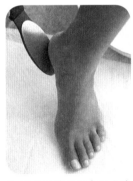

▲ 用钻石牌锉刀来除去脚后跟的死皮，效果非常好。

不时地将锉刀浸到水中，浸湿的同时清洗掉锉刀上的死皮。你应该事先在脚下铺几张纸巾，以接住打磨时不断掉落的死皮。

2. 继续除角质

需要去角质的部位还有脚两侧、脚趾头、大脚趾内侧和脚踝背面（若是你经常穿高跟鞋，趾关节也要去角质）。如果去角质时你的脚有痛感，或者皮肤变红，就不要再继续了。若只是微微发红就没有必要担心。等一只脚除角质完毕后，再以同样的方法给另一只脚去角质。注意：开始除角质后，就不要再把脚浸到水中。如果脚太干不能有效除角质，就把锉刀弄湿（脚不能弄湿），然后再继续。

3. 清理

擦掉所有的死皮和令人讨厌的污垢。用干净的纸巾（也可以是湿的）将双脚擦净，清除皮肤上残留的余渣。

◀ 第六步：收尾工作

1. 整体修饰

再次检查指皮。在你忙着去角质的时候，指皮可能会翻回去。若是这样的话，就将脚趾弄湿，再用修刀将指皮推回去。

2. 去除倒刺

用指皮剪剪掉脚趾上向后翻起的指皮和倒刺。注意：不要剪得太深，不然的话会流血的，那就得不偿失了。

3. 抛光与清理

用抛光块或抛光板再次打磨趾甲表面和趾甲尖端。用抛光器的柔软面轻擦脚趾的表面，并用抛光器的边角清除修剪指皮时留下的余渣。

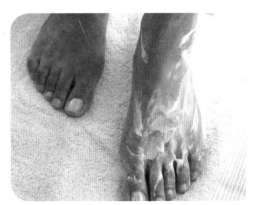

▲ 涂上厚厚的补水霜，并且要一直涂到腿部。

4. 按摩

往脚盆或浴缸里倒些干净的温水。接着给双脚和小腿都涂上磨砂膏，然后用双手或者干净的毛巾按摩双脚。按摩之后，就用毛巾擦净双脚，并轻轻拍干。

5. 补水保湿

在脚上和腿上涂上厚厚一层补水霜。以又长又稳的手法用力进行按摩，以促进血液循环（这能使你觉得很舒服）。

> **小贴士** ♡
>
> **急 救**
>
> 不管是在家里还是在专业护甲场所，可能发生的意外，不外乎就是剪伤指甲。发生这种意外后，哪怕工具都是消过毒的，也不能掉以轻心，要马上停止护甲，对伤口进行处理。先用抗菌膏对伤口进行消毒，再用绷带包扎。等到伤口痊愈之后，才能停止治疗。否则伤口还是有可能会感染，毕竟细菌无处不在。

脚趾护理小结

准备材料

选个既舒适又能使双手够到脚的位置，并摆好需要的工具和产品。

清洗双脚

1. 将一条浴巾放在脚盆或浴缸旁边，再铺上一张纸巾，以备放脚。
2. 清除原有的指甲油。

修剪和成型

1. 将趾甲剪成你想要的长度。
2. 按要求将趾甲磨整齐。
3. 用抛光块或抛光板磨平趾甲表面。
4. 用橘木棒或化妆棉清除脚上的余渣。

指皮护理

1. 在趾指甲表面和指皮上涂指皮油，并轻轻按摩。
2. 将双脚浸泡到脚盆或浴缸中。这时可以完全放松！
3. 将脚从脚盆中拿出来，再用修指皮刀或橘木棒轻轻地推起指皮。若是有刮匙，就顺便用它清除死皮。
4. 另一只脚也按 1～3 的步骤进行处理。如果你愿意，可以再重复一次指皮护理。

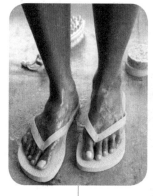

去除死皮

1. 用脚部锉刀磨光脚上所有粗糙的部位，记得要不时地将锉刀浸入水中，使之保持湿润。
2. 去除隐蔽部位的死皮，包括脚趾头、脚两侧、趾关节。注意：去角质时不要再浸泡双脚。
3. 清除所有余渣。再次清洗双脚，并清除残留的死皮。

收尾工作

1. 再次检查指皮，若指皮有翻回的就再次推修。
2. 用指皮剪剪掉所有翻起的死皮或者倒刺。
3. 再次对趾甲表面和趾甲尖端进行抛光，并用抛光器的边缘清除趾甲下面的余渣。
4. 再往浴缸或脚盆中倒些干净的温水，用磨砂膏除去脚部和腿部的角质。之后，用毛巾将双脚擦干。
5. 在脚上和腿上抹上补水霜，并适当按摩。

清理

扔掉垃圾，洗净玻璃和金属工具。对工具进行消毒并放到密封塑料袋里，便于下次使用。

这下，就可以欣赏自己美丽的双脚了！

Part 2 花样美甲显个性

美甲第一步：准备

实现完美涂甲的秘诀很简单，就是要有50%的准备工作和50%的涂甲技术。

准备？是的，当然需要准备。打个比方，你要重新装饰家具和墙壁，那就要先把家具的表面和墙面清理干净，才能更顺利地涂上漆料。同样的道理，不管你用哪种牌子的指甲油，只有涂在光滑的指甲表面才更平滑，更好看，也能保持得久一点。参见第三章的家庭指甲护理，做涂出完美指甲的准备吧。

至于涂甲的地方，并没有严格的限制，不过最好不要在木制或油漆过的家具上面涂甲。因为，指甲油可能会滴在这些家具上，从而涂上颜色；如果用指甲油清洗剂进行清洗的话，就会脱去这些家具表面本身的颜色。如果除了木制或油漆台面外别无选择的话，那就先铺上一层旧毛巾或者纸巾吧。

涂指甲最好在刚做完指甲护理或脚趾护理

> **小贴士 ♡**
>
> ### 打底液
>
> 美甲工坊是最先生产打底液的。使用打底液可以去除指甲表面的油性物质，有助于护甲油更好地粘在指甲上。而且打底液能够紧紧地粘住护甲油，能使指甲油保持得更久（至少6～10天）。现在，许多药妆店里都有类似的品牌产品。

后进行。因为这时你的指甲很干净，又修剪得很整齐，最适于涂色。但一定要将补水霜彻底洗掉，不然，指甲表面太油，涂上指甲油就会显得凹凸不平，甚至还会起泡。

如果你想给手脚都涂上指甲油，就先涂脚趾。因为这时手指甲还没有涂指甲油，可以行动自如。

> **小贴士 ♡**
>
> ### 油性指甲
>
> 指甲跟皮肤和头发一样，也是会分泌油脂的。有些人的指甲分泌的油脂会比别人多些，而指甲油要粘在这样的指甲上就比较困难了。
>
> 要使指甲油长期保持在油性指甲上，就要先保持甲盖状态良好。在涂指甲油之前，先用干净的指甲刷和无油肥皂（比如洗碗液，除油效果很好）洗净指甲。不要使用含有维生素E或芦荟的指甲油清洗剂，因为它们只会增加出油量。

◀ 工具

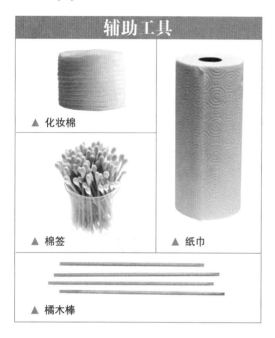

辅助工具

▲ 化妆棉

▲ 棉签

▲ 纸巾

▲ 橘木棒

产品

▲ 你所选用
的指甲油

▲ 打底液
（可选）

▲ 指甲油
清洗剂

▲ 护甲油

▲ 亮甲油

◀ 手势

涂手指甲

涂自己的手指甲是很有难度的，因为这时手指既是工具又是工作对象。涂第一只手还好，

轮到第二只时就有些困难了。但只要多多练习，在家也能和专业人士涂得一样好。

1. 去除原有指甲油

开始涂指甲油之前，要清除原来的指甲油。如果你刚做完指甲护理，就可以略过这一步；否则就用化妆棉蘸点指甲油清洗剂，盖在指甲上，用力擦掉所有指甲油和残留的油性物质。

2. 再次清洗

不管是刚做完护理，还是刚清洗掉指甲油，你都要用化妆棉蘸取指甲油清洗剂，再次擦洗指甲表面，以便彻底清除指甲表面残留的油性物质。之后，指甲表面会显得粗糙而干燥，这就是完全无油的状态。

3. 涂打底液

若是你想使用打底液，注意：不要涂到指皮。若没有打底液，就直接跳到下一步。

4. 涂护甲油

给所有的指甲都涂上薄薄一层护甲油（一次涂一只手）。等到护甲油全干之后（可能需要3~5分钟），才能进行下一步。护甲油是涂指甲油的基础，起着双重的作用：一、防止指甲被指甲油染色；二、使指甲油与甲盖上的油脂分开。

5. 涂指甲油

这需要耐心等候，也需要练习。为了得到最好的效果，我强烈建议你先涂好一只手，等它干透之后再涂另一只手。具体的涂法如下：

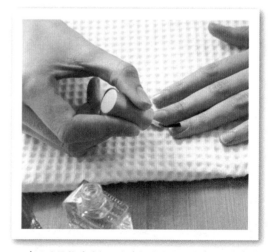

▲ 在无油性物质的指甲上涂指甲油的效果最好，打底液能帮你达到这种效果，使指甲油保持的时间更久一些。

手势

关于涂指甲油时的手势，主要有两种说法。一种说要将手平放在桌面或工作台等平面上（先铺上纸巾以保护台面），再涂指甲油。另一种则说应该将手举在空中，手指内弯。

这两种方法并没有对错之分，只要你觉得舒服就行，甚至两种方法都用也无妨。

A.把指甲油放到容易够到的地方。若是放得太远，在把指甲油刷从瓶口移到手指的几秒钟里，指甲油就会变干，那就更难操作了。

B.蘸取指甲油的时候，要将指甲油刷在瓶口处抿几下，以刮掉多余的指甲油。不可让指甲油刷蘸得太饱满，也不可让指甲油滴到瓶外。

C.涂抹指甲油时，要将刷子抵在指甲的根部，使刷毛铺开呈扇形。

D.用宽而平的手法从指甲的根部涂到梢部。等涂好薄薄一层指甲油后，接着涂其他手指，最后涂大拇指。记住：一次只能涂一只手。若是将指甲油涂到了指皮上，也不要担心，稍后再做处理。

E.等指甲油晾干之后，用同样的方法涂第二层（要是你喜欢薄薄一层，就略过这一步）。这时，你不要着急，也不要害怕失误（任何失误都能很好解决）。

6.涂亮甲油

等指甲油干了之后，再涂上亮甲油，然后等它干透。

7.处理"出界"

用棉签的尖端蘸取指甲油清洗剂，小心地洗净误涂的地方。这时你要特别小心，不要破坏已涂好的指甲。

8.晾干

等待时间越长越好，最好是20分钟。这时你，可以看看电视，听听音乐，沉思冥想等，就是不要碰任何东西，直到指甲全都干透。

9.完成

最后，就可以欣赏这闪亮光滑的美丽指甲了。

小贴士

护甲油

你也许会觉得奇怪，为什么市面上有这么多的护甲油，护甲油有什么作用呢？你可以找一瓶含有维生素或蛋白质的护甲油，试用一段时间。也许用与不用看起来好像没有什么差别，但如果你细心观察，就会发现它能防止指甲断裂，还能紧紧地粘在指甲上。

半透明的护甲油还能帮助你掩盖指甲本身的颜色，比如乳白色就是很好的打底。这样，护甲油就相当于为指甲油预备了空白的画板。

▲ 先涂护甲油。

▲ 然后涂指甲油。

▲ 最后涂亮甲油，再清理"出界"的指甲油。

涂脚指甲

涂脚指甲的方法跟涂手指甲基本一致,只是涂脚指甲更容易些,因为你不需要用刚涂好的脚来涂另一只脚,而且还有双手帮忙。

与涂手指甲不一样的地方是:涂脚指甲时必须对脚趾加以分隔,因为大多数人的脚趾都挤得很近,不分隔的话,很容易弄脏旁边的脚趾。

现在药妆店里有泡沫脚趾分隔带,和整套脚趾护理工具一起出售。但我很不喜欢这种分隔带,因为它们容易滋生微生物和细菌。其实,你只需将纸巾拧成长条,绕着脚趾,最后将松

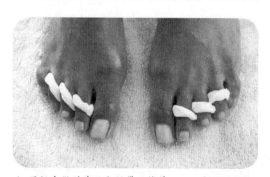

▲ 用纸巾做的脚趾分隔带既简单,又卫生,还便宜。将纸巾拧成长条,先绕到第二个脚趾的上面,接着绕到第三个脚趾的下面,然后绕到第四个脚趾的上面,再绕到第五个脚趾的下面,接着再反向绕回来。最后,塞紧纸巾条的两端就行了。

开的一头塞到纸圈里面,就可以分隔脚趾。

为了够到双脚,人们会做出各种姿势。我通常是将脚放在浴缸边上或桌边,这样就不用将脚抬到大腿上(另一种常见的方法),也不会将指甲油涂到手臂或大腿上。这其实并没有什么硬性规定,只要你觉得舒服就行了。

▲ 用指甲油刷抵住甲盖根部,使刷毛铺开呈扇形。

涂甲的时候,你得控制好指甲油量,以免涂得太厚或不均匀。涂脚趾的时候,先涂大拇趾,最后涂小拇趾会更容易。

◀ 涂坏指甲的补救

不管是谁帮你涂的指甲,也不论你多么地小心,弄坏指甲油总是难免的事。比如把手伸到包里翻找东西,摁手机按键或者是在指甲油未干的时候,不小心蹭到尖角上,或只是撩开头发,都可能会破坏指甲油。有时甚至还会发生一些令人费解的化学反应,弄得指甲油凹凸不平。

出现这些问题时,你一定要放松,不要担心。记住:不过就是指甲油嘛,能有什么难解决的呢?

起泡的指甲油

指甲油若起了泡,只有以下两种原因。第一,指甲油本身含有空气。要避免这点很容易,就是绝对不要摇动指甲油的瓶子。若是瓶子里的指甲油分层了,就用手掌轻轻地来回滚动瓶子。

第二个原因是指甲表面还有油性物质,这些油性物质将指甲油推离指甲,因而产生了气泡。这个问题如何解决呢?很简单。不管以前有没有涂指甲油,重新涂指甲油之前你都要先用指甲油清洗剂清除甲盖上所有的油性物质和指甲油余渣,然后再进行涂甲。如果气泡仍然出现,那就只能洗掉指甲油,

▲ 指甲油的瓶子只能滚,绝不能摇。

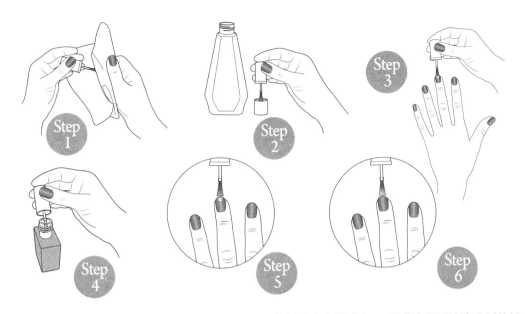

再重涂一次了。

有缺损和弄脏的指甲油

　　如果指甲油出现了缺损，你就需要马上判断是修补还是只能重涂。如果缺口在甲尖上，而且面积不到甲盖的 20%，那就赶紧修补一下。若是缺口比较大，那就只能洗掉指甲油，重涂了。注意：不管是修补还是重涂，所用的指甲油必须跟之前的一样。

　　修补的步骤如下（准备好指甲油清洗剂、指甲油和亮甲油）：1. 用蘸有指甲油清洗剂的纸巾洗净指甲油刷。注意：不要弄坏其他指甲！2. 在盖子上倒些指甲油清洗剂，然后将洗净的指甲油刷浸入其中。3. 用刷子洗掉缺口两边的指甲油。4. 等指甲干后，再用纸巾清洗指甲油刷。然后用指甲油刷蘸取指甲油。5. 在缺口处涂上几层指甲油，其他地方有需要的话，也再涂一层。干了之后（少说也得 3 分钟，一般都需要 5 分钟），再涂上一层指甲油。6. 等这一层指甲油也干了之后，再涂上亮甲油。

巧妙去除指甲油污渍

　　亮红色的指甲油洒在了刚油漆过的桌子上，深粉色的指甲油滴到了白色的床单上，或者将一瓶珍珠白的指甲油碰倒在了深色的硬木地板上，这些情况我们都碰见过。为了得到美丽的指甲，洒些指甲油是在所难免的。然而，要处理这些烦人的指甲油污渍却不能用指甲油清洗剂（它只能用于清洗指甲和皮肤上的指甲油）。那么我们该怎么办呢？

　　如果是将指甲油滴在了丝织物或较硬的表面上，那就等指甲油干了再去除；如果是滴在了吸水性很强的织物上，如棉花或者丝绸等，我建议你马上将这些织物拿去干洗店，因为干洗店对这类污点已经司空见惯，处理起来也得心应手了。如果污点是在光滑物体的表面上，如桌子、工作台或硬木地板等，那就等指甲油干了之后，贴上透明胶带，用力刮擦，使透明胶紧紧贴在台面上，然后快速扯下，胶带就会连带着把指甲油也揭下来。

　　如果指甲油是滴在了贵重物品表面，最好不要轻举妄动，马上求助专业人士。

▲ 先涂亮甲油。

▲ 然后涂补水霜。

▲ 然后擦亮。

有条纹的指甲油

如果涂抹指甲油时出现条纹，你根本不用害怕。这完全不是你的错。条纹的出现是指甲油分布不均匀的缘故，而引起分布不均匀的原因不外乎以下几种。首先，可能是指甲油本身的原因，如乳白色和白底的色彩涂抹时比较容易出现条纹，因为它们比较浓稠。而纯色的指甲油比较稀薄，则会显得平滑些。如果你喜欢重一点的色调，也不一定非要用稠的指甲油，可以多涂几层稀的指甲油；如果你就是喜欢浓稠的指甲油，那就先涂在白纸上看看会不会出现条纹。如果问题不在指甲油身上，那就应该是甲盖的问题了，甲盖上可能还残留有油性物质。所以，涂甲前要先用肥皂洗净双手，再用指甲油清洗剂清除甲盖上的所有油性物质，接着再涂上打底液。

易渗透的指甲油

许多深色和富含颜料的指甲油会渗到指皮和指甲边的皮肤里，要洗掉就比较困难。先用化妆棉蘸取少许指甲油清洗剂，清洗指甲底部的指皮，接着沿着指皮洗到指尖，最后再洗净中间的指甲。除掉这些颜色只有一种技巧：绝对不要手下留情！使用指甲油清洗剂时也绝对不要吝啬！

快速修复损毁指甲油

涂完指甲油，你的指甲护理就达到完美了。不管是谁帮你护理的，你都会很高兴，还会得意地炫耀你美丽的指甲。但是，好景不长，也许还没等你出席重要场合，你的指甲就已经黯淡无光了。也许指甲上并没有缺口和污点，但是颜色却已经变得面目全非，不再如你所愿地闪闪发光了，这时该怎么办呢？

如果你没有时间重新做一次完整的指甲护理，那就简单地修复一下。这种修复也可用于两次护理期间，相当于一次小小的护理。为了能使效果更好，你要先给双手去角质，再用温暖的湿毛巾包住双手，使手部肌肤变得水嫩。

1. 用不含补水成分的肥皂洗净双手，然后彻底擦干双手。

2. 给所有的指甲都涂上亮甲油，并等亮甲油干透。如果原有的指甲油是深色的，亮甲油可能会干得慢一点，至少需要 15 分钟。

3. 亮甲油干后，在双手上涂抹厚厚一层乳霜或乳液。等吸收得差不多后，洗掉指甲上残留的乳液。

4. 用柔软的织物，如微纤维或者棉布（旧棉布 T-恤就很不错），快速擦亮指甲表面。这样指甲油就又光亮如新了！

美甲第二步：着色

一提到指甲油的色彩，大家就有问不完的问题。比如：这套衣服配什么颜色的指甲好呢，什么颜色可以让我的肤色显得更好看呢，这个特殊的场合，我应该涂什么颜色的指甲油呢，这个季节流行什么颜色呢？

问题再多，答案却只有一个，那就是：用

美丽锦囊

软色调和硬色调

不同颜色的指甲油，其效果也是不一样的。深色和以白色为基础调成的淡色，以及珍珠色调和乳色，涂起来不如纯色和软色调的指甲油容易。当然，有一部分原因是因为指甲油的色调。其实，主要的原因是其中的化学成分使这些颜色的指甲油更加浓稠从而更不易涂抹。而且，这些颜色的指甲油干透所需的时间比较长，并且剥落和弄脏的可能性也比较大。

如果你刚刚开始自己动手涂指甲，最好先尝试软色调的指甲油。等你慢慢习惯了涂甲的感觉，掌握了涂甲技巧之后，你就可以继续摸索硬色调指甲油地使用了。

你也可以在脚趾上操练硬色调指甲油的涂用，以便提高涂甲技术。不要再犹豫了，赶紧在脚趾上多多练习吧，熟练之后就可以把这些诱人的颜色涂到指甲上了。

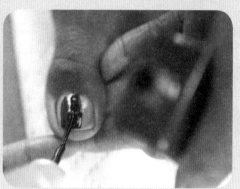

你想用的颜色。如果我给你提供一份清单，列上所有的颜色，并告诉你具体什么时候用什么颜色，什么样的颜色能传递什么样的信息，这岂不是很棒吗？尽管很多情况下颜色和场合的搭配与禁忌有定式可循，比如涂绿色的指甲油去参加面试就很危险，但你最好还是自己试验。反正换指甲油很方便，你尽可以大胆地尝试，完全没必要墨守成规。

其实，有些说法还是存在一些道理的。比如，淡淡的纯白色能使晒黑的皮肤显得白些，深红色充满诱惑，经典的淡粉色任何场合都适用。但是，以前不大提倡给脚指甲涂鲜艳的颜色，说过了70岁的人就得退出时尚舞台，只能使用珊瑚色，还说小学毕业之后就不能再用亮晶晶的色彩了。其实，你大可把这些说法都抛之脑后。最重要的是，你自己觉得好看就可以了，完全不必

◀ 从纯色和淡色到深色和性感色调，这一系列的颜色可以满足你的各种需求！

如何选择指甲油的颜色

● 如果你拥有纤长优雅的手指，你可以涂任何颜色的指甲油，包括张扬的深红色、红褐色和酒红色。短指甲适合涂浅色或浅棕色的指甲油。

● 浅色指甲油也适合较宽的指甲，而且你可以在涂指甲油的时候在指甲的边缘留出一点空白的地方，这样会令指甲看起来细长。

● 如果你喜欢白天时的指甲是无色透明的，而夜晚时更性感一些，那么可以尝试透明的珠光指甲油，在夜晚的光线下，指甲会非常惹人注意。

● 如果你觉得鲜艳的色彩令你的手指过于显眼，可以将这样的颜色涂在脚指甲上。穿上露趾鞋或光着脚时，双脚看上去会很漂亮。如果将深红色和黑色指甲油混合使用，效果会很棒。

● 珊瑚红和珠光色的指甲油非常适合古铜色的皮肤。

理会别人的看法。而且，不管选用什么颜色的指甲油，只要你把指甲修剪得整洁干净，并把指甲油涂得平滑均匀，都会很好看。

◀ 白色和透明色

白色指甲油一般只用于涂法式指甲的指尖，但它其实还有很多别的用途。乳白色的指甲非常高雅，与乳粉色不相上下，只是涂起来需要掌握一点技巧。透明指甲油涂在指甲上看起来接近肉色，也非常好看，用于衬托晒黑的皮肤就更显得美妙无比了。

然而，想使用浓稠的纯白色时你就需要慎重考虑了。因为这种指甲油干起来很慢，就算用来涂法式指尖，也会使手指显得短粗。

透明的白色

最宜用来涂朴素的法式指尖（代替粉色）。这种色调既干净又典雅，能使你显得时尚。

中性白色

这是白色的中间色调，也是商场常见的款式。这种颜色的效果非常好，既显眼又高雅。可以在夏季，先涂在脚指甲上试试看。

 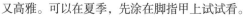

乳白色

这种颜色可以覆盖任何其他颜色。若是你想涂法式指尖，又想显得经典些，就可以选用。这种颜色不是半透明的，但也不是纯白的，而且看起来很细腻。

透明色

这种透明的指甲油能使指甲更加亮丽夺目。哪怕你已经涂上了别的指甲油，再涂点透明的指甲油总能显得更自然更好看，也能显得更自信。

◀ 中性色

在指甲油中，中性色是指米色和褐色，因为这些颜色接近于肤色。正因如此，这类颜色比较低调，但是却微妙无比，给人成熟而质朴的感觉。事实上，这类颜色在每个季节都会成为流行的主色调。

纯米色

这种超纯的淡米色是种中性色调，既不是白色，也不是粉色。在瓶子里，看起来是桃色的；涂到指甲上则是米色的。如果你不喜欢粉色和白色，而喜欢接近象牙黄的纯色，那么这种颜色就是上上之选了。

乳米色

纯米色

透明的粉色

乳米色

这种乳色配方的指甲油能使你更显自信，用在脚上也是个不错的选择。这种颜色既经典又成熟，想想《白日美人》中的凯瑟琳·德纳芙（Catherine Deneuve），你就会深有体会了。

肉色

这是种与肤色相近的乳色调，在时尚秀中经常出现。这种颜色虽显眼却不缺少质朴和内涵，所以很受欢迎。

肉色　　神魂颠倒

淡紫色

淡紫色是中性色调？下面这款"神魂颠倒"是最完美最酷的中性色调，相当于纯色到实色的过渡。这种色调很微妙，总能让人感觉到一种春天般的活力，也给人一种童心未泯的感觉。

◀ 粉色

粉色，简直就是指甲油行业的支柱，而且这是一个庞大的家族，囊括了许多成员。从极淡的纯粉色到鲜艳的霓虹色，粉色系成员多到每个人在每一种场合，甚至每一天用都不会重样。

透明的粉色

这种颜色染了跟没染一样，只是指甲会十分光滑，显得非常健康。这种颜色是最流行的，几乎所有到"美甲工坊"的时尚编辑和美容师都会使用这种颜色。选择这种颜色绝对没错，因为它一般不会出现裂纹，百搭，并且适合于所有场合。

乳粉色

乳粉色

这是用来遮盖变色指甲的最完美选择，因为它的不透明度比较高，遮瑕效果比较好。虽然许多人都觉得乳粉色过于柔和，其实不然。这种颜色看起来很优雅，又能尽显女性魅力。既不会太粉，也不会太黄，乳粉色简直太完美了！

桃粉色

露露

这种颜色以白色为基色，是种典型的小女生色调。美甲工坊推出的"露露"指甲油，很适合那些童心未泯的女性。与晒黑的肤色相搭配，这种颜色看起来很迷人。这种带着炫彩珠光的桃红色会将人的思绪带回童年时代。

闪亮粉色

闪亮粉色

有这样一种说法：金属色指甲油显得庸俗。实际上，我们应该完全摒弃这种说法。我认为，趾甲若涂上闪亮的粉色，简直极美无比；若是手上涂有闪亮粉色，那你就能从众多涂淡粉色指甲油的人中脱颖而出，显得与众不同。

◀ 红色

红色是经典颜色，那么红色中的经典又是什么呢？一百个人，会有一百个不同的答案。但是，从20世纪20年代的社会名媛，到20世纪50年代的家庭主妇，再到今天的时尚先锋，她们的理念中有一点是一致的，就是：红色代表了魅力、气魄和自信。注意：使用红色指甲油时指甲不宜过长。

选用红色指甲油没有太多讲究，不要总想着：这种颜色是否适合我的肤色，这会不会太浅了，或者太深了等问题。你完全可以试用多种红色（包括那些你从来没想过要用的颜色），再找出最适合你的红色。

橙红色

有些人说"中国红"太艳丽了。那么，他们也会认为毕加索的画与餐厅的墙纸不匹配，这是个人品位的问题。事实上，这种红色十分迷人，能使人精神焕发，显得像戴安娜·弗里兰（Diana Vreeland）那样高贵。

紫红色

美甲工坊的"樱桃爱情"是种深红色，比较稀薄，方便涂抹的指甲油。这是一种很棒的过渡色，总能让人联想到夏末，枝头渐渐变黄的树叶带来的秋意。

经典红色

"迷人红"是种经典的红色，既不太深，也不太浅，散发着好莱坞明星的迷人光芒。除了用"完美"来形容之外，实在不知道如何来评价这种颜色。

深红色

这种颜色极富魅力，会使指甲像会说话一样，处处引人注目。这种颜色的指甲油上市之前，我涂上试验品，一位顾客尖叫道："吉，这种红色像杀手一样。"所以，我就给它起名叫"杀手红"。

◀ 红褐色

这种以褐色为主色调的红色被称为"鬼魅色"，我觉得可能是因为它看起来超有魅力，既优雅，又神秘，又迷人。要是你一直习惯于使用淡淡的纯色，突然使用这种颜色，那可是个大转变。但是，就算是在充满魅力自信的人群中，这种颜色还是能为你轻易地赢得众人的青睐和赞赏。

深红褐色

这种颜色是由几种暗褐色和深红色混合而成的，如美甲工坊的"艾泰目"，能让人想起红酒和丝滑的巧克力。我喜欢在寒冷的冬天使用这种颜色。想象一下：外面风雪肆虐，你蜷在火炉旁边看书，深红褐色的指甲映在雪白的纸上，温暖而魅惑。

巧克力色

我在褐色中加入了一些深红色，成功制出了"艾乌巧克力"。这几滴红色让这种褐色不至于显得太冰冷。这种看似颓废的色调其实很浪漫，充满了城市气息，却又显得感性而富有激情。

枣红色

跨世纪时对葡萄酒桶和巴黎的回忆，给了我许多灵感，我制出了像"红磨坊"这样经典的暗红色。这种暗红调异常迷人，又有点危险。使用这种颜色时，你要有自信，但是，也要处处小心。

深红色

我们的"漂流红"是鲜润的暗红色，有着惊人的作用。不用说也知道，这种颜色既富魅力又十分显眼。而且，当中的紫色使指甲显得十分亮眼，哪怕每天都使用这种颜色也不会让人反感。这种暗色调很适合在温暖的季节使用，非常独特而漂亮。

漂流红

◀ 前沿色彩

当人们注意到你手指的时候，这些前沿的颜色都能令人眼前一亮。从暗灰褐色到伊夫·克莱因蓝色，再到墨黑色，都是有点咄咄逼人的颜色。但是，我还是强烈推荐你使用这些颜色，不妨先深呼吸一下，然后再去尝试。要是涂上这些指甲油让你觉得不爽，用化妆棉洗掉就可以了。而且，我们应该追求表现自我，努力活出自己的风格，这虽是极富挑战性的，却也是不容再被忽视的细节。

垃圾色

这种泥灰色有着淡紫色的底色，又带着点灰色。它也许会是有些人没得选才会选的颜色，因为在他们眼中这根本谈不上"好看"。但是，所有的时尚创造者都不辞辛苦只为寻得这种颜色。

在短指甲上涂这种颜色，再涂上一层光滑的亮甲油，看起来就会极其优雅，虽显眼却悦目。

水晶黑

这是完美的近乎黑色的紫红色，这种完美的深紫色使得保守人士都赞不绝口。这种颜色最好用在短指甲上，因为长指甲若涂上水晶黑就会感觉有点卡通化。而短指甲的效果则相反，会使你显得美丽、性感而自信。

垃圾色　　水晶黑　　黑俄罗斯　　珊瑚色　　氖白色

黑俄罗斯

这是种纯正的黑色，又闪着宝石红的微光。这种指甲油看起来可能是黑色、红色、紫色或者闪光色，这取决于灯光的效果。虽然这种深黑色很少见，但喜欢它的人并不少，所以涂上这种颜色还是能够让人接受的。这种指甲油很少会有现货，总是刚上架就被抢购一空。

珊瑚色

没错，这种祖母辈最喜欢的颜色正是前沿色彩。这种颜色本身并不难看，难道就因为它是属于祖母辈的流行色调，就不能站到时尚前沿吗？当然不是！真正的珊瑚色并不表明就是老太太用的，它其实可能让人想到棕榈泉、圣特罗佩、少年人的比基尼和日晒形成的黝黑皮肤。当你能自信地用珊瑚色时，指甲看起来就会既鲜润又迷人，还能使你显得成熟。

氖白色

这种氖白色是专为时尚周研发的，用它就可以同时涂上几层不同的颜色。这种颜色超亮又超白，若是再涂上任意一种纯色的指甲油，就能显现出惊人的逆光效果。只涂上氖白色的指甲油也可以，虽低调却高雅，而且出人意料的新潮。所以，这种氖白色一出现，就燃起了流行之火。

◀ 法式指甲

法式指甲使各种长度的指甲都看起来很干净健康，因此法式指甲非常流行。法式指甲的指尖处是白色的，指甲面是粉红色的。法式指甲能搭配任何一款妆容，无论是自然妆还是充满魅力的迷人妆容。一开始，你需要一点练习来画好法式指甲，但是坚持练习是非常值得的。你还需要一些特殊的工具来帮助你正确地画好法式指甲。

◀ 抛光打造天然美甲

这是一种不需指甲油，仅靠抛光使甲面光滑的美甲方法。对于所有人而言，这是最基本最典型的指甲护理，这样的方法在手上和脚上

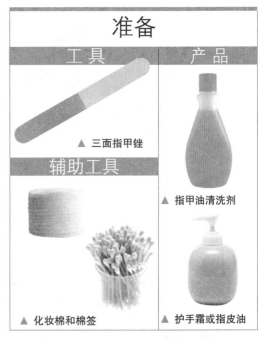

准备

工具

▲ 三面指甲锉

辅助工具

▲ 化妆棉和棉签

产品

▲ 指甲油清洗剂

▲ 护手霜或指皮油

1 涂一层护甲液，保护指甲，防止指甲出现裂纹。

2 在指甲尖处涂两层细细的白色指甲油。试着从指甲一侧向另一侧画，保持线条笔直。

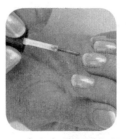

3 在白色指甲油完全干透以后，给整个指甲涂上粉色指甲油。如果你喜欢自然的效果，可以只涂一层粉色指甲油；如果你偏爱亮丽的色彩，可以涂上两层。

4 在整个指甲上涂上一层透明护甲油，增强对指甲的保护。

美丽锦囊

指甲油的保存

不管是从路边摊买来的氖粉色指甲油，还是花高价买回的新款名牌指甲油，你都应该好好地保存。只要方法正确，指甲油就可以不变质。我们可以想象一下：假如你有急事要出门，伸手去拿你最喜欢的指甲油，却发现它干燥固结，这样的糗事没有人愿意碰到吧。只有妥善保存才能防止这类意外发生。

每次使用之后

每次用过指甲油之后，你都应该稍微整理一下，以备下次使用。整理方法如下：在将刷帽盖回去之前，先用纸巾蘸取适量指甲油清洗剂，将瓶口擦拭干净。注意：千万不要用棉球擦瓶口，因为棉球的绒毛会粘到瓶口上，使瓶口更脏。擦拭瓶口的好处就是：你下次要用这瓶指甲油时，不仅容易打开瓶子，而且这样的密封状态还能延长指甲油的寿命。

两次使用之间

指甲油是一种复杂的化学混合物，是在特定的温度范围内开发出来的，所以需要储存在特定的温度范围之内。在研发美甲工坊系列指甲油的过程中，我最大的收获就是：不要弄乱这些参数（如温度）。指甲油必须储存在室温（20℃左右）下，不可太热也不可太冷。有人说把指甲油放到冰箱里是一种很好的储存方式。其实，这种说法根本不对。也许放到冰箱里之后，第一次拿出来使用时指甲油会显得更加光滑。但是，当冰凉的指甲油被体温暖热后，就会发生变化。你指甲上就会出现气泡和条纹，这还谈得上好看吗？

最好不要把指甲油堆在工作台或化妆台上，虽然这看上去琳琅满目，但是被阳光一照，有些指甲油很快就会褪色。所以，还是把指甲油放在抽屉、不透光的盒子里或者箱子里为好。

都适用，而且能够把基本的家庭指甲护理和脚趾护理中的抛光技术提升到更高的水平。不管你的指甲是什么形状、指甲长短怎样、个人生活习惯如何，也不管你是男是女，这种指甲对所有的人都适用。如果你比较喜欢涂指甲油，还是可以先抛光，就相当于是为指甲油预备了最好的画板。特别是当你的甲盖凹凸不平时，这种抛光能塑造出完美的平滑甲面，也算是为你的指甲油杰作打下了必要的基础。

一般来说，抛光最好是一个月一次，这种频率既能使指甲健康生长，也能保持指甲的光泽。如果你的指甲脆弱易断，那就减少到每4 ~ 6个月抛光一次。而且你需要多多摄取维生素，以使指甲更加坚固。

要获得完美的抛光效果，就要先准备好相应的工具，这点应该很容易做到。你最好买一把三面指甲锉（药妆店和美容产品商店均有出售）。这种指甲锉的三面是不同的等级，能够帮助你有效控制对指甲施加的压力。

是的，这实在令人惊奇。三面指甲锉最粗糙的那一面用来磨掉指甲最外层；中等的那一面用来磨平指甲的第一层；最后，光滑的那一面则用于最后的精细抛光处理，而且能保护甲盖。而那些普通锉刀，通常只有一种用处。

1. 去除原有指甲油

如果你的指甲上涂有指甲油，那就用化妆棉蘸点指甲油清洗剂，用力擦掉指甲油，再用

▲ 三面指甲锉是你需要的唯一工具。

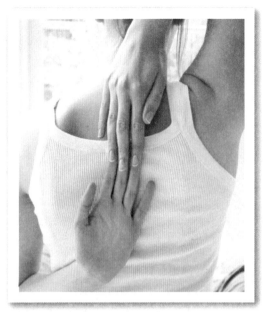

▲ 你相信这样富有光泽的指甲是抛光出来的吗？图中的指甲确实没有涂任何指甲油。

棉签清洗指甲缝和指皮边上的指甲油。就算你没有涂指甲油，也照样要用指甲油清洗剂擦净甲面，以除去残留的油性物质。这样清洗干净后，整个指甲看起来会十分粗糙，没有光泽。

2. 初步打磨

用三面指甲锉最粗糙的那一面轻轻地打磨指甲表面。打磨之后，甲面会变得凹凸不平，颜色也会发白。不用担心，这只是第一道工序。注意：所有的边边角角都不要放过，都要打磨到。

3. 继续打磨

接着用指甲锉中等的那一面再次打磨。要轻轻地磨过整个甲面，再小心地清理所有指甲残渣。

4. 最后抛光

用指甲锉最光滑的那一面以长距离慢磨的方式进行抛光。等所有的凹凸和不完美之处被磨平之后，抛光就到此结束。若是你想涂上指甲油，就可以马上接着开始。

5. 护理

若你不想涂指甲油，那就在指皮部位涂上指皮油或指皮润滑膏，并将护手霜涂在双手的其他部位，再按摩一段时间。所有工序都结束之后，你就可以好好欣赏自己完美的指甲了。

美丽锦囊

美甲小窍门

● 不要使用丙酮洗甲水，这会使指甲失去水分。要使用滋养型洗甲水。

● 每次洗完手后都要擦护手霜。护手霜中的油性成分会锁住皮肤中的水分。

● 长时间浸泡在水中，会导致指甲变软，所以在洗碗的时候要戴上橡胶手套。

● 如果你的指甲很脆弱，那么尝试在指甲尖下面涂上护甲液和指甲油，使指甲更柔韧。

● 将手指浸泡在冷水里，能使指甲油干得更快。

● 要修复有裂纹的指甲，可以从茶叶袋或咖啡过滤纸上撕下一小块纸，用指甲胶将它粘在有裂纹的地方。当指甲变干、变浅黄直至光滑后，在上面涂上指甲油。

● 如果你要做一些花园里的活儿或杂活儿的时候，把指甲在香皂上划一下。这样你的指甲缝里就塞满了香皂，泥土就不会进到指甲里了。

● 可以用牙刷和牙膏清洗掉指尖上的墨水和污点。

● 不要在沐浴后立即修指甲，这时的指甲最脆弱，很容易断裂。

● 用棉签的顶端清理指甲缝，这比用指甲刷清理更柔和。

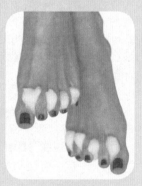

▲ 在脚趾缝里塞上棉花，可以在你涂指甲油的时候保持脚趾分开。

第四篇
彩妆篇

Part 1 彩妆轻松入门

了解基本常识

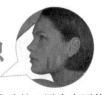

◀ 化妆基本常识

如今美的标准已经不再是公众都一致认可的理想类型。当代的美容方法十分强调人的个性，以及个人需求、期待和生活方式。尽管每位女性都在一定程度上关注自己的外表，但是每个人都是与众不同的。比如，金发碧眼的女性不能和黑发的东方女性化同样的妆容。

令人兴奋的是，通过化妆可以突出自身的特点。小心仔细地化妆，突出重点，而不是看上去像戴了个假面具。

很多女性在化妆时非常谨慎，因为她们不知道哪种颜色最适合她们，也不知道怎样的化妆方法和技巧能令妆容更美丽。完美的妆容来源于实践，要通过反复尝试学会如何化妆。没有人愿意花很多钱购买唇膏，结果在家中试唇膏时却发现买错了颜色，但是人很容易遵循惯例，所以应该大胆尝试。

购买化妆品的技巧

没有两位女性是完全相像的。当我们买牛仔裤时，我们并不想像双胞胎姐妹一样购买同一尺寸、颜色和款式的裤子，因为我们有不同的要求。化妆品也是一样。在琳琅满目的化妆品中，我们应该仔细挑选最适合自己皮肤和特质的产品。购买货架上最贵的产品不能保证你

的购买是成功的，因为有可能你所买的是最不适合你的肤色或肤质的产品。

在本章中你将会看到各种各样的化妆品、粉饼和彩妆，同时了解如何找到最适合自己的产品以及如何使用它们。

确定你的肤色

一旦你为肤色和头发选对了化妆品的颜色，那么拥有完美妆容便丝毫不费力了。这很神奇，因为你仍然是你，只是变得更漂亮了！看出头发的颜色非常简单，无论它是自然色还是染过的颜色。确定你的肤色是"暖色"还是"冷色"有些困难，但是，也有简便的鉴别方法。看着镜子，将金色和银色的物体摆在面前。这可以是金色或银色的金属箔片，也可以是金银首饰。颜色正确的金属能让皮肤散发健康的光泽，反之，皮肤就会显得灰暗。如果金色适合你的皮肤，那么你就是"暖色"皮肤，如果银色适合你，你就是"冷色"皮肤。另一个迹象就是你晒黑的程度如何，"冷色"皮肤的人不容易被晒黑。

激发灵感的妙招

有时化妆只是为了好玩儿。出席特殊场合时，化个完全不同的妆，这会令你变成一位化妆大师。无论你是想在办公室里给人留下印象，还是在聚会上得到高回头率，有很多好点子让

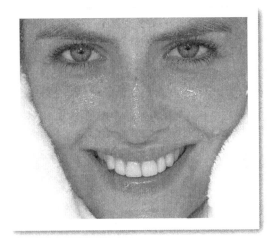

▲ 洗脸或睡觉前观察一下自己的脸。你想突出哪种特质？弥补哪些不足？

你的妆容更完美。

如何重新审视你的形象

　　仔细看看你的化妆包和抽屉吧。化妆品已经用了多长时间？半年，一年还是更长时间？现在，在你平时化妆时看看自己的脸，然后问问自己哪种妆容最适合你：它令你的眼和嘴变大还是变小了，突出脸型了吗，让你看起来更年轻还是年老了？如果这都不能满足你的要求，并且你的化妆品已经使用一年多了，那么现在是时候彻底改变了。记住以下这些要点。

年龄

　　适合 25 岁的妆容不再适合 35 岁的人。肤色、皮肤肌理以及发色的改变，需要不同的颜色和线条；正确地化妆会掩饰你的年龄。

脸型和肤色

　　化妆能够在视觉上改变脸型。同时还能改善肤色和皮肤肌理。

眼睛颜色和大小

　　巧妙地化妆能令小眼睛变大，蓝眼睛的颜色更深，圆眼变长。你现在的化妆技巧能做到这一点吗？

头发颜色

　　化妆应同头发颜色搭配。如果你的头发乌黑，皮肤白皙，那么深红的口红和黑色的眼妆（黑色睫毛膏和黑色眼影）会令你看起来十分恐怖。如果你是金发，那么朴素的颜色最适合你（鲜艳亮丽的色彩有些俗气）。如果你的头发是棕色或黑色的，你几乎可以随意挑选颜色。

生活方式

　　让化妆变得简单方便。如果你的生活非常忙，那么没有必要购买需要花费大量时间涂抹的化妆品。

提高化妆技巧

　　不要只是阅读说明，应将新点子真正运用到实践中去。提高化妆技巧，能令你看上去更美，满足自己特殊的美丽需求。也许你需要经济、迅速地换个新形象，或者需要专业的帮助。最主要的一点是花最少的时间，展现最完美的自我。

认识化妆工具

◀ 化妆工具

　　如果化妆时漫不经心，只是用手指随便涂抹，那么即使是使用世界上最昂贵的化妆品看起来也不会有什么特别之处。

基本工具

　　专业化妆时，你需要使用正确的工具。也就是说你要购买一些优质的化妆工具。

化妆棉

　　使用楔形化妆棉，它能帮助你将鼻子周围、下颌处的粉底涂抹均匀，同时使颊骨、前额和下巴边缘处的

▲ 化妆棉

粉底处理平整。但是，如果你不喜欢合成海绵，那么可以尝试使用小块的天然海绵。

粉刷

每次化妆的时候，要学会使用粉刷。为了避免蜜粉在脸上结块或堵塞毛孔，要使用柔软的大粉刷扫去多余的蜜粉。

▲ 粉刷

▲ 腮红刷

腮红刷

轻轻扫些腮红，会令你的皮肤散发亮丽的光泽。腮红刷比粉刷要小一些，很容易使用。

眼影刷

眼影刷可以用来搽任何颜色的眼影。

眼影棉棒

棉棒适合于搽浅色眼影或不需要大量涂抹时使用，在眉骨处打高光时也可以使用。

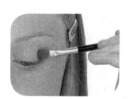

▲ 眼影刷

▲ 眼影棉棒

多功能睫毛刷/睫毛梳

在涂完睫毛膏后，使用睫毛梳通开睫毛之间的睫毛膏，防止睫毛膏结块。用睫毛梳梳过睫毛之后，可以用其侧面将眉毛梳理整齐，或者使用眉笔画过的眉毛的颜色更加柔和。

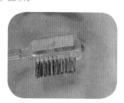

▲ 多功能睫毛刷/睫毛梳

唇刷

先画好唇线，然后用唇刷蘸取唇膏给嘴唇涂上颜色。

眉钳

用眉钳定期修理眉型是非常重要的。

睫毛夹

只要使用一次，它就会成为你化妆必不可少的工具！睫毛夹能令你的睫毛有非常大的改观，使双眼看上去更大。

▲ 唇刷

▲ 眉钳

▲ 睫毛夹

Part 2 基础彩妆轻松"练"

按"部"就班练彩妆

◀ 粉底

很多女性不喜欢用粉底，因为她们害怕看上去会不自然，像面具一样。实际上，选择一款适合你皮肤的粉底要比想象容易得多。主要有两个要点：第一，要选择正确的配方；第二，粉底要适合皮肤颜色。

选择适合你的粉底

以前，你只能买到厚厚的粉底。但是现在有许多类型的粉底可供你选择，所以选择一款最适合你皮肤类型的就可以了。下面是可供选择的产品，看看哪一种最适合你。

彩色乳液

彩色乳液是介于润肤乳和粉底之间的产品，它滋润皮肤，同时能做粉底使用，特别适合年轻或清透白皙的肌肤。如果你想粉底看上去自然，或者想使皮肤呈淡淡的古铜色效果，夏天使用效果也非常好。与其他的粉底不同，你可以直接用指尖调和彩色乳液。

▲ 花点时间找到适合你的颜色是值得的。

粉底液

这是最普遍、种类最多的粉底，因为它容易涂抹，并且看上去很自然。它适合于除特别干燥的皮肤以外的所有皮肤类型。如果你是油性皮肤，还常常长小痘痘的话，可以选择无油配方的粉底液，它可以涂在长痘痘的地方而不会产生不良反应。

粉底霜

粉底霜厚重并有滋润皮肤的作用，适合于干性和成熟的皮肤。粉底霜很油腻，一定要用化妆棉将它在打湿了的皮肤上涂抹均匀。

粉底慕丝

这也是一种很滋润的粉底，同样适合于干性皮肤。最好取适量的粉底慕丝放在手背上，然后用化妆棉擦在脸上。

粉饼

这是多效合一的粉底，粉被压缩在一个小盒里，通常有自带的粉扑。但是擦过的效果比你想象的颜色要浅一些。粉饼适合干性皮肤以外各种肤质。

粉条

这是粉底最初的形式。它的质地很稠厚，最适合长粉刺或有瘢痕的人使用。用粉条在皮肤有瑕疵的地方稍微点一下，然后用湿润的海绵将其轻轻匀开。

颜色选择

▲ 在买粉底前，先在脸颊下方试不同颜色的粉底，这样有助于你做出正确的选择。

如果你已经选好了最适合你的粉底类型，那么现在就要选择适合你皮肤颜色的粉底了。有很多颜色的粉底可供选择，比如英格兰玫瑰粉、黄色、橄榄色等等，有的适合白色皮肤，有的适合深色皮肤。要选择一款最适合你皮肤的粉底，可以用下面的方法确定。

● 一定要在自然光线下才能试出粉底颜色，这样你才知道离开化妆品店或柜台走到室外时，你的皮肤到底是什么颜色的。

● 同时试几种不同颜色的粉底，这样你就能知道哪种最适合你了。

● 不要在手上或手腕上试粉底，因为那里的皮肤颜色和脸上的并不相同。

● 在发际线处擦上一点粉底，看看是否与颈部和面部的皮肤颜色吻合。如果粉底的颜色适合你，其效果是粉底似乎从你的脸上"消失"了。

搽粉底的技巧

要在脸刚刚洗过，还有点湿润的时候擦粉底，这样才容易上妆。

● 大多数的粉底需要用化妆海绵来涂抹，用手指会造成涂抹不均匀，面部泛油光。

● 先将粉底点在脸上，再用化妆海绵匀开。

● 先将海绵蘸湿，挤去多余的水分，这样能防止海绵吸收过多的粉底而造成浪费。

● 看看容易留下痕迹的地方，如下颌、鼻子、前额和双颊是否涂抹均匀了。

高效粉底

如今的化妆品公司都已经大大改进了他们的粉底产品。下面是粉底的一些好处：

● 很多化妆品公司生产的粉底都含有防晒成分，因此在户外时可以防止阳光照射而引起

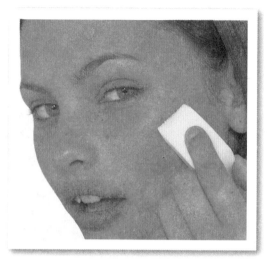

▲ 一定要将粉底涂抹均匀。不要忘记照照镜子，将面部从各个角度都检查一下，确保在擦过粉底的地方没有留下不自然的痕迹。

衰老。在包装上可以找到防紫外线的字样和防晒系数。

● 可以尝试使用"自然光感"粉底，这是非常适合成熟皮肤的。里面含有许多微小的反光颗粒，能反射掉脸上的光，令细纹、皱纹和粉刺不那么明显。

修颜液

你可以在涂粉底之前先搽一层适合你的修颜液，来调节皮肤颜色。乍一看，你可能会觉得有些奇怪，但事实上，它们能非常有效地使深色皮肤变得柔和，提亮脸色。先在脸上少搽一点点，直到你觉得它不知不觉地有效改善了肤色。

▲ 现在很流行液体粉底，因为搽过之后看上去非常自然。

● 绿色的修颜液能中和粉红色，非常适合脸庞爱红的人。

● 淡紫色修颜液能使发黄的皮肤焕发光彩。当你感到劳累时，使用这一款效果也非常好。

● 杏黄色修颜液能令面色黯淡的皮肤变得亮起来，冬日里使用能有效地提亮脸色。

● 白色修颜液能使所有肤色的人容光焕发，最适合晚上有特殊活动时使用。

◀ 遮瑕

遮瑕产品能快速有效地遮盖瑕疵、黑眼圈、瘢痕和红血丝，令皮肤看上去完美无瑕。

选择适合你的遮瑕产品

遮瑕产品是高浓缩的粉底，其内含的深色色素能完全遮盖住皮肤上的问题。至于遮瑕产品应该在上粉底之前还是之后使用，化妆师们尚无定论。通常，最好是在上粉底之后使用，这样用过遮瑕产品的地方，就不会在上粉底的时候被破坏掉。如果你经历了轻微日晒，可以擦些遮瑕产品令皮肤清透，然后再擦些粉或多效合一的粉底。

遮瑕棒

遮瑕棒使用起来非常简单，只要直接涂在皮肤上就可以了。有些遮瑕棒的颜色深，所以在购买之前最好先试一下。

遮瑕膏

遮瑕霜通常装在一个小细管内，使用时用棉棒蘸取。遮瑕膏不像遮瑕棒颜色那么深，遮盖的效果非常自然。

遮瑕液

遮瑕液也是装在细管内的。只要将少量遮瑕液挤在手指上，然后涂在皮肤有瑕疵的地方就可以了。可以选择一款干湿两用型的遮瑕液，遇水时就会变成乳状，干时呈细腻的粉末状。

> **小贴士** ♡
>
> 在选择遮瑕产品的时候，要选择最接近肤色，而不是比肤色浅的产品。用颜色浅白的遮瑕产品只会让瑕疵更明显。

如何遮瑕

下面就要告诉你如何有效地遮盖皮肤瑕疵，令肌肤完美无瑕。

小红点和瑕疵

最理想的解决办法就是使用药性遮瑕棒，它其中含有的成分能消除丘疹或瑕疵，同时起到遮盖效果。先用遮瑕棒涂在丘疹或粉刺处，等它变干了以后，再用棉签将边缘涂抹均匀。在丘疹或粉刺周围的皮肤上也涂些遮瑕膏，这样瑕疵就会不那么明显了。

黑眼圈

选择遮瑕乳或遮瑕液来解决这一问题，因为干性的遮瑕产品会显出眼部细纹。如果用手指涂抹遮瑕液的话，要用无名指，因为无名指的力气最小，不会拉伤眼部周围细嫩的皮肤。

瘢痕

瘢痕，包括粉刺或水痘留下的痕迹，都能够用遮瑕产品来达到有效的遮盖效果，但却很费时。应根据皮肤凹痕的程度层层涂抹遮瑕产品，最好用质地细软的刷子涂抹。要耐心，让每层遮瑕产品完全留在皮肤上。

红血丝

遮瑕棒和遮瑕液都能解决这一问题。用细软的眼线刷或干净棉签在有红血丝的地方涂一层遮瑕产品，然后仔细地将边缘扫刷柔和，使其与周围皮肤融合，看上去自然，没有明显痕迹。

蜜粉

蜜粉是化妆师们最好的朋友，它能让你的皮肤看起来非常棒，使用方法也有很多。

> **小贴士** ♡
>
> 在你扫去脸上多余的蜜粉时，要用刷子轻轻地向下刷，这样能防止粉残留在皮肤细小的汗毛中。要特别注意自己不易看到的脸蛋处和下颌。

为什么要用蜜粉

使用蜜粉的原因主要有 4 点。

● 无论搽或不搽粉底，蜜粉都会让皮肤变得非常柔滑。

● 蜜粉能固定住粉底，令粉底保持持久。

● 蜜粉能吸走脸上的油，防止脸部泛油光。

● 蜜粉有助于遮盖毛孔。

选择适合你的蜜粉

你需要两种蜜粉，一种是在家使用的散粉，一种是随身携带的粉饼。

▲ 花点时间试一试不同颜色的蜜粉，最后再确定最适合你皮肤颜色的蜜粉。

散粉

散粉的效果好，保持时间长，是专业化妆师和模特的首选。在上散粉时，最好用大而柔软的粉刷将粉轻轻扫在脸上。然后再将脸部轻扫一遍，去除多余的粉。

粉饼

粉饼使用快速方便，小巧轻薄，最适合放在化妆包里随身携带。多数粉饼都配有粉扑，但是你会发现粉刷的效果会更好，买一个可伸缩的粉刷放在化妆包内吧。

蜜粉的颜色

千万不要错误地认为一种颜色的蜜粉可以适合所有人的肤色。要选择最适合你皮肤颜色的粉，以达到自然的效果。和选择粉底一样，你也可以将粉搽在下颌处来确定颜色。

◀ 腮红

使用腮红是化妆必不可少的一步，让它给你的皮肤加些红润的色彩吧。

腮红能迅速改善脸色。现在已经不流行大面积使用腮红了，否则效果看起来非常不自然。使用腮红时要注意它最初的作用——使脸色年轻红润。

粉状腮红

粉状腮红应该在搽完粉底或粉之后使用。用大而柔软的刷子扫一下腮红。如果刷子上的腮红粉过多，用手弹一下刷子的手柄，去除多余的腮红粉。浪费一点腮红要比搽得过多更好一些。

先将腮红搽在颧骨最突出的地方，也就是眼睛的正下方。然后微笑，将腮红从颊骨处开始一直扫到太阳穴，并与发际线很好地融合，这样就不会留下明显的痕迹了。这样搽腮红的位置刚好合适。

膏状腮红

使用手指来搽膏状腮红，这打破了所有的化妆规则。在搽完粉底之后，上蜜粉之前，涂抹膏状腮红。膏状腮红偶尔会退出时尚潮流，但不久之后又再度流行起来。其原因是，它能使任何类型的皮肤都焕发出明亮、鲜艳的光彩。

使用时，先在双颊从颧骨最饱满的地方沿着颊骨处点适量膏状腮红。然后用手指涂抹均匀。要循序渐进地逐渐加些腮红，以得到你想要的效果。或者，如果你喜欢，可以用粉刷来抹匀膏状腮红。

腮红颜色的选择

腮红有很多颜色可供你选择。但是，要遵循一个原则，要选择最适合你皮肤颜色的腮红，并且要和其他部位的妆容协调。你可以根据季节的变化选择浅色或深色的腮红。

▲ 使用腮红刷快速方便。

腮红颜色选择指南	
发色和肤色	腮红颜色
金发，冷色皮肤	粉色
金发，暖色皮肤	橙红色
黑发，冷色皮肤	冷玫瑰色
黑发，暖色皮肤	深玫瑰红
红发，冷色皮肤	浅桃红色
红色，暖色皮肤	深桃红色
黑发，黄色皮肤	棕色
黑发，黑色皮肤	赤土色

◀ 眼妆

有充分的理由可以说明眼部化妆是最普遍的化妆。只要涂一些睫毛膏，眼睛就会变大，涂上点眼影，眼部就立即焕然一新了。无论你的眼睛是什么轮廓、什么颜色，你都可以采取各种方法，令双眼永远迷人。

掌握基本技巧

很多女性不愿尝试在眼部化妆，她们觉得那很浪费时间，同时也很复杂。琳琅满目的眼妆产品令众多女性眼花缭乱。但是，你还是可以画出不同的眼妆——从最简单的到最复杂的，这就需要你睁大双眼，学会一些基本技巧。

画眉毛的技巧

很多女性习惯于完全忽略眉毛的修饰。或者有时候，她们会过度地拔眉毛，这是最糟的一种情况。在化眼妆时，眉毛是非常重要的。眉毛能平衡整个面部的外观，因此花点力气掌握修饰眉毛的技巧，令它们更美观，是非常值得的。

◀ 自然眉型

要迅速、完美地修饰好眉毛，可以用眉刷梳理眉毛，扫去多余的粉或粉底。要向上向外梳理眉毛。这能让眼睛看起来更大。然后将透明啫喱轻轻地涂在眉毛上以定型。

◀ 眼线液

眼线液颜色很深，盖子上通常连有小刷子。画眼线液时，要向下看着镜子，防止眼线液晕开。画好之后，保持原来的姿势几秒钟，等待眼线液变干。

◀ 眼线笔

眼线笔是强调眼睛的轮廓时最简单有效的方法。用眼线笔仔细地在贴近上睫毛根部的地方画出柔和的眼线，在下睫毛处重复同样的步骤。

画眼线

可以通过画眼线来修饰眼睛的轮廓。如果你从前从没有画过眼线，现在就来试试这种简单

易学的方法吧。在镜子前坐好，保证有充足的光线。拿起眼线笔，肘部支在桌子上，保持手臂和手的稳定。将小指放在颊骨上，你的手会更稳。要在画好眼影后、涂睫毛膏之前画好眼线。

用眉粉或眉笔修饰眉毛

1 你可以用眉粉或眉笔来修饰眉毛。用眉刷蘸取适量眉粉扫过眉毛，注意不要刷在周围的皮肤上。这样效果会很自然，而且不需要再去扫刷，颜色会很柔和。

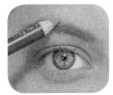

2 也可用削好的眉笔在眉毛上轻轻画出线条，注意不要太用力，否则会很不自然。

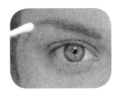

3 用干净的棉签整理眉毛，让刚才画好的线条颜色更加柔和。

用眼影画眼线

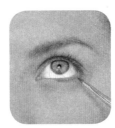

1 化妆师经常用眼影来勾勒出眼部轮廓，这种技巧非常值得我们效仿。这能产生柔和的烟熏效果，令眼部给人留下深刻的印象。用小刷子在下睫毛处和上眼睑处涂些眼影，注意涂眼影时要贴近睫毛。

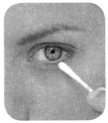

2 想要得到更柔和的效果，只要用棉签轻轻扫过眼线就可以了。

小贴士 ♡

最好每次使用后都削一削眼线笔。这能保证笔尖细滑，同时还能防止细菌侵入眼部。

小贴士 ♡

眼影的选择

选择中性颜色的眼影,能巧妙地提升眼部魅力,也可尝试各种各样不同颜色的眼影。

● 眼影粉。眼影粉是最普遍使用的眼影,通常装在小盒子里,配有小刷子或棉棒。如果你想化个晚妆,让眼影的颜色更深,可以用湿润的小刷子或棉棒来画眼影。

● 眼影膏。眼影膏是膏状的,装在小盒里。可以用小刷子来涂抹,也可以用手指。眼影膏能给皮肤充分的滋润,非常适合干性和衰老的皮肤。

● 眼影笔。眼影笔是蜡质的,能直接涂在眼睑上。在你购买眼影笔之前,确定它的质地很细腻,不会刮伤皮肤。

● 液体眼影。液体眼影通常装在小细瓶内,附有一根棉棒。选择干湿两用眼影,涂抹时是液体,变干后质地细腻,很容易匀开。

假睫毛

◀ 假睫毛令双眸更加迷人,非常适合参加聚会时使用。但是,粘假睫毛是需要技巧的。除非将假睫毛粘贴得很好,否则还是会看出痕迹。最好将假睫毛粘在外眼睑上。在假睫毛根部涂少许胶水,然后用镊子将它们粘在眼睛上。

轻松打造完美睫毛

1 给上睫毛涂好睫毛膏。先在睫毛根部涂,然后再向上刷。为防止睫毛膏在睫毛上结块,可以用"之"字形的动作来涂睫毛膏。

2 用睫毛刷的头部来刷下睫毛,要轻轻地横着刷。涂睫毛膏时,手要稳,在睫毛膏没有干透之前不要眨眼睛。

3 用睫毛刷梳理睫毛,去掉多余的睫毛膏,防止睫毛粘在一起。想要得到明显的效果,可以将前两个步骤再重复两遍,要在睫毛膏干透后,再涂另一层。

睫毛膏的魔力

睫毛膏能使双眼更迷人,尤其能令睫毛更漂

亮。多数睫毛膏要用螺旋形的小棒来涂抹,使用快速方便。有些睫毛膏中含有的纤维能使睫毛更长、更浓密。选择防水型睫毛膏,它能耐得住淋浴和游泳等活动,但是因为睫毛膏会牢牢地附着在睫毛上,要记住使用特殊的睫毛卸妆水。

眼妆全攻略

现在你已经知道该如何开始化妆了,也掌握了基本技巧。你可以尝试更复杂的化妆技巧,令你的双眼展现出各种不同的迷人风采。

▲ 这里我们主要介绍的是象牙色和蓝色的眼影,黑色眼线和黑色睫毛膏。花点时间尝试不同的颜色,找到最适合你气质、肤色和发色的眼影颜色。

眼部化妆步骤

你可以尝试下面的眼妆,使用不同的化妆技巧,令你的眼妆魅力四射。

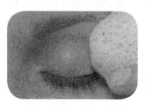

1 在眼皮上擦些粉底,这是化妆前的基本工作,同时能使化妆品更好地附着在眼部。

2 用小刷子在眼皮上扫些半透明的蜜粉。

3 在眼睛下方扫些蜜粉，遮盖雀斑和黑眼圈。

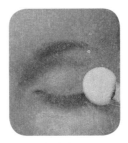

4 用棉棒在眼皮上扫些象牙色的眼影。要一直挑到眉毛处，以达到整体平衡的效果。

5 用棉棒在眼窝处搽些棕色的眼影。微微发亮的眼影粉更容易涂抹。

6 用刷子刷涂棕色眼影区域的上半部分，令明显的边界线变得柔和。

7 要达到完美的效果，可以用棉棒再在棕色眼影的边缘扫上些象牙色眼影。

8 现在你就完成了眼影部分，将眼睛下方的粉末弹走。

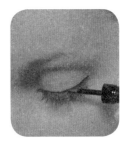

9 向下看着镜子，手尽量保持稳当，沿着眼睑画眼线液。

10 用干净的棉签在下睫毛处搽些棕色的眼影，给眼睛增加些神秘的色彩。

11 在涂睫毛膏之前，用睫毛夹将睫毛夹弯。这能使眼睛看起来更大。

12 在上睫毛处涂好睫毛膏，用睫毛刷的头部给下睫毛涂睫毛膏。

13 用眉笔修饰眉型，进一步修饰。

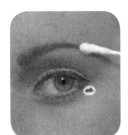

14 用棉签轻扫眉毛边缘，淡化眉笔的痕迹。

◀ 唇妆

唇膏有大约5000年的历史，一直受到女性的青睐。涂唇膏是为你的妆容"点睛"最简单快速的方法，同时能立即令面部容光焕发。

◀ 带颜色的唇彩有助于保持唇部柔软细致，同时能令唇部有淡淡的色彩。可以单独使用，也可以在搽唇膏之前或之后使用。

美唇秘籍

人们普遍用管状唇膏来给唇部上颜色。唇膏中的色素越多，颜色就越持久。涂唇膏最好的方法是用唇刷。

另一种令唇部有淡淡色彩的方法就是使用唇彩。它可以单独使用，令唇部闪亮迷人，也可以在涂完唇膏后使用，令唇部水润亮泽。

涂唇膏之前，先用唇线笔勾勒出唇部的轮廓，也可以用它来涂满整个唇部，制造出亚光的效果。但是，最后还要擦一层润唇膏，防止唇部细嫩的皮肤干燥。这一点非常重要，因为唇部周围的皮肤很容易出现细纹。

完美的唇妆

按照下面的步骤做，你也能拥有甜美的唇妆。

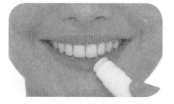

1 先搽润唇膏，确保嘴唇的皮肤柔软细致。

2 给嘴唇擦些粉底，最好用化妆棉来擦，这样粉底就能深入到唇部的纹理中。

3 然后在擦好的粉底上轻轻扫些平常使用的蜜粉，这样唇膏更能持久地附着在嘴唇上。

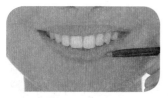

4 将肘部放在坚硬的平面上，拿起唇线笔。先按照下唇的轮廓画一条弧线，然后画出上唇的轮廓。

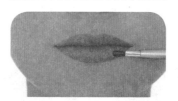

5 用唇刷蘸取唇膏在刚才画好的唇线内将唇部涂满，这能使唇型更清晰。张开嘴唇，在嘴角处涂好唇膏。

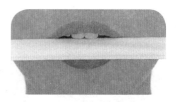

6 在纸巾上抿一下嘴唇，唇膏的颜色能更持久。同时能制造出亚光的效果，令唇部更迷人。

小贴士 ♡

唇膏的特殊成分

如今的唇膏不仅仅含有色素，能为唇部增添色彩，正如人们利用高科技生产护肤品一样，唇膏也经常含有特殊的、经过改善的成分，给唇部细嫩的皮肤最好的呵护。以下是唇膏可能含有的特殊成分。

● 植物蜡。植物蜡能令唇膏更容易涂在嘴唇上，同时令唇部自然柔嫩闪亮。
● 脂质体。脂质体含有活性成分，能保持唇部皮肤柔滑。
● 洋甘菊。洋甘菊能缓解嘴唇干裂并促进其愈合。
● 乳木果油。乳木果油能深层滋润嘴唇，尤其是在寒冷刮风的季节，嘴唇很容易干裂。
● 硅石。硅石能制造出淡淡的亚光的效果。
● 防紫外线成分。防紫外线成分能保护嘴唇，防止阳光照射引起唇部皮肤衰老。
● 维生素E。维生素E有助于愈合干裂的唇部皮肤，同时预防唇部皮肤由于衰老而出现细纹。

薰衣草润唇膏

原料:

- 5毫升蜂蜡
- 5毫升可可油
- 5毫升小麦芽精油
- 5毫升杏仁油
- 3滴薰衣草精油

将这些原料放在一个小碗里,先不要加薰衣草精油。将小碗放在热水里,搅拌,直到蜂蜡熔化。蜂蜡的熔点很高,所以要有耐心。将小碗拿出,冷却后加入薰衣草精油。然后将做好的混合物装在罐子里随时使用。

▲ 这款味道香甜的天然薰衣草润唇膏能有效地滋养唇部。

唇膏颜色选择指南

无论你相信与否,每个人都可以涂红色的唇膏。选对唇膏颜色的关键是,它必须与你的肤色和发色相协调。

肤色和发色	唇膏颜色
金发,冷色皮肤	如果你够大胆,可以选择任何一款红色的唇膏,如深红色或火红色。张扬大胆的颜色确实能让你给人留下非常深刻的印象
金发,暖色皮肤	可爱的粉红色与你的肤色和发色非常协调。粉红色并不过于鲜艳,又能与暖色皮肤互补
黑发,冷色皮肤	深红色,如葡萄酒红、勃艮第酒红色和血红色非常适合你中式美女的气质。黑发、白皙的皮肤和红唇的鲜明对比确实十分出彩
黑发,暖色皮肤	深砖红色和红宝石般闪亮的色彩很适合你。这样的暖红色令你的皮肤更美,同时红色的浓重又与黑发十分相称
红发,冷色皮肤	精致的橘红色,以及比以上提到的各种颜色稍微淡些的色彩,都会为你增添光彩,又不会过分张扬
红发,暖色皮肤	暖红色或火红色配上棕色的底色能与你鲜艳发色和玫瑰色的肤色相映衬
黑发,黄色皮肤	深红色配上橘色的底色,会令你的肤色更美。尝试张扬的色彩吧,你会非常适合的
黑发,棕色皮肤	果红色和勃艮第酒红色非常适合你的皮肤颜色

各色皮肤的彩妆选择

◀ 冷色皮肤,金发

如果你拥有白皙的皮肤以及浅色的头发,应该选择柔和的色彩。这会使你的肤色和发色更漂亮,同时使妆容闪亮、清新,没有过分张扬的感觉。

适用人群

⊙头发是淡金黄色、淡棕色或柔和的金黄色的人,这款妆容也适合白色或灰色头发的人。

⊙眼睛为蓝色、灰色、褐色和绿色的人。

◀ 柔和闪亮的色彩更能彰显出你淡雅的肤色和发色,色彩柔和又不失活力。

1 这一类型的皮肤很细致，不需要搽过厚的粉底，所以使用淡色的修颜液就可以了。将修颜液点在鼻子、颊骨、前额和下颌处，然后用手指匀开。

2 淡粉色的膏状腮红会令你的皮肤呈现出柔和的光泽。将腮红膏点在颊骨处，用手指匀开。你可以在颊骨处搽些粉，令皮肤清透亮泽，也可以在整个面部扫上少许的粉。但是记住，轻轻扫一下就可以了，这样才能使皮肤自然亮泽。

3 用眼影刷蘸取适量淡蓝色眼影，涂在整个眼皮上。用眼影刷轻轻地扫刷眼皮数次，直到颜色没有明显的边界。然后再在下睫毛处搽少许的眼影。

4 在眼皮褶皱处到眉骨处搽上闪亮的象牙色眼影。然后涂上两层棕色或黑色睫毛膏。

5 用眉刷将眉毛梳理成型。这也能扫走粘在眉毛上的粉末。

6 用唇刷给嘴唇涂上淡粉色的唇膏。如果你愿意，可以再涂上少许的唇彩或润唇膏，其闪亮的效果会使你更加性感。

⊙白色皮肤的人，包括皮肤特别白皙，或呈象牙白、英格兰玫瑰粉色的人。

> **小贴士 ♡**
> ● 如果你超过35岁，或者不确定自己是否适合涂蓝色眼影，那么可以涂冷灰色的眼影。这同样能制造出柔和的效果，同时还有些许的神秘色彩。
> ● 闪亮的眼影会使水肿的眼皮更明显，因此应该选用亚光眼影。

◀ 暖色皮肤，金发

尽管你的皮肤颜色为暖色，但你的整体外观还是给人感觉非常精致优雅的。化妆时要选择茶色和中性的色彩，而且要化淡妆才能提升你自身的魅力。

适用人群

⊙适合金色、深金黄色或黑色头发的人，也适合浅褐色的头发的人。

⊙眼睛呈棕色、蓝色、淡褐色或绿色的人。

⊙暖色皮肤、浅古铜色皮肤的人。

⊙你的皮肤颜色和金发使你看起来十分优雅。所以，化妆时选择的色彩不要过分浓重。如右图所示。

▲ 浅色的中性色彩眼影在同底色保持和谐的同时，能使皮肤更具温暖感。

1 在搽过修颜液之后，用遮瑕产品遮盖皮肤有瑕疵的地方。金发的人通常皮肤白皙，也容易出现红血丝。用棉签蘸取遮瑕产品将瑕疵有效地遮盖起来。

2 用粉扑蘸取蜜粉，擦在面部皮肤容易出油的地方。这能全天吸走多余的油，保持面部干爽而不泛油光。用干净的粉刷扫走多余的蜜粉。

3 在整个眼皮处扫上桃红色眼影。它能和你的自然肤色融合在一起，并使眼睛看起来更大，干净利落。

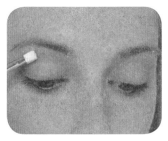

4 用眼影刷蘸少许浅棕色眼影涂在眼皮褶皱处，突出眼部轮廓，使眼睛看起来更深邃。外眼廓也要扫上一些。

5 在下眼睑处同样擦上棕色眼影。这比传统的眼圈粉和眼线笔的颜色更柔和，非常适合金发、不常用深色眼影的人。最后涂上两层棕色或黑色睫毛膏。

6 用唇刷给嘴唇涂上无色透明的唇彩。同时在颊骨、前额和下颌处搽上茶色腮红。你也可以在鼻尖处搽上一点。化妆的最后一步才是搽腮红，这样做的好处是你可以确切地知道到底要搽多少腮红才合适。

◀ 冷色皮肤，黑发

　　如果你是皮肤白皙的黑发女孩，化妆时选择鲜亮、冷色调的色彩会给你增添难以置信的魅力。 浓重的色彩会与你象牙般白皙的皮肤形成鲜明的对比，使冷色调与自然的美丽融合在一起。

适用人群

　　⊙棕色或棕黑色头发的人。
　　⊙棕色、蓝色、淡褐色或绿色眼睛的人。
　　⊙冷色皮肤，如十分白皙或浅古铜色皮肤的人。

◀ 浓重的色彩能够突出黑色的头发和冷色皮肤的魅力。

小贴士 ♡

● 为避免睫毛膏结块，在涂到睫毛上之前，可以先轻轻摇晃几下睫毛膏。
● 如果你觉得膏状腮红不易涂抹，可以选择粉状腮红，在搽完蜜粉后使用。

1 搽上粉底或修颜液。如果使用粉底，要选择颜色最浅的。然后搽少许膏状腮红，最后扑上蜜粉。

2 在眼皮上搽冷象牙色眼影，一直搽到眉骨处。如果眼影聚集在眼皮褶皱处，可以用棉签将其匀开。

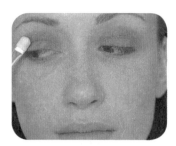

3 在眼皮处搽些褐色或卡其色的眼影，进一步突出眼睛的轮廓。这与你冷色调的皮肤十分相称，同时也能突出眼睛的颜色。

4 现在开始涂睫毛膏。你需要涂两层睫毛膏，才能使双眼更迷人。

5 用眉刷将眉毛梳理成型。如果眉毛有些杂乱，可以在眉刷上喷上一点发胶，再梳理眉毛。

6 选择果红色的唇膏，给妆容增添闪亮的色彩。用纸巾吸干第一层唇膏，然后再擦上一层，这样唇膏效果会比较持久。

◀ 暖色皮肤，黑发

你的肤色非常适合亮棕色、暖红色和较朴素的色彩。它们能使肤色更完美，突出个人的气质。

适用人群

⊙ 棕色和深棕色头发的人。

⊙ 棕色、蓝色、淡褐色或绿色眼睛的人。

⊙ 你的肤色为暖色，能很容易就晒出古铜色的皮肤。即使在冬季皮肤颜色变浅，底色还是为黄色。

小贴士♥

随身携带粉饼，鼻子、前额和下颌处的粉，以便脱落时可以及时补妆。

▲ 火红色的唇膏与闪亮的棕色完美结合，使妆容色彩温和而且精致。

1 将粉底液点在皮肤上，然后用湿化妆棉匀开。在颈部也搭上粉底，以达到自然的效果。然后用遮瑕液遮盖皮肤瑕疵。

2 扑上半透明的散粉，再用大而软的刷子扫去多余的粉。

3 用棉棒将红棕色的眼影涂在整个眼皮上。用棉棒而不用眼影刷的好处是，棉棒能使颜色更集中。然后涂两层睫毛膏。

4 在这款妆容中你需要突出眉毛的部分。可以使用棕色的眉笔，也可以使用棕色眼影粉，其效果都是非常柔和的。无论使用哪种方法，都要用眉刷将眉毛梳理成型，并使颜色更均匀。

5 选择暖色系、浅棕色的粉状腮红，从双颊一直涂到太阳穴处。由于这款颜色可能会有些浓，之后你需要扑上少许半透明的散粉。

6 火红色的唇膏能平衡整个妆容的色彩。用唇刷仔细涂唇膏，保证唇膏渗入到嘴唇的纹理中，这样能使唇膏的颜色更持久，使妆容更完美。

◀ 冷色皮肤，红发

红色头发、皮肤白皙的女性通常需要柔和一些的色彩，但是你也可以尝试用鲜艳的色彩来突出你出色的发色和肤色。绿色能增强眼睛的立体感，深橘色能使嘴唇更饱满。

适用人群

⊙泛草莓红的金发或浅红色头发的人，即使发色更浅也适用。

⊙棕色、蓝色、淡褐色或绿色眼睛的人。

小贴士 ♡

如果你长有雀斑，不要徒劳地用深色粉底去遮盖。而要用与你的肤色相协调的粉底，这样才不会使你的脸看起来像戴了一副面具。

▲ 深红色唇膏使这款妆容的色彩更浓重，而柔和的绿色则突出了眼睛鲜明的色彩。

1 搭上粉底和遮瑕膏，然后在颊骨处涂桃红色膏状腮红。与粉状腮红不同，膏状腮红可以用手指来涂抹，皮肤的温度也有助于将腮红均匀涂抹。一次涂少量腮红就可以了。最后扑上半透明的蜜粉。

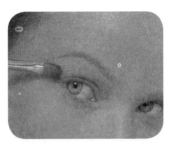

2 在眼皮上搭中性桃红色，能够很好地突出眼睛的颜色。涂眼影时要尽量贴近睫毛以达到平衡的效果。

3 红色头发的人眉毛的颜色通常很浅，所以不要忘记强调眉毛的颜色，使整个眼部有框架感，否则就会将重心集中于前额，而使整个妆容失衡。选择浅棕色眉笔画好整个眉毛，注意填充眉毛稀疏的地方。然后用眉刷梳理眉毛，使颜色更柔和。

4 在眉峰下方搭些亮金色的眼影，增强眼部立体感，同时可以将焦点集中于眼部。这样会使你的眼睛更加闪亮动人。

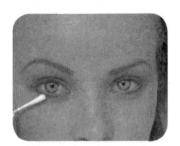

5 绿色的眼线非常适合你，但是注意下眼线不要晕开，否则会破坏你的气质。沿着上睫毛根部画眼线，一直画到眼角处。然后用棉签将颜色晕开，使其更柔和。扑上少许蜜粉使颜色更持久。最后涂上两层棕色睫毛膏。

6 深橘色的唇膏使妆容更完美。先用唇线笔画好唇线，防止将唇膏涂到嘴唇外。然后用唇刷将唇膏涂到嘴唇上。

⊙肤色白皙的人，无论皮肤是象牙白还是白里透红。

⊙肤色为中性或暖色皮肤的人。

⊙在夏季，你的皮肤会泛着金色。你不容易晒黑，但是却很容易长雀斑。

◀ 暖色皮肤，红发

你的肤色和发色非常适合鲜艳的色彩，如酒红色、紫色和棕色。这些颜色与你充满魅力的肤色和发色十分相称，能使你更加迷人。

适用人群

⊙适合红色或深红色头发的人。同样也适合红黑色头发的女性。

⊙棕色、蓝色、淡褐色或绿色眼睛的人。

◀ 火红色头发和暖色的皮肤搭配上紫色、深紫红色或棕色的彩妆，会令你魅力四射。

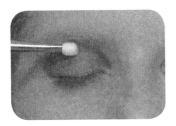

1 搽完粉底、遮瑕膏和蜜粉之后，在整个眼皮上涂上酒红色眼影。用棉棒涂眼影能使你更容易控制颜色。在涂眼影之前先在眼皮上搽些蜜粉，会使皮肤柔滑，更容易上色。

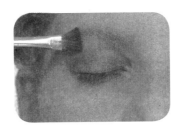

2 在眉骨处涂淡紫色的眼影，使眼妆整体平衡。将颜色一直匀到眼皮褶皱处，柔和酒红色眼影明显的边缘。完成这一个步骤要有耐心，以达到专业化妆的效果。

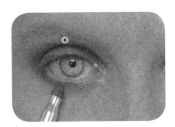

3 在下眼睫毛处涂少许酒红色眼影。这能使你的眼睛更富现代感，效果也比眼线笔柔和。要将眼影一直涂到外眼角处，然后轻轻向上挑。涂上两层睫毛膏。要从睫毛根部开始涂睫毛膏，尤其是颜色较浅的睫毛。

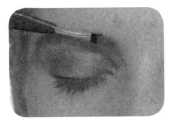

4 使用小眉刷或棉签给眉毛涂上浅棕色，以强调眉毛的部分。然后用眉刷梳理眉毛，使颜色更柔和。

5 选择棕色或金色的腮红，为皮肤增添些暖色调。用大腮红刷搽腮红，将颜色匀到发际线的地方，达到自然红晕的效果。这一步骤的关键是一次要用少量的腮红，逐渐加深腮红的颜色。不要使用珠光腮红，这会使你的皮肤泛着不自然的光泽。

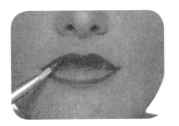

6 用深色唇线笔画出唇线，再涂上深紫红色的唇膏。这两种较深的颜色应该仔细涂抹才能达到较好的效果，所以要涂两层，第一层涂完之后用纸巾将唇膏吸干。这也能使唇膏颜色更持久，不需要反复给嘴唇补色。

◀ 黄色皮肤，黑发

你的皮肤颜色非常适合深棕色、橘色、金色和古铜色。这些颜色与你的肤色十分协调，并能突出你的气质。

适用人群

⊙深棕色和黑色头发的人。

⊙棕色、灰褐色和绿色眼睛的人。

⊙黄色皮肤晒过之后的古铜色十分漂亮，适合亚洲人或印第安人的肤色。

小贴士 ♡

要画好唇线，可以将嘴张成O型，在嘴角处画上唇线。

▲ 闪亮柔和的橙色、金黄色和棕色唇膏非常适合你的暖色皮肤。

1 即使用修颜液遮盖很小的瑕疵，也要用手指涂抹均匀。如果你需要更好的遮盖效果，可以选择粉底液或粉底霜。然后涂上遮瑕膏和少许蜜粉。

2 在整个眼皮上涂上金色眼影，然后在眼皮褶皱处搽上深铜色眼影，在下睫毛处也仔细地搽上同样的颜色。这会使你眼部非常精致。

3 用浅棕色的眼线笔沿着上睫毛和下睫毛根部画好眼线，这会突出眼部轮廓，使眼睛更加美丽。如果你觉得颜色太浓了，可以用棉签擦拭，使颜色柔和。最后涂上两层黑色睫毛膏。

4 红棕色的腮红可以给颊骨处皮肤增添些暖色调，呈现被阳光轻微晒过的效果。每次要使用少量的腮红，逐渐加深颜色。

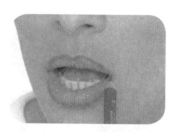

5 用红棕色的唇线笔画出唇线。先在上唇的中间部分画出弧线，然后沿着上唇的一侧向外画。接着画另一侧，最后画出下唇的轮廓。

6 涂上橙色的唇膏。如果你青睐迷人的、有光泽的唇妆效果，不要用纸巾吸干唇膏。如果你愿意，可以再涂上一层润唇膏或唇彩。如果你喜欢亚光的效果，可以在涂完一层唇膏之后用纸巾吸干，再涂上另一层，这样唇膏的颜色会更持久。

◀ 东方皮肤，黑发

你的头发是黑色的，皮肤是浅黄色的，柔和的暖色调是非常适合你的颜色。它们能提升妆容的效果，同时中和皮肤的浅黄色。

适用人群

⊙棕黑色头发的人，也适合灰色头发的人。
⊙灰褐色或棕色眼睛的人。
⊙皮肤为浅黄色或棕黄色的人。这样的人皮肤容易晒黑，但是还是会发黄。

小贴士 ♥

　　东方人的睫毛通常很直，可以使用睫毛夹令睫毛卷翘，效果非常好。

▲ 嫩粉色会使你的嘴唇看起来清透柔软，而蓝黑色的颜色则会突出漂亮的眼部轮廓。

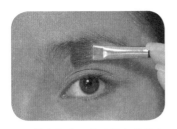

1　搽完粉底、遮瑕霜和蜜粉之后，在眼皮上搽上淡紫色的眼影。淡紫色比深色的眼影要好，尤其是对于眼皮较小的人来说，这会使眼睛看起来很深邃。

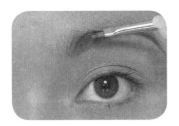

2　用深棕色的眼影或眉笔轻轻地画眉毛，令眼妆更漂亮，并且与眼线相协调。

3　蓝黑色的眼线能很好地突出眼部漂亮的轮廓，并能有效地修正眼部皮肤下垂的状况。沿着下睫毛画下眼线，一直延伸到外眼角，这样会有平衡感。为了不使眼线看起来太突兀，可以用棉签轻轻擦拭，使眼线的颜色变得柔和。

4　用睫毛夹轻轻地将睫毛夹弯，然后涂上两层睫毛膏。

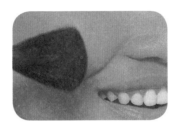

5　柔和的粉色腮红能很好地提升妆容的效果，并使皮肤散发自然的光泽。将腮红扫在双颊最饱满的部位。

6　嫩粉色唇线和唇膏会使你的唇部富有时尚感，成为焦点。冷艳的蓝色也非常适合你的发色和肤色。

◀浅黑色皮肤，黑发

这款妆容会以质朴的色彩来突出你的容貌。你浅黑色或棕色的皮肤在化妆时非常适合选择浅褐色、棕色和紫铜色。

适用人群

⊙黑色头发，如果你的头发中有些许灰色也会很适合。

⊙灰褐色或棕色眼睛的人。

⊙浅黑色皮肤的人。

小贴士♡
有很多专门为深色皮肤设计的粉底和蜜粉，你可以从中选择。

▲ 象牙色的眼影和泛珠光的棕粉色唇膏会与你暖色调的肤色形成十分鲜明的对比，非常漂亮。

1　搭完粉底之后，扑上半透明的蜜粉，要保证蜜粉与你的肤色协调，不要造成皮肤过白得不自然的效果。用大粉刷向下刷，扫去多余的蜜粉。

2　在整个眼皮上用眼影刷涂上象牙色眼影，与你暖色的皮肤形成对比。

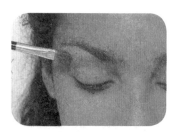

3　在眼窝处涂上深棕色的眼影，并充分匀开。同时将眼影向外涂抹，在下睫毛处也涂上眼影，这会使你的眼睛非常迷人。

4　沿着上睫毛根部画上眼线液，这使你的眼睛像超级模特般漂亮。棉棒比眼影刷更好用。在画眼线时向下看着镜子，这会使你的眼皮较平整，没有褶皱。将肘部放在坚硬的平面上。最后涂上两层睫毛膏。

5　用棕色的唇线笔画好唇线。如果你只有普通的棕色眼线笔，也可以用它来画唇线。用棉签轻轻晕开唇线，达到更加柔和的效果。

6　中性的棕粉色令你的嘴唇散发自然光泽，同时能立即提升妆容的效果。用唇刷将唇膏涂抹均匀。

◀ 黑色皮肤，黑发

黑色的眼睛、头发和皮肤如同给你提供了一块完美的画布，你可以任意尝试无数种不同的色彩。化出完美妆容的关键在于要选择鲜艳和深沉的颜色，因为你的皮肤需要增添闪亮的色彩。

适用人群

⊙深黑色头发的人，即使有些许灰色也没有关系。

⊙黑褐色和棕色眼睛的人。

⊙深黑色皮肤的人。

小贴士 ♡

鲜艳的颜色非常适合你的肤色和发色，化妆时用量要少，才会使你的妆容清新、充满活力。

▲ 淡红色唇膏、炭黑色眼影和橙褐色腮红能与你的肤色和发色完美地融合在一起。

1 仔细选择一款最适合你皮肤颜色的粉底。用化妆棉涂上粉底，涂抹要均匀。在涂粉底之前，可以先将化妆棉蘸湿，这可以使海绵更柔滑，也能防止海绵吸收过多的粉底。沿着下颌和发际线将粉底彻底匀开，避免留下粉底的痕迹。最后，扑上少许半透明的蜜粉。

2 接下来，在眼皮上擦上深裸色眼影。可以先在眼皮上涂上少许散粉，防止这种深色的眼影散落，破坏已经涂好的粉底。

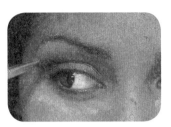

3 用眼影刷在眼睛的褶皱处涂上炭黑的眼影。每次只涂少许眼影，防止眼影粉末脱落。如果有必要，可以先将眼影刷在手背上轻轻弹一下，抖落多余的眼影粉。

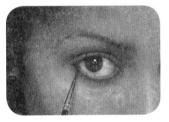

4 用眼线刷在下睫毛处涂上少许炭黑色眼影，这种颜色最能突出你眼睛的轮廓。手持镜子仰头向上看，能让你更准确地画好眼线。最后涂上两层黑色睫毛膏。

5 橙棕色的腮红能使你的皮肤更漂亮。用大圆刷在颊骨最饱满处擦上腮红，然后再轻轻地扫向发际线。

6 画好唇线后，用唇刷涂上深紫色的唇膏，突出唇部轮廓。

实用化妆技巧锦囊

◀ 解决化妆中的 18 个难题

　　无论你在化妆中犯过错误，还是没有必备的工具，或是苦于缺乏灵感，下面我们就帮助你解决这些问题。

蜜粉不均匀

　　如果用化妆棉在刚刚洗过的湿润的皮肤上搽蜜粉，或在搽好粉底后再搽蜜粉，效果非常好。如果你还是不满意，看看你是否用错了颜色，是否不适合你的肤色。蜜粉的颜色要与你的自然肤色协调，与粉底颜色接近。所以，购买蜜粉之前，在自然光线下，在皮肤上擦上少许蜜粉，看看是否与肤色搭配。

笔直的睫毛

　　睫毛夹能大大改善睫毛的外观。用睫毛夹轻轻夹上睫毛，你的睫毛就会变得卷翘而非常漂亮了。

睫毛膏结块

通常的原因是睫毛膏使用了很长时间，使睫毛膏柔滑的油性成分已经干了。在拧睫毛膏盖子的时候混进空气，也会导致这种情况，所以使用时动作要轻。每隔几个月就更换一次睫毛膏。

在睫毛膏中滴入几滴温水，等待几分钟再使用，你的旧睫毛膏就可以像新的一样使用了。

如果睫毛膏在眼睫毛上结块，那唯一的解决办法就是将它彻底洗掉，重新涂一遍。

瑕疵

最快的解决办法就是将瑕疵变成美人痣。首先，在瑕疵处用棉签擦上少许紧肤水。这能吸干皮肤上过多的油，这有助于美人痣持久保持。用眉笔在瑕疵上点一

个点，就创造出了一颗美人痣，眉笔比眼线笔的效果要好，因为眉笔的质地较干爽，不易在皮肤上融化晕开。最后，扑上少量散粉固定这颗美人痣。

唇膏褪色

如果你在户外活动，而你涂的唇膏开始褪色，可以在上面扑一层散粉。这有助于保持唇膏干爽，使颜色更持久。同时散粉也使唇膏具有美丽的亚光色彩。

眼线晕开变脏

用棉签蘸眼部卸妆水清洁眼睛下方。洗去污黑之后，再画上新的眼线。当眼线笔中的蜡

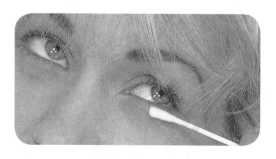

开始融化时，眼线就会变脏，扑上少许散粉可以有效地防止这种情况发生。

皮肤发红

如果皮肤发红，可以用绿色的修颜液来调整肤色。在需要遮盖的部分涂上少许修颜液。修颜液中的绿色色素能有效地中和皮肤上的红色。

在涂完修颜液后，涂上常用的粉底，再用散粉定妆，这可以避免皮肤散发绿色的光。这种方法也能有效地遮盖因生气而发红的脸色或瑕疵。

粉底变成橙色

涂粉底之前，将5克的小苏打混合在散粉中，然后将其轻轻扫在脸上。小苏打会使皮肤偏酸性，防止皮肤发黄。

唇膏溢出

画唇线能防止将唇膏涂到嘴唇外面。画好唇线，再用唇刷涂上口红。与滋润型唇膏相比，质地较干的亚光唇膏不易涂到唇外。此外，涂唇膏之前，在嘴唇周围扑上少许蜜粉。

粉底脱落

在天气炎热的时候，粉底容易从皮肤上脱落。解决的办法就是要保持皮肤清凉，然后再涂粉底。用湿毛巾在皮肤上敷一会儿之后，再涂粉底。

将粉底放在冰箱中保存，确定它冷却后再使用。用湿润的化妆棉擦粉底，不要用手指，手指上天然分泌的油会导致涂抹不均匀，留下一条条的痕迹。最后扑上散粉定妆。

牙齿发黄

首先，去牙医或口腔医生那里定期检查牙齿，彻底清洗牙齿，保持牙齿洁白，并要时刻提醒自己你的牙齿还是不够洁白。要使牙齿看上去洁白，就要避免使用珊瑚红色或棕色系的唇膏，因为这些颜色的唇膏会使黄色的牙齿更明显。清透的粉色或红色能令牙齿看上去更洁白。

粉底的痕迹

如果你在下颌、下颌外侧和发际线处能看到明显的粉底的痕迹，可以用湿润的化妆棉将其匀开。在自然光线下完成这一步骤，才能看

清效果。然后再扑上蜜粉。

眼睛有血丝

睡眠不足、长时间使用电脑、周围烟雾缭绕或眼睛被感染，会导致眼睛表面的血管膨胀，而出现红血丝。如果这种情况持续，就要去咨询医生或验光师，做眼部检查，以确定没有其他的潜在原因。

要迅速解决眼睛红血丝的问题，可以在眼中滴几滴眼药水。眼药水中的成分能消除血管肿胀，减少红血丝，缓解眼部干痒的症状。

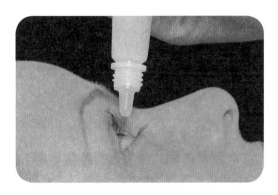

指甲发黄

无论指甲多坚韧，发黄的颜色都会破坏指甲的整体美观。快速的解决办法就是在指甲尖涂上白色的指甲油，使指甲看起来十分干净。然后涂上透明指甲油，这样指甲就会变得清新自然起来了。

眼角下垂

将亮色的眼影涂在整个眼皮上，有助于提升下垂的眼角。然后用棉签在眼睛下方涂少许眼影，将眼影向上扫。多涂几层睫毛膏，这会使焦点集中在眼睛中部，而不是外眼角。

杂乱的眉毛

很多女性直到眉毛长得杂乱无章的时候才开始关注它们。我们应该定期用眉钳修理眉毛。洗完澡后修理眉毛是最佳时机，这时的皮肤温暖又柔软，毛孔因受热而张开，毛发很容易拔除。也可以在沐浴前修理眉毛，这样就不用担心拔完眉毛后皮肤会红肿了。

首先，用眉刷将眉毛梳理成型，这样你就能看清它们的自然形状了。然后，一次拔除一根眉毛，顺着眉毛生长的方向拔。先将两眉之间的毛发拔除，然后逐渐将眉毛修理成细长的形状，不要拔上缘的眉毛，这会破坏眉形，除非自然眉型十分不规则，才可以修剪上缘的眉毛。最后，拔掉长在外侧的杂乱的眉毛。

腮红过红

如果你忘记了要慢慢地、一点点地搽腮红的话，可以采取补救措施，使过于红润的腮红变得柔和。最简单快速的方法就是扑上蜜粉，直到你觉得颜色柔和了就可以了。

保留廉价耳环

如果你不想丢弃令你耳朵过敏的廉价耳环，可以将防过敏无色指甲油涂在耳环钩上，这样就不会使敏感皮肤有过敏反应了。如果你的耳朵有过敏反应，那么就要耐心等待症状消失后再配戴耳环。

◀ 50个美容秘诀

你需要真正行之有效的美容方法，这样既可以帮你避免浪费时间，也能帮你避开美容失误。下面这50个美容秘诀是最有效的方法。

（1）将粉底与少许润肤乳在手背上混合，就制成了修颜液，然后再搽到脸上，这最适合在夏天使用。

（2）用半个柠檬揉搓肘部，使黯淡的肘部皮肤亮丽起来，这是因为柠檬中含有天然的美白成分。然后搽上润肤乳，防止果汁引起的干燥。

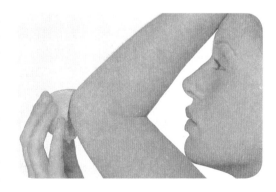

（3）随身携带一个矿泉水喷雾，在户外的时候，你可以随时补充面部水分，使面部清新水润。

（4）据最近的一项调查显示，仰卧睡觉能

防止皱纹的产生，非常值得一试！

（5）将双足浸在混有 45 毫升硫酸镁盐的热水中，能有效地消除踝部肿胀。

（6）如果你的指甲很软，在修剪指甲之前要涂上护甲油，防止指甲断裂。

（7）如果你觉得拔眉毛很疼，可以先用冰块敷一敷。

（8）在太阳穴、下颌、鼻尖和双颊处擦少许腮红，会使你的肤色柔和亮泽。

（9）在涂深色眼影时，先在眼部下方擦少许散粉，这能接住散落下来的眼影粉，防止弄脏皮肤。

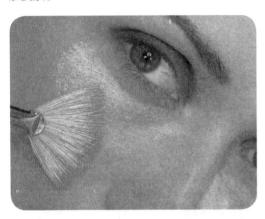

（10）亮色的唇膏能使你的嘴唇看起来更加饱满。深色或亚光的唇膏能让嘴唇看上去较小。

（11）将指甲浸泡在橄榄油中，每周一次，可以使指甲更加坚韧。

（12）如果你没有时间好好化妆，但又想漂漂亮亮的，那就涂上亮红色的口红吧。这种令人魅力四射的颜色能令你的容貌焕然一新。

（13）如果你只有一种颜色的腮红，可以使用蜜粉来调节腮红的颜色，蜜粉颜色要比你通常用的颜色稍微深一点，这能达到缩小圆鼓的双颊的效果。

（14）在普通粉底中加入几滴金缕梅精华液（在高档的药店可以买到），粉底就具有疗效了，它非常适合易出油和爱长粉刺的皮肤。

（15）在粘假睫毛之前，先涂好睫毛膏，这有助于更好地粘贴假睫毛。

（16）如果你感觉很疲惫，将遮瑕膏涂在外眼角，尽管你晚上没有睡好，它也能让你看上去精神抖擞。

（17）在眼睛周围的皱纹处要尽量少扑粉，

过多的粉会沉积在皱纹里，使它们更明显。

（18）在拔眉毛的时候，可以在你想拔除的眉毛处涂上遮瑕膏，这有助于你准确地看到你想要的眉形。

（19）在头发还是湿漉漉的时候，不要化妆。吹风机的热度会让你出汗，破坏你的妆容。

（20）在牙刷毛开始歪斜时就要更换牙刷，这能保持你的笑容美丽灿烂。也就是说 3 个月就要更换一次牙刷。刷牙时，至少要刷 2 分钟。

（21）先将眼影刷在水中沾湿，然后再用它去涂眼影粉，这样眼影的颜色更明显，效果会更好。

（22）睡觉前将凡士林涂在睫毛上，会使睫毛更柔顺。

（23）搽膏状腮红时，要采用向下的动作，这能防止腮红沉积在细纹中，造成颜色不均，留下痕迹。

（24）如果睫毛膏容易在下睫毛上结块，可以细刷蘸取睫毛膏，再涂在每根睫毛上。

（25）要让你的双眼闪亮动人，可以用柔软的白色眼线笔画眼线，只在下眼睑内侧眼角处画一下就可以了。

（26）在下唇中央涂少许唇彩，使唇部更迷人。

（27）为防止唇膏沾在牙齿上，可以在涂完唇膏后，把手指放在嘴中，撅起嘴，再将手指抽出。

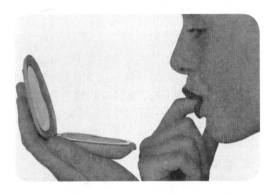

（28）在化妆之前，要让润肤乳充分渗入到皮肤当中，这会使上妆更容易。

（29）粘假指甲可以遮盖指甲的裂痕。

（30）如果你的眼线笔很硬，容易划伤皮肤的话，将眼线笔在灯泡旁边放置几秒钟，加热，然后再使用。

（31）如果睫毛膏容易在睫毛上结块，可以将睫毛膏的刷头在纸巾上转动几下，去除多余的睫毛膏，剩下的少量睫毛膏就很容易涂抹了。

（32）如果你不能确定在哪里搽腮红，可以轻轻捏起双颊，在皮肤发红的地方搽腮红，效果会非常自然。

（33）如果你眼睛近视，眼镜会让你的眼睛看起来有点小。所以，选用颜色鲜艳的眼影，将睫毛涂得浓密些，会使双眼更有神。如果你是远视眼，戴隐形眼镜会让你的眼睛看起来很大，使眼部的妆容更明显，所以要选择淡雅的颜色。

（34）将少量的粉底轻轻地涂在眉毛上，再用旧牙刷梳理，能立即提升眉毛的亮色。

（35）如果巧妙地涂抹彩色睫毛膏，效果会出奇的好。先涂两层黑色睫毛膏。睫毛膏干透之后，在上睫毛涂上少许彩色睫毛膏，你可以尝试蓝色、紫色和绿色的。这样，每次眨眼的时候，你的睫毛就会闪烁着意想不到的色彩。

（36）如果你是敏感性皮肤，使用抗过敏的化妆品，那么你的指甲油也应该是抗过敏的。这是因为你的手会不断地触碰到面部，容易引起过敏反应。

（37）在天气炎热的时候，要让腮红持久，可以同时使用膏状和粉状的腮红。先搽膏状腮红，用半透明的蜜粉定妆，再扫上粉状腮红。

（38）涂指甲油时，在指甲根部，也就是皮肤和指甲相连的地方，也是新指甲长出的地方，留出小的空隙，让指甲自由呼吸。

（39）用眼线液画较粗的眼线，能使过大的眼睛看起来小一些。

（40）如果皮肤因生气而发红，可以用冰块敷一会儿，冷却舒缓肌肤。再涂上遮瑕霜。

（41）如果你的散粉用完了，可以用无香型爽身粉代替，效果一样好。

（42）如果眼睑发红，可以涂绿色的睫毛膏来遮盖红色。

（43）如果你的眼线液用光了，可以用刷子蘸取睫毛膏来代替眼线液。

（44）如果你想让指甲油快速干透，可以用吹风机的冷风挡来吹指甲。

（45）定期用牙签或牙线清理齿缝。这能保证牙齿彻底清洁，减少长蛀牙的概率。

（46）涂厚重的不透明的粉底或蜜粉时，要用湿润的海绵来涂。

（47）将刚刚削好的眼线笔在纸巾上磨几下再使用，这能使锋利的边缘变得圆滑，同时能去除小木屑。

（48）如果你有明显的黑眼圈，用少许的蓝色眼影膏遮盖，再涂上遮瑕膏。

（49）将纸巾放在上下睫毛之间，眨几下眼睛，能去除多余的睫毛膏。

（50）和好朋友聚在一起，互相化妆，这非常有趣，你能从朋友那里得到反馈意见，这也是尝试和找到适合你的新妆容的好办法。

◀50个省钱的美容妙方

如果你无法支付昂贵的高档美容产品，下面这50个妙方，可以帮助你有效完成美容过程，又能为你省钱。

（1）化妆棉能吸收液体，如爽肤水，所以先将它在水中浸湿，挤去多余的水分，然后像平常一样使用就可以了。

（2）在干掉的指甲油瓶中滴入一滴洗甲水，就能再次使用了。摇晃指甲油瓶使它们充分混合。

（3）将干掉的睫毛膏放在热水中浸泡，就能再次使用了。

（4）将新买的香皂放在温暖的橱柜中储存，能防止香皂软化。这样有助于保持香皂的干爽和硬度，使其更耐用。

（5）将快要用完的化妆品瓶倒置一夜，可以控出剩下的化妆品。你会得到意外的收获哦!

（6）不要撕掉半透明蜜粉上的玻璃纸，在上面扎几个小洞，这能防止你将它打翻而造成浪费。

（7）你可以将杂志上的香水条保存起来，当你想要清醒一下的时候，就可以闻闻这个香水条了。

（8）杂志的外包装袋是周末出行时装化妆品的理想包装用品。

（9）看看你最喜欢的产品有没有"买二赠一"的活动。

（10）将少许半透明的蜜粉扫在睫毛上，然后再涂睫毛膏，这样用普通的睫毛膏也能使睫毛变得纤长。

（11）将凡士林涂在新指甲油的瓶口上，这样指甲油就能方便地打开，并且持久耐用。

（12）将腮红用作眼影扫在眼皮上。涂抹方便迅速，同时又能使妆容和谐。

（15）如果你的腮红用完了，可以将粉色的唇膏涂在双颊上，然后用手指充分匀开。

（16）不要使用太多的牙膏，刷牙的动作才能使牙齿变干净。所以挤出豌豆大小的牙膏就足够了。

（17）买东西的时候，尽量买容量大的，这也是非常省钱的办法。

（18）不要到豪华的百货商场里购买化妆品。如今，你在当地的超市里就能买到很好的化妆品。

（19）如果你愿意放弃使用名牌化妆品，可以在连锁药店里购买他们的自有品牌化妆品，效果非常好。

（20）有时使用便宜的化妆品就足够了。但是要购买值得使用的名牌化妆品。比如，购买便宜舒适的唇线笔，使用高档的唇膏。高档昂贵的唇膏比廉价的唇膏含有更多的色素，也就是说它们的效果更好，颜色更持久。

（21）购买物美价廉的润肤乳，而非昂贵的、香气四溢的产品。也就是说你可以省下钱，同时还能用你最喜欢的香水。

（22）使头发乌黑的最省钱的方法就是使用稀释的醋来清洗头发。金发的人可以用柠檬汁来护发。这两种方法都能保护头发的外层表皮，令头发柔顺亮泽。

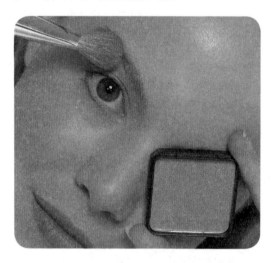

（23）以前，只有价格高昂的化妆品才有高科技含量。但是，如今，越来越多的化妆品公司开始生产高质量的化妆品，而且价格合理。这就是说，花很少的钱就能买到好的化妆品。比如，只花名牌化妆品 1/3 或 1/4 的价钱就能买到含有抗衰老成分——果酸的润肤乳了。

（13）长度统一、没有层次感的发型是最容易打理和省钱的发型。能够免去你经常去理发店做发型的麻烦。

（14）可以用一捧燕麦代替面部去角质膏，直接在皮肤上按摩就可以使肌肤自然柔滑。

（24）很多价格高昂的名牌化妆品、护肤品和香水公司都会在他们的柜台放置试用品。试用一下是非常值得的，除非你已经购买过他们的产品。

（25）现在非常流行二合一的产品。这能给你省下钱，所以值得一试，购买一种产品就能得到两种产品的效果。这样的产品包括有去角质功能的沐浴啫喱，以及洗发护发二合一的洗发水等。

（26）如果你想尝试新的化妆品，那么可以去化妆品柜台换个妆容。这是看看各种颜色和化妆品在你皮肤上的效果的最好的办法，然后再决定是否购买，另外你还能以漂亮的妆容去赴晚宴。

（27）涂完唇膏后，再涂一层润唇膏，你就能得到唇彩的效果了。

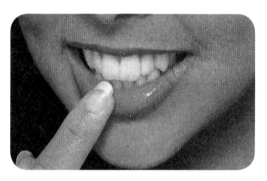

（28）使用可更换刀片的剃毛刀，这肯定要比购买一次性剃毛刀省钱。

（29）不要因为颜色过时就扔掉还没用完的化妆品，可能几个月之后，你又会喜欢这种颜色了，或者你可以和其他颜色的化妆品混合使用。

（30）涂完指甲油后再涂上一层透明指甲油，这样即使价格便宜的指甲油，颜色也能持久。

（31）如果你没有太多的钱购买润肤乳，纯甘油是最物美价廉的润肤品。

（32）在阴凉处保存化妆品和香水，能使它们持久使用。

（33）唇线笔既可以用来画唇线，也可以当唇膏用。

（34）将眼影从盒中取出，放在调色盒里或盖子上，这样你就能像化妆师一样有个调色板了。你一眼就能看到所有的颜色，而且可以使用到你买的所有颜色的眼影。

（35）在橄榄油里滴入几滴你最喜欢的花露水，就可以当作香气四溢的沐浴油用了。

（36）购买中性颜色的眼影是合理的投资，中性的颜色用途更多。

（37）如果用棉签来擦眼影，那么眼影也可以用来画眼线。先将棉签顶部沾湿，就可以画出一条干净整洁的眼线了。

（38）如果你想为自己"增香"，那么最好购买香味较淡、价格较便宜的花露水，而非香气浓烈、价格昂贵的香水。

（39）看看附近的理发店是否有优惠活动，理发店的学徒会为你的头发做造型，而价格只是正常价格的一小部分。

（40）用唇刷将不同颜色的唇膏在手背上混合一下，你就能免费"创造"出新的唇膏了。

（41）如果牙膏用完了，可以用小苏打刷牙，会使牙齿格外亮白。

（42）在削唇线笔和眼线笔之前，将它们在冰箱里放一会儿，使其不易断裂。

（43）在指甲上涂橄榄油，有助于指甲的生长和保持坚韧，这比买护甲油便宜得多。

（44）在涂眼影前，将半透明的蜜粉扫在眼皮上，这样能使眼妆更持久，不易出现褶痕。同时也能使妆容清新持久。

（45）将发钝的眉钳在砂纸上磨，就会使其锋利起来了。

（46）在还没用完的粉底中滴入一滴水，这能让你充分用完粉底。

（47）将产品包装上的塑料封纸或圆纸片保存起来，每次用完之后再盖回去。这能防止空气进入化妆品和滋生细菌，保持化妆品持久清新。

（48）用水将头发轻轻弄湿并吹干，这能使头发中的护发成分重新恢复功效，并恢复发型。

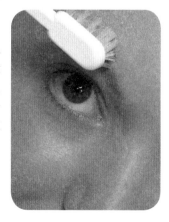

（49）在浴盆中放入一小杯小苏打，使硬水软化，这是一个非常便宜且有效的方法。

（50）用旧牙刷将杂乱的眉毛梳理成型。

◀ 10 大化妆问题解答

☆ 1. 问：我能用腮红来来改变我的脸型吗？

答：搽腮红最好的方法就是，微笑，找到双颊最饱满的地方，然后向上匀开腮红。必要时，可以先搽上你通常使用的腮红，再涂上透明的高光，然后搽上少许深色的腮红，这能重塑你的脸型。看一下你的脸型，试试下面的技巧。

● 瘦圆脸型的人通常可以将腮红向上扫，从双颊搽到发际线处。这样能突出你的颊骨，然后在颊骨凹陷的地方打上暗影。

● 方脸的人可以将腮红以打圈的方式搽在颊骨最饱满的地方。在颊骨凹陷处和下颌的边缘打上暗影。在鼻梁一直到下颌尖处轻轻打些高光粉。

● 心形脸的人可以将腮红搽在稍稍低于颊骨的地方，也就是颊骨凹陷的地方，使面部更具平衡感。在下颌尖处打上高光粉，在太阳穴处搽上暗影粉，并一定要与发际线很好地融合。

☆ 2. 问：有什么方法能让我涂的唇膏保持一天不掉色吗？

▲ 优质的唇膏能令你的嘴唇一天都感觉良好，并且看上去迷人。

答：无论化妆品上如何宣传，也没有一种唇膏能24小时持久不掉色。保持时间最长的唇膏就是质地较厚、较干的唇膏，但是它会使你的嘴唇发干，尤其是你天天涂抹的时候。但是，你可以试试唇彩，唇彩为透明的啫喱状，涂完唇膏之后再涂上唇彩。当它们变干之后，至少可以使你在一天中喝完第一杯咖啡后，仍能保持唇膏的颜色。

☆ 3. 问：去年，我把我的眉毛拔得很细，现在我想让它们长回来。我该怎么做呢？

答：选择一款颜色较自然的棕色眼影。将它轻轻擦在眉毛上，用硬眉刷匀开，动作要迅速利落。新长出来的眉毛通常有些杂乱，涂一层睫毛膏有助于将它们梳理成型。

不要追逐一时的流行，将眉毛弄得细长。这种潮流不会一直流行，而且要等很长时间眉毛才会长回来。最好坚持自己自然的眉型，拔去眉峰下和两眉之间杂乱的眉毛就可以了。

☆ 4. 问：我怎样来遮盖我的胎记，使其在我去游泳的时候也能被遮盖住呢？

答：你需要用特殊的粉底来达到最好的遮盖效果，这种粉底是不透明的，而且是防水的。你也可以购买特殊的遮瑕产品，这是专门为遮盖皮肤瑕疵如瘢痕、鲜红的斑痣和胎记而设计的。它不能像一般的粉底那样涂抹，而需要用手指来轻敷、轻拍。你可以在化妆品柜台和皮肤科医生那里买到这种粉底。

☆ 5. 问：我的脸上有红血丝，我该怎么办呢？

答：红血丝是常见的美容问题。有资历的透热疗法电解师和皮肤科医生可以通过将细针扎入血管中来治疗这一问题。通过针传导的热量将血管中的血液凝固，降低血液的活跃性。治疗的次数取决于需要治疗面积的大小和红血丝数量的多少。

☆ 6. 问：我的睫毛膏总是往下掉，让我变成"熊猫眼"，我该怎么办呢？

答：如果你的睫毛膏容易出现这样的问题，你可以使用防水型睫毛膏，或在普通的睫毛膏上再涂一层透明的睫毛膏，将它"固定"。还有一种方法是，沾在皮肤上的睫毛膏还没有干

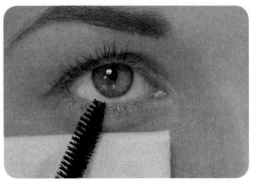

▲ 在涂睫毛膏时，在下睫毛下方处垫上一张纸巾，以防睫毛膏弄脏皮肤。

透的时候，立即用棉签蘸眼部卸妆水将它擦去。另外，你还可以去信誉良好的美容店给睫毛永久染色，这是能长期保持的解决办法。

☆7. 问：我的嘴唇总是看起来很糟糕，嘴唇脱皮，涂唇膏也不能变得柔滑。有什么解决办法吗？

答：在嘴唇上涂上一层厚厚的凡士林油，等待 10 分钟，让它软化嘴唇上的硬皮屑。然后将湿润的法兰绒缠在食指上轻轻地按摩嘴唇。这样，皮屑就会随着凡士林油脱落下来了，嘴唇就会变得柔滑细致。

☆8. 问：对于某些人来说，有永远都不能搽的颜色吗？

答：通常来说，每个人都能搽各种颜色。但是，如果你想用一种独特的颜色，那么应该仔细挑选这种颜色的深浅度。比如，每个人都能搽红色的唇膏，但是红色也有很多种。皮肤白皙的金发女性适合柔和的粉红色唇膏，但是暖色皮肤的红发女性适合橙红色的唇膏。

同样，蓝眼、皮肤白皙的金发女性适合淡雅柔和的蓝色眼影，而黑发女性则应该搽深色的眼影来协调肤色。

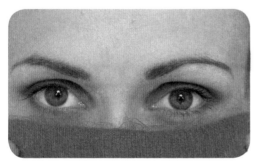

▲ 通常来讲，多数女性可以搽任何颜色的化妆品，但是找到最适合你肤色和发色的化妆品颜色是非常重要的。

☆9. 问：我有很多不能用的指甲油，它们不是干了，就是满是气泡，所以涂在指甲上就很不光滑，我该怎么办呢？

答：有很多简单的解决办法。在干的指甲油中滴入几滴洗甲水，搅拌均匀后，指甲油就又能使用了。另一种方法是将指甲油放在冰箱中保存，较低的温度能阻止指甲油挥发，防止其性质发生改变，这样指甲油就不易变干了。

指甲油中的气泡会使涂抹不均匀，影响美观。你可以将整瓶指甲油放在手掌中揉搓，这样就能防止指甲油中出现气泡，然后再使用。但是不要用力摇晃指甲油，这会使指甲油中立即出现气泡。

☆10. 问：在夏天时，我的肤色会渐渐变黑，而我总是不能及时用粉底来调节肤色，不停地购买新粉底非常昂贵。

答：在冬季，你的肤色最浅的时候要继续使用适合你肤色的粉底。购买小瓶的深色粉底，在皮肤被晒黑时使用。将这种粉底与你通常所用的粉底先在手背上混合均匀，再涂到晒黑的皮肤上。也就是说，你可以随时调整粉底的颜色以适合你的肤色，而不用花费大量金钱去购买不同颜色的粉底。

◀ 让你变年轻的 6 个步骤

当你超过 40 岁以后，就要避免使用太过时尚和闪亮的色彩。年轻的肌肤在化妆时再艳丽也不过分，但是艳妆却会使成熟皮肤上的细纹和皱纹更明显。所以你要使用优雅的色彩，而非颜色耀眼的眼影和唇膏。如果你无处着手，可以去商场的化妆品专柜试妆。在你购买化妆品之前，你就会知道哪种颜色适合你了。

▲ 如今的粉底和遮瑕产品含有许多反光颗粒，能将面部的光反射掉，为你增添活力与生机。

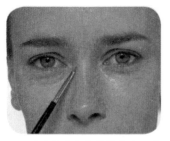

1 用湿润的化妆棉搽粉底，要充分将粉底匀开，避免留下明显的痕迹。然后开始涂遮瑕膏，用小刷子将它涂在眼睛下方、瑕疵和红血丝处。

2 先少量涂抹腮红，再搽上同样的量，匀开。膏状腮红会使你的面部散发柔和的光泽。用手指将腮红涂在双颊处，然后匀开。先搽粉底，然后是腮红膏，最后扑上蜜粉。但是要记住过多的蜜粉会沉积在细纹和皱纹里，并使它们更加明显。扑蜜粉的正确方法是，在需要的地方扑蜜粉，然后用大粉刷向下扫去多余的蜜粉。

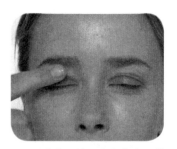

3 很多女性对正确地涂抹眼影没有自信。效果最好的眼影就是干湿两用眼影，它使用起来非常容易。刚涂在眼睛上的时候是乳状的，然后它会马上变成柔滑的粉末状。选择优雅的颜色，如棕色、灰色或褐色。如果你的眼部肌肤有些下垂，可以将眼影上挑，一直挑到外眼角，效果非常好。记住要将眼影涂抹均匀。

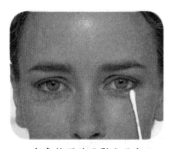

4 颜色较深的眼影略显突兀、不自然。你可以选择颜色为中性的眼影粉，用棉签将其涂在下睫毛处，这样能更好地展现眼睛的魅力。

5 多数女性的肤色和发色会随着时间的推移而变浅。这就意味着黑色睫毛膏对你来说颜色过于重了。尝试一下选择颜色较浅的睫毛膏，以达到更好的效果。薄薄地涂上两层睫毛膏，在第一层完全干透之后，再涂第二层。

6 如果你很容易将唇膏涂到嘴唇外面，那么就先画好唇线。手要保持稳定以准确地画唇线，同时不要太用力，以免划伤皮肤。先画上唇线，从中间往两侧画。然后再在嘴唇上扑上散粉，固定唇线，最后涂上有光泽的保湿唇膏。

 美丽锦囊

不可忽视的化妆细节

● 脸部化妆之后，应在颈部也涂上一层粉底，避免颈部和脸部出现明显色差。可以用粉刷蘸取适量粉底，纵向将粉底涂抹均匀。最好用湿海绵蘸取固态粉底，以免弄脏衣领。

● 耳部化妆不可忽视。先在耳朵上均匀地涂上粉底，然后用与粉底同一色调且稍微明亮些的颜色涂在耳朵的前部位、高部位以及耳垂部位，涂抹均匀。再在耳垂上涂抹一些微红的颜色使之自然、丰满。

Part 3 经典彩妆全示范

清新日妆

◀ 生活淡妆

生活淡妆是广大女性在日常生活和工作中，表现在自然光和柔和灯光下的妆容，化妆时必须在日光光源下进行。妆色宜清淡典雅，自然协调，尽量不露化妆痕迹。

化妆的基本程序为：洁面，涂抹化妆水、润肤露、乳液，使用修正液、修正粉底，使用粉底液，定妆，涂眼影，涂眼线，修饰眉毛，涂口红，修饰睫毛，涂胭脂。

邻家女孩

感受化妆的乐趣吧，尝试不同的妆容，才能找到最适合你的。为什么不试试户外日晒妆呢？这是一款淡雅的自然妆，最后还要点上雀斑！

▲ 在户外时，你要避免搽过厚的粉底，修颜液是最好的选择。它能滋养皮肤，又能遮盖细小的瑕疵。用手指涂抹就可以了。

▲ 如果你长有雀斑，不要试图遮盖它们，因为它们非常适合清新的户外妆。如果你没有雀斑，可以自己动手画！用眉笔而不要用眼线笔，因为眼线笔的颜色过浓。用棕色的眉笔主要在鼻子和双颊处的皮肤上点上雀斑。完成这一步要有创意，斑点的大小要各不相同，这样看起来才自然。

▲ 金色的蜜粉比腮红的效果要好，它使你的皮肤看起来就像在户外被阳光晒过一样。选择一款有轻微珠光或闪亮的蜜粉。将蜜粉扫在颊骨最饱满的地方，这是太阳最易晒到的地方。在太阳穴处也扫上些蜜粉。

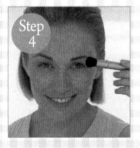

▲ 用眼影扁刷将金色的眼影粉涂在整个眼皮上。自然的棕色最适合这款妆容。用棉签将明显的边缘擦拭柔和。

▲ 使用最少量的睫毛膏。选择自然的棕色或棕黑色睫毛膏，只涂一层就可以了。在炎热的季节和下倾盆大雨时，防水型睫毛膏再适合不过了。不过要记住，你需要用适合的眼部卸妆液将它洗去。

▲ 不要使用颜色鲜艳的唇膏，这会使妆容显得过于突兀。选择接近自然唇色的、淡雅的棕粉色唇膏，或者选择浅色的唇彩，令嘴唇自然亮泽。

小贴士 ♡

● 刷睫毛的时候，采取"Z"字形路线，可以减少睫毛膏结块现象。
● 颜色在嘴唇上的搭配一定要先浅后深，外深内浅，过渡要自然，这样出来的唇色效果才好。

时尚经典

无论你的年龄、肤色和发色是什么样的，这款冷色调、精致的经典妆容都非常容易完成，并总能给人留下不错的印象。无论你是去参加一个重要的会议，还是去面试你向往已久的工作，这款简单而又惹人注目的妆容保证会令你对自己的容貌充满自信。

▲ 搭上清透的全效粉底或蜜粉。这能给你的皮肤提供其所需要的完美的遮盖，它与红色的唇膏相协调，而且不会堵塞皮肤毛孔。

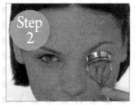

▲ 在这款妆容中，对眼部的修饰可以轻描淡写。所以，用睫毛夹将睫毛夹得卷翘，令眼睛更大更有神。

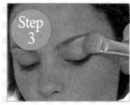

▲ 用眼影扁刷将浅象牙色涂在整个眼皮上。然后给睫毛涂上两层薄薄的棕色或黑色的睫毛膏。

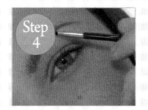

▲ 将眉毛修饰整齐是非常必要的。顺着眉毛生长的方向画眉毛，这能防止有任何粉末脱落下来。用眼影将眉毛稀疏的地方轻轻地填补好。这比眉笔的效果更柔和自然。

▲ 嘴唇是这款妆容的重点。用红色的唇线笔画好一条漂亮的唇线。画唇线时将肘部放在坚硬的平面上，避免手部抖动。

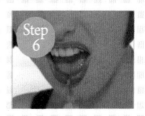

▲ 用唇刷给嘴唇涂上鲜艳的红色唇膏。先涂一层，用纸巾将唇膏吸干，再涂上第二层，颜色就会保持持久。

这款妆容非常适合上班族和在城市生活的人。清洁无瑕的彩妆会给你增添优雅的上班族气质。时尚、和谐的妆容会令你充满自信。

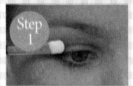

▲ 搽上少许的粉底之后，扑上蜜粉，吸走面部油光，然后将灰色的眼影涂在眼皮上。选择亚光眼影粉，这样不易出现褶皱。使用棉棒搽眼影会更容易一些。

▲ 在眉骨处搽上浅褐色的眼影，以柔和灰色眼影的边缘，并使眼睛更有神。再最后涂上两层睫毛膏，金发的人要用棕色或棕黑色的睫毛膏，而其他发色的人可以选用任何颜色的睫毛膏。

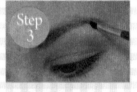

▲ 用棕色眼影涂眉毛，并填补眉毛稀疏的地方。

▲ 淡粉色的腮红令你的皮肤散发玫瑰般的光泽，并与整个妆容十分协调。还可以令工作一天后略显苍白的脸色立刻红润起来。

▲ 浅粟色的唇膏与你的嘴唇非常相称，可以很好地替代红色。先画好唇线，嘴角处也要画上唇线。如果你的唇线画得不够平滑，可以用蘸着洁肤乳的棉签擦拭。然后扑上蜜粉，再画一次。

▲ 将浅粟色的唇膏涂在嘴唇上。用纸巾将唇膏吸干，哑光的效果非常适合办公室生活。

时尚晚妆

◀ 晚妆

简洁晚妆

按照下面的6个步骤，你就能在5分钟之内快速化好一个迷人、典雅的晚妆。如果你赶时间，那就没有时间来尝试新的想法，所以化好晚妆的关键就是采取简单的化妆方案，并以最快的速度化好，不要犹犹豫豫。

▲ 全效粉底或蜜粉能很好地遮盖皮肤，在晚妆中需要稍微多涂一些粉底或蜜粉。同时，在嘴唇和眼皮上也擦上粉底或蜜粉，这能使上妆更容易，并保持持久。

▲ 将棒状眼影膏直接涂在眼睛上是最简单快速的。它能突出眼部颜色，并使双眼非常性感，充满热情。将它涂在整个眼皮上，一直涂到眼窝处。

▲ 将半透明的散粉扫在眼皮上，使眼影更均匀。这也能使眼影的颜色柔和，没有突兀的边缘。

▲ 小心仔细地给上下睫毛都涂好睫毛膏。用睫毛膏棒的头部涂睫毛，这能避免睫毛粘在一起，免去了用睫毛梳梳理睫毛的步骤，给你节省宝贵的时间。

▲ 暖色系的果红色腮红会令你的皮肤散发迷人的红晕。用腮红刷刷腮红，从双颊一直刷到眼部，美化脸部轮廓。

▲ 选择果红色的唇彩给嘴唇增添色彩，直接用棉棒涂就可以了。先涂下唇，然后抿一下嘴唇，让上唇也沾上颜色，再用棉棒修饰完整。

魅力晚妆

你总会有一次想要为化妆而付出特殊的努力，并且全力以赴，那就是在盛大的节日夜晚。

下面就是化出迷人妆容的 **6** 个简单的步骤。按照指导一步步完成，你就会拥有浓淡适宜、让你看上去热情洋溢的妆容。

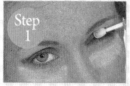

▲ 这款精致的妆容的重点是眼睛的部分。在搽完粉底、遮瑕霜和蜜粉之后，就要开始画眼睛了。将深棕色的眼影涂在整个眼皮上，并制造出烟熏的效果，然后仔细将它在眼皮的褶皱处匀开。

▲ 在下睫毛处搽上同样颜色的眼影，突出眼部轮廓。这令眼部的妆容和谐一致，同时也能让你更容易地画好眼线。重点是要展现出你的魅力，给人冲击感！

▲ 尽管黑色的眼线在白天看来有些突兀，但是却非常适合这款专门为在柔和性感的光线下而设计的妆容。用眼线笔在上睫毛和下睫毛根部仔细画好眼线。

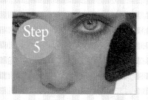

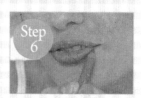

▲ 为了与眼皮深色的烟熏效果形成对比，在眉骨处扫上珠光象牙色眼影，使眼睛看起来更大。一次只用少量的眼影，逐渐增强效果。最后涂上两层黑色的睫毛膏。

▲ 茶色或金色的腮红最适合这款妆容，因为自然的腮红颜色会被其他浓重的颜色冲淡。在颊骨处搽上腮红，仔细地将它一直扫到发际线处。

▲ 中性颜色的唇膏使这款妆容真正具有震撼力，更具现代感。选择粉褐色唇线笔，用它涂满整个嘴唇，就会产生亚光的迷人效果。

第五篇
装扮篇

Part 1 基础装扮课堂

了解你的体型

◀ 认识自己的体型

培养个人风格的第一步：认识自己的体型，了解身体的优点和缺点。穿着时尚的女性不一定身材完美，但她们确实有一个共同点，那就是十分了解自己的身体，清楚地知道身体的优点。具备这些认知之后，她们就可以选择能够突出自己身体优点的衣服，尽量掩盖缺点。这些又促使她们通过自由穿着，自信地展示自己的个性。因此，大家要做的就是如何尽可能好地展示身材的优点，创造出美的氛围。了解自己的体型之后，这一切便轻而易举。

一旦了解了自己的体型，你就可以穿戴"任何"你喜欢的服饰了。只要这些服饰能够恰如其分地体现出你的体型，不管是时髦的、古典的、复杂的还是简朴的，你都可以采用"拿来主义"。比如，你非常喜欢时髦风格，你就可以尽情将自己打扮成这种风格，前提是你所选择的服装应该符合自己的体型。想象一下：前些天，你去逛百货商店或者服饰小店，看中了一条黑色裤子——你应该选择高腰、低腰还是紧身时尚款式的？你倾向短裤、七分裤还是长裤？你喜欢锥形裤、直筒裤、喇叭裤、还是阔腿裤？这其中必有一款适合你。通过学习，你就能不费力气地选出能够突出你体型优势的裤子了。

了解你自己的体型是首要任务；评估、确定和发展你的风格位居第二；购物则排在最后。只有明确自己的目标，你才能选择合适的款式。不管你喜欢哪种风格，你都能挑到合身的服装。

或许，了解自己的身体会让你感到恐慌和焦虑。所以在这个过程中，尽量不要带个人情绪，这一点至关重要。而且积极的情绪有助于你找到自己真正喜欢的风格和颜色。本书中"体型分类"法既简单又客观，能够帮助你了解自己的体型。之后，你便能找到自己喜欢的风格，从而更好地美化自己的形象。"体型分类不是限制女性，而是为她们开启了一扇门"。一般来说，最常见的体型大致分为 5 个类型。

这 5 种类型将不同身高和骨骼结构的女性从整体上进行分类，专业人士将这 5 种体型的名称描述得很简单，不带任何奇特或者滑稽的字眼，不作为评断的手段。因为体型只不过是你所要处理的对象而已，没有其他任何意义。没有哪种体型优于另一种体型。每位女性，不管她的体型属于哪一种类型，只要配上合适的着装，都是光彩照人的。不需要抱怨"我的臀部太大了"，或者"我的肩膀太窄了"。你的臀部就是你的臀部，你的肩膀就是你的肩膀，它们都没有"错"。它们都是你身体的组成部分，你可以好好发挥，让它们变成你的优势。这种体型分类有助于女性克服畏惧心理，并形成一个理念——只要着装符合体型，不管任何款式，

小贴士 ♡

完美的姿势

舞蹈者们都知道，好的姿势确实使人看起来更高、更瘦、更修长、也更高雅。当你挺直站立时，你所穿的衣服看起来更美、更合身、修饰效果更好。这种姿态不仅让你更加美丽动人，还能增加你的自尊心。当你挺直站立时，你的背呈一条直线，你会觉得自己变高了，也更有自信了。你甚至连走路的姿态都变得不同了——更有自信，也显得更加优雅。背部挺直是优雅姿态的重要特征。当我们渐渐老去时，这一点变得格外真实。好的姿势是防止衰老的有效方法。

不知道如何站得挺直？答案非常简单。背对着墙站立，双肩向后伸展，直到肩膀和背都碰到墙壁。下巴微微向上抬，脖子伸直。现在将你的手慢慢放到腰部和墙壁之间的空隙。如果站姿正确，你的手应该能同时接触到墙壁和腰部。如没有接触到，则将臀部微微向后翘起，直至你的手能接触到墙壁。接着，保持这个姿态，背着墙壁走开。这个姿势很美。你可能必须要多次练习这个动作（每天早晨起来穿衣服之前多练练怎么样），但不久之后，你就会很自然，很轻松地做出这个优美的姿势。

穿起来都会非常棒。要学会用欣赏和喜爱的眼光来看待自己的身体。

评价的第一步：坦然接受自己的身体。当然，这并不意味着要放弃塑造完美身材或者掩盖身材缺点的机会。它的意思是"既然我的体型是这样的，那我就得想办法挑选合适的衣服，让身体的各个部位保持协调"。从垫肩到隆胸到整形手术，如果它们能满足你的需求，都可以尝试。建议你首先学会怎么处理着装，然后再添加饰物，或者减少多余的成分。合身的服装可以创造奇迹。

另外，体重的轻微浮动并不会影响你的体型类型，你还是应该选择相同风格的服装。但如果你的体重骤降，比如，减轻了5千克、10千克或者更多，你就得重新评估自己的体型——这也权当是庆祝你所取得的成就吧——看看是否从原来的中间体型变成线形体型或者其他体型了。

体型分类

不管身体高矮胖瘦，脚踝和手臂粗细，每位女性必属于这5种类型中的一种。了解自己的体型有利于你选择合适的服装。当大家看到下面的图标或者浏览以下的内容时，立即会有认同感。不过请你不要急着往下看。让我们先花点时间看一下下面描述的视觉"纸袋"自评。你会感到惊讶，而且结果可能会与你设想的大相径庭。

线形

线形女性的胸部、腰部和臀部一样宽。通常，她们胸小臀窄，而腰看起来则比上半身和

下半身略显宽大。修长的腿是线形体型的主要特征。但腿较短小的女性也有可能是线形体型，前提是她的身体比较平直。线形女性看起来更有运动感，更苗条。

沙漏形

沙漏形体型的女性，其胸部、肩部和臀部明显比腰部宽，或者肩部和臀部明显比腰部宽（如果腰围只是比肩膀和臀围稍微小些，则有线

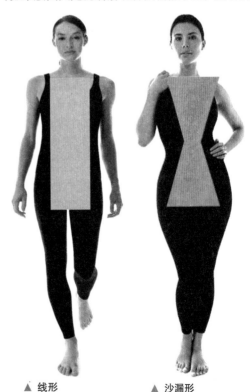

▲ 线形　　　▲ 沙漏形

▲ 中间体型　　　　　　　▲ 正三角形体型　　　　　　　▲ 倒三角形体型

形体型的趋势）。沙漏形体型的曲线非常对称，有视觉美感。沙漏形体型的女性在着装上拥有很多选择，如果她们愿意，可以不断改变自己的外形。

中间体型

中间体型的女性一般比较丰满，其腰较宽，胸围、腰围和臀围的大小相近。她们的胸围和臀围较大，而腰部的曲线是这种体型的最主要特征。腿较短小也是中间体型的特征之一，不过腿较修长的女性也可能是中间体型的。

正三角形体型

正三角形体型的女性，其下半部分是身体最宽的部位。她们的曲线可能较为明显，或者胸围很大，但只要臀部比胸部和肩膀宽，她们就属于正三角形体型。过去，人们把这种体型称为"梨形体"，一些女性非常讨厌这个说法，它有负面的含义。再者，不管怎样，有哪位女性愿意把自己的身体类比成水果呢？正三角形体型的女性比较性感，从侧面欣赏效果更佳。

倒三角形体型

倒三角形体型的女性，肩膀较宽，胸大、腰细、臀小。通常她们腰围小，臀部有曲线，但肩膀较宽或者胸围较大，因此形体的重点集中在上半身。这种体型的重点不在手臂，起决定因素的是上半身。

反思·完美

拥有两面标准高度的镜子非常重要。你可以把它们安置在衣橱门上或者墙角边（一边一面）。这样，你就能从各个角度观察到自己的形象：从头到脚，从前面到背面，从左边到右边。不仅本次练习需要用到这两面镜子，你今后的穿衣打扮也都要用到。

尽管遮盖脸部可以消除一些情感因素，但这个过程依旧会带有个人情绪。因此，尽可能排除情感因素，就显得尤为重要——而借助纸袋进行评估虽然有些滑稽，但确实是非常实用的。对于有些人来说，这可能是第一次如此细致地观察和评估自己的身体。

而有些人甚至在相当长的一段时间内，都没有勇气去做这个评估。请不要害怕，这个步骤至关重要，它能帮助你确定自己真正的体型。

看着镜中的自己，慢慢转动身体，记下你所看到的一切，要做到实事求是。你是高挑的还是矮小的？与腰部和下半身相比，上半身怎么样？整个身体是凹凸有致，还是比较平直，抑或是略呈圆形？如果你觉得自己很有曲线，是指身体的上半部分还是下半部分？你的乳房是高而小，还是大而圆，两个乳房之间的距离分得过开还是靠得很近？你的肩膀是宽的还是窄的？你的肚子是柔软、略微凸出的，还是平坦的？

转过身来，观察侧面。你的姿态如何？身体是直的还是有点弯曲？你的背面呢？看看你的背面。从背面看，你的身体是怎么样的？

你的腿是修长的还是短小的？你的小腿是既长又细，还是既圆又结实？你的脚踝如何，是细的还是粗的？你的上臂内侧是松弛的还是结实的？即使腿部和上臂不是你的体型的主要特征，也要记下这点。如果你的双腿非常引人注目，就可以把重点放在双腿上，而不要太在意胸围的大小。同样，你也可以不展示自己过粗的上臂，在穿着的时候想办法掩盖。

现在，你开始对自己的体型有些初步的了解了。现在你能确定自己的体型是呈正三角形的还是倒三角形的了吗？是直线形体型还是沙漏形体型？无论结果是什么，重要的是你看到了。

掩盖

如果你是线形体型或者中间体型，那么可能你的脚踝较粗，上臂较细。沙漏形体型或者正三角形体型的女性则小腿较细。没有哪个人的身材是完美的，有些缺陷可以被毫不费力地弱化。不管你的体型如何（没有必要做整形手术），可以参阅以下的速成指导——设计师们为掩盖最常见的缺陷所使用的诀窍。

身材矮小（1.60 米以下）： 从头至脚连续的单一色调能够产生高挑的效果。如果你是沙漏形体型，适合配有腰带的裤子，而且腰带的颜色必须要和裤子、上衣都搭配，而不能和他们呈对比色。如果你是中间体型的，也要保证上半身和下半身的色调统一。

手臂粗大： 从上往下袖子逐渐缩小的长袖衬衫能产生手臂细长的效果，插肩袖（袖子和衣身肩部相连的袖形）也一样有这种作用。袖口的细节和手镯可以将人们的眼光吸引至手腕处。竖直条纹的夹克和其他上衣，比如既长又窄的翻领，可以最大限度地减弱手臂粗的视觉效果。而无袖和盖袖（仅覆盖肩部的半包型袖），以及紧身运动衣的袖子，都会加宽手臂的线条，如果你穿着无袖衣服，则可用轻薄的羊绒披肩遮住肩膀和上臂。

手臂细小： 逐渐收拢的袖子和肩部缝合线呈凹形的上衣能遮掩非常细瘦的手臂。盖袖也能加强视觉效果，使手臂看上去更匀称。无袖上衣会突出手臂的细瘦，这时候你可以用光滑布料所做的披肩掩盖上臂。

双腿短小： 下半身单一色调能产生不间断线条的效果，也就是说，长裤、裙子、腰带

美丽锦囊

纸袋自我评估

闲暇的周末，家中没有其他人，你就可以做"纸袋"自我评估。但是一定要在充分休息后，才能做这个评估（千万不要在劳累了一天之后做）。不要省略下面的步骤，它对你挑选衣服，塑造各种不同形象有着很大的帮助。身体上的有些特点你觉得是缺陷，但事实上可能是"资本"，或者配上合身的衣服后就是"资本"。如果你知道自己身体的特点，你就可以好好利用，让它们成为你的优势。

首先，脱光衣服。没错！每一件衣服都要脱下来。你若觉得不舒服或者冷，可以穿上泳衣，或者简单合身的文胸和短裤，如果条件允许的话，也可以穿紧身衣裤，或者紧身连衣裤。但是最好能做到十足的疯狂——裸体！

接下来，把准备好的纸袋套在头上，在靠近眼睛的部位裁两个孔。客观地观察身体是最简单也是最精确的评估方法。在这一瞬间你所看到的身体仿佛是其他人的。你不再是"你"。你的个性，你眼睛的光芒，你的微笑，甚至自尊和情感（通常在我们的表情上显而易见）都隐藏了，你所看到的仅仅是一个身体。只有在你看不到脸庞和表情时，你才会更加客观地看待你自己。

客观的同时，也要乐观地看待自己。记住千万不要去评断！你要评断的只是衣服而不是你自己。只要记下你所看到的。以后，你就会用相同的思维，客观地看待更衣室里的你。

（如果有的话）、鞋子和裤袜或者长筒袜应该使用同一个色调。为了达到最好的视觉效果，双腿短小的女性，在选择裙子时，其下摆不能高于膝盖5～7厘米。如果过高，则双腿会显得更加短小。至小腿中间或者至脚踝长的A字形裙子，如果符合你的整个体型，就能产生最顺畅的垂直线。双腿短小的女孩可以穿长裤和色调一致的网球鞋，这两者的搭配能产生最流畅、最长的垂直线效果。

脚踝粗大：穿裙子时，长筒袜和鞋子的色调保持一致，能产生细长的垂直线效果。避免穿脚踝处有带子的鞋子。最好选择鞋头是V字形且几乎不带修饰的鞋子。夏天的时候最好选择穿凉拖而不是高跟凉鞋，那些有后跟带（即使是脚背上附有带子也不行）的鞋子很容易把别人的眼光吸引到你的脚踝上。另外，脚踝粗大的人很适合穿靴子和裤子的搭配装。简单的休闲上衣和过膝的短裤，再配上色调一致的至膝盖长的裤袜，效果也很不错。尽量避免穿短袜，或者任何在脚踝处有缠绕装饰的鞋子。

由内而外的 7 层着装

认识自己的体型是确定和培养个人风格的第一步。那些最时尚的女性十分了解她们的身体，并能够根据自己的体型选择合适的衣着。这就意味着她们会经常出于本能来弱化某些特征。她

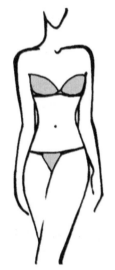 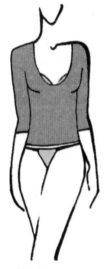  

▲ **贴身层**

本层穿着让身体倍感舒适，并为外面的着装提供辅助作用。贴身层包括文胸、衬裙、汗衫、内裤以及长袜。贴身层的穿着为将要塑造的外形奠定了基础。同时让人更加美丽，更有风韵。

▲ **第二层**

吊带背心或普通背心，这类服装是人们向外界呈现的第一层衣服。通常它的面料和风格能够给人一种颜色鲜明、质地优良的感觉。在佩戴项链时这种衣服能起背景作用；与"个性装"搭配时，能起强烈的反衬作用。

▲ **核心上装**

针织衫、衬衣、紧身女衫或者夹克，构成了上半身的穿着。它所呈现出的形态、款式、颜色、样式和精神风貌应当最符合你的体型特征，最能恰如其分地表现你的个性，并且最能生动地传达个人的目的。有时，核心上装可能成为你的"个性装"。

▲ **基本下装**

裙子或者裤子和核心上装搭配，能够塑造你所希望展现的外形。通常情况下，这种下装的颜色并不明亮，但能够突出曲线美。从这个角度看，下装是基础，用以衬托上半身，使整个身体达到平衡。

们也会说:"让规则见鬼去吧,我选择这件衣服纯粹是因为我喜欢它。"这才是真正的个人风格。或许你还没到这个境界。不过,你已经逐渐了解了基本体型的穿着原理,包括穿着的层次感;请不要害怕,你已经起航,并向她们靠近了。而且你穿上那些能体现你体型美的服饰的次数越多,就越能在冒险中创造出更多的机会。

◀ 适合自身体型的服装

　　合适的服装能从视觉上展现身体的平衡和协调。精心挑选的裙子、款式新颖的裤子、富有曲线美的T恤,都能让你看起来与众不同。合身的衣服可以最大限度地满足你的幻想欲望,并用这种幻想发挥出你体型的所有优点,最重要的是,它能让你自由地展现个人风格,让别人刮目相看。

　　沙漏形体型是"模板"体型,因为它整体协调,比例适中,其对称曲线看起来非常养眼。

因此沙漏形体型是大多数女性梦寐以求的基本体型。幸运的是,合适的着装既能产生你想拥有的曲线,也能掩盖你不想展示的曲线。如果你想呈现沙漏形体型,本书会助你一臂之力;如果你是沙漏形体型,那它将帮助你突出这种体型的优点。如果你想要展现你的肩膀、胸部或者脚,你完全可以挑选合适的服饰来达到这些目的。如果出于某些原因,你想拥有正三角形体型、倒三角形体型或者线形体型,穿着都可以帮你成就梦想!

　　下面将会教大家如何用最合适的服装来搭配体型,使身体看起来更加协调和匀称。出师之时,你便可以随意穿你想穿的衣服了。我们不能只是简单地说自己是什么风格,而必须要拿出实际行动来!穿上服装后,从三维角度来评价视觉效果。因此,下一步,打开自己的衣橱,或者逛逛自己最喜欢的商店,并按照我所要求的,穿上各种类型的服饰。这其中的乐趣自然不言而喻了。

▲ 个性装

　　不管是面料光滑的夹克、蛇皮腰带、人造革制成的披风、性感的鞋子还是令人眩晕的青绿色耳环,这些元素都是外形的个性标志。个性着装决定个人情绪,传达个人目的,而更多的是展现个人风格。

▲ 点睛之笔

　　附属物品是塑造完整外表的要素。手镯、项链、胸针或者钱包、香水、化妆和发型以及其他的精美细节都能起到画龙点睛的作用。同时,它能使整个外表呈现出浑然一体的效果。

▲ 保护层

　　这一层是可选择的。当寒风凛冽或者雪花飘飘之时,特别是在冬泳或者滑雪之后,保护层就能起到很好的保护作用。外套、大衣、披风和围巾都属于保护层。

线形体型

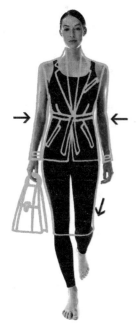

第二层

针织衫、背心和T恤

　　V形领、U形领或者船形领的紧身上衣能够更好地展现身材。船形领上衣能够从视觉上加宽肩膀。这一体型的女性在买侧面缝合线直裁的上衣或者平直的长束腰上衣时，要谨慎考虑。

核心上装

紧身女衫和衬衣

　　有对比色点缀（如绲边、明线、贴袋、横条纹）的精致紧身衬衣，能产生曲线和棱角。垫肩或者肩膀上的修饰可使肩膀显得宽些。谨慎选择短衬衣、直筒衬衣和束腰衬衣以及低胸无袖衬衣，因为它们会窄化上半身，从而更加突出垂直线。

基本下装

裤子

　　腰部打褶和翻边的精致高腰裤，都非常不错。另外，紧身裤和稍微低腰的喇叭裤也能产生曲线。锥形裤和九分裤使人显得动感而又有精神。不推荐这种体型的女性穿没有腰带的直筒裤。

必备单品（包括上装和下装）

连衣裙

　　束带和束腰的连衣裙均能突显腰部。斜纹裙和紧身喇叭裙也非常不错。谨慎选择宽松的裙子、直筒裙、横条纹或横缝合线的裙子以及紧身针织连衣裙，因为它们更能突显垂直方向的线纹。

保护层

大衣

　　精致的束带长外套、喇叭形或者紧身喇叭形外套都能产生曲线。选择宽松的插肩袖大衣和直筒外套的时候要谨慎。另外，这种体型的女性尽量不要穿披风，否则会使整

核心上装

夹克和外套

　　推荐这一体型的女性穿着紧身夹克，特别是腰部收缩、下摆张开至臀部的紧身夹克。而下摆长至腰部的夹克会将身体一分为二。猎装上衣和束腰夹克也很不错。宽松夹克（不管下摆长至腰部还是至臀部）都不太适合这种体型。

基本下装

裙子

　　各种风格的裙子基本上都适合这种体型的女性，只要它们有腰线：A字形裙、斜纹裙、束腰裙、直筒裙、喇叭裙以及紧身连衣裙或者打褶裙，它们都能产生曲线。避免穿没有腰带，尤其是特别长的直筒连衣裙，除非你想要特别突出骨架。

个身体失去平衡。

颜色搭配

　　上半身与下半身的浅色－浅色或深色－深色互补性搭配能产生曲线。例如，在寒冷的冬天，紫色的

V形领羊绒运动衫配以森林绿的带褶休闲裤，就能达到沙漏形体型的效果。而在炎热的夏天，乳白色的裙子配以芹菜绿的T恤也能达到同样的效果。

沙漏形体型

第二层
针织衫、背心和T恤

任何紧身的衣服都可以更好地展现这种身材。V形领、U形领、圆领以及喇叭袖子、紧身袖子都非常漂亮。如果肩膀较高，谨慎选择盖袖、短小上装和抹胸。

核心上装
紧身女衫和衬衣

精致的紧身衬衣、绣花衬衣和束腰衬衣非常漂亮。极其短小或者宽松的上衣，则要谨慎选择。

核心上装
夹克和外套

建议选择紧身运动夹克（最好下摆长至臀部，以凸显曲线美）和束带猎装夹克（长至臀部）。不要随意穿宽松、短小或者至腰部长的夹克，因为它们会将身体一分为二，并缩短上半身。

基本下装
裙子

A字形裙、束腰裙、直筒裙和斜纹裙都是明智的选择。如果想突出细腰，则可以配一条宽腰带。谨慎选择迷你裙、打褶短裙和低腰裙。

基本下装
裤子

具有男装风格的女装（紧身裤腰和喇叭裤腿）可以更好地展现身材。宽腰带、前贴袋和打褶裤也比较合适这种体型的女性穿着。略呈喇叭形的裤子能增加身体长度和自然曲线，更好地表现体型美。锥形裤和紧身裤，则要谨慎选择，因为它们会将腿一分为二，从而使小腿显得短小。

必备单品（包括上装和下装）
连衣裙

这一体型的女性可以尝试穿束腰、紧身和束带的衬衣式连衣裙，但在选择宽松的裙子、穆穆袍（夏威夷妇女常穿的一种大花图案的宽大裙装）、高腰裙以及横条纹连衣裙时要谨慎。

保护层
大衣

推荐这一体型的女性穿A字形裙、束腰式、长款和配有腰带的紧身大衣，但在选择披风和蝙蝠袖宽松插肩袖大衣（通常由斜纹织物、羊毛和帆布制成）时要谨慎。它们非但不能呈现沙漏形体型的曲线美，反而会隐藏甚至扭曲这种体型。

色彩搭配

沙漏型的身材少有色彩搭配的禁忌。单色主题会使人显得比实际身高要高。根据体型大小和高度，还可以尝试各种深浅色的搭配。身材较短小的女性最好穿浅色上衣和深色下装，这样腿看起来会较长。

中间体型

第二层

针织衫、背心和T恤

　　圆领和U形领视觉上能使脸变圆，而V形领能使脸变尖。如果肩膀较窄，船形领的衣服能加宽肩膀，使身体达到平衡。这种体型的女性可以试试没有褶饰、不收腰、下摆垂至臀部的衣服。谨慎选择尺寸偏大的衣服，它们会使身体显得更大。避免穿有束腰效果的运动衣和T恤，因为这种效果的衣服会在腰部产生褶皱，将人们的注意力吸引至腰部。

核心上装

紧身女衫和衬衣

　　以下衬衣可以更好地展现你的体型：开口领子、带有精美褶饰（褶饰不在衬衣的下摆处）、不收腰、下摆触及臀部的上面。非常精致的紧身衬衫，则要谨慎考虑。避免选择下摆为直纹裁的衬衣，因为这种衬衣的下摆通常需要束腰。避免穿附有腰带的束腰衬衣，它们会突显腰部的宽大。

核心上装

夹克和外套

　　下摆能遮住臀部的紧身直筒夹克能产生迷人的曲线。如果身材矮小，夹克长度最好不要超过大腿的最上部。单扣是最好的选择，因为它能产生细长的V字形，使腰部变长变细。谨慎选择束带夹克（特别是下摆长至腹部的夹克），宽领口夹克（视觉上加宽腰部）和饰有盖袋或大贴袋的夹克（腰围更显粗大）。

基本下装

裙子

　　重点考虑斜纹裙和前面平直的A字形裙。可以选择没有腰带的裙子。避免穿直筒裙、打褶裙、饰有侧贴袋或前贴袋的裙子以及前面具有裤式拉链的裙子。

基本下装

裤子

　　前面平直的裤子、直筒裤、喇叭裤都能产生较好的曲线效果。如果臀部不够翘，不妨试试后面有两个袋子的紧身裤。谨慎选择打褶裤、高腰裤和饰有侧贴袋的裤子。锥形裤会使腰围显得更大。紧身裤则会使腿变得短小。

必备单品（包括上装和下装）

连衣裙

　　非束腰连衣裙非常受这种体型的人欢迎。A字形裙、高腰裙、饰有胸褶的V形领和U形领的微紧身连衣裙都非常适合这一体型的女性。配有外套的连衣裙也是不错的选择。避免穿有束带（特别是呈对比色）、束腰或者非常紧身的连衣裙。

保护层

大衣

　　宽松的插肩袖大衣或者A字形大衣能够更好地展示体型。谨慎选择束带或者有很多褶皱和刺绣的大衣。

颜色搭配

　　上半身浅色、下半身深色，或者单色调的着装会显得更高挑，腰围更小。

正三角形体型

第二层
针织衫、背心和T恤

如果肩膀较窄，推荐船形领和无袖上衣，它们都能在视觉上加宽肩长。不要穿喇叭形袖子的上衣，因为它们会从视觉上增加下半身的"分量"。

核心上装
紧身女衫和衬衣

以下衬衣能够更好地展现你的身材：略微紧身的衬衣和带有装饰性衣袋、垫肩以及其他细节（比如肩章饰物或者珠饰）的衬衣。U形领绣花衬衣和紧身裤的搭配效果不错。最好不要穿过于紧身或者过于精致的衬衣，它们可能会凸显小比例的上身。

核心上装
夹克和外套

试试长至臀部的半紧身夹克，或者下摆略呈喇叭，恰好能遮住臀部的夹克。宽松的夹克、"男朋友"夹克（一种直线形或者略呈A字形风格的，且能遮住臀部的夹克）、单排纽扣运动夹克，都能拉长身体曲线。避免穿开口的短夹克、下摆至腰部的夹克、宽松且短小的夹克以及双排纽扣的夹克。

基本下装
裙子

A字形裙、紧身喇叭裙、束腰裙、斜纹裁和直线裁的裙子比较适合这种体型的女性。腰带较宽或者其颜色与裙子呈对比色的裙子、后面有装饰口袋的裙子、直筒裙以及百褶裙，则不适合。

基本下装
裤子

试试垂顺的低腰喇叭裤。如果腰带不宽，又非常合身，那么这条裤子能给腰部增色不少。锥形裤、高腰裤、前面有褶皱的裤子、饰有侧袋的裤子、腰带较宽的裤子、宽松的裤子和紧身裤等，都不太适合正三角形体型的女性。

必备单品（包括上装和下装）
连衣裙

上半身紧身、下半身面呈A字形的斜纹裁连衣裙能更好地展现身材。束腰连衣裙也是不错的选择。谨慎选择过于紧身的或者高腰连衣裙。

保护层
大衣

披风款、长款和束腰款大衣都是不错的选择。避免穿宽松的插肩袖大衣、紧身的或者极其繁复的大衣以及双排扣的大衣。

颜色搭配

上半身浅色与下半身深色的搭配，从视觉上能扩展上半身，平衡下半身。

倒三角形体型

第二层
针织衫、背心和T恤

　　束腰、喇叭形或者摆裁、斜纹裁的紧身长上衣都能更好地展现这种体型的优点，而对短T恤、抹胸、无肩带上衣或者宽松短小的上衣则要谨慎。

核心上装
紧身女衫和衬衣

　　推荐这种体型的女性穿尽量不带细节修饰的直筒形衬衣。谨慎选择带有装饰性缝线、前贴袋、大纽扣和过多修饰的衬衣。

核心上装
夹克和外套

　　单扣夹克、下摆较长的外套以及摆裁、斜纹裁的外套都是不错的选择。谨慎选择紧身夹克、多扣夹克、双排扣夹克和短夹克。

基本下装
裤子

　　可以试试以下风格的裤子：没有褶饰却很精致的裤子、垂顺的裤子、腰带较窄的裤子、阔腿裤、喇叭裤和锥形裤。这些裤子都能使身体视觉效果匀称。紧身裤、附有褶饰的短裤、九分裤或者高腰裤，则不太适合这一体型的女性。

基本下装
裙子

　　选择A字形裙、紧身喇叭裙和斜纹裙以及具有迷人下摆的裙子。避免穿直筒或者直纹裁的裙子。

必备单品（包括上装和下装）
连衣裙

　　半紧身连衣裙、斜纹裁的连衣裙、衬衣式连衣裙、（前襟直扣式）外套连衣裙、A字形连衣裙、略微斜裁的紧身连衣裙都是不错的选择。尽量不要穿高腰、束腰和针织的紧身连衣裙。

保护层
大衣

　　A字形半紧身外套和宽松的插肩袖大衣能够更好地展现身材。谨慎选择长款大衣、繁复的紧身大衣和束腰的大衣。而披风，特别是下摆非常夸张的披风，会使原本胸部丰满的女性显得更丰满，同时可能会显示不出腰部，所以要避免穿这类衣服。

颜色搭配

　　上半身穿深色，产生立体感；下半身穿浅色，产生平面感。这样人们的目光会更看重下半身，同时弱化上半身与下半身之间不协调的比例。

◀ 选择最好的

合身的衣服可以奇迹般地改变你的形象，塑造人见人爱的曲线美。事实上，大家可以花些时间尝试本书中未曾介绍过的服装。通过比较，大家就会清楚地发现它们不适合自己的原因，当然也可能出现例外。

◀ 贴身内衣：第二层皮肤

只有配上合身的内衣，整个外形才能更加美丽。如果内衣不合身，再合身的上衣也不会显得好看。再拿女性的内裤举个例子——如果内裤不合身，就会产生意想不到的凸纹或线条，臀部看上去就会皱巴巴的。

为了避免内衣产生不良效果，一定要购买合适的文胸。购买时要试穿，而不要随便买一件自己觉得尺寸合适的内衣。如果你有时间去逛内衣专卖店或者是服务十分周到的百货商场，那是再好不过的了。专业售货员会先测量你的胸围，然后让你试穿，最终帮你找到合身的文胸。穿起来舒服才是最关键的：肩带、背带不能太紧，扣好时没有束缚感。同时，文胸的钢圈应该刚好位于乳房的下方。为了改变随意的习惯，购买文胸时一定要试穿，而且必须穿上衣服，看看效果如何。比如，紧身T恤配上花边文胸，会起褶皱，而且显得臃肿。这是谁都不想要的形象。在这种情况下，最好选择无缝合线或支撑型的文胸。

内衣的专用抽屉里，应准备好风格各异的内衣和内裤，用以与不同的着装搭配。文胸的数目应与服装风格种类的数目相匹配。如果你经常参加比较正式的场合，你所穿的文胸，应与你的晚礼服相配，晚礼服或低胸，或露背，或低领口，因此根据搭配的需要，你应该选择肩带数目不同的文胸——常见的文胸有两根肩带，也有一根肩带或者无肩带的文胸。可拆肩带的文胸在这方面就比较实用。如果你胸部丰满，就得穿上支撑效果较好的文胸。如果胸部较小，你可以穿上各种舒适的内衬文胸，来塑造完美的体型。

内裤应该面料柔顺，缝接巧妙，穿起来舒适。棉质的内裤非常受人欢迎，即使是丁字裤也不例外。位于腰部和腿部的弹性棉料不应嵌进皮肤；线条不应透过裤子或者裙子显露出来。

> **小贴士** ♡
>
> ### 裙子的关键问题
>
> 穿裙子时，可以试着提得稍微高一点或者束得紧一点，看看效果如何，或者换上号码稍微大一点的裙子，穿得稍微低一点。按自己的方式去改变，一条裙子可以变幻出很多种造型。尺寸上的细微变化就能导致巨大的差别，所以即使仅仅差1厘米也会导致截然不同的效果。特别提醒：束腰裙应该系上腰带或者配上长至腰部的开领衬衣或紧身运动套衫。穿低腰裙子时则可以显露腰部。

比基尼、低腰内裤和皮带的组合能产生最舒适的无缝穿着。不建议穿男式风格的内裤和绸缎面料的小短裤，它们与衣服搭配并不是特别合适，与裤子、裙子搭配的效果也不好，因为它们有可能露出线条，而且有束缚感。如果你确实喜欢，也只能在家里穿，在外面穿就过于性感了！总之，选内裤的要点就是穿起来舒服，配上外面的衣服后线条不会显露出来。

◀ 穿着层次要领

不管你适合何种穿着，一般来说穿着层次分为7层（穿连衣裙时为6层）。这7层衣服的良好搭配，能够满足你的各种需求，比如参加非正式聚会、周末购物或者通宵观看戏剧和电影。

一套套搭配好，比一件一件组合尝试要容易。了解自己的穿着之后，你才会对自己的风格，特别是对每件衣服的形态、用途、色彩和目的了然于心。

◀ 选择领口的诀窍

根据肩膀的宽度和脖子的长度，选择不同的领口，从而构成脖子、肩膀、胸部和脸部之间不同的框架。以下是选择针织衫领口的一些简单原则。领口事关脖子、下颌、脸部甚至整个身体的形象。脖子周围的褶皱、褶带、丝带、蝴蝶结、饰珠和绳边等装饰性细节会将人的眼球不自觉地吸引至脖子处。所以一定要选择适合自己的领形。

船形领

这款领子横向开口很大，有利于加宽肩膀，

船形领

水手领（圆形紧衣领）

U 形领

方领

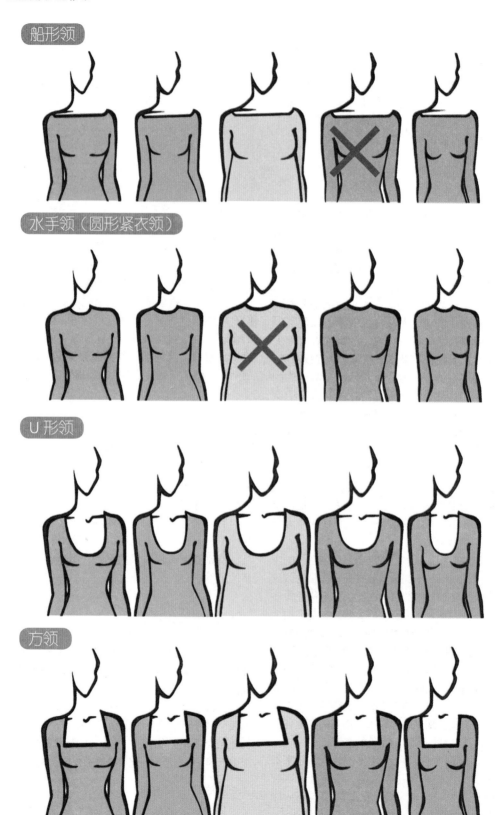

无肩带领

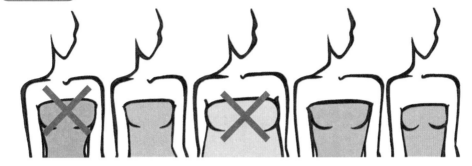

海龟领（高领）

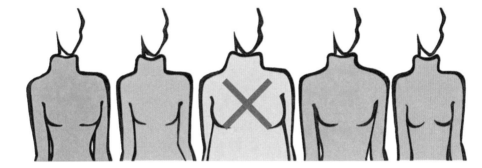

V 形领

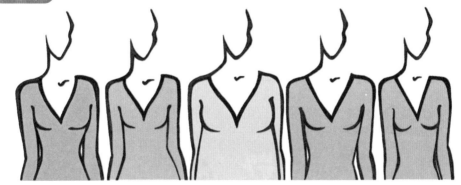

吊带领

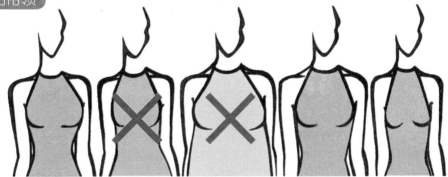

平衡正三角形体型。肩膀窄的女性，不管脖子粗细，特别适合宽宽的船形领。而肩膀宽或者脖子短的女性，最好避免选择船形领。

水手领（圆形紧衣领）

这是一款经典的 T 恤领口。高高的圆领会使短小的脖子显得更短。如果领口恰在脖子最下端，则容易起皱，效果也不理想。

U 形领

这款领口基本上适合所有体型。它将人的注意力吸引至脸部。同时，这款领子显得既简洁又时尚。

方领

与 U 形领一样，这款领口强调了脸部的曲线。它最适合肩膀窄的女性。又宽又浅的方领会导致较宽的肩膀显得更宽。对于正三角形体型的女性来说，方领是不错的选择，它能起到平衡身体的视觉效果。

无肩带领

这个款式的领口可以是一字形、鸡心领、圆形等形状，也可以在边缘饰上褶皱。无肩带领适合胸部较小的女性，这些女性通常肩膀较宽，脖子颀长。

海龟领（高领）

海龟领不舒服，但它适合脖子颀长的女性，而且可以隐藏某些缺陷（比如脖子上深深的皱纹）。圆脸或者脖子短小的女性最好避免穿海龟领上衣，因为它会将人的眼球吸引至脸部或者脖子上。

V 形领

V 形领适合任何体型的女性，它能产生拉长和细腰的视觉效果。宽宽的 V 形领适合肩膀窄的女性；窄而深的 V 形领适合肩膀宽的女性。同时，V 形领会让女性显得非常性感。

吊带领

吊带领非常经典、性感，但它并不适合所有体型的女性。肩膀窄、胸围大的女性应该避免选择这款领口。这种领口将人们的注意力吸引到身体下面，因此，正三角形体型的女性最好也不要选择吊带领口。

◀选择合适的尺寸

如果衣服的轮廓合适，尺寸不合适，也不能算是好衣服。穿着的每件衣服必须彼此搭配，紧凑合身，以达到突显良好身材的目的。衣服太大或者太小并不一定很糟糕，但总的来说会让人看起来不舒服。已经很久没有人在意合不合身了。我们总是不断地说服自己：因为自己喜欢这件独特的衣服，或者因为它在大减价，或者因为不敢承认自己需要穿更大的尺码，所以我们总觉得衣服并不小。其实，根本不需要以这些为理由，合体才是首要的。

你完全可以忽视标签上的尺码号。衣服并不是反穿的，也只有最不礼貌的人才会查看别人衣服的号码！哪个尺寸是标准的，谁也没有定论。或许你通常会说自己穿 150 或 165 的衣服。事实上，曾经多少次，当你试穿你认为的"你的"号码的时候却发现完全穿不进去！你甚至需要尝试很多次，才能找到真正适合自己的号码。

一般而言，比较昂贵的衣服往往设计得比较大——这只是商家根据女性心理所采取的小伎俩而已，女性朋友会因此而觉得自己的身体比实际要娇小。另一方面，相对便宜的衣服常常比较小——即便是超大号的内衣也很小，有时连小孩都穿不了！朋友们，开始关注穿衣时的感觉和效果吧，忽略标签上的数字和字母（S, M, L, XL，即小号、中号、大号、超大号）。不合身的衣服，不管是太小还是太大，并不会使身材更瘦小——相反，这种衣服只会使人看起来更胖。谁想要那样的衣服呢。

那怎样才算合身呢？如果裙子在臀部或者大腿处满是褶皱，则说明裙子太小。裤子也是一样的道理。如果衬衫的下摆很紧，则说明衬衫太小。T 恤衫不能太紧，否则，"游泳圈"和文胸的带子都能看得清清楚楚。所有的服装，包括裙子、裤子、衬衫、夹克、T 恤和连衣裙，都应该恰到好处地穿在身上，并且不起皱纹。裤子前端应该平整，腹部没有束缚感。后面不应该紧紧裹着臀部，让人觉得臀部就像是人体的脂肪"贮藏处"。翻领、领口和腰带应该平整。夹克的袖口应该刚好触及手腕，若袖子过长，便会有衣服包裹着人的感觉。

当然，人们可以选择比较宽松的衣服——

但如果衣服太宽松，仍旧会显得过大，而且整个身体就像是在衣服里面"游动"。所以为了找到最适合自己的尺码，你应该花时间试穿至少3件同一款式不同号码的衣服。一般来说，宽松的衣服使人看起来更庞大。如果你想要穿宽松款的衣服，建议还是拿一款小一号的衣服试穿一下，你会发现两者的不同。

鞋跟高度决定裤腿长短。穿平底鞋或者中跟鞋（5厘米高）时，裤脚应刚好触及脚背。穿高跟鞋（5厘米以上）时，裤腿应该更长，使其能够完全覆盖鞋后跟，并能露出鞋跟。穿平底鞋时，最好配紧身裤、七分裤或者长至脚踝的裤子。

穿上合体的衣服后，能够提高大部分人的自我感觉。不管是静坐、站立、行走还是运动，所穿的衣服应该让人感觉舒适，而不是让人觉得别扭。舒适感已然超出身体的外在感觉。当然所选衣服也应让你心情舒畅。后文将详谈这方面的内容。

◀ 平衡性和均衡性

衣服符合体型不仅仅是指它的轮廓合适。穿衣服时，各件衣服必须彼此搭配得当，这样看起来才养眼。塑造一个好的外形，必须将息息相关的各种元素恰当地组合在一起，比如说

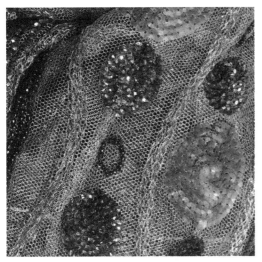

▲ 饰有小金属片、刺绣和珠子的薄纱

▲ 缀有珠饰的花纹棉布

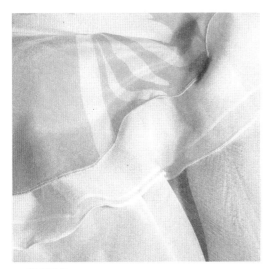

▲ 印花雪纺

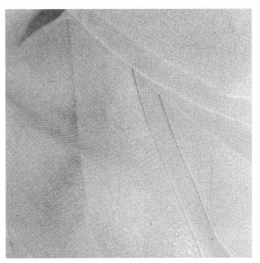

▲ 真丝细纱

平衡性和均衡性原则

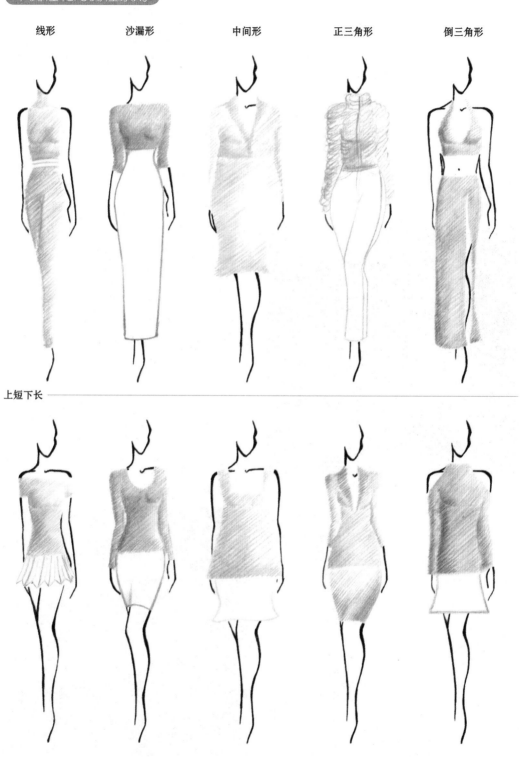

线形　　　　沙漏形　　　　中间形　　　　正三角形　　　　倒三角形

上短下长

上长下短

线形　　　　　沙漏形　　　　　中间形　　　　　正三角形　　　　　倒三角形

上宽下窄

上窄下宽

颜色、质地、比例和款式等,这些元素有时候会产生小小的不和谐。

身体的高度、宽度以及整体的大小与着装密切相关。想必大家也都深有体悟——整体的着装看上去不平衡并非某一个元素的不平衡造成的,而是整体的搭配失去了平衡。虽然每件衣服可能都非常时尚、漂亮,但在表现整体的形象时,仍旧会有些不和谐。如果上衣的线条不够平顺,整个外形就会显得不和谐。例如,横条纹纹将曲线和垂直线一分为二,这种效果不是很好。当然线形体型的女性例外。

以上是几种非常简单的穿着搭配原则(参见 304 ~ 305 页的图片),这在整体元素搭配时显得特别实用。

- ●上短下长
- ●上长下短
- ●上宽下窄
- ●上窄下宽

例如,下摆长至小腿中间或者更长的连衣裙,应配以短上衣或者夹克。长长的连衣裙最好与平底鞋搭配。而短连衣裙则与高跟鞋相匹配。束带领口的紧身绣花衫与窄小的裤子或者略呈喇叭形的裙子搭配,则显得别致;若与打褶的宽裙子搭配,则显得臃肿。当然,每一条原则都有例外。有时,长长的束腰外衣和同种面料的宽松裤子搭配更能体现曲线美。

可以将不同颜色和质地的衣服混合搭配。但一般来说,如果对比性的东西太多,就会打破整个外形的平衡。如 3 种不同的粗花呢服(夹克、裤子、外套)和一件色彩艳丽的衬衣搭配,就会让人觉得有些荒唐。

印有鲜艳大花纹的裙子和印有令人眩晕的小花纹的衣服,这两者的搭配会大大破坏整体效果,反之也一样。而细条纹的裤子和印有花纹的上衣之间的搭配效果却非常好,因为它们在条纹方向和面料的质地上都能相辅相成。

找到属于自己的风格

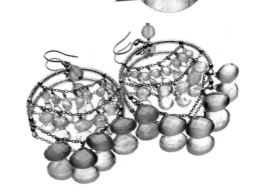

如果不满意时下的服装,而且又不知道如何处理,现在改变的机会来了。我们的思想和日常生活方式总是不断地发生着微妙的变化。移居到新城市,生活理所当然会有些不同。我们的着装也因此必须与我们的个人成长保持同一步调。例如,如果你想在事业中更进一步,你就有可能朝更职业化的风格发展。如果你已经到了退休年龄,不想再穿工作服了,而只是希望做更多不同寻常的事情,享受生活的乐趣。

小贴士 ♡

交换服饰

你很可能有这样一个朋友,她与你的体型相似,性格却迥然不同。尽管如此,我仍希望你能在某个周末,或者某个工作日,互穿对方的衣服。就算你不喜欢对方的任何一件服饰,你也无论如何要尝试一下。这是一个观念和风格的承受能力练习。你是不是觉得自己变成了另一个人?你有没有找到喜欢的东西?你是否对朋友的风格有所了解?你对自己的风格又有了哪些新的认识?穿着朋友的衣服是感到有趣、害怕、难受还是舒适?仔细体会一下自己的感觉,这让你对自己的风格有什么新的认识?

▲ 图中模特高挑、性感、着装简洁大方，她重视着装的个性，极力反对模仿别人。

也有可能最近你对慈善事业或者其他组织机构的事务热情高涨，你得穿上以前没有尝试过得非常正式的衣服。

你想要发展成为一个特定的角色，因此你需要相应特定的着装；你厌倦了没有特定风格的生活，为了开心与满足，你想要创造属于自己的风格。无论是出于什么原因，"理所应当"就是你需要形成个人风格的唯一原因。

我们有必要对"体型分类"做一次深入的探讨。找到那些适合自己体型的衣服之后，大家还需要从中找出适合自己，而且又具有个性的衣服。

当你第一次找到自己的风格，而且是长久以来的第一次，这时能让你一见钟情的东西就显得格外重要。尽管它们不一定全都适合你，但是刚开始的时候，尝试着去展现自己很重要。请记住，"直觉"标志着寻找个人风格的开始，当然并不是每一个最初的想法都会有好的结果。

那么要怎样开始呢？首先，请确认哪些是重要的东西：不要拘泥于我的意见，而应追随你自己的想法和感触。或许你一直很看重其他人对你的着装的看法（或者他们的印象）。可是你真的想遵循传统，守着那些陈腐的观念，即什么样的年纪或住在什么样的地方，你就得穿什么样的衣服吗？这些"应当"和"不应当"过于狭隘，现在已经没有人再去关注了。

我们都需要这样一个地方，在那里我们可以自由地发挥和表现自己，而无须担心别人的想法。个人的风格来自自信。你穿什么并不是最重要的，重要的是你怎样搭配。相信自己的直觉，遵循自己的心意，你的穿着就会表现出这种确定性和满足感。而且最大的好处是，一旦拥有确定的风格，个人的形象就可以千变万化，因为风格会一直蕴涵其中，起着内在的支撑作用。风格和体型是穿着的基础，一旦确定下来，就可以万变不离其宗。

当你找到自己，当你剥去多年来积累的流行观念的层层外衣时，很多情感就会涌现出来。许多关于自己的形象和外貌的固有观念可能总是挥之不去，但一定要竭尽全力，将它们搁置在一边。

◀ 发掘自己的爱好

我们所有人都希望人们会赞美自己——"你看起来很漂亮，很华丽。"你在搭配衣服时，如果有人在旁边帮你参考，那当然会很好，但多数情况下你只能自己完成任务。所以，当你开

▲ 图中模特穿着一款很有女人味的连衣裙。裙子面料极具动感，图案也很抢眼，穿在她沙漏形的身体上，简直韵味十足。这条连衣裙的另一个亮点是表链，它直接与链子相连。

始确定一个属于你自己的形象时，要尽一切可能去获得自己非常信赖的朋友的帮助。

树立自信，相信自己的眼光，唤醒你沉睡已久的鉴赏能力。同时，请为自己鼓掌喝彩。

了解自己是处理生活中大小事宜的关键。为了帮助你制订着装计划，我们需要经历一个自我发掘的过程。这个过程，和认识自己的体型一样，都会让你更加了解自己。心情愉悦的时候，尽情地去幻想，去寻找乐趣。但这并不是说，你喜欢玫瑰比其他奇异花草更多一点，你就知道自己适合穿什么样的衣服。你在艺术、文化、阅读等各方面的喜好和偏见，并不能决定你的风格。但是它们能够给你灵感，帮助你找到自己的风格。

除了外界的影响之外，你的个性也是由你的观念和天性决定的。你是和善的、意志坚强的、友好的、喜欢推脱责任的、好冒险的、好奇的、随大流的、害羞的，还是开朗的？你喜欢成为众人关注的焦点，还是幕后的支持者？这些答案并不能得出什么必然的规律。想想看，你可能很害羞，但你却喜欢滚石乐队或迷幻摇滚乐。害羞并不表明你必须去听轻音乐，或者穿色彩柔和的衣服。个人的风格来自你自己的感觉，而感觉的一部分来自你的生活方式和爱好。

这时你可能会说："好了，我是这样的或那样的，那么请告诉我应该怎样穿着。"事实上，情况并不是这样简单，世界上没有现成的模式可以套用。你必须自己告诉自己应该穿什么！了解你自己的特点，你就会知道哪些方面需要改进，哪些方面需要约束。这就是发掘个性的目的。一旦你了解自己的爱好，你就不必对其他的造型考虑或尝试过多，因为你已经能够很自然地做出选择。

了解自己，你就绝对不会成为时尚的受害者。如果时尚界宣称传统是现在的流行风格，然后你就百分之百地遵从，那么你就会成为

流行的受害者。相反，我们应该善于发现生活的方方面面！找到最适合自己的工作、最喜欢的娱乐方式、最幸福的事情以及发掘表达自我的能力，并对自己的选择充满信心。如果你想穿颜色极其素净的衣服，就穿吧。如果你喜欢古典风格，那就展示出来吧。

了解了自己的形体特征，那就展开想象的翅膀吧，享受它给你带来的自由。其中会出现以下两种情况：一是那些你曾经拒绝接受的东西，穿起来后，可能比自己的预期效果要好得多；二是你发现某件衬衫或者某条裤子穿起来的确不怎么样，你会觉得以前的那些恐惧还是有一定根据的。即使有人说"你穿着很好看"，如果你自我感觉不好，而且知道它并不适合你，那就跟着自己的感觉走。就像某人说"这汤很好喝"时，你觉得不好喝，那它就是不好喝的，这是同一个道理。

如果你对新奇的着装很感兴趣，那就勇敢地去尝试吧。不要过多地想这样的问题："人们会怎样看待我呢？"如果某件东西很吸引你，但你感到不确定，这并不意味着它就不适合你。而是意味着你应该试一试。穿一天做个试验，看看自我感觉如何。如果感觉舒适，这个选择就没错。你就可以穿着它了。

◀学会观察：阐释你自己的流行印象

通过逛百货商店或者浏览时尚杂志来挑选衣服，一定会非常劳累。无数的选择摆在眼前，谁会有时间去一一挑选呢？

与其让自己的情绪因这些令人失望的造型和服装变得低落，还不如把逛商场与阅览时尚杂志当作测试自己品位的机会。你从喜欢的

东西中看到了什么，又在不喜欢的东西里看到了什么？熟悉自己的体型和个人风格，你便能够很快地忽视或排除掉不适合的东西，将目标锁定在那些适合自身特点的东西上。

现在你会更加乐意去尝试一些以前被你忽视的东西。因为你已经有自信，知道什么样的风格适合自己，什么样的不适合自己，尝试新奇的东西或者打破禁锢并不显得怎么恐怖了。

逛商场时，切不可匆匆忙忙。每次取一件衣物，看清楚它的形状。这样做有利于你更加直观地思考，避免被自己各种各样的矛盾想法干扰。时尚是丰富多彩的，只有最专横的时尚设计师才会希望你从头到脚都穿着他设计的服装。在各种各样的风格当中，总会有些你喜欢的东西。比如，你几乎总是能在某些经典的造型中找到新颖的设计。就拿斜纹软呢夹克和剪裁精细的短裤作例子：夹克的翻领可宽可窄，夹克的腰部可以收得更紧一些；短裤的翻边可有可无，侧面可以开 2.5 厘米长的口子；颜色也可以更加新潮。

如果你想塑造可爱的形象，你就应该选择一些新奇有趣的服装或饰品。比如牛仔布、格子花布和印花布料做成的衣服。你可以把那些不再引人注目的、过时的衣服全部处理掉，同时，又源源不断地为自己的衣橱输入新的能量。科技也给我们带来了更多的选择。现今合成纤维非常流行，每一位高级设计师都在利用它完成各种新颖的设计。

为了避免在阅览杂志的过程中产生困惑，你必须慢慢地浏览。但是时尚杂志上的时尚指南并不能作为某个季节或某个月份的着装标准。它们没有规定你必须买什么。事实上，有时候杂志上的照片或者高速公路广告牌上展示的服饰，只是集中突显了时尚的某个侧面，而不是某个具体的形象。

高速公路的宣传画上可能会出现这样的模特，她那如彩虹般色彩斑斓的眼影一直延伸到眉毛，她的头发坚韧有力地竖立着，衣服夹杂着各种质地、花纹和颜色。而事实上，设计师并不赞成大家照搬这个形象。如果你在杂志上看到一些艺术画或内涵深刻的图片，也应该采取类似的态度，不能去照搬照抄。它们只能提示你本季设计师们所感兴趣的造型、质地和颜色，让你知道流行的是波希米亚风格、印度风情还是 20 世纪 30 年代的艺术装饰。如果这些元素非常吸引你，那你就去商场挑选类似风格的服饰吧。

与顶级设计师的作品保持一致。如果你在某位设计师的作品图片中看到的着装非常真实、具有可穿性，那么这种着装很可能暗示着本季商场里将会流行的颜色和质地。最好的研究方法就是把该页从杂志上撕下来。这样你就能避免其他图片的干扰，集中关注这一页，慢慢地进行分析。单独审视一件衣服的每个组成部分，包括剪裁、颜色、轮廓、长度和质地等。这件衣服主要有哪些组成部分？有时候，某个单品，如裤子、裙子或者上衣等，就能折射出一种"形象"。哪一件与你自己的很相似？你的衣橱里可以增添哪些风格？为了完成自己的设想，你还需要哪些元素？可能你会发现你所需要的仅仅是一条腰带和一件首饰。如果你看中杂志上介绍的一套衣服，你就可以试着分析它的组成，这能帮助你学到很多东西，因为杂志上的形象是由时尚编辑和设计师组合而成的，她们知道如何将各个元素搭配出一个协调的造型。

◀ 发掘自己的穿着方式

少数的几种形象能够一直保持流行态势，而且预计在未来一段时间内还会继续流行。可能其中的一类适合你，也可能两种或更多类型的结合适合你。这些主流形象能够激发灵感，有利于你塑造自己的风格。运用"适合自身体型的服装"中的指导，找出每一种着装方式里让自己最满意的造型。

古典风格：可以用某些具体的时尚词汇来描述这种风格：精致、合身、朴素。无论是年轻的乡村少女还是都市女性，都能够将这些特点淋漓尽致地展现出来。古典风格也相对"安全"；如果你不乐意将非古典与古典搭配来创造迷人的姿态，那么单纯的古典可能会显得单

时尚的喇叭裤、单扣夹克、颜色和剪裁方式新潮的衬衣，既经典又赏心悦目。你也可以在白衬衣上添加几个普通贝壳纽扣，再缝上几个古典的人造水晶饰物和非洲珠子，或者其他漂亮、时尚、新奇的扣件。或者，你可以搭配经典的黑外套配上白衬衣，但是手腕上要戴一串印第安风格的念珠或做工精细的迷人镯子。经典的华达呢裤子搭配两件套羊绒衫和华丽的牛仔靴（不能搭配橡皮底帆布鞋或者路夫鞋），这样的搭配可以让经典的装扮有了时尚感觉。

都市时尚：时髦、抽象、复杂、简约风格。其中最常见的经典造型就是黑色的套领羊绒衫、黑色长裤、线条清晰的时尚银饰以及高跟鞋的搭配。另一种常见的造型是璞琪（pucci）风格（明丽缤纷的几何印花设计）的印花裙，与简单的银质或金质耳环，以及黑色高跟鞋之间的搭配。服饰上面的印花不必极其简约，裙子的简洁线条和简单的饰件就能够凸显简洁本色。而璞琪风格本身也已被当作经典。

▲ 束腰裙子蕴含着女权主义的味道。上装是用长方形针织丝巾做的衣服，图中模特的身材比较方正，配上这款上装和裙子后，曲线美就自然而然地产生了。

调。但是，若垂顺的坦克背心或丝绸背心，与传统的海军套裙搭配，就能避免沉闷的风格，增添不少情趣。

如果你是一个古典的女人，偶尔跳出这个风格也不是什么坏主意。尝试与众不同的经典造型，感受不同的品位。你可以尝试经典的搭配组合：外套、长裤和衬衣。可以是一系列的亮色组合，也可以是多色和单一的时尚柔和色之间的搭配。蓝外套、白衬衫和浅棕色的裤子，配上色彩鲜艳的斜纹围巾或者一套链带，就会十分引人注目。外套的翻领上装饰几个自己收藏的经典大黄蜂别针，于是乎，你的办公室仿佛有了黄蜂的嗡嗡声（记住，个数最好是奇数，3个，5个，要是你够大胆的话，7个也行）。

线形和沙漏形体型的女士最容易找到合身的"古典风格"或者"都市时尚"的衣服。例如，她们适合穿整洁的双排扣西装外套，而其他体型的女性则不适合。事实上，许多适合线形和沙漏形体型的款式都可以归为经典款式。当然，这并不是说其他体型的女性就不能穿经典款式。

中间体型的女士可以选择直纹裁的单排扣外套或运动夹克，再配上一些饰物，如胸前加一颗金色徽章纽扣，衣袖处缝三四颗扣子，如此一来，就显得更加典雅。垂顺的灰色或褐色直纹裁长裤（配细腰带）与白色V形领针织上衣的搭配，效果会比高腰长裤搭配带纽扣的衬衣要好得多。正三角形体型的女性则适合下摆较短的外套或运动夹克配低腰喇叭裤，上身里

▲ 这个打扮即使是在时代广场，也会令人侧目而造成交通阻塞。图中模特这款服饰适合去夜总会，或者夜晚时分在镇上闲逛。

面配一件针织衫或带纽扣的衬衫。而倒三角形体型的女性，经典搭配是，上身穿晨衣风格的直筒长夹克，内穿羊绒、丝绸内衣，或者圆领、

U形领的T恤，下配男式翻边长裤，也会显得魅力十足。

波希米亚风格：其特点是由柔顺的面料手工制作而成，具有独特的民族风情。此类服装往往配有手工的装饰，如刺绣、独特的收口或者木刻板印刷的图案。（木刻板印刷是指木板上雕刻设计出图案之后，再浸到颜料或者染料中，然后再印到布料上。）富含本土文化的珠宝也是这种风格的重要组成部分。其中某些独特的珠宝有时也会出现在工艺品集市、流行服饰小店和画廊里。偏爱波希米亚风格服饰的女性并不仅仅局限于这种服饰。事实上，她们尽可能地选择各种具有民族风格的——印度、美国土著、非洲、东欧等——设计，并将它们互相融合。她们也会添加当代美国手工艺品，有时也被称为佩戴艺术。波希米亚风格爱好者可能会在工艺品集市上选择拼缀的裙子或者手绘的棉夹克。也可能会将一串越南风格的玻璃珠饰与珠宝专卖店购买的现代银饰或金饰搭配。

当你穿上具有民族风格的服饰时，就会让人觉得你爱好旅行，并且还能透出艺术气质。事实上，如果你爱好民族服饰，到异国旅行便是寻找它们的最好机会。民族风格的服饰可以配上较古典的饰品，虽然这种搭配有一点点的另类。非洲精雕细琢的手镯和亚洲的丝绸外套都是人们津津乐道的东西。在参加某个聚会的时候打扮成这种风格，一定能获得不可思议的效果。

许多手工制作的民族服饰通常由柔顺的面料制成，显得宽松而又垂顺，这些特性都非常适合中间体型的女士。但有些民族服饰或具有某种文化风格的服饰还是有体型上的要求的，它只适合某种或某几种体型，因此当你被某种民族风格吸引的时候，你最好选择那些符合自身体型的衣服。例如，牛仔裤或牛仔裙与具有民族风格的上衣、饰品搭配，就显得很不自然。大家应当结合自己的体型，选择适合自己的牛仔裤，并配上具有民族风格的刺绣衬衣或饰有珠子的T恤。倒三角形体型的女士可以选择紧身牛仔裤、T恤，再配上一条镶有美洲土著风格的银饰和绿宝石腰带，这样整体看上去会非常迷人。这种体型的女性还可以穿一件宽松但收腰的摩洛哥风格的裙子，再配上一件紧身T恤和镶有珠子的拖鞋。

倒三角形体型的女士可以选择牛仔裤和开领的镶边绣花上衣。她们也可以穿斜纹裁的印度印花裙，再配上普通的V形领T恤，领子上可点缀一些琥珀或珊瑚珠子。沙漏形体型的女士可以穿一套紧身的民族服饰，或将紧身上衣与平滑的下装搭配，以平衡整个外形。例如，一件合适的由煮过的羊毛制成的森林绿澳洲夹克，配上非洲肯特面料（一种用手工编织机编织的面料，经常融合了纯黄色、绿色、橙色和褐色等几种颜色）制成的宽腿长裤和样式简单的靴子，就会显得很有意思。线形体型的女士可以穿牛仔裤和剪裁精细的棉夹克，或者穿旅行夹克，然后系上相同面料做成的腰带以起收腰效果，再配上东欧的绣花裙和牛仔靴。

复古风格：这种风格的着装显得独具匠心而又高雅。无论是20世纪60年代的Mod风格（Mod，全名Modernism，源于20世纪60年代，表现在衣着方面为剪裁极佳的意大利西装及不打褶且改短成七分的西裤、针织领带和手工制的鞋子。这种风格非常注意细节，到了近乎疯

▲ 这身打扮适合去参加各种奇异的场合，或者参加家庭鸡尾酒会。图中别致的着装，维多利亚式的A字形黑色丧裙装饰着手工缝制的天鹅绒缎带和夸张的长袍，显得不同寻常。紧身胸衣配以日本传统的宽腰带，传达出"没有做不到，只有想不到"的信息。

美丽锦囊

标志性风格

　　许多时尚女士的风格都会包含某种标志性的元素。这种标志总是和你的形象或外表融合在一起，表明这就是"你"。它超越了时尚和流行。像《Vogue》主编安娜·温图尔式的波波头。它也可能是一副特定的太阳镜（就像Jackieo一样）、一种香水、一个喜爱的发卡，甚至是标志性的粉红裤子（或许你有一打！）。你可能一直戴着爱马仕品牌的饰品或者其他独特的工艺品，你总是喜欢将它扣在牛仔裤的腰带上。出门时，你总不会忘了戴上钻石耳钉（无论是真的还是水晶的）。诸如此类的小饰品，渐渐地便成了你的标志。

　　某位女士喜欢紫色，她从头到脚都穿着紫色。尽管她基本属于古典风格，紫色依旧成了她的个性颜色。造型师问她其中的原因，她回答说，"我喜欢紫色，没人能让我不穿紫色。"她是个非常了解自己的女士。当然这并不适合每一个人，造型师也不会提倡这种方式。而她却非常喜欢，而且知道自己在做什么。态度和自信就是一切。

　　这种标志非常有意思，但它不是个人风格的核心部分。如果你想拥有一样充满个性的东西，就去找吧。如果你不需要，你还是可以拥有一种完全属于你的风格。

狂的地步，裤子的长度和外套侧孔等都要求分毫不差。美军大衣也是 Mod 最明显的行头），还是维多利亚时期的浪漫风格，从头到脚整体展现这种风格并不是易事。你需要谨慎地对待复古服饰。最保险的做法是在现代元素的基础上适当地添加些复古的元素，也就是将古典和新潮调和在一起。否则，单独的复古风格就会等同于旧式的衣服。总的说来，复古风格可以通过一件服装或一个饰品成功地表现出来（比如一件 20 世纪 30 年代的大衣或夹克，一件 50 年代的圆筒裙，或者 70 年代印有艺术字的衬衣）。历史上每个时期的东西都具有自己独特的魅力，而其中的一两件通常就能满足你的需要。

选择复古服饰的关键是要符合实际情况。确保自己考虑的东西处于良好的状态。孔洞、磨损和色斑即使可以修复，完全修复的可能性也是非常小的。舒适和剪裁也是重要的因素。在试穿之前千万不要购买复古服饰。制造商们总是在不断变换剪裁方式，一套 20 世纪 80 年代的裙子如果采用现在的剪裁工艺进行剪裁，效果可能就大不一样了。

年龄也是选择复古服饰的重要因素。如果一位女士穿着她年轻时（20 世纪五六十年代）穿过的服饰，别人可能就会认为她在过去 40 年中几乎没有买过新衣服。她若换上一件没有明显年代特征、线条简洁的裙子，再配上古典的饰物，如古董饰品大牌米里安·赫斯基

（Miriam Haskell）的仿古耳环，也能打造出复古的风格。

如果你迷上了那些值得收藏的仿古衣服，我建议，以你自己的体型为基础，给自己的整体形象增加复古的元素。中间体型的女士可以添加 20 世纪 60 年代风格的鞋子、手提包和耳环；线形体型的女士可以披一件精美的 20 世纪 30 年代西班牙风格的刺绣钢琴披肩（整体效果会非常好看）；正三角形体型的女士配上 20 世纪 20 年代的片状珍珠串和钟形帽，古典的魅力就能尽显无遗；倒三角形体型的女士穿着 20 世纪 40 年代风格的斜纹裁印花裙和时髦的直纹裁露脐 T 恤衫，会显得很漂亮；沙漏型体型的女士适合 20 世纪 50 年代迪奥（Dior，法国高级女装的代表，华丽与高雅的代名词）风格的裙子，包括紧身连衣裙和宽大的裙子，同时别忘了配上一双时髦的高跟鞋和一个新潮又有形的手提包。

混搭风格：这种风格是将不同风格（古典风格、波希米亚民族风格和复古风格）和截然相反的面料（硬的和软的；男性化的和女性化的，如粗斜纹棉布和丝绸、皮革和绸缎、斜纹软呢和雪纺）艺术性地融合成一个令人惊喜的形象。越来越多的人可以被定义为这种风格，因为她们身上拥有这种特征。也许这是因为混搭风格提供了多种选择和各种方式来表达自己的意愿、需求和理想吧。它可以让一个女人沉浸在对衣服和时尚的爱好之中。

要成功表现混搭，是一件很有挑战性的事情。你很难轻松实现它。将过多的时尚元素集中在一个造型当中，可能会将一个时尚女郎变成时尚的牺牲品。这是一条令人颤抖的道路。

这种风格需要你花时间将不同造型的元素组合起来，最终找到适合自己的造型。如果你想尝试一下混搭风格，那就开始行动吧！这需要花很多的时间。是的，时尚编辑可能在去年说的都是刺绣、珠饰和各种饰物，今年则大谈极其简单的抽象主义和简

洁性，而每年制造的这些潮流又会导致全新时尚的出现。很少有女士希望或者需要接受这些安排。所以一些造型师会认为，只要你的造型适合自己的体型，就足够了，而且这一原则永远都不会过时。换句话说，就是充分利用本书中所描述的所有着装方式，然后将它们融合起来！

整合在一起

不管你喜欢什么样的个人风格，塑造某种形象或穿着方式时，都有其特定的基本原理，它们与形式、功能息息相关。这里提供一种基本的穿着搭配方式。

抓住关键

一种搭配，就像一个房间，当它有一个焦点时，就能呈现出最佳效果。将过多的意图集中在一套搭配上，会让人眼花缭乱。个人风格的核心就是拥有一种焦点。所以要根据中心元素做出决定，所有和中心元素密切相关的其他东西起着辅助和衬托的作用。一件夹克、一串珍珠、一双鞋甚至是一件大衣都可能成为中心元素。这种焦点常常是一件具有个性化的东西。这是一种大胆的举动。在后文中你可以读到更多关于个性化衣服的内容。

抓住色彩

颜色的选择与情绪、个性密切相关。它可以非常简单，简单到"我只喜欢橙色，而不喜欢粉色"。如果你觉得蓝色好看，我们当然会想方设法给你配上蓝色的穿着。一般来说，你总是希望衣服的颜色能够映衬脸色。尝试市场上的众多色调，找到最令自己满意的那种蓝色吧。换句话说，各种蓝色并不是相同的。蓝色很漂亮，但你也不妨尝试一下鲜绿色，你会发现它

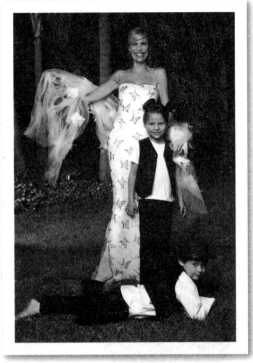

▲ 图中模特高挑，穿着奥黛丽·赫本式的连衣裙——以绸缎和雪纺为面料，其上印有蝴蝶图案。这种风格的裙子与众不同，让人联想到蝴蝶纷飞的季节。此外，图中与连衣裙相配的披肩上缀有很多布艺的蝴蝶。

可能会更好地映衬你的肤色、眼睛和头发。要敢于尝试自己没有选择过的颜色。

精心选择的颜色总是会带来较好的效果。当人们不由自主地赞叹"你真是光彩四溢"，或者"你看上去太漂亮了"，大多数时候你得感谢衣服的颜色，是它们把光彩映在了你的脸上。

混搭风格的塑造也可以通过颜色的选择来实现。颜色的混合和互补性搭配能够将不同的

小贴士 ♡

灵感和真正的风采

挑两本自己喜欢的时尚杂志，每个季度都阅读几期，从中找出一些规律。比如参照《Lucky》这样的购物杂志，可以帮助你追随潮流，找到各种价位的合适目标。

到商场去试穿多件衣服。无论是你喜欢的，不喜欢的，甚至是从来没有考虑过的，都不妨试试，看看效果如何。

观察自己崇拜的那些女性（女演员或身边那些时髦的同事），想想她们为什么那么时髦。逐件分析她们的穿着。

观察周围的世界，提升自己的品位。

风格和时代联系起来。比如，红色的印度绣花上衣（其上饰有银色和黑色相间的刺绣），配上 20 世纪 40 年代风格的男式长裤（裤子上有白色或灰色的细条纹），然后再配上黑色或红色的坡跟鞋或淡金色的平底鞋、时髦的银饰和复古的金属色手袋，最后加一款黑色的编织披肩，就能达到不错的混搭效果。衣物（首饰、包、鞋等）的各种色调也可以将不同的风格联系在一起。

黑色、白色和灰色适合与任何颜色搭配，能够将不同的颜色联系起来。它们能衬托某种色彩，也可以将某件印花衣物的色彩控制在合适的范围之内。如果衣服的颜色鲜艳，可以搭配灰色或另一种较暗的色调。浓重而鲜艳的色彩很难将亮色和柔和色整合在一起，而褐色和其他的深色却能够增加柔和色的亮度，扮演着天然中性色的角色。淡色、柔和色调、粉色可以与深色、深灰色、中性色互补性搭配。鲜艳、明亮的颜色与黑色、白色搭配很好看。黑色也可以和淡色相匹配。

创造张力

混搭风格关注的都是相对的东西。即使你搭配了一个经典的造型，也要记着考虑那些相关的衣物。造型里面总要存在一定的张力，它会带来动感和生命力。

粗质斜纹软呢夹克与柔顺的衬衣和平滑的裙子搭配，比与相对传统的横条纹套领毛衣和牛仔裤搭配有意思得多。一件红色的"权力套装（20 世纪 80 年代流行的带有宽垫肩的职业女性西服）"，如果与印有璞琪流行艺术图案的运动上衣或带有豹纹图案的 T 恤搭配，会

比以往搭配白色棉衬衣或海军蓝丝质衬衣整体效果好得多。与仅穿着单件的"黑色的小连衣裙"相比，带有珠饰的高跟鞋配上牛仔裤、白色 T 恤和树枝形耳坠这身着装定会使宴会的气氛变得更加热烈。

保持平衡

过多的面料和花色混合在一起会损害你的形象，甚至有可能在大街上引起别人的嘲笑。所以保持造型的整体协调就显得尤为重要。如果下身装束是黑色、干脆、光滑和简约的风格，上身却是柔和、粗花呢、羊毛、厚重的衣料，并且装饰有大量珠宝，那么整个形象就毁了。一般来说，上身或下身最好只采用一个造型中的一个元素。比如说，采用装饰精美的鞋子（珠子或图案）来平衡黑色长裤和斜纹软呢夹克。正是这双不同寻常的鞋子平衡了原先保守的搭配。

校正

穿好衣服后，记得找一面标准高度的镜子，仔细地观察自己，并跟上次穿时的总体形象进行比较。如果你觉得有些东西看起来不合适或者多余，放弃它们吧。

充满幻想

不要过多地考虑自己的搭配。不要丧失幽默感和主动性。"再三思考"的结果往往比一锤定音更糟糕。相信你的内心，保持幽默感，别太较真。

刚开始的时候，你需要花时间让自己的选择变得与众不同。最后，你就能够在很短的时间内搭配出一个造型。针对某些重要的事，如第一次约会或者重要的工作面试，你需要花更多的时间考虑自己所需要的造型。这种场合下，我们不太关注它是否"正确"，而更关注它能否达到自己的目的。这就是目的着装，接下来将会详细讲述。

Part 2 升级你的衣橱

衣橱必备品

　　这里有一张衣橱必备单品的清单，它并不完整，需要不断完善，但是在某种程度上仍然具有指导作用。如何完善完全取决于你的个人风格。按照清单，仔细核对你衣橱中的衣物，记下缺少的东西。

　　（1）一件剪裁得体，能恰到好处地凸显曲线的白衬衫

　　（2）一件做工优良、质地轻薄的开襟羊毛衫，挑选你最喜欢的颜色

　　（3）一件能搭配半身裙的小西装（可以搭配成一套套装）

　　（4）三条长裤：牛仔裤、剪裁精良的长裤可以白天穿，时装长裤（白天晚上都可以穿）

　　（5）一条黑色连衣裙

　　（6）一条白天穿着能够衬托身材的半身裙

　　（7）一件无袖或者短袖圆领上装（比T恤衫显得更正式）

　　（8）若干款式简单的T恤衫或吊带背心（黑色、白色和灰色是百搭的颜色）

　　（9）三双质地精良的鞋子：长筒靴、平底芭蕾鞋或平底便鞋和一双晚装鞋

　　这并不是全部，你还需要其他东西（一件高档大衣、针织衣物、家居服、晚礼服以及运动鞋）。有些女性可能已经拥有制服了，而另一些人可能更习惯穿牛仔装。我想告诉大家，一套合身的制服最能彰显时尚气息，最好拥有一套。但是务必能穿出它潜藏的时尚风格。

　　另外一个值得考虑的因素是：你需要出现的场合越少，你需要的衣服就越少。但是，在家工作或者暂时待业，并不意味着你不需要一双耀眼夺目的鞋子和一条剪裁得体的连衣裙。

　　掌握基本要点，了解个人需求后，再次仔细查验衣橱。在这整个过程中，你必须坦诚，看清自己的衣橱与理想衣橱的差距。要展开自我批评并不容易，但你需要狠下心来，如果做不到，可以尝试扮演旁观者的角色，这时审视与评价自己的衣橱或许就容易多了。要牢记这一准则：如果一件衣服三年前很时髦，现如今很可能已经过时了。不论当初花了多少钱，过时的衣物都没有必要保留，把它扔进垃圾箱，并告诉自己下次绝不会再犯同样的错误。

▲ 白衬衫

▲ 开襟羊毛衫

▲ 小西装

▲ 牛仔裤

▲ 剪裁精良的长裤

▲ 时装长裤

▲ 半身裙

▲ 吊带背心

▲ 黑色连衣裙

▲ 短袖圆领上装

▲ 平底便鞋

▲ 长筒靴

▲ 平底芭蕾鞋

▲ 晚装鞋

万能风尚定律

　　一个意志坚定、品味绝佳的朋友将会成为你整理衣橱的好帮手，为你提供衣物取舍的建议。如果某件衣物如何处理你们都拿不定主意，就穿上让她拍张照片，相机可比人更有原则性。

◀ 如何赶上潮流

　　如果以上所列各类服装你都备齐了，再回头检查一遍。假如你有一条昂贵的黑长裤，却几乎不曾穿过，那这条裤子很可能并不适合你，把它从衣橱中剔除。

　　千万别拿"经典服饰永不过时"的话哄骗自己。经典款式也在改变，虽然缓慢，但是如果不及时更新理念，你还是会被潮流远远地抛在后面。时尚元素瞬息万变，要赶时髦最好购买价格低廉的服饰，这样过时了丢掉也不觉得可惜。那些经典款式却恰恰相反，它们很可能价格不菲，是构成你个人风格的基础，基础不稳，怎能建起时尚之屋呢？我们应该如何应对经典服饰过时的问题呢？只要做些细微的调整修改，就可以让过时的经典款式焕发新生，变得新潮时尚。

　　坦诚面对现实问题。请相信我，总有一天，那条迷人的连衣裙会变得不合身，要么太长，要么太短；你最爱的小西装突然显得很不上档次；那条经典的黑色半身裙，价格不菲，曾让你风光了好几季，但现在穿上却让你看起来很臃肿。如果有一天，你觉得某件开襟羊毛衫搭配一条紧身半身裙或修身长裤更好，某条牛仔裤搭配一件修身或宽松的白衬衣更好，那么请相信自己的直觉吧。

　　时尚杂志会透露本季的时尚热点，经常翻阅此类杂志有助于培养时尚嗅觉和时尚品位。

警惕保守因素

　　保守对美好形象的杀伤力比布兰妮·斯皮尔斯布（Britney Spears）还要大。每个人都有可能中招，以下是着装时最常见的保守因素：

　　● 垫肩（是否平整，是流行窄的还是流行宽的）

　　● 腰带（是否系在腰部，是松松垂挂还是紧系腰间）

　　● 裤腿（时下流行的是宽腿裤、小脚裤、直筒裤、喇叭裤还是靴裤）

　　● 鞋跟（是粗跟、细跟、高跟还是低跟）

　　● 裙摆长度（流行长的还是短的）

　　聪明人都懂得这个道理，时尚是不断变化的，任何一个小小的过时因素都会宣告你已经落伍了。比如在20世纪50年代，年龄超过25岁的姑娘都不会穿过膝的短裙，因为那时候这种服装根本就没有流行。

◀ 更新衣物的缘由

　　下列衣物没有必要购买名牌，但要保证洁净无磨损。当然，如果你财力雄厚，选择名牌也无可厚非。更明智的做法是，购买廉价品，

小贴士 ♡

　　如果你的体重
发生了大变化，请
一定要更换文胸！
体重变化会显著影
响文胸的尺码。

一旦有瑕疵或磨损就立即更换。发黄的 T 恤衫实在不雅观，就算它是吉尔·桑达（Jil Sander）牌的，谁又看得到呢？

- 白衬衫
- T 恤衫
- 针织衫

◀ 时尚四杰

纪梵希先生的必备品清单仍然非常实用。进入 21 世纪，时尚界发生了重大转变，单品比套装更受欢迎，量身定制的长裤备受青睐，一条精心设计的连衣裙兼顾白天与夜间的穿衣风格，为女性朋友节省了宝贵时间。然而不论你如何安排生活，"时尚四杰"都会是你塑造时尚风格的最佳选择。下面就介绍如何利用这四个好帮手。

白衬衫

有些人坚信，完美的白衬衫必须花费重金，请名师设计；另一些人则认为，凸显个性的白衬衫必须造价不菲，剪裁得体，做工精良，只有穿上这样的白衬衫才能成为万众瞩目的焦点。其实不然，只要合身，廉价的白衬衫也能穿出时尚。要说有什么禁忌，那就是有污渍的白衬衫坚决不能再穿。

如何正确穿着

可以购买经典款式，但是最好带点儿镶边儿。在某些细节上可以借鉴男装衬衣的风格，比如双层式袖口（这种衬衫穿着时可以敞开袖口，并将袖口从毛衣袖口中翻出来；或者在袖口装饰一枚男装袖扣）。

粗布面料的衬衫。例如那些看似不太结实的棉布衬衫。不要选择那些泛着光泽的人工合成布料，它们看上去就显得很俗气，没品位。

如果愿意，可以尝试一下剪裁比较修身的衬衫，不要总穿宽松款式。略有弹性的布料穿着会特别舒服（只有穿着舒适，你才能散发出闲适的气息，这是时尚界的不宣之秘）。

适当的褶皱设计能凸显女性的温柔与性感。把最上面两颗扣子松开，但是要注意领口不要敞开得太露骨了。

把衬衫衣摆束进半身裙里，但是如果搭配修身长裤，就不要这样做了（要想遮盖腰身的赘肉，就更应该这样穿）。

一件酷酷的白衬衫搭配一条粗犷的牛仔裤非常经典。再来一条宽腰带，安静的纯白色和热辣的牛仔布就完美地衔接起来了。

搭配设计男性化的长裤和高跟鞋，非常有品位，如果再戴上别具女性特质的耳环中和一下，那就更有一番韵味了。男性阳刚与女性柔美的搭配可谓是无比热辣。

搭配一条黑色修身半身裙，再佩戴迷人的珠宝首饰，这身装扮出席晚宴既简约又出众。佩戴珠宝首饰时要慎重。如此简约的装束，非常适合佩戴大号的胸针（尝试把它戴在你的裙子的束腰带上）、醒目的戒指，或者一条引人侧目的珍珠或宝石项链。但珠宝首饰只起点睛作用，不要把自己搞得珠光宝气，以上三条建议最多只能采用两条。

小西装

小西装在很多情况下都能穿出超凡品位。不论你是搭配量身定做的长裤，还是半身裙、牛仔裤以及短裤，也不论你是想显得新潮时尚

小贴士 ♡

适量对称镶边可以将人们的注意力从问题区域引开。但如果镶边太多的话，就会使你看起来像电影《舍利塔》里的主人公一样，过于夸张。镶边与粗斜纹布或其他纺织物搭配会让人感觉充满活力。

还是正式稳重，小西装都能做到。对任何人来说，小西装都是时尚之王。选择款式简洁、布料和颜色不易过时的小西装，可以多选几款，各个季节都能穿：质轻的羊毛华达呢有垂感，线条流畅，品味高雅；人造绉绸最能勾勒腰身。肩部平整的单排扣小西装适合绝大多数体形的人穿着。小西装搭配开襟羊毛衫吹出的休闲风，是香奈儿建立时尚王国的根基，也是那些反感呆板搭配风格的人的绝佳选择。一件盖住臀部的长西装适合绝大部分体形的人穿着（但巴斯特·基顿（Buster Keaton）是个反例）。小西装上一定不能出现大翻领或看起来像珠宝的纽扣，这些细节很容易过时，从而缩短这件小西装的使用寿命。

如何正确穿着

单排扣套装，以一件超有女人味的衣衫打底，比如一件蕾丝短袖衫或者花边打底衫，这不是最流行的着装技巧，却总能让你引人注目。

系好小西装的纽扣，搭配略显男性化的衬衣和领带。佩戴一件（只要一件）首饰中和过重的男性气质。

搭配一件款式普通的女式丝绸衬衣，并佩戴一条珍珠项链。

搭配长裤和合身的背心或者普通的白衬衫。男性气质的服装搭上一双高跟鞋，回头率非常高。

款式简单的连衣裙，外套小西装，可以代

替半身裙或长裤套装。

裤子

时尚潮流变幻无常，但是没有裤线的直筒长裤一直是每个人衣橱中普适性最强的裤型。永不过时的不一定非得是量身定做的裤子，牛仔裤和卡其裤也在其中。

如何正确穿着

一定要避免裤子过于紧绷，太紧会突显赘肉。要想掩盖身材的缺陷，你甚至需要购买比你实际穿着大一号的裤子，略微宽松立刻就能收到修身效果。

款式简洁、布料经典的裤子，上身效果极佳。相同款式，但料子换成天鹅绒、小山羊皮或者锦缎，时尚感立即就显现出来了。穿长裤时，千万不要让上装和鞋子抢走所有的注意力，最好搭配一件简单羊毛衫或无袖衫。

卡其裤子或牛仔裤搭配一件引人注目的上

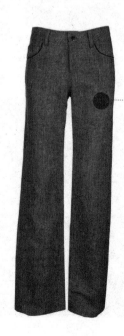

衣和一件别致的首饰，可以给人造成强烈的视觉冲击。

连衣裙

　　与半身裙相比，许多女性更青睐连衣裙。因为它们上下一体，不需要再绞尽脑汁进行搭配。这一点着实给女性朋友减少了很多麻烦，但连衣裙广受欢迎还有其他原因。如果你有一条迷人的连衣裙，尽最大可能穿出它的女人味。我们生活在一个充满坚硬壁垒的世界里，稍稍展示自己柔情的一面会产生相当大的影响。

如何正确穿着

　　如果你喜欢某种颜色，这种颜色又非常适合你，那么就选择这种颜色的纯色绵绸做件连衣裙吧。

有种剪裁并不凸显身体曲线的连衣裙，它不是紧紧裹在臀部，布料有垂感，款式简单。这种连衣裙虽然剪裁不修身，但因为布料轻薄飘逸，反而更加突显身材。雪纺绸有着迷人的光泽，但做成裙子里面要加一层衬里，削弱雪纺绸的透明度。混有莱卡的羊毛绉绸、丝绸以及人造丝，触感非常美妙，但轻薄的布料容易贴在身上，暴露身体缺陷。如果在这种面料的裙子里穿上一件质地精良的毛织布衬裙，挺括的面料撑起轻薄的面料，就可以神奇地掩盖身体缺陷，就像柔软光滑的床单盖在粗糙的床垫上一样。

连衣裙的布料要轻薄有质感，剪裁不能过于暴露。很多场合都不适合穿吊带裙。

谨记：每个时尚女性都有一个秘密武器，能让毫不起眼的衣着变得光彩照人。它可能是一双典雅的鞋子、一个别致的手袋、一件名贵的首饰，或者是一顶酷爱的帽子。它有神奇的魔力，能让你的衣着与众不同。

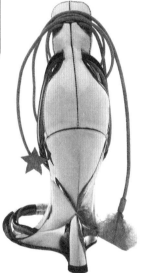

◀ 镇柜之宝

购买适合自己风格的衣服，而不是那些最新潮的衣服。即便不对称上装风头正劲，一个40多岁、有3个孩子的职业女性也不太可能跟风购买。然而，如果看到19岁的少女穿着露脐装，显得时髦而又性感，相比之下，你必定信心严重受挫，甘愿冒险去效仿，我奉劝你最好不要这么做，否则后果自负。另一方面，歌剧女主唱的连衣裙，你穿上会显得高雅迷人，而年轻小姑娘穿起来则会显得十分可笑。细细揣摩，这其中的道理并不深奥，很容易想清楚。

所有这些都清楚地告诉我们没有必要紧追流行热点，季季换新装。最佳风格的关键是持久的活力和生命力。认清个人着装风格的基调，精心筛选适合自己的流行趋势，只有这样，才能让自己以及衣橱永不过时。但这一点很少有人能做到，恐怕只有英国女王和少数女性，才能正确选取适合自己的时尚元素，仅凭一身装束就在时尚大潮中屹立多年。

现在说说如何具体操作。我们已经知道，"时尚四杰"应该构成我们着装的基本框架，那么，下面要讲的内容更加具体。你有很多选择，但是在你重整衣橱以期着装得体前，再根据下面这份清单检查一遍，绝对是值得的。这份清单上的物品可能并不是时下最流行的，但是在未来30年中，它们绝不会远离时尚前沿。无论何时，如果你觉得自己的装扮不如往日光彩照人了，不妨参照下面这些建议做些小小的调整。

经典款式

防水外套

如果你的预算不足以购买昂贵的巴宝莉（Burberry）防水外套，那么仔细观察巴宝莉独具魅力的每一个细节，然后寻找预算内的替代品，要抱着不达目的不罢休的决心。防水外套过长，高挑的女性穿着也会显得拖拖拉拉。选择那些设计简单，布料平整的款式。肩部一定要合身，不能过宽；下摆最多超过膝盖3~5厘米，绝对不能到小腿中部；翻领不能过于宽大。剪裁及布料一定要服帖，如果衣摆过宽，走起路来衣裾翻飞，像一只大鸟拍打着翅膀可就完全走样儿了。

小贴士 ♥

　　选择手提包时不必考虑它是否与鞋子搭配！穿着黑白套装的时候，你只需考虑选择一件时尚的配饰就可以了。

小黑裙

　　要说实用性最强，各种场合都能穿着的服装，首推小黑裙。不管是平日穿着，参加鸡尾酒会，还是参加正式晚宴，小黑裙都不让你失望。根据自己的身材，选择最适合的款式。如果你臀部较丰满，那么量身定做，可调节V字领的款式是最佳选择，它能让你的身体曲线更流畅。身体曲线不突出的女性比较适合圆领，可调节腰身的款式，这样可以塑造曲线，为你增添性感。那些身材性感的女性，可能比较适合大裙摆的款式。身材不是问题，黛安·冯·芙丝汀宝（Diane Von Furstenberg）设计的性感塑身内衣能为你重塑玲珑曲线。内穿上好的人造丝或羊毛绉绸塑身内衣，不论选择哪款小黑裙，都能穿出风格，穿出品位。

晚礼服套装

　　滚石乐队推出唱片《第十九次精神崩溃》那一年，伊夫·圣·洛朗推出了这款晚礼服套装，它庄重而不张扬，时至今日，仍被奉为经典。一件肩部剪裁棱角分明的单排扣驳领小西装，可以搭配一条黑色直筒裤，这种搭配高贵典雅，永不过时，是适合所有女性的经典穿法。

牛仔裤

　　选择牛仔裤时，不要光看品牌与款式，要看适不适合自己的身材。每一季商家都会推出新款热卖牛仔裤，但是如果低腰牛仔裤可以衬托出你修长的双腿、挺翘的臀部，那你有必要为了追逐潮流而购买并不适合你的高腰宽腿牛仔裤吗？适合不适合，需要经过多次尝试，最适合你的往往来自你最喜欢的品牌。

经典款式的针织衫

两件套毛衫

　　首先，必须声明，这种略显保守的两件套并不是这个时代的时尚首选。但是这种服装既可以两件一起穿，也可以单独穿一件，这种灵活性为搭配服装、塑造风格提供了更大的余地。

▲ 两件套毛衫　　　　　　▲ 高领毛衣　　　　　　▲ 男性化的 V 字领毛衣

可以选择细羊毛圆领短袖衫和长袖开襟羊毛衫的两件套（如果你臀部比较丰满，外穿羊毛衫的扣子可以只扣最后一个，这样领口和敞开的衣襟形成的"V"字形，可以制造线条流畅的视觉效果）。内穿的圆领羊毛衫微微露出锁骨恰好到处。两件套不论是单件穿还是组合穿，搭配牛仔裤或者布料有垂感的及膝半身裙都是不错的选择。正如你所见，蝙蝠袖开襟羊毛衫是最具魅力的时尚酷装。贴身穿着开襟羊毛衫，隐约露出肌肤（或贴身内衣的蕾丝花边），这种性感简直无人能够抗拒。

高领毛衣

高领毛衣看起来既显得耀眼前卫，又显得典雅复古，其他服装都无法兼顾这两种比较极端的风格。搭配牛仔裤，可以让你拥有左岸地区（巴黎塞纳河左岸或南岸是作家、学者和艺术家的汇集地，长期以来以其艺术和反世俗的气氛闻名于世）的别致风格；搭配量身定做的长裤或修身半身裙，又显得华丽大气。大家都知道，黑色是永不过时的经典色，但是很少有人知道，奶白色、驼色或巧克力色也是基本的经典色。

男性化的 V 字领毛衣

我认为，最能突显时尚品位的是用长裤搭配宽松的男性化 V 字领毛衣。宽松的款式可以遮掩各种形体不足，而且 V 字领恰到好处地露出颈部及胸前的肌肤，这种性感分外别致，绝对值得一试。其中的秘诀是，宽松是不是肥大，只要能掩盖身材缺陷就行了，可以选择海岛棉或者是质地轻盈的羊毛料子。搭配魅力无穷的高跟鞋和一款经典的首饰，更能成倍增强视觉冲击力。

装饰品

大牌设计师的作品价格不菲，除非你是百万富翁，否则一件单品就足以让你破产。这辈子我无时无刻不在梦想着有一天能拥有一个柏金包，但买不起不要紧，我们可以研究它的魅力所在，根据这些标准，在能力范围内，选择其他品牌的手提包。

爱马仕（Hermès）"凯莉"包（Kelly）和柏金包

经典的比例，完美的尺寸，诱人的色彩，它们可不仅仅是手提包，它们完全值得收藏并代代相传。如果实在享用不起这些经典的珍品，那就在成千上万受它启发而设计出的产品中寻找一件类似的替代品吧。

香奈儿绗缝袋

这种手提包永远不会远离时尚趋势。下页图所示就是这种经久不衰的款式中的一款。

路易·威登（Vuitton）大手提包

完美的大手提包。它能装下纸质文件，丝毫不变形。职业女性用作公文包再好不过了，不仅如此，穿着牛仔裤的休闲时光也可以用，它完全可以替代休闲手提袋。

宝缇嘉（Bottega Veneta）编织包

这是钱包，还是手提包？谁会在意这个问

▲ 爱马仕柏金包

▲ 军用扣带皮带

▲ 爱马仕（Hermès）"凯莉"包

▲ 路易·威登（Vuitton）大手提包

▲ 爱马仕皮带

▲ 香奈儿绗缝袋

▲ 宝缇嘉（Bottega Veneta）编织包

▲ 里昂·比恩（L.L.Bean）帆布手提包

题呢？只要知道这是有史以来最奢华名贵的手包就足够了。

里昂·比恩（L.L.Bean）帆布手提包

在前卫人群中倍受欢迎的时尚精品。进行户外运动（尤其是水上项目）时，它还是必备品之一。

爱马仕皮带

搭配牛仔裤、半身裙或束在毛衣外面，都非常完美。简单、高雅、靓丽，除此之外，你还有什么要求呢？

军用扣带皮带

与猫王同期的产品，但至今仍然备受青睐。用它搭配服装，时尚偶像不论盛装还是便装都很有风范。这款皮带可以搭配牛仔裤、半身裙、各种连衣裙、量身定做的长裤……不论什么衣服都可以轻松搭配。甚至有人用它搭配晚装，有了它，一件普通连衣裙也能变得别具风格。

匡威（Converse）运动鞋

这是最原始款式，也是最经典的款式（售价不贵，低于 50 美元）。

经典款式的高跟鞋

莫罗·伯拉尼克（Manolo Blahnik）和克里斯提·鲁布托（Christian Louboutin）品牌的鞋子都是让人眼红的奢侈品，但是它们贵得有道理，没人能做出比它们更好的鞋子了。看看他们是如何制作出一款经典高跟鞋的，从侧面看去，鞋跟的高度刚刚好，鞋头打磨得恰到好处，简直像灰姑娘的水晶鞋一样精致。

平底芭蕾舞鞋

菲拉格慕（Ferragamos），最初专为奥黛丽·赫本（Audrey Hepburn）设计鞋子，后来才发展为一个品牌，现在很受欢迎。香奈儿的双色芭蕾舞鞋是永恒的经典，但它价格不菲，不是一般人能负担的。为了节省开支，我们可以在春季到来之前，就提前下手。芭蕾舞鞋、帆布鞋和露趾凉鞋都可以反季节购买，这样能省不少钱。不要拘泥于品牌，只要好看就行，而且非品牌的鞋子价格低廉，穿的时候不必小心翼翼，过季或穿坏了，可以毫不犹豫地丢掉。

珠宝首饰

钻石和珍珠饰品

在特别的日子来临前，比如生日、纪念日、升职加薪、年终奖或者得到一笔意外之财，制订一个详尽的消费计划是很有必要的。如果消费毫无计划，事后的账单必定会让你不堪重负。每个女孩都希望自己一出生，珠宝盒里就装满了闪闪发光的珠宝。但我们都知道，真正的钻

▲ 匡威（Converse）运动鞋

▲ 经典款式的高跟鞋

▲ 平底芭蕾舞鞋

▲ 卡地亚（Cartier）法国坦克腕表

▲ 钻石耳环

▲ 鸡尾酒戒指

石价值连城，小小一颗就价格不菲。其实，如果只用作装饰品，完全没有必要是真品。现在，很多仿造品都能以假乱真，价格也便宜得多，比花大价钱买一颗小到只有某个角度才能看到闪光的真品要好得多。

卡地亚（Cartier）法国坦克腕表

男装手表戴在女性手腕上，有一种令人窒息的性感。

鸡尾酒戒指

没有什么比一枚硕大的鸡尾酒戒指更适合搭配小黑裙了，黑色中的一抹亮色能为你增添活力。戒面镶嵌的大颗宝石或同样闪耀的人造宝石是其主要亮点。

选购秘诀

进过一番整理，你已经把衣橱中那些陈旧的、过时的、磨损的、变形的，以及风格不合的服饰都剔除了，现在你应该明确，利用衣橱中现有的衣物，可以搭配出什么样子的装束。如果衣橱因淘汰掉太多衣服而显得空空如也，让你感到与时尚绝缘的焦虑，那么用宁缺毋滥安慰自己吧，什么都没有也比有一堆糟糕的东西要好得多。如果那些衣服让你看起来肥胖臃肿，没有品位或缺乏时尚感，那么它们根本没有资格在你的衣橱里占有一席之地。

能留在衣橱里的衣服应该是：

那些让你看起来更漂亮的衣服。在你时间仓促，无暇选择搭配的时候，这些衣服你可以随手拿来，直接穿上，因为知道它们是你精挑细选留下来的，完全没有必要担忧会不得体。塑造个人风格的最高境界就是没有选择搭配的压力，随意穿着都能很得体。

那些穿起来很舒适的衣服。那些为了时尚甘愿忍受身体不适的女性，只会得到时尚产品推销员的青睐，为他们的销售业绩作出贡献。

但你要知道，这笔花销绝对是值得的，一条量身定做的高品质长裤可以提升你整体装束的品位，就算造价稍高也比好几条粗制滥造、毫无品位的劣质长裤有价值。如果你确实买不起那条完美长裤，那么不妨等到大减价的时候再买，或者节衣缩食尽力攒钱，或者看看网上价格会不会低一些。总之，千万不要不努力争取就放弃。像T恤衫、棉布衬衫之类的衣服，需要随时保持崭新有型，发黄变型就要丢掉，因此没有必要买太贵的。

其次，必备佳品清单（一件漂亮的外套、一套合身的套装、一条令人惊艳的连衣裙和各种鞋子）。这些物品可以帮你彰显个人品位和风格。在你可支付范围内，购买最好的此类服饰，小心穿着，精心保养，做好至少要穿两年的准备。

最后，流行服饰。选购这类衣服纯粹看个人喜好以及个人对时尚潮流的取舍。这里虽说可以按照个人意愿自由选购，但应注意避免那些看起来像是民族服装或是已过时十年之久的衣服！流行都是在过时的基础上建立起来的，时尚就像快餐一样寿命短暂。你可以在服装批发市场、二手店以及超市选购这类服装。流行服饰的生命历程是购买、钟爱、穿戴，短暂的潮流过后就毫不留情地把它们丢弃。

内行的消费者认为新的消费应该能使原有财富增值，她们专注于季节感不强的衣料（棉

事实也是如此，睡衣虽然舒适，但你肯定不能穿着它去参加需要盛装打扮的宴会；有时候为了穿上一双漂亮鞋子，你不得不忍受它对双脚的蹂躏。但是每个人都应该知道，没有什么是比舒适更加值得拥有的奢华享受，任何人都不如自在安逸的女性更显时尚雅致。如果你自己都感觉不舒服，别人看着就更不舒服了。当然，为了时尚你可以做出适当的牺牲，但是要有底线，千万不要把自己变成受虐者。再也不要为了显得时尚而忍受寒冷、疼痛，被束腹带勒得呼吸困难，或者因为细高跟鞋而深陷泥泞，举步维艰。

利用这些衣服穿出时尚，要想好从头到脚应该如何搭配（可以是一条皮带，一件新款白色T恤衫，或者是一件精致的毛衣，选择你通常不会购买的颜色）。把你需要购买的衣服列出一份清单，每次逛街都随身携带，这样可以帮你快速锁定目标。充分的准备工作，可以让你不错过任何机会，买到最合适的衣服。

◀ 实用购物清单

首先，日常装束清单（每天都能穿的针织衫、牛仔裤、休闲裤以及T恤衫）。穿这些衣服的机会比较多，因而你需要多准备几件，以便经常更换，保证着装干净整洁。找裁缝量身定做花销很大，可能超出预算，因此要慎重。

布、轻薄的毛料、丝绸、毛织布、针织品）以及线条简洁的款式。这些衣服可以单独穿，也可以和其他衣服搭配起来穿。

◀ 购物前须知

你的生活方式

- 你想成为什么样的人（完美的母亲、首席执行官，还是奥斯卡奖得主）？
- 你是否需要经常出席会议？
- 你的工作是否经常需要出入社交场合，或者为了配合搭档工作而经常出入社交场合？
- 你每天上班是通勤、步行，还是骑自行车？（如果你在家工作，那是否仍然需要五套职业套装？如果你必须到公司上班，那你可能就不再需要更多的牛仔装和运动鞋了。）

你的身材

- 你的身材是梨形还是圆形，是娇小还是高挑？
- 你是宽肩还是窄肩？
- 你是宽臀还是窄臀？
- 你是高腰身还是低腰身？

坦诚面对自己，清楚了解自身情况很有必

要。简单来说，如果你有着卡莉斯塔·弗洛克哈特（Calista Flockhart）的身材，就不要穿成珍妮弗·洛佩兹那样。

什么让你感到开心

- 你喜欢什么颜色，哪些颜色让你自我感觉很棒？
- 你穿什么款式的长裤/连衣裙/半身裙/小西装感觉最为舒适？
- 你最喜欢哪种布料？

如果你有特别喜爱的服装款式，完全可以以此为基础来充实自己的衣橱，这样最不容易出错，塑造出的个人风格也最稳定。如果你喜欢穿宽松的直筒连衣裙，那么就买下适合日常工作、晚宴以及周末休闲等各种场合穿的宽松直筒连衣裙。可能有些是长款的，有些是短款的；有些保守庄重，有些前卫时尚。如果你疯狂迷恋紧身裤，那么一旦有中意的就买下来好

了。春季来临，可以选一条短款紧身裤，展示更多的腿部曲线；冬天来临，可以选择长及脚踝的紧身裤，而且裤子的面料应该更加平滑服帖。选择不同，塑造的个人风格也会有所不同，但无论什么风格都是由你最钟爱的裤子塑造出来的。

最喜欢的服装款式会逐渐固定下来，形成个人风格，你可以逐渐适应它们，但是千万不要轻易做出太大改变。

还有一点要注意：时尚女性绝不雷同，她们各有各的特色。有的高挑，有的娇小；有的经典，有的另类；有的声名远播，有的默默无闻；有的双腿修长，有的胸部丰满；有的是灰发老妇，有的是金发少女……除此之外，还有一种你无法言说的优雅气质，是由内而外从骨子里散发出来的。但是，面对瞬息万变的时尚

潮流，她们呈现出一个共同的特点，那就是，对那些试图影响她们个人风格的蹩脚时尚坚决说"不"。

随着个人风格逐渐定型，你买衣服的宗旨将变成"少而精"。虽然衣橱空了很多，但你却显得更加光彩照人了，而且这样的衣橱打理起来更容易，不会手忙脚乱。对于每个人来说，要达到这一境界都需要经过一个不断犯错与改正的过程。渐渐地，你就会懂得什么适合自己，什么能让自己感觉舒适、光彩照人。你还能判断出哪些应该毫不犹豫地买给自己，哪些该留给那些长腿／短腿、大臀／小臀、丰胸／平胸的姐妹（不论多么"物美价廉"，都留给合适的人吧）。

◀ 精明消费者的购衣全手册

独自一人。如果你喜欢独处，不在乎别人对你的特立独行指指点点，那就再好不过了。只要你愿意，你可以反复试穿你那些压箱底的衣物，没人会跳出来质疑你那些地地道道的廉价服饰。

精心规划。不要操之过急，一步一步慢慢来。你很可能没有足够的钱一次买下购物清单上你想要的所有衣物；即使你有购买力，也很可能没有足够的时间去逛街；即使你有时间，也很可能无法在短时间内找齐清单上的所有东西。因此确定你最需要的三四件衣服，外加两件其次想要的衣物。按重要顺序把它们写下来。千万不要忘记自己即将出席的婚礼、聚会以及其他重要场合，要提前准备好适合的衣服，以免到时候手忙脚乱。

预算资金。为每个购物日，而不是每件商品，设定一个预算额。灵活处理那些不在计划内的合意服饰，但是一旦消费额达到预算的上限，最好考虑能以按揭方式支付。如果你知道自己缺乏自制力，那就只带当日预算资金，把信用卡留在家里。如果你不得不买些计划外的衣物（如你做梦都想要的外套、靴子、套装，那些镶有亮片的连身裤就算了），而预算又没有任何可调整的空间，那么就从购物清单中剔除一些不是那么迫切需求的衣物。确保你破例购买的衣物能为你的衣橱增光添彩，如果它无法和原有的衣物搭配，就意味着你还得购买更多的东西来搭配它，这无疑是极大的浪费。

CBS（英文首字母简写，C指外套，B指手袋，S指鞋子）。漂亮迷人的外套、手袋和鞋子是让你光鲜亮丽的最直接途径。不少时尚女性都坚信这个简单组合具有神奇的魅力。这些东西是人们第一眼就能看到的东西，只要把它们搭配妥当，整体形象就错不了。其他衣物完全可以选择那些你喜欢的最基本最简单的款式。

颜色选择。当你决定如何打造自己的完美衣橱之后，专心研究颜色搭配是一个好的开始。大家都说，黑色是基本色。但是不要随波逐流，要坦诚审视自身，看黑色是否适合自己。通常情况下，肤色较浅的北欧人不适合穿黑色，特别是冬天，黑色更不是明智的选择，可以尝试用深蓝色或者深灰色取代黑色。

压抑失落。如果你在情绪低落时跑去购物，那简直就是跳进了错误的深渊。这种时候还是去看一部评价较好的电影放松一下吧。

知足常乐。一两件吊带裙是夏季的理想选择，但是如果整个衣橱都挂满了吊带裙，那就太让人头大了。

重要技巧。最好在换季之初购买服装，这时你有最大的选择空间。要购买时尚奢侈品还是等到大减价吧。

晚装选择。参加晚宴没有必要购买专门的晚礼服，你完全可以把跳蚤市场买来的连衣裙变成迷人的晚装。对职业女性而言，日装要比晚装讲究，她们在日装上的开销比晚装大得多。除非品质完美，就不要在办公室穿那些二手市场淘来的衣服，否则只会让你看起来不入流。

对你来说，只有在白天展示自己最美好的一面，才能赢得领导及同事的青睐。

短时风潮。仅仅因为粉色正在流行，就购买大量粉色服装是非常不明智的。流行趋势转瞬即逝，让我们追赶不及。我们应该利用时尚来塑造和巩固个人风格，而不要为了追求时尚而放弃个人风格。任何时候都应该明白，流行什么并不重要，重要的是要坚守适合自己的。如果红色最适合你，那么不论现在最流行什么颜色，这一点都不会改变。如果七分裤让你看起来矮胖，那就避开它们，不论它们有多么流行。漂亮迷人是一种自我感觉，而不是别人认为你多么符合时尚潮流。

风格基调。千万不要寻找适合自己的着装风格。某些服饰奠定了你衣橱的基本格调，它们可能并不怎么昂贵，也不是什么名牌，甚至不是当季新款的服饰，但是它们却是让你着装得体，准时去上班的最重要因素。有了它们，你根本无须花费宝贵时间来尝试多种奇怪的搭配。

适度放纵。如果你真的特别钟爱某些服饰，并且确定它真的适合自己，买个一两件也无妨。

购物准备。如果事先做足准备工作，购物时你就会节约大量的时间和金钱。坚持从杂志上剪下你喜欢的装束图片，做成图册，这样做有助于你明确自己的必备品清单上都应该有些什么。坦诚地面对自己，如果你根本不可能穿迷你裙，就跳过那些穿着迷你装的长腿模特图片。如果某种特定装束经常出现在你的图册中（比如黑色修身半身裙、防水外套），那么它就应该排在购物清单最靠前的位置。

网上购物。想象一下晚上坐在床上，用笔记本电脑在最喜爱的网站上购物，这是多么开心的事情啊。我最喜欢的消磨时间的方式之一，就是选中我理想衣橱的所有产品，直到它们装满购物篮，但是不会直接结算。这几个小时你不花钱就能享受购物的快感，在此过程中你的视觉和想象力不断受到刺激，这有助于培养时尚触觉，建立自信。如果你还没下定决心购买，那就把你最喜爱的衣服留在购物清单上，多给自己一些时间考虑清楚。给自己一些时间，让狂热的购物冲动自动消退，你很快就能确定那些你仍然想要的才是你衣橱的必备品。设定电邮提醒自己有新款服饰上架，比起自己在商场漫无目的地闲逛要有意义得多。

无用之物。把那些不但无法衬托身材，还会让你的整体形象大打折扣的衣物全部扔掉。这一类中还包括那些价格便宜，保养昂贵（必须要熨烫或者干洗才能有型有款）的衣服，它们实际上并不是真正的便宜货，而是伪装成便宜货的无用奢侈品。

信息掌控。清楚地了解你最喜欢的店铺何时会有换季大甩卖；最好的二手店、跳蚤市场和网店有哪些；服装批发市场在哪里（不只是你家附近的，还包括你准备度假旅行的地区）。打起十二万分精神，随时注意报纸上专卖店大减价的消息。购买打折商品的方法有很多，但是需要花费更多的时间和精力搜集信息。

最后关头。在某个重要场合即将到来的最后关头才去选购衣物，会导致大量不必要的开销，而且会在你根本不喜欢的服饰上花费过多金钱。

记忆存储。不要对自己的记性过于自信。如果你要为衣橱中某件衣服寻找一件相搭的衣服，那么把你要搭配的衣服带上。

人事网络。与你喜欢的店铺的店员建立友好关系，这样你就可以得到更好的服务。直接给店铺打电话，询问他们是否有你需要的服饰，或某件你中意的服装是否有货。你去店里的时候向他们做自我介绍，写下并记住店员的名字。如果他们认识你，并且了解你的需要，他们就会在新货上架的第一时间打电话通知你。如果当地服装专卖店有个人导购服务，那么不妨尝试一下。训练有素的导购员能为你提供非常宝贵的信息，你无须花费太多就可以得到此类服务。不要忘了，时间不太宽裕的消费者可以享受网店的个人导购服务。

有意炫耀。在引人注目的位置炫耀名牌服饰的商标，并不是一件体面的事情。

耐心等待。成为一个精明的消费者需要经过长时间的学习，要接受这一现实，不要急于求成。

购物装束。如果你外出购物前换上质地轻盈、便于穿脱的外衣，那么购物过程会相对轻松得多。筒裙、V 字领毛衣、不透明长筒袜，以及平底便鞋都是便于购物的装束。如果你穿着穿脱麻烦的服装跑去购物，试个两三次衣服，你就可能变得烦躁不安，情绪低落。做好头发并化好妆，否则穿任何衣服都不会好看。精心打扮之后再去购物，不仅自我感觉更好，同时也会得到更好的服务。

自问自答。经常问问自己：这件衣服合身么？它跟我原来的衣服能搭配么？它是能为我锦上添花，还是使我大打折扣？

明确目的。出发前确定此行的目的地。你精心制作的图册可以提供有用信息，帮你确定要去哪里。漫无目的地在商场里乱转只会让你灰心丧气，除非你能偶遇你喜欢的衣物，但这种概率实在是微乎其微。

降价甩卖。时刻保持自制力，不要购买那些你不愿意全价购买的甩卖商品——如果它品质不好，那就算不上真正的降价甩卖。不要购买你不需要的商品，不管它有多便宜。价格并不重要，真正重要的是什么适合你，什么能让你看起来更漂亮。记住，等待降价甩卖并不一定总是一个明智的选择，因为你真正想要的衣

服很可能在那之前就被卖光了。

合理"挥霍"。成功的关键是能把握时机。为了寻找稍微好一点儿的便宜货，花费几个星期的时间，非常不值得。如果一件衣服真的很喜欢，那就买下来好了。

时尚痼疾。"红舞鞋租用即可，不必购买"，这正是妈妈给我们的金玉良言。时尚错误不仅仅指购买那些让你看起来皮肤暗黄、小腹突出的衣服，还包括购买那些十分漂亮、合身，但却没机会穿的衣服。

专业裁缝。一个技术高明、值得信赖的裁缝是每个女性的重要联系人之一，他们能让并不昂贵的衣服变得光彩照人。然而，并不是每一条缝合线都可以修改，如果一件夹克肩部不合适或系上纽扣太紧，找裁缝大动干戈实在不值得，不如放弃这件衣服。千万不要购买那些做工很差的衣物。如果仅仅需要改短衣长或改小腰围，这还没有问题，如果需要更大的修改，还是不要购买了。改得面目全非的服装不适合任何人穿着。

内衣内裤。选择合适的贴身内衣，穿什么衣服都会光彩照人。最好选择肉色无缝文胸。用长筒袜塑造身体曲线。如果你要试穿长裤，最好系一条腰带或者穿一件高腰内裤。

大胆尝试。即使你买不起那些昂贵的品牌服装，还是可以光顾他们的专卖店，从中获取灵感。通过试穿，你可以了解一件剪裁精良的服装穿起来应该是什么感觉。如果你脑筋活络，受此启发，完全有可能在预算范围内，用类似的普通服装搭配出名牌服装的感觉。大胆尝试那些你根本买不起的服饰，可能会有意外的收获。有些衣服挂在衣架上并不好看，但不要因此放弃试穿，或许它的上身效果还不错呢。

用途多样。如果你无法想象自己在五种完全不同的场合下穿这件衣服，那么还是不要买了（除非是运动衫、晚宴或婚宴礼服，这种专门场合穿着的衣服）。

体重标准。不要购买任何需要减肥才能穿上的衣服（特别是那些必备品，必须合身）。除了泳装之外，大多数服装都最好稍显宽松，这样会让你显得苗条一些，紧身服装会让你显得比实际上更胖一些。

未知因素。对自己好一些。如果你无法控制地喜欢上了某件衣服，不要让时尚魔鬼跳出来唠叨："你买它有什么用，你哪有机会穿它呢？"你可能确实不需要它，或者眼下没有机会穿它，但是试想一下，一旦穿上它你会有多开心吧。

心存渴望。如果你仍然怀疑某件衣服是否值得拥有，最好不要心血来潮掏钱买下。如果害怕它被人买走，错失良机，那么就请店员帮你保留几天。如果第二天你仍然很想要，那就说明这件衣服确实不错，值得拥有；如果你已经不想要了，那么你应该为可以把钱花在更需要的衣服上而开心。

狂热分子。时尚充满乐趣，它不是一种宗教信仰。流行趋势扑面而来时，懂得辨别良莠，并从中选择自己最爱的服饰，才能说明你是时尚的掌控者，而不是时尚的受难者。

◀ 如何选购外套

一件高雅的外套极具魅力，就像一只迷人的手袋或一双别致的鞋子一样，它可以立刻让你的全身装束看起来更协调，没有什么衣服能像它那样完美展示你的情调与风格了。即使里面穿的衣服不够完美，一件漂亮的外套也可以立即将它们衬托得相当出彩。充分利用独具魅力的外套给别人留下好印象吧，想掩盖身材缺陷可以穿它，想引人瞩目同样可以穿它。购买你能买得起的最好的外套，它对你个人着装品位的提升绝对会让你大吃一惊。

完美的外套衣橱

一件绝佳的外套不但能让你与众不同，还具有保暖作用，而且使用寿命长，各种场合都能穿着。比起衣橱里的其他任何衣物，它能帮你给他人留下更深刻的第一印象。这是最重要的消费品，因此在购买前需要仔细考虑。

世界上根本不存在完美的外套。没有任何一件外套既能作职业装，又能作晚礼服；既能休闲度假，又能遮风挡雨。当然，你可以找到有双重作用的外套，但是抱着求全责备的心态选购外套，结果肯定会让你灰心丧气。不仅

外套如此，其他服装也是这样，你不可能找到适用于所有场合的衣服。

完美的衣橱应该包括以下几种款式的外套：

（1）一件长度及膝，白天穿着的外套（具体衣长取决于你的身高和体形）。

（2）一件晚装外套。

（3）一件防雨外套。

（4）一件防寒外套（如果你所在的地区天气寒冷有此需要的话）。

（5）一件周末穿的休闲外套。

这五种外套衣橱中必不可少，如果无法一次购买，必须决出个先后顺序来，可以开动脑筋把五件压缩成三件：如果你能找到在日装和晚装间转换自如的外套，不妨以一代二；周末休闲装和防寒外套也可以用一件兼具两种功能的外套取代；防雨外套无可替代，它在所有外套中最为别致实用，功能也最多，即便价格不菲也绝对物有所值。

一定要用挑剔的眼光检查外套的做工，千万不要在质量方面妥协。外套是你塑造个人风格的必要投资之一。

外套款式越简单，功能就越多，就越不容易过时。超宽的翻领、闪闪发光的纽扣、宽大的垫肩，以及另类的颜色确实会引人注目，但是同时也会缩短外套的使用寿命。

仔细想想你的日程安排：你一天有多少时间是在车里度过的（不管是自己开车还是搭乘其他交通工具）？那些步行上班的人可能需要一件及膝羊皮外套，但是以车代步的你并不需要，因为上车或落座时衣摆会拖在地上，很不方便。如果你经常要挤公交或火车，也不需要这种长外套，它会成为你的累赘。再想想，你有多少时间是在户外度过的？你的外套有多少时间被打包放在飞机行李箱里，又有多少时间铺在童车里？

想想你的外套里要穿什么衣服。如果你大部分时间都要穿小西装，那么就在外套里套一件小西装。如果你最常穿的是轻薄的衣服，那么要确保外套足够保暖，以免受冻。考虑一下你最喜欢穿何种长度的裙子。过去认为外套应该盖住裙摆，但是近来时尚界又出了新规则，旧观念就不复存在了。从实用性出发，外套盖过裙摆可以保护裙子，避免溅上泥水。但是如果在防水外套下露出三五厘米裙边，看起来更

▲ 长度及膝的外套　　　　　　　　　　　▲ 晚装外套

▲ 防雨外套　　　　　　　▲ 防寒外套　　　　　　　▲ 休闲外套

加可爱。长度到大腿中部的外套，搭配一条稍长的裙子，看起来十分灵巧可爱。要成功塑造波希米亚风格，秘诀就是外套下露出稍长的裙摆。如果你想装扮得整洁又光鲜，最好购买比裙子稍长一些的外套。

考虑你居住和工作地区的气候条件：严寒？潮湿？或者天气变化莫测，在轻薄的外套下多套几层更加实用？羊皮外套是绝佳的防寒防风服饰，但是不适合潮湿气候。有衬里的皮衣适合多风的地区，人造皮革更适合多雨的地区。

购买某件衣服是一时兴起还是为了长期穿着？如果你想多穿几年，那么最好选择经典款式和中性色的服装。

你衣橱中的衣服都是什么颜色的？如果你常穿中性色的衣服，那么购置一件红色或者橙色的亮色外套绝对物有所值。它可以为你的其他衣服增光添彩，给你的整套装束注入新的时尚元素。

要敢于尝试新事物。一件颜色、面料或款式出乎意料的外套，不仅不会折损传统外套应有的功能，还会给朴实的衣橱增添一股别致的韵味。

经典款式的亮色外套很适合休息日和工作日穿着，如果同种款式使用粗糙的面料（如毛料、法兰绒、山羊绒等），其适用场合将会大大增多。

身材与外套

几乎适用于所有身材，适用场合最多的外套是那种窄筒状、不显腰身的中长款外套（长度正好到膝盖或者稍稍盖过膝盖）。这种外套既时髦又漂亮，身体曲线可以通过它的平整剪裁得以体现。如果你胸部丰满，不妨选择领口较宽的开领外套。这种外套永远不会过时。

一件面料柔软的束腰外套，对各种身材适用性超强。它可以轻松搭配牛仔裤、长裤以及连衣裙。只要确保衣料柔软有垂感，不会皱成一团。

身高越高，外套就应该越长。任何身高不足170cm的人都不应该穿拖地长外套或是长过小腿中部的外套。

除非你臀部过于丰满，否则腰带无疑是体现身体曲线的绝佳选择。一件带腰带的外套几乎可以让所有人的身材都显得凹凸有致。但是那些高腰身或腹部过于突出的人更适合不带腰带、款式修长、量身定做的外套。

如果你曲线突出，那么强调身体最窄细部

位，即腰部，会立即产生无限魅力。带腰带的外套，不论是过膝款式还是长及大腿中部的款式，都很好看，但是效果最好的是具有收腰效果的中长款外套。短款箱型外套会掩盖身体曲线，让你看起来十分臃肿。肥大的，从肩膀向下呈 A 字形的外套也是如此。最好还是选择专业剪裁，能够突显身材的外套。

臃肿的羽绒外套只适合那些身材苗条的女性。如果你不想看起来比实际上更重，最好选择那些没有垫肩的款式。

如果你希望曲线流畅，就不要选择那些厚重的衣料，它们会破坏你想要的平滑效果。

对于身材娇小的女性来说，带有腰带，长及膝盖或者不到膝盖的外套效果十分不错。短款外套可以增加高挑的视觉效果。

一件能突显身材的外套，最重要的特点是各部位比例匀称。你必须多花一些时间，搞清楚外套的各个部位是如何影响你的身材。它既能突显优势（比如遮掩不尽人意的地方），也能暴露缺陷（使你不希望别人注意的部位更显宽大）。因此要尽量客观评价一件外套的上身效果。

换一件别具特色的外套可以令你的基本装束大放异彩，没有什么方法比这更简单了。光效应艺术图案、复古款式以及印花皮革都能取得这样的效果。

适合各种场合的完美外套

日常外套款式与色彩

千万别被最新的流行趋势困住，这种款式的外套经久不衰。一件剪裁简洁、基本色调的外套穿上数年也不过时。（但是需要注意，基本色调并不一定总是指黑色或者米色。如果一件亮色外套能够与你日常穿着的服饰搭配，你又很喜欢，那么就买那件亮色外套。）

日常外套面料选择

选择能够适应当地气候，质地最为轻薄的衣料。你可以在里面多穿几层。

皮革是最值得考虑的面料，因为它具有很强的实用性，并且适合多个季节穿着，甚至可以一直穿到温度较高的月份。一件浅色皮外套，比如驼色，比黑色看起来更加柔和，而且更容易搭配里面的衣服——从中性色到柔和的浅色再到亮色都可以搭配。

不论你选择哪种面料，都要买你能买得起的最好的外套。缝合线是检验外套质量的关键所在，要确保缝合得结实严密。

商务旅行外套

质地轻盈是这类外套的关键。双面羊毛（两层羊毛编织在一起）或者是羊绒（终极奢侈品）都是最佳选择。因为这类面料是双面的，不需要任何衬里，可以随意折叠打包而不必担心被弄皱。这类外套面料平整，穿上后显得特别干练，通常可以替代小西装。如果不系纽扣，里面可以搭配常见的底衫。

闪亮登场的装束

它很可能并不是你要买的第一件外套，但是如果你还能买得起第二件外套，那么就选择这种款式的吧。它将为你的牛仔裤和专业剪裁的服装大大加分，并且让你的鸡尾酒会礼服完美无缺。确保款式简单，高袖孔、少口袋、小衣领都很不错；让舞台效果通过面料、图案、刺绣或布纹等细节体现出来。

不要再增加皮毛领等任何装饰，否则你这身装束就显得过于隆重，足以出席正式晚宴了。

如果你要选一件满身图案的外套，那么外套的底色最好是中性色。

早晚都能穿的外套

想下了班后不用换装，就直接享受夜生活，那就选择一件剪裁简洁的中性色外套吧。衣长需要好好考虑，中长款通常是最为保险的，它可以搭配大部分连衣裙。

可以选择有光泽或暗纹的布料，如华丽的毛料、精致的锦缎。款式经典、布料独特的外套显得特别考究，这是一方面，还要考虑外套的实用性，要白天上班和周末休闲都能穿着（比如一件防水外套或白色厚呢短大衣）。

晚装外套

参加正式晚宴，需要一件考究的外套，它必须款式简单、剪裁精良，细节处有不着痕迹地修饰。一个奢华的毛领，特别与外套颜色反差大的毛领，可以增加舞台效果。如果不想那么引人注目，那就来一件凸显身材的修身外套吧，要选择有光泽或暗纹的面料，比如天鹅绒、锦缎和丝绸都是完美之选。

比起黑色和灰色，米黄色是晚装的绝佳选择。由于米黄色不常用，因此总能引人侧目。它跟所有颜色都能搭配，并且可以提亮你的面容和肤色。

运动外套

与庄重的职业外套最相近的是运动外套。一件休闲外套能够并且应该展现穿着者的个性，一件厚呢短大衣或中长款皮大衣让你显得高贵典雅，而一件亮色防寒大衣或带风帽的粗呢大衣则让你显得朝气蓬勃。

防水外套

这是一件衣橱必备品。它的优点数不胜数，比如适合旅行时穿着，具有天然的别致风格，能遮掩各种形体上的缺陷，给人留下深刻的第一印象，它是搭配牛仔裤和鸡尾酒会礼服的佳品，可以抵御风雨等等。最重要的一点是，它永远都不会过时。

防水外套既适合用作日装，又适合用作晚装。它具有别致的波希米亚风格，套在鸡尾酒会礼服外，更能散发让人难以抗拒的迷人魅力。

你可以穿长款、短款，新款、旧款，甚至褶皱不堪、稍有磨损的防水外套，但是一定要整洁，千万不能污迹斑斑的。

你可以束好腰带，但是不要勒得太紧，以免赘肉堆积在腰部周围。

不要把腰带扣系在背部，那样看起来很俗气。

如果能保证细节处简简单单，如大肩章、宽松的剪裁、大翻领等，不做过多修饰，身材

娇小的女性穿防水外套效果也非常好。不过要注意衣长，最好选择长度到膝盖以上或者更短的款式。

单排扣外套通常是最能出彩的。双排扣中多出来的那排纽扣可能会在视觉上增加身体宽度。

解析防水外套

剪裁：要有修身效果。过多复杂的细节装饰，会让你看起来比实际上臃肿。相信没人希望自己穿着防水外套走在街上，衣摆翻飞，看起来像是一只灰褐色大鸟在拍打翅膀吧。

肩章：确保肩部剪裁服帖，既不过紧也不过松，与你的肩部轮廓协调一致。

防风副翼：不仅仅是彰显时尚的细节，还是为了更好地保护肩膀的特别设计。

腰带：一款经典的防水外套需要一条腰带。如果没有腰带，那就和橡胶雨衣没什么两样了。皮面腰带扣不及树脂或金属皮

带扣耐用，不经意的摩擦会让皮面脱落，露出内层材质。

扇形褶：一件剪裁精良的防水外套，背部中央应该有一个反向逆褶，这样能提供更大的活动空间。

束袖带：防水外套的袖口应该能收紧，防止冷风灌入。

面料：

经典款式的防水外套通常采用棉质华达呢（一种经过防水处理的致密织物）制成，但这种面料不再是唯一的选择了，丝绒、粗糙的弹性布料、微纤维或尼龙都是可以使用的。

如果你希望防水外套能够防皱，那么尽量不要选择轻薄的棉布。棉纱和涤纶混纺的面料防皱效果更好。

一件真皮防水外套十分抢眼，但是雨天不能穿着。如果你是第一次买，一定要明确它的这一局限。

防寒外套

这种外套非常实用，它在寒冷的冬天既能保暖又能防潮。但是不要只注重实用性，美观时尚也同样重要。

外观

衣长到大腿的款式比较实用，长了会妨碍行动，短了则盖不住臀部，保暖效果差。

防寒外套的款式最好是收腰的，不要选择宽松的箱型款式。

军用中性色（卡其色或浅黄色）、黑色和白色都是万能色。

要穿就穿出魅力来。把它穿在晚装长裙或是晚装礼服外，看起来一定棒极了。

防寒外套内胆

填充材料：一件防寒外套的保暖性主要取决于填充物或衬里。

羽绒填充物：羽绒保暖、质轻、可压缩，是最棒的防寒材料。一件内含超过 30% 碎羽毛的外套（碎羽毛没有羽绒保暖，而且会感觉到毛梗刺人）仍被称为羽绒外套。羽绒填充物的缺点是，清洗后不易晾干。

人造填充物：高品质的人造材料，比如涤纶棉，感觉几乎和羽绒一样，并且同样保暖。同时它们还具有易晾晒、易压缩的优点。可以选择以下填充物：化纤棉、仿丝绵、发热棉等。

羊毛衬里：它十分舒适，透气性好，防风，并且容易晾晒。但是穿上显得很臃肿。

完美的外套

外套不穿时，应该悬挂在衣架上，肩部以下自由垂落。

开衩、褶皱、口袋、衣摆都应该保持平整。

袖孔间距应该足够宽，以便你一伸手就可以穿上外套，而不必把外套高举过头顶，看起来就像是玩偶匣里的小丑一样。

袖子应该足够长，可以盖过手腕。

衣摆应该熨烫平整。检查侧面着装效果，确保没有衣角翘起或不服帖的问题。

一件完美的外套，后面不应紧绷在背上，应该有一定的宽松度。利用三向镜确保你能观察到整体效果。

一件完美的外套穿起来应该很舒服。穿上它来回走动 10 分钟，看它的重量是恰到好处，还是让你有些不适应。

身穿一件完美的外套，坐着和站着效果应该一样好。系好纽扣坐下来，看衣服边缘有没有翘起来？大腿前是否会出现两层衣褶？

衬里

寻找结实细密、做工精细的衬里，不能有任何褶皱或奇怪的缝合线。如果衬里做工精细，那么一般来说其他部分的做工也会同样精细。

如果你想要一件颜色醒目，但又不过分扎眼的外套，那么不妨选一件带紫红色系（深红色、翠绿色、酸性黄色）衬里的外套。随着你的走动，紫红色衬里若隐若现，魅力非凡。

◀ 如何选购套装

套装在时尚世界的地位，就像猫王专辑在音乐界的地位一样。每个人至少都有一套套装，不论它是完整反映了你的生活方式，还是仅仅反映了其中一个侧面，或者你只是认为它是你应该拥有的东西，套装都是时尚衣橱里的必备服饰。

即使你不需要每天都穿套装，它仍然是我们出席正式场合时（新闻发布会、商务午餐、重要会议、报告演讲）最先想到的服饰。当然，购买套装通常也需要较大的投入。

选购套装看似简单，但实际做起来却完全不是那么回事。购买套装的目的非常重要，是工作需要，还是特殊场合需要，或是为了显得更精神，确定目的可能是最为烦琐的消费步骤了。不管何种目的，都可以归结为一点，那就是给人留下深刻的第一印象。一身做工粗糙的套装会给人留下各种不好的印象，而一身剪裁精良的套装会让你显得沉着稳重、高雅干练，大家会因此而格外欣赏你。

经典的套装搭配需要注意很多细节，更复杂的是，不同的搭配，会产生不同的风格，比如实用主义、精明干练、突显活力、尽显风情、低调内敛、锋芒毕露、高贵典雅，或性感迷人。

不同场合的套装策略

在购买套装前，首先明确所买套装的具体用途。你想要彰显自己哪方面的特质？目的越是具体清晰，你就越能更快地找到满意的套装。

你想给哪些人留下深刻的印象？老板、亲家、朋友、法官，还是你自己？

你需要它为你做些什么？满足日常工作需要，突显精神气质，还是展示让人难以抗拒的独特魅力？

你为什么要购买套装？是因为工作变动、职位提升、树立的新目标，还是为了展示自己坚毅的一面？

何种场合穿着？坐办公室，出外勤，去上级机关办事，还是参加婚宴？

何时穿着？穿的机会够多么，是否有必要为满满的衣橱再添加新装？

对套装的看法

最有价值的投资往往从完美的上装开始，它并不一定非得是一件西装，黛安·克鲁格（Diane Kruger）的装束就是一个完美的范例。如果你非常喜欢一件上衣，那么购买长裤和半身裙来搭配它是十分值得的。虽然只有一件上装，你仍然可以通过搭配让整套装束灵活多变，永不过时。

如果你认为职业套装过于呆板严肃，压制了自己的激情和活力，那么可以借助色彩鲜艳的打底衫来彰显活泼的个性，但是千万不要使用过于新潮另类的物件，比如吊带衫和蝴蝶领结。

在任何情况下都不要穿箱型上装，它们看起来又短又胖，任何人穿上都不会好看。腰部一定要精心修饰，哪怕只是通过收腰设计来体现腰部曲线也比毫无修饰好得多。过多的修饰完全没有必要，只要在细节处略加修饰就会让套装看起来更加入时。然而，如果套装从腋窝到臀部是毫无曲线，就会让穿着者显得非常臃肿。

厚重的衣料、贴袋和珠宝般的装饰纽扣，能一下将你打入中年人的行列，暴露你欲加掩饰的秘密。

没有什么比烦琐的细节修饰更能使套装显得过时了。不要穿有荷叶边、刺绣、大翻领、复杂的褶皱，或"异军突起"垫肩的套装。如果你想显得与众不同，可以利用里面搭配的衣服和其他配饰实现。

无盖口袋适合每个人。

考虑稍带弹性、曲线分明的套装。曲线分明的剪裁可以带来强烈的视觉效果，弹性布料能确保穿着舒适，打包便捷，即使长时间折叠，也很容易消除折痕，恢复性感迷人的原貌。任何时候穿着，都是贴身而不紧绷。

一身质地轻薄的套装是夏季的必备装束，暗纹棉布总是比亚麻布要舒适。

价格并不是你评定质量的唯一标准。在如今这种科技条件下，各种价位都不乏品质精良的套装供你选择，但重要的不是价位，而是它是否适合你并让你散发魅力。要想知道什么是合身，何不试穿一套价格昂贵的套装，再从经验丰富的销售员那里获取一些有用的建议呢？然后运用这些宝贵经验，选择适合自己预算的衣服。

去购物时穿上便鞋，款式简单、便于穿脱的衣服，平滑无痕的内衣裤，以及中性色的衬衫、T恤或质地轻盈的毛衣。记得带上需要与套装搭配的饰品，特别是鞋子和手提包。反之，如果你要为套装搭配一些饰品，那么购买配饰的时候带上你的套装。

套装最好整套送去干洗，分开洗会毁了整套服装的。

干洗剂对现代织物伤害比较大，因此干洗不能过于频繁。可以将套装悬挂在通风处，快速喷洒一些带有香味儿的织物除味剂，比如纺必适（Febreze）效果就不错，然后自然晾干。蒸汽熨斗比铁熨斗温和，熨烫效果也更好。套装上只有一两个污点，可以在家用干洗板处理，除非被食物弄脏了一大块，或是旁边的人吸雪茄，让你满身烟味，否则，一个季度干洗两次就可以了。

套装修改

你最多可以把套装改大或改小一个尺寸，但是要确保接缝处有足够的衣料。

修改袖子和裤腿长度，以及腰围尺寸是最简单的。

如果套装需要修改三处以上，那么还是把它放回货架，重新寻找更合身的套装吧。

重要部位的修改，一定要求助于专业裁缝。

如果一件西装外套肩部不太合适，立刻放弃，这里无法修改。任何可以修改合身的承诺，都不要相信。

夹克背部中央的缝合处可以内收，但是修改侧面接缝更好，那样不容易导致衣服变形。

身材与套装

竖条纹或公主线会让你的身体显得更加修长。

如果你对臀部线条不满意，可以选择一件稍长的外套。对于8~12号身材的人来说，套装衣长最好到达手臂自然下垂时手腕的位置（如果你手臂较短，衣长到臀部就可以了），这种衣长最时尚、最经典。盖住高跟鞋跟的长裤可以让双腿显得更加纤细。

深色调可以拉长身体曲线，彩色或浅色上

装可以把注意力吸引到面部。

窄袖（但不过紧）和高袖孔，是打造修长身形的秘密武器。

双排扣外套会增加视觉宽度，让丰满的臀部显得更加丰满，将身材娇小的女性完全淹没。但是，双排扣有助于掩饰平坦的胸部，使平板身材的女性更有魅力。

如果你想穿双排扣的套装，要确保腰身和肩部的剪裁轮廓分明。相对而言，单排扣外套更适合各种身材的人穿着，丰满的胸部可以通过V字领、单排扣的外套得到彰显。

身材娇小的女性适合穿衣长到腰部或胯骨处的斜裁外套。

去掉裙装腰带可以使身体显得修长，同时缩减臀部宽度。如果你是高腰身的人，可以尝试稍微低腰（裙腰低于实际腰线大约两三厘米）的裙装；如果你是低腰身的人，可以尝试稍微高腰（裙腰高于实际腰线两三厘米）的裙装。不论高腰还是低腰，一定要确保腰身曲线明显。

剪裁合身

一套剪裁精良、非常合身的套装，是最能展现个人魅力的装束之一。合身是指线条流畅，剪裁贴身，而不是紧绷。套装确实会在一定程度上限制某些动作，比如某些瑜伽动作，但是双臂环抱自己应该不成问题。

合身的外套应该允许穿着者轻松完成曲臂动作，肘部抵在身体前不必屏气收腹，衣服背部也不会皱成一团。

衣领后背应该跟颈部紧密贴合。

长过手腕的袖子会让人显得无精打采，而袖子稍短，刚到腕骨上方的外套，跟缀有法式袖扣的衬衫搭配效果极佳。袖长是有限制的，如果比这短，会让你显得身材过于高大；如果袖长盖过拇指根部，会让你看起来像是穿了姐姐的旧衣服。

套装的长裤应该合身，不能太紧也不能太松。

善于听取他人意见。一个经验丰富的导购员或裁缝会为你提供宝贵的着装建议。

解析高品质西装外套

翻领：在西装的面料和里子之间，应该再加一层内衬，这样能让翻领平整、挺括。

纽扣：检查纽扣是如何钉上的。纽扣缀好后，用线在衣料和纽扣之间或纽扣根部缠绕几圈，会让纽扣钉得更牢固。钉纽扣的线头应该隐藏在表里之间，衬里上不应看到线头。

衬里：西装外套是否合身、舒适，衬里很关键，因此要特别注意衬里的做工。衬里应该使用轻薄耐磨的布料，比如人造丝和丝绸。它应该非常平整，不会让外套显得臃肿。衬里不能和外套尺寸一致，应该留出大约一厘米的富余量，以便适应大幅度动作的扩张需要。衬里和面料的缝合线只能在西装外套外围和袖孔处，西装外套边缘应该向内折六七厘米。

肩部：肩部应该平整服帖，不能有褶皱，不能显得鼓囊囊的，即使西装外套加了垫肩或价格低廉，也不应出现这样的情况。任何剪裁不当造成的褶皱都无法通过熨烫压平。

◀ 如何选购裤装

对于大多数人来说，长裤是必备的日常装束，工作、聚会、休闲、跳舞、会面以及旅行，都可以轻松搞定。找到适合自己的长裤，它们会成为你衣橱中的最佳服饰，各种场合都适合穿着。不论你是在休闲娱乐，还是在执行一项艰巨任务；也不论你想要光彩照人，还是朴素淡雅；不论你想要性感热辣，还是清新自然；也不论你想要展现自信和能力，还是展现青春与张扬的个性，一件完美的裤装都能满足你。

事实上，某些人的完美长裤很可能是另一些人的衣橱杀手，找到适合自己的长裤可能需要大费周章，但这番努力绝对值得。完美裤装的每一针每一线都能帮你托起松垂的皮肤，掩饰突出的赘肉。另外，裤装比连衣裙和半身裙更能衬托身材，它能突显腰部、臀部、大腿，甚至小腿和脚踝的线条。一旦你找到最适合自己的裤子，不论是牛仔裤还是成品裤，不妨多买几条，并且坚持关注这一品牌。

裤装的十大真相（适用于各种体型）

（1）并不是所有裤型都适合你，可能只有某些按照特定比例剪裁的裤型才适合你的身材。要明确哪种裤型最适合自己，只需要一块全身镜，要是能有一折叠三向镜那就更好了，它能让你轻而易举地看到自己的全貌。

（2）宽腿裤或九分裤会显得双腿短粗，裤

脚的翻边更能加重这种效果。只有身材特别高挑、纤瘦的人才能搭配平底鞋穿翻边裤，否则就要搭配高跟鞋。

（3）裤长要合适，这一点和臀围大小一样重要。在试穿或修改长裤时，记得穿上你要搭配的鞋子，以此来决定裤长。比较传统的裤长是，裤腿垂下后，裤脚后面应距离地面 5mm，前面应遮住脚背和鞋头。如果某条长裤需要搭配不同高度的鞋子，裤腿需要额外留出两三毫米，以便调整，适应不同高度的鞋子。但是需要记住，同一条裤子的裤长调整范围是有限的，不要期待它既能搭配你最高的鞋子，又能搭配平底鞋。特别高度的鞋子，需要搭配裤长适合的裤子。

（4）总体来说，裤子上最好不要装饰带翻盖的口袋。多余的细节装饰只会增加视觉宽度，无盖的口袋线条更加流畅，适合各种裤型。

（5）不要穿带褶裥的长裤，除非你小腹凸起，需要遮掩，否则，平整无褶的长裤总是最佳选择。

（6）带有印花图案的长裤在城市里一点儿都不时尚。如果你非要买一条这样的裤子，那就等到度假的时候再穿（搭配一件纯色上衣）。如果你想在城市里穿印花长裤，那就选几何图案吧，就像回归五六十年代了一样。布丽奇·黎蕾（Bridget Riley）的现代主义印花，玛丽麦高（Marimekko）的版画图案，璞琪（Pucci）的梦幻回旋图案，还有达明安·赫斯特（Damien Hirst）的斑点图案都是夏日都市的时尚亮点。再次强调，穿印花裤子一定要保证上装风格简洁。

（7）动物图案的裤子已经过时了，即使是罗德·斯图尔特（Rod Stewart），也早把豹纹紧身裤收了起来。还需要多说吗？把你对动物的狂热倾注到其他衣服上吧。

（8）白色长裤在冬季格外靓丽。只要使用比较厚重的衣料，如毛料、法兰绒、羊绒或粗花呢之类，就可以了。白色长裤略显冷峻，如果想用象牙白上装增加点温柔气息，只会适得其反，在冬日的阳光下，一身白更会透出寒意。白色长裤最好搭配奶黄色、黑色、浅褐色或灰色高领毛衣，以及黑色小山羊皮或动物印花鞋子。如果你追求复古风格，那么在冬季，白色长裤和白色鞋子效果不错。如果你只要求鞋子是浅色的，那么一双蛇皮鞋将成为你搭配裤装

的"万金油"。

（9）如果九分裤让你双腿短粗，千万不要盲目跟风。同理，不管低腰裤有多流行，只要会显出小肚子，就坚决不要穿。

（10）裤子搭配高跟鞋会让你的背影极具魅力。

各种裤装的搭配技巧

越来越多的裤型正在成为经典，这意味着我们需要更多不同款式的鞋子、配饰和上衣来搭配它们。下面简单罗列了一些经典裤型的搭配技巧，仅供大家参考。

低腰靴裤

穿低腰靴裤要注意搭配可以盖住小腹和后背的长外套，或者搭配一件长款贴身打底衫（修身的套头毛衣、无袖上衣、衬衫或 T 恤都可以），把长出的衣摆束进腰带。低腰裤会缩短腿部曲线，让你显得腿短，但是高跟鞋可以很好地弥补这一缺陷。另外，确保裤腿能够盖住鞋面。

身材警示：不论你身材有多完美，如果腰间堆叠了一些衣褶，那就是在告诉人们你想掩盖突起的小腹，或你是个孕妇。

九分裤

如果裤长到膝盖以下，可以尝试搭配同种颜色的高腰靴子，使双腿显得更加修长。确保靴子上缘和裤腿下缘之间衔接良好，即使坐下的时候也不会有间隙。也可以搭配高跟鞋和不透明连裤袜。稍显宽松的九分裤搭配圆头细跟鞋比搭配尖头鞋要好得多。

上身搭配一件窄版西装外套或修身毛衣，也能让你看起来更高挑。九分裤搭配一件宽松的毛衣会显得十分休闲。

适合晚宴穿着或带有装饰物的九分裤，搭配脚跟系带的高跟鞋，效果绝佳。

身材警示：如果你又矮又瘦，最好选择收腿九分裤，搭配贴身上衣以及高跟鞋，避免显得更加矮小。如果你身材娇小，但曲线丰满，

千万不要这样穿，在家里也不行。

高腰或低腰宽腿裤

比实际腰线高的裤子会让你显得更加高挑，如果你喜欢穿平底鞋，那么可以选择这款裤子。

带有装饰性腰带或宽腰带的直筒宽腿裤搭配平底鞋，造型十分靓丽，特别适合晚宴穿着（如果你是主办晚宴的女主人，需要跑前跑后，这身装束既漂亮又方便）。要选择一双跟裤子颜色相同的鞋子。

身材娇小的女性不太适合穿宽腿裤。如果实在对宽腿裤钟爱有加，也不是没有办法，可以选择一条低腰宽腿裤，搭配略微带跟的鞋子，这样可以避免显得矮胖。不管是高腰款式还是低腰款式，穿宽腿裤时上身一定要利索，要么穿紧身上衣，要么就穿细毛线衣或面料有垂感的衣物。细高跟鞋搭配宽腿裤显得过于精细，不太协调，带防水台的厚底便鞋搭配起来反而格外漂亮。

身材警示：如果你双腿较短，或下半身比上半身短，任何低腰装束都不适合你。

细腿裤

此类裤子要想穿的好看，关键是要比例协调。

细腿裤搭配能够遮盖臀部的宽松毛衣以及高跟鞋，可以让你的双腿看起来更细更长。如果你腿部曲线优美，上身凹凸有致，那就更加出彩了。

窄版修身西装外套与细高跟鞋都带有摇滚风格，搭配细腿裤也很不错，但是这种搭配只适合那些四肢纤细的人。

想要增加一些小资情调，不妨尝试用细腿裤搭配宽松的上衣和细高跟皮鞋。

身材警示：千万不要用平底鞋搭配细腿裤，除非你的鞋号小于4码。

七分裤

就在你认为经典款式的黑色长裤在任何场合都万无一失的时候，风格不羁的七分裤又再度流行起来了，拉链、翻盖口袋、贴袋等时尚大忌无所不备，要把这种款式的裤子穿得漂亮实在是不容易。它不属于那些时尚懦夫，只要敢于尝试，搭配合理，还是能让这股潮流为己所用的。

穿七分裤，要保证上身纤瘦：你可以穿一件窄版西装外套，一件修身衬衫，甚至于一件紧身T恤或无袖衫。上衣不能过短，露出肚脐，除非你的身材无懈可击。七分裤需要搭配高跟鞋，厚底、细跟、系带……各种款式的高跟鞋都可以。

谨记：你需要对时尚新热点做出判断，确认是否适合自己的穿衣风格和身材。不要仅仅因为其他人都那样打扮，你也一路跟风，那样不见得会好看。时尚回归时已经发生了巨大变化，而她们还是习惯性地按照十几年前流行的穿法重拾时尚，这只会让小孩儿们笑掉大牙。

身材警示：七分裤搭配平底鞋，20多岁的年轻人这样穿才会好看，她们特有的活力冲淡了烦琐的翻盖和配饰带来的笨重感。任何年龄稍大的人都必须借助高跟鞋增加视觉高度，平衡复杂装饰产生的横向视觉效果。

无裤线直筒裤

这款裤型是仿照水手服剪裁设计出来的，现在已经成为经典，可以代替牛仔裤和七分裤成为周末休闲的最佳选择。它和厚底高跟鞋搭配效果很棒，和运动鞋搭配也很不错。

尝试搭配一件宽松的毛衣或长及髋部的直筒束腰外衣（条纹水手服永不过时）。

身材警示：这种裤型的高腰款式对突显臀部和腿部曲线毫无帮助，想想西蒙·考威尔（Simon Cowell）吧，我就不多说了。这种裤型的腰线最好稍低一些，在髋骨处正好。

紧身裤

在连衣裙或长及髋部的束腰外衣下搭配一

条紧身裤是可以的，但应确保小腿肚子不会过于突出。单独穿紧身裤？除非你年仅 12 岁，或你拥有 12 岁时的双腿，否则，还是把它留到健身馆再穿吧。

身材警示：胖瘦高矮各种身材的人，穿上紧身裤后，膝盖以下都不怎么好看。选择紧身裤是要冒巨大风险的，千万要三思。

前幅带褶的长裤

各类长裤中，这种款式最难搭配，但它们却从未偏离时尚潮流，总是显得很时尚。选择这类裤子时要格外留心。

曲线突出的女性要特别注意，要拿出吸血鬼对待大蒜的劲头和态度来，对这种款式的裤子避而远之。

与人们的普遍看法恰恰相反，这种裤子完全不能遮盖身材缺陷，反而会使原有缺陷更加突出。

如果你身高 170cm 以上，又很瘦，那么可以随意穿着，其他人还是选择没有褶的长裤吧。

牛仔裤——适合各种身材的完美裤型

丰满性感

经典或休闲款式是最佳选择。这类裤子穿着舒适，能在一定程度上起到缩小臀部的视觉效果，并且会让下半身线条更加优雅。同时它还能衬托身体的其他部位，让你显得更加苗条。

选择一条腰身在胯部而不是腰部的裤子。

把注意力集中在腰部和腿部的比例上。如果比例把握不好，你的臀部就会显得更加肥大。腰带应该系在实际腰身稍下的部位，裤腿稍宽，能遮住腿部的实际曲线即可。腰部束紧，裤腿过宽的款式，是对身材的最大破坏。

身材警示：避免裤腿过紧，后口袋间距过大或过小都不合适，这些都会让身体显得更宽。

腰身纤细

弹力牛仔裤将会是你的最佳选择。直线、

紧身的剪裁就是为你设计的。低腰牛仔裤更能突显身材，一点柔和的光泽可以让你的臀部曲线更加协调。

身材警示：高腰牛仔裤会让细腰女性的臀部显得不成比例的巨大。

腿部纤细

弹力牛仔裤（不要紧贴在皮肤上）最适合你。选择一条裤腿瘦长的裤子，尽情彰显你美妙的腿部曲线。对这种身材的人来说，牛仔裤的后口袋可以不加限制，想怎么装饰就怎么装饰。带翻盖的口袋不仅不会影响身材，还会让身材显得更好。

身材警示：避免又厚又硬的牛仔布、掩盖身材仿男装剪裁和宽大松散的款式。

高腰身材

适合你的牛仔裤需要具有延长上身视觉效果，你的主要目标就是使上下身比例更加协调。超低腰裤（又称平口裤）再合适不过了。可以在髋部系一条宽大的皮带，再穿一双高跟鞋，增加视觉高度，重塑体形。

身材警示：禁穿高腰牛仔裤。

大腿粗壮

适合这种体形的裤型，髋部要宽松，这是最为关键的一点。不能穿锥形裤和裤腿太宽的牛仔裤。

喇叭裤可以帮助减轻大腿的粗壮感。

不要把上衣塞进裤子里，保证曲线流畅，轮廓简洁，以免显得臃肿。

身材警示：高腰紧身裤会令粗壮的大腿更加夸张，无论如何都要避免此类裤型。

身材娇小，腿部较短

你需要让双腿显得更加修长，身体曲线更加凹凸有致。腰身在髋部或髋部上方，裤腿笔直的裤型可以增加视觉长度。搭配高跟鞋，并确保裤边正好搭在，而不是堆叠在脚面上。

身材警示：低腰牛仔裤和宽腿牛仔裤都会让你显得更加矮小。

低腰身

你需要让上身看起来短些，腿部看起来长些。

选择腰身在你实际腰身处，裤腿贴身的牛仔裤。修身的剪裁会使腿部看起来更修长。裤腿留长一些，搭配高跟鞋，这样会增加视觉高度。

身材警示：不要穿长度只到脚踝的裤子。

平板身材

髋部窄小，腰部曲线不突出的身材，最关键的是要增加身体曲线以及区分各部位分界。高腰牛仔裤和低腰直筒牛仔裤都比较适合这种身材穿着，但是具体要看上身效果，可以比较选择。仿男装的平直剪裁最适合这种身材的人，搭配宽松的毛衣和平底鞋，就能穿出令人难以抵挡的经验效果来。或者搭配性感的衬衫和高

小贴士♡
补充知识

牛仔裤选用中等厚度或最厚的牛仔布效果最佳。太薄的布料会突显，而不是掩饰赘肉。用手一拎，我们就可以知道牛仔布的重量，合适的牛仔布摸起来应该比较厚实。

跟鞋，这样更具女性特质。

身材警示：成功装束的秘诀在于突出腰部，优化身体曲线。只要能做到这一点，基本上任何款型的裤子都适合你。

◀ 如何选购连衣裙

你是不是希望每次遭遇衣橱危机时都能找到紧急出口？一代代的时尚女性，都想找到解决时尚危机的最直接方法，最终她们发现一条连衣裙就可以成为自己的大救星。连衣裙是可以解决所有问题的奇幻装束，你仅仅需要搭配一双鞋子，就可以出门了。当然，你还可以随心所欲地增加其他饰品，但是即使是不加任何装饰，一件漂亮的连衣裙也能让你光彩照人，协调优雅。

进入 21 世纪后，女性朋友们对连衣裙有两种截然不同的态度：一种是"衷心拥护"，另一种是"誓死不从"。对一些人来说，连衣裙代表着时尚的倒退，穿上它我们仿佛又回到了牛仔布之前的淑女贵妇时代，那时，手袋和鞋子必须搭配，不戴手套就不敢出门。还有一些人不是对连衣裙有什么成见，而是要找到适合她们身材的连衣裙并不容易。

现今，单品上下装已经成为大多数时尚衣橱的主旋律，而且和我们祖母一辈的人相比，大多数女性更喜欢随心所欲地搭配服装。然而如果你能去繁就简，就会发现能"一件搞定"的连衣裙是多么值得拥有。

一条量身定做的连衣裙可以轻松应对从日常工作到鸡尾酒会等各种场合。炎炎夏日，一条款式简单的棉布或真丝连身筒裙，比起要穿好几层的单品上下装，更显清新自然。毛织布或丝绸的轻盈飘逸的质感能为你增添特别高雅的气质。

合身的连衣裙能让你看起来更高挑、肩膀更宽阔，臀部曲线也不那么突出了。你可以随意调整裙子的长度，尽情享受华贵面料和收腰设计带来的女性魅力。

适合各种场合的连衣裙

工作

确保款式简洁大方。专为你量身定做的连衣裙是办公场所的最佳选择。这并不意味着一定找裁缝定制，只要适合自己的身材，购买批量生产的成衣也很不错。它可以是一条衬衣式连衣裙（如果你身体曲线不突出，恰好可以利用剪裁与设计弥补这一缺陷。一条完美的连衣

裙应该可以帮你重塑曲线、掩盖小腹、突出肩膀、明确腰线，如果是 V 字领款式，还可以使身体曲线显得更加修长）。量身定做的 A 字连衣裙也是绝妙的选择（特别适合髋部较宽的身材穿着）。

　　如果你想显得庄重严肃，比如说要参加正式会议或做报告演讲，可以在连衣裙外穿一件与其款型相似的西装外套。不显身材的箱型外套会扼杀连衣裙塑造的曲线。

　　可以考虑在连衣裙外搭一件开襟羊毛衫，它可以增加轻柔雅致的女性特质。确保羊毛衫编织平整（可以用细羊毛线、棉线、丝线或羊绒线），纽扣朴素端庄（珍珠小纽扣总是很棒的选择）。如果羊毛衫是父亲或男友穿剩的，那上身效果可好不到哪里去。

　　任何款式或剪裁风格的连衣裙都必须恰到好处地撑起来才好看。胸部一定要撑满连衣裙胸前的预留的缝合褶，因此绝对不要穿文胸，即使是平胸也不例外。

　　使用几何图形的印花是可以的，但应避免花团锦簇，在工作场所穿成这样，显得既没活力又不合时宜。

　　在你预算范围内，买最好的连衣裙。一条粗制滥造的连衣裙穿在任何人身上都不会好看。

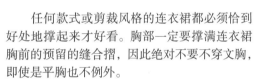

假日休闲

　　确保款式简洁：你准备外出前，最重要的事情就是去掉各种累赘，轻装上阵。

　　棉布（府绸、灯芯绒、细麻布、衬衫布）、

牛仔布或毛织布都是可供选择的衣料。

可以随意选择印花图案和明亮的色彩。如果丰富的印花和色块能让你开心，那就穿上它们吧。

购买廉价的连衣裙。在此，数量的重要性远远胜过质量：在假期沙滩休闲、周末郊外野游、与女伴午餐放松，以及逛街购物的过程中，最好有多款连衣裙可供选择。这些衣服不必太贵，不喜欢了就可以扔掉，然后再买新的。

晚宴

小黑裙是每个人最钟情的晚装之选，但它并不是唯一的选择。

尝试将女性内衣细节设计引入连衣裙设计中，比如蕾丝花边、多层雪纺、甚至斜裁的软缎（如果你的身材完美无缺，这种程度的裸露完全可以）。

深色都像黑色一样功能多样，而且穿在身上也更加漂亮，特别是对于皮肤白皙、雀斑较多、发色较浅的人来说，更是如此。尝试青梅色、深蓝色、酱紫色，以及巧克力棕色。烟灰色、金属色，以及粉色都是女性内衣常用的典型色，这些颜色十分引人瞩目，用于晚装可以让你显得光彩照人魅力无限。记住，凡事都有两面性，此类光鲜亮丽的连衣裙青春短暂，最容易过时。

适合自己身材的连衣裙

梨形身材的人特别适合穿有型有款，面料平滑的衣服，肩膀棱角分明的斜裁连衣裙最能衬托这类人的身体曲线。

A字形裙摆收缩臀部的视觉效果最好。

胸部丰满的人，要在连衣裙的领口上下功夫，最好选择一字领、V字领、锁眼领或方形领，不要选圆领、高领或圆翻领。反领以及披肩领都是彰显修长苗条身材的好帮手。一定要坚持穿那些剪裁合身，能掩饰身材缺陷的连衣裙，不要穿那种布料在胸前交叉，像十字绷带

一样把胸部割裂开来的连衣裙。

身材丰满的女性最适合穿布料有垂感的宽松连衣裙，不适合穿紧身款式。千万不要对腰部不做修饰，即使是简单的收腰连衣裙，也比宽松的箱型款式好得多，后者只会在视觉上增加身体宽度。

一件沙漏型连衣裙，即大裙摆、腰部内收的连衣裙，可以为平板身材的人增加女性魅力。

一件腰部剪裁得体的连衣裙对平板身材有一定的塑形效果。

身材丰满的女性，穿着裹身裙会让所有人都为之侧目。

粗壮的手臂可以通过纤瘦的七分袖（但不能紧紧箍在手臂上）来遮掩。

高腰设计可以让身材娇小的女性显得更加高挑。

满身印花的连衣裙，可以分散人们的注意力，进而起到掩饰身材缺陷的作用。

如何选择最合身的连衣裙

连衣裙的穿着相当讲究，肩部、腰部、髋部、胸部，还有裙摆长度，各个部位都要十分合身。因此要敢于尝试各个品牌的连衣裙，一旦找到适合自己身材的品牌，就要经常关注，这种"忠心"是很有价值的。

可以用腰带突显腰部曲线。即使连衣裙有收腰设计，腰部曲线可能还是不够明显，可以用与连衣裙同色系或反色系的缎带，在腰部系一个大蝴蝶结，小小一点修饰就能让原本缺乏朝气的装束显得活力四射。

试穿连衣裙时，确保你穿着它能舒服地坐下、跷二郎腿、弯腰以及高举双臂，做这些动作时，你不会感到束缚，衣服也不会因牵拉而变形（这样更会让你显得满身赘肉），或暴露你想掩藏的身体部位。

一个专业裁缝可以帮你修改裙长（加长或者减短）、肩宽（改窄比改宽容易）、吊带长度或腰围（改细比加粗容易）。如果除此之外的其他部位需要修改，那你可能是选错了尺寸或款型。没有哪个裁缝能把瘦小的连衣裙改得合身，让你能塞进过于丰满的臀部和胸部。

小黑裙

世界上可能没有什么单件服饰能比小黑裙

更实用了（好吧，对喜爱牛仔裤的人来说，牛仔裤也同样实用）。如果你想给人留下深刻的第一印象，那么没有什么能比小黑裙更能掩饰赘肉，让你显得苗条高挑，魅力十足了。"反对者"们认为，小黑裙的别致款式往往被单调乏味的黑色掩盖了。但是，坦白来说，持这种观点的人只占少数，大多数人都认为，做工精良、款式简单的连衣裙在任何

场合都能引人瞩目。然而，如果你确实觉得黑色太过沉闷，可以在细节上加以改善，如褶皱、不对称的领口、缝合线、柔和的镶边和蕾丝花边，或是多层府绸，都能很好地抵消黑色的沉闷感。

如果你想让一件廉价连衣裙派上大用场，那么款式越简单越好，任何复杂的细节装饰，比如蝴蝶结、花边、刺绣都不能有。只要记住一点：凌乱的蕾丝花边是时尚的大敌。

裙摆的最佳长度为稍稍盖住膝盖，如果你膝盖漂亮（膝盖漂亮的人可谓少之又少，要坦诚面对现实），裙稍高几厘米也无妨，当然首先要确保小黑裙别致时尚。中长款的小黑裙也很漂亮，特别是对于那些喜欢A字形裙摆的人来说，更是如此。只要确保裙边能盖住小腿肚最宽处就可以了，过短会让双腿显得又粗又短。

很明显，选择小黑裙并不简单，时尚老手是不会轻易小看它的。在你选择小黑裙的时候，要考虑清楚你希望如何展示自己的独特魅力，你有哪些值得彰显的身材优势。

（1）漂亮的脖子和肩膀？深V字领露背小黑裙是相当迷人的选择，远胜过抹胸裙或露肩裙。把人们的注意力吸引到你光洁的后背，能带来很好的效果。穿着这款小黑裙，要把长发挽起，以此突显后颈及背部的独特魅力。

（2）平板身材？你是少数适合穿定制连衣裙的人。你可以用腰带或腰部缝合线来塑造腰部曲线。一条肩部微露的无袖连衣裙同样能增加身体曲线。你还可以使用褶皱和花边做装饰，这些是其他身材女性的大敌。

（3）丰满的胸部？一件 V 字领连衣裙可以均衡过于丰满胸部，但应确保连衣裙能给胸部提供足够的承托。你还需要保持整体曲线协调一致，不要穿有波浪设计的连衣裙。

（4）漂亮的双腿？一条裙摆超短的小黑裙并不见得是最为实用的选择。裙摆长及膝盖，细节处有褶边修饰，或是布料轻薄，能随风舞动的连衣裙（比如说薄绸），相对而言更有魅力。

（5）胸部平坦？一条带有褶皱、花边、珠片或内置胸衣的连衣裙可以很好地修饰你的上半身。

（6）腰部纤细的丰满身材？一条带有束胸效果的连衣裙可能会让你显得更加性感。千万不要因为害羞而不敢露出肩膀，一个宽大的 V 字领足以衬托你漂亮的锁骨了。如果你还想掩饰丰满的臀部，可以使用轻盈飘逸的面料，并保持连衣裙的下半身不紧裹在身上。

（7）没有腰身的丰满身材？一条 A 字形裙摆的连衣裙最适合此类身材。选择长度过膝的款式，它可以让你显得更加高挑。露出肩膀可以将注意力吸引过来，这样人们就不会注意你不完美的腰身了。如果你不想露肩，就在领口附近戴个漂亮的珠宝（胸针或项链都可以），同样可以达到这种效果。

（8）臀部丰满？一件领口内收（也不能收得太紧）、不显身材的 A 字连衣裙，会把注意力吸引到上半身，从而掩饰丰满的臀部。选择轻盈飘逸有动感的衣料，任何厚重的布料都会让你试图掩饰丰满臀部的努力付诸东流。

搭配小黑裙的鞋子

必须有鞋跟。即使只是低跟也比平底鞋要好得多。是的，奥黛丽·赫本穿上芭蕾舞裙长度的小黑裙，搭配平底芭蕾舞鞋确实非常迷人，但是那时她的身材宛如 14 岁的少女。如果你的身材与年龄一样成熟，千万不要那样穿。

丝绸鞋面的黑色露跟女鞋（脚后跟系带的鞋子）应该是每个女性的衣橱必备品，它们是迄今为止最为实用的晚装鞋子。皮革鞋面应急时穿也可以，不过鞋子应该有系带，这样才更

像晚装鞋子。

　　系带晚装鞋搭配小黑裙效果特别好，它们精致小巧，是所有黑色服饰的完美搭档。如果选择露趾系带鞋，就不要穿袜子了，并且要做好脚部护理。千万不要穿连裤袜。

　　如果你需要穿紧身裤，最好搭配不露趾的鞋子，或者用浅色的透明长裤或渔网袜代替不透明紧身裤。穿上小黑裙，你从肩部到膝盖就都是黑色了，需要亮色的腿部来平衡一下，否则整体效果就像要参加葬礼一样。

　　连衣裙款式越简单，鞋子便可以越精致。

鞋子上可以装饰红色缎带、金属皮带扣、珠宝或天鹅绒绢花。只要颜色抢眼都可以，平淡的色彩不适合搭配小黑裙。

　　晚装靴子效果很棒。不过要搭配靴子，你的小黑裙就应该采用具有冬装厚重感的面料，比如毛料、厚毛织布或天鹅绒。

搭配小黑裙的珠宝

　　小黑裙正好可以搭配巴洛克风格枝形吊坠式耳环，搭配最简单的耳钉，同样可以取得很好的效果。你可以自由选择。

然而，如果你选择的珠宝过于抢眼，那只佩带一样就好。华丽的耳钉可能和抢眼的袖扣以及祖传项链很相配，但如果同时用它们修饰小黑裙，就显得太过了。要想穿出小黑裙的魅力，最重要的就是保证风格简约，千万不要装饰过头了，那样只会弄巧成拙。

搭配小黑裙的外套

如果你的身材需要稍加遮掩，一条披肩可能是最实用的选择。然而，披肩可能太过单调，可以考虑以下选择：

一件剪裁得体的外套：这种搭配风格在20世纪40年代最为流行，可以彰显性感魅力。确保剪裁具有女性特征，比起仿男装的剪裁，曲线柔和的外套更适合搭配小黑裙。

一件晚装外套：晚装外套绝对值得购买。面料可以选择刺绣天鹅绒、嵌有亮片的毛料或者花色夸张的缎子。它们搭配小黑裙效果一流，搭配其他款式的晚装，从牛仔裤到拖地长裙，效果都不错。一件做工精细的山羊绒开襟羊毛衫款式简单，别具风味，是相当别致的晚装外套之选。

◀ 如何选购半身裙

有些女性十分钟爱半身裙，还有些女性觉得裤装更实用。萝卜白菜各有所爱，时尚一族也不例外，半身裙和裤装都有自己的忠实拥护者。我们必须承认，不论喜欢还是不喜欢，半身裙都是最经典的职业装，具有职场正装的特色。参加晚宴，穿一条与聚会主题吻合的半身裙，几乎比任何服装都要出彩。

运动时尚席卷而来，裙装随之受到冷落。做剧烈运动时，穿裙子确实不如穿牛仔裤方便，因而喜欢耍帅的女生宁愿穿卡其裤子，也不愿穿裙子。然而，喜欢穿裤装女生，你想想看，如果玛丽莲·梦露（Marilyn Monroe）穿着一条牛仔裤，那她的身影还会散发出让人惊艳的无穷魅力么？要想性感迷人，一条漂亮的半身裙当之无愧是你的不二之选。

如果以前试穿的裙子，让你看起来像是硬塞进肠衣的香肠，那么很可能是选择不当造成的。

适合各种场合的半身裙

工作

职场女性最常选择的两款半身裙分别是，量身定做的A字裙和修身铅笔裙。它们本身就是非常有特色的单品，搭配一件款式简单的衬衫、T恤衫或细羊毛衫，会让你看起来精神十足。如果有必要，可以再配上一件西装外套，它会立刻让你显得庄重严肃。

皮裙在办公场所同样适用，只要它们时尚雅致，而不像"摩托宝贝"那么狂野就好。带有沉重金属饰物、做工粗糙、或坐久了臀部就会留下痕迹的裙子，都不适合工作时穿着。

最适合冬季穿着的面料当数保暖羊毛和羊毛绉绸。

夏季，可以选择高档棉布，保证裙子不致在外力过大时变形，始终有型有款。

裹身裙效果非常不错，夏季穿着可以让你活动自如。只要确保包裹身体的布料足够多，不会在你坐下，或一阵风吹过时走光。

不论冬季还是夏季，职业装要坚持使用纯色衣料。必要时，几何形状的印花图案也可以，但要确保搭配裙子的服饰尽量简单。

假日休闲

牛仔布、灯芯绒和丝光斜纹棉布裙任何季节都可穿着，它们是假日休闲代替牛仔裤和卡其布裤子的绝佳选择。

小山羊皮是所有面料中最耐穿的。不管其他人说得多么动听，你都要明白，世界上根本没有不怕污渍的面料。这一点让那些整天带孩子，或经常遇到粗心服务生的女性特别烦恼。如果你能避免以上烦恼，那么一条小山羊皮裙子可以给你的周末装束增添奢华感。

日装长裙

这是一个掩饰粗壮大腿的绝佳方式。如果身材高挑，你可以用拖地长裙搭配平底鞋，或用长及脚踝的裙子搭配靴子。

身材娇小的女性最适合穿中长款的半身裙，下面搭配高跟靴子。

如果你体重理想，长裙可以在不牺牲高度的前提下，让你显得高雅一些。

长裙还是夏季的清凉之选，这一点似乎有点出人意料。

迷你短裙

如果你臀部过于丰满，任何情况下都不要穿迷你短裙。它会把注意力吸引到你不希望人们注意的部位。

除非你是要去海滩，否则多露那么几厘米大腿，只会让你从高雅跌入低级趣味。要想把迷你短裙穿得雅致，就要上身多穿些，以平衡下身的暴露。冬季，一件紧身弹力圆领套头毛衣可以给你的迷你短裙增加清新的学生气；而夏季，一件长袖束腰上衣又会为迷你短裙注入波希米亚风格。

迷你短裙直接搭配高跟鞋，除了需要极大勇气，还需要小鹿斑比似的美腿。相对折中的装扮是迷你短裙搭配不透明紧身裤和及膝长靴。

一条腰身正好在你实际腰线处的迷你短裙会让你的上身显得短小。可以在髋部系一条腰带，使上身看起来更为修长。

平底靴或平底鞋可以给迷你短裙增添巴黎左岸地区的独特风格。

裙子与靴子的搭配

皮裙再搭配皮靴（或者是一身小山羊皮装束），皮制品用得就太滥了。如果你实在酷爱皮革，那就用小山羊皮靴搭配皮裙（或用皮靴搭配小山羊皮裙）吧，这样效果会好一些。

如果你穿筒裙搭配靴子，不要忘记，靴筒上缘和裙边间应该有一定的距离。大摆裙搭配靴子不需要考虑此类问题。

靴筒塞得鼓鼓囊囊的靴子搭配任何裙子都不会好看。靴筒平整的靴子，再加上款式简单、舒适合身的上衣，搭配半身裙更加好看。

晚宴

晚装半身裙极为实用，它差不多也算是衣橱的必备品。悉心选择与其搭配的服饰，你可以成功打造从严肃庄重到活泼休闲的各种风格。

1. 晚装长裙

如果你准备穿长裙，最实用、最漂亮的是A字裙。腰身稍低，位于髋骨处的半身裙，会让你上身显得更加修长。除非你身材高挑，否则不要穿满身都是花边的粗布裙，或其他太过肥大的裙子。

不要选择轻薄的丝绸和毛织布，挺括有型的布料会让你的下半身曲线更加婀娜多姿。毛料或人造丝适用于各种场合，天鹅绒显得奢华，华丽的缎子相比而言又上了一个档次。

要想穿好长裙，秘诀就在于搭配好上下身比例。上衣可以稍微暴露一些，以此减少整体覆盖面积。可以穿一件款式简单的无袖衫、V字领上衣，或开领衬衫。千万不要把全身裹得严严实实的，那无异于没见过世面的乡巴佬。如果你比较保守，不愿过多暴露，可以选择紧身圆领或高领细羊毛衫，裙摆下若隐若现的鞋尖儿可能会起到中和作用，使整套装束不那么死板。身着紧身服装，一定要保证曲线流畅，不能到处都是凹凸不平的赘肉。

2. 晚装短裙

晚装短裙的实用性很强，可以搭配任何面料和款型的衣服。搭配不同的配饰和上衣，可以打造出或高雅或休闲的着装风格。

一条珠光宝气的半身裙搭配一件款式简单的T恤衫，就可以陪朋友出席晚宴了，这身装束简洁明了地展示了自在惬意的个人魅力。同款裙子搭配一件丝绸上衣，立刻就能营造出庄重严肃的风格。

需要避免的一个明显错误是，用职业装布料制作晚装短裙。粗糙的毛料和毛织布更适合制作职业装，穿着这样的半身裙出席高档晚宴可就不合时宜了。如果你需要职场和晚宴场合都能穿着的半身裙，那最好选择人造丝或真丝一类的面料。

斜裁裙既能展示温柔性感的女性魅力，又能有效掩饰身材缺陷。要想彰显身材优势，最好保证裙子长度在膝盖或膝盖稍下处。半身裙的线条越长，你就看起来越苗条。

雪纺或蕾丝面料精致轻薄，做成半身裙后，以板正的面料为衬裙，能更好地突出该类材质的轻盈飘逸。如果你的裙子不带曲线平滑的衬裙，那就单买一条衬裙来搭配。

如何选择适合自己身材的半身裙

臀部平坦

一条 A 字裙可以使臀部更显丰满。

不要穿直筒裙、紧身裙、铅笔裙，它们只会暴露你缺乏曲线美的缺点。

大摆裙是专门为臀部平坦的人设计的。如果你同时还是身材娇小的人，那么要特别强调腰部曲线（在腰间系宽腰带、装饰性腰带、丝巾或丝带），否则宽大的下摆会显得你更加矮小。不要穿长度超过膝盖的裙子，并且要搭配

高跟鞋。即使不高的厚底鞋，也能起到协调全身比例的作用。

一条修身短裙搭配衣长到达指尖（手臂自然下垂时指尖的位置）处的西装外套或者开襟羊毛衫效果绝佳。如果能保证外套和羊毛衫线条流畅，那效果就更妙了。

裙子越长，你的腰身和臀部就需要越多修饰。

臀部丰满

很奇怪，A 字裙既适合身体曲线突出的人，又适合平板身材的人。对那些臀部丰满的人来说，这种线条简单的款式具有很好的缩小臀部的效果。

一件长及指尖的上衣（如西装外套、束腰外衣、开襟羊毛衫等），搭配一条质地轻薄的半身裙和一双高跟鞋，可以掩饰过于丰满的臀部。

一条盖过膝盖几厘米的铅笔裙，搭配紧身上装，十分性感。

梨形身材的女性千万不要收紧腰身，可以把腰线提高一些，这样双腿会显得更加修长，从而掩饰过于丰满的下身。开襟羊毛衫或衬衫式夹克衫，只系腰部及以下的纽扣，上面几颗纽扣敞开着，同样可以达到这个效果。

这种身材的人要想穿修身裙，必须保证裙子长及膝盖，遮掩（不能紧裹在臀部）过于丰满的臀部，平衡下身曲线过于突兀的感觉。

小贴士 ♡
万能风尚定律
任何人穿 A 字裙都好看。

小贴士 ♡
万能风尚定律
如果你身材高挑，那么裙子可以适当短一些。

Part 3 完美风格装扮

穿出好身材

◀ 快速颜色搭配

你衣橱中的昔日最爱在时尚面前黯然失色，注入一些新的色彩就可以让它们重归时尚行列，又不需要大幅增加预算，何乐而不为呢？如果你的衣橱里大多是黑色经典款式或八九成新扔掉太过可惜的纯色服装，你应该尝试一下这种办法，看看"增色法"是如何化腐朽为神奇的。先用比较便宜的饰品进行尝试，比如围巾、T恤和腰带，等你灵活掌握色彩搭配规则后，再购买大件。

棕色跟粉色和品蓝色搭配十分漂亮。卡其色搭配茶色看起来柔美华贵。

海军蓝和棕色搭配效果不错。

不必担心你的搭配有失协调。色彩搭配上的小失误会让你看起来很前卫。有时，非常不搭的颜色放在一起还可能会相当"酷"。

黑色经典款式的服装搭配一些别致的颜色可以显得现代前卫。试试看，黄绿色吊带背心、紫红色围巾，还有橘黄色皮带，会给你的藏青色、黑色或灰色套装带来什么变化。

试着用抢眼的颜色，比如海蓝色或樱桃红色，突出白色和黑色的视觉效果。所有颜色中，白色最受欢迎，一件米白色冬装在夜幕降临时穿着再合适不过了。

凸显某种颜色时，要懂得适可而止。穿红色连衣裙，可以涂红色唇膏，但是不要再穿红色鞋子了。焦点一个就足够了。

如果是第一次穿亮色系的衣服，不妨先选择不会反光的面料，等自己适应显眼的色彩后，再选择有光泽的面料，体会颜色与光泽的魅力。（只有确认此类颜色适合自己，才能尝试。）

公文包不一定非得是黑色或是棕色，试着换一种更能代表自己的颜色。青柠色、鲜红色，

还有橘黄色，有你喜欢的颜色吗？

黑色

时尚一族爱穿黑色是因为它好搭衣服。其实要把全黑装束穿出风格并不容易，"黑色百搭"容易让我们放松警惕，先入为主地认定它不需要特别花心思就可以别致出彩。但是，如果你不在衣服质地上下功夫，单纯的黑色看起来平淡无奇，沉闷无光，毫无效果可言。

黑色的无袖装和不透明黑色紧身衣搭配炭灰色或深紫红色开襟羊毛衫，或白色防水风衣效果不错。

一条黑色铅笔裙搭配黑色衬衫或质地轻薄的羊毛衫，远不如搭配款式简单的白色衬衫、珠宝首饰和细网格紧身衣效果好。有时从头到脚都是黑色并不怎么样。

众所周知，黑色是收缩色，任何身材的人穿上都会显高显瘦，最能勾勒身体曲线。但是，面色苍白的人不适合穿黑色，在阳光下黑色更显晦暗，衬得你气色不好，而且黑色在视觉上给人以厚重感，缺乏青春气息。如果你想看起来更苗条，可以只在"问题部位"使用黑色（如臀部、大腿、躯干、胳膊或胸部），其他部位使用鲜艳的色彩增加活力。

如果你的脸色真的不适合黑色，可以尝试比黑色稍亮一级的色系，如炭灰色、巧克力色，以及深蓝色。

黑色并不一定非得和黑色搭配，深蓝色也不一定非得和深蓝色搭配。这两种颜色混搭看起来更有品位。

中性色

你知道中性色很适合自己，你衣橱里这类颜色的衣服最多，一想到要打破米黄色、黑色和深蓝色的着装惯例你就有些犹豫不决。你或许真的非常适合中性色，但是做些改变也未尝

小贴士：♡
重温衣橱必备品，尝试
以下搭配

黑色搭配：深蓝色、白色、
黄绿色、青绿色和红色

白色搭配：灰色、青柠色、
粉色、青绿色、深绿色和
银色

褐色搭配：粉色、浅绿色、
驼色、灰色、金黄色和金色

深蓝色搭配：粉色、橙色、
黄绿色和棕色

米黄色搭配：橙色、金黄色
和青绿色

关于颜色的建议

白色具有扩张作用，会使人显得丰满；黑色具有收缩作用，会使人显得苗条。

以下颜色会让你显得更丰满：白色、黄色、橙色、青柠色，以及粉色系的几乎所有颜色。

能够掩饰形体缺陷的颜色是中性色和浅色系几乎所有的颜色——从焦糖色到冰蓝色。（可联想水彩颜料。）

以下颜色会让你显得很苗条：黑色、深蓝色、炭黑色、深棕色以及灰色。

从头到脚的深色装束，线条干净流畅，能显著增加苗条修长的感觉。选择合适的面料可以缓和纯深色装束的黯淡感，比如用粗糙的面料搭配有光泽的面料，或用针织品搭配毛料服装等。选择面料要谨慎：某些面料的纹理或光泽会让你看起来更加肥胖。

考虑将浅色和有光泽的衣料同暗色和质地粗糙的衣料相搭配，来实现扬长避短的着装效果。例如，如果你想掩饰丰满的臀部，一条浅色或有光泽的裙子搭配一件深色或质地粗糙的上衣是不错的选择。

一件质地轻薄的纯色连衣裙，剪裁成贴身的款式，很可能会成为你的最佳选择。

不可。不必操之过急，先打开衣橱，重新审视一下你的中性色服装吧。

一件经典款式的驼色开襟羊毛衫就能够为一柜子的黑色服饰增添一抹亮色。驼色和米黄色非常适合黑色或蜜色皮肤的女孩儿，但是粉红或浅黑色皮肤的人，驼色只能让她们脸色晦暗，仿佛生病了一样。肤色浅的人可以把驼色用在腰部以下，上身穿黑色衣服，衬托面颊。一条驼色修身半身裙搭配黑色圆领套头衫，效果真是美妙绝伦。

驼色和灰色永远都是别致时尚的搭配。

一双米黄色鳄鱼皮鞋属于中性色，但它并不显得单调沉闷，它能够为所有服装注入活力，从牛仔裤到半正式晚礼服都可以。

低腰卡其裤搭配宽松的T恤衫、背心和汗衫都显得现代前卫，休闲性感。这种装束适合所有年龄段的女性。

图案

大印花，大圆点，横条纹（即使是针织布料应有的纹理），以及带花纹的绑腿都会增加肥胖的视觉效果。

均匀分布的小图案可以使注意力分散，从而掩饰身体肥胖突出的部位。

身材娇小的人不适合太突兀的图案，最好选择颜色渐变或图案渐变的服装。同时，她们应避免复杂的图案和过多的细节修饰。

如果你以前没有穿过带图案的衣服，那就慢慢适应。刚开始，最好先选择一些不太突兀的图案，柔和的花朵以及深色格纹几乎适合所有人，只需在你习惯的纯色背景上添加一种此类元素就可以了，等适应了，再逐步尝试更多花样。

除非是克里斯汀·拉克鲁瓦亲自为你设计服装，否则你还是确保一身衣服只有一种图案为妙，包括鞋子。

身材高挑的人可以用比较突兀的图案。

对于大部分女性来说，印花图案更适合于休闲装，而不适合运动装和正装。只要能确定自己不是在营造休闲风格，就不要穿有大块印花图案的衣服，可以选择运动装或正装。橙皮红色穿在臀部丰满的人身上并不怎么好看。

大花朵、色彩鲜艳的几何图形、热压印花比较适合用在下身，上身可以搭配一件低调的纯色衣服。这种搭配几乎适合所有人，对臀部丰满的人来说，尤其完美。

印花图案的背景越深越暗，穿着者看起来就越苗条。

曲线不明显的女性适合穿图案复杂的上装，但要确保上衣的款式简洁，而且下装必须是纯色的，这样整体才更协调，更具美感。梨形身材的女性也可以选择印花上装，转移人们对其丰满臀部的注意力。

一些具有民族特色的花纹非常别致，有些

▲ 均匀分布的小图案可以使注意力分散，从而掩饰身体肥胖突出的部位。

▲ 身材娇小的人不适合太突兀的图案

▲ 印花图案的背景越深越暗，穿着者看起来就越苗条。

▲ 身材高挑的人可以用比较突兀的图案。

▲ 民族特色的花纹

看起来就像是从旅游胜地买的一样。购买这种服装一定要试穿，看是否适合自己，能否达到扬长避短的效果。

身材丰满的女性最适合穿流线型图案的服装。衣服剪裁要合体，不要过于宽松，否则会让你显得更肥胖。但是如果衣料轻薄飘逸，效果就不错。

动物皮毛图案如果做得以假乱真是非常不错的。举例来说，青绿色和深蓝色都是很好的颜色，但它们构成斑马纹就让人摸不着头脑了。

◀ 彰显优势

试穿那些让你感觉良好的衣服，看它们能否衬托身材。仔细研究自身哪些优势可以与这些衣服相得益彰。

回想人们最常赞美你身体的哪些部位（漂亮的脖子和肩膀，优雅的乳沟，修长的双腿，迷人的双臂，还是又圆又翘的臀部），它们就是你应该着重突显的地方。除非天气恶劣必须把自己包得严严实实，否则千万不要隐藏这些优势。

彰显自身优势：

- 双腿修长：穿短裙
- 腰身纤细：系皮带
- 臀部挺翘：一定要穿能够展现臀部曲线的紧身短款衬衣
- 脸蛋漂亮，身材不佳：利用各种饰品让人们注意你的脸

找出能够提亮面容、突显眼睛以及衬托头发的颜色，然后坚持穿戴这些颜色的服饰。

牢记适合自己的颜色、布料、服装款式以及尺码，如果记性不好，最好将这些资料详细记录下来，外出购物时随身携带，以便参考。

◀ 合身为本

试穿衬衫和夹克时，要注意胳膊和肘部不能是紧绷绷的。过紧不好，但也不能过松，衣服过松和过紧一样，效果都不怎么样。如果你身材娇小，过于宽松的衣服让你看上去像被装了起来；如果你身材高大，那就显得更高更壮。你所选择的衣服应该非常合体，如果衣服有些瘦，千万不要试图把身体塞进衣服里。胖

瘦合适的衣服会让你看起来比实际上苗条，而挤压硬塞才能穿上的衣服只会让你看起来更加肥胖。

丰满身材的着装建议

如果你曲线突出，应避免颈部的复杂装饰，围巾、大领结和衣领镶边之类的都不能有。

胳膊粗壮的人最好穿长袖装，适当遮掩。袖子应略宽一些，千万不能紧裹在胳膊上，否则上臂的赘肉就更加明显了。

即使双臂曲线并不完美，你仍然可以穿短袖装。只是不要忘记袖子一定要宽松。

一件修身的束腰长外套外加一条修身长裤，可以制造苗条的视觉效果，还能把人们的注意力从你微凸的小腹上引开。（千万不要穿宽松的罩衫！）

前面无褶的长裤有收缩感，能使曲线更流畅，而前面有褶的长裤则有扩张感，能使人显得高挑。

如果你想掩饰微凸的小腹，衣摆刚盖住胯骨的束腰上衣是很好的选择。但要注意的是，衣服的布料一定要有垂感，例如毛织布或绉绸。同样款式的衣服，如果面料厚重，比如毛料或天鹅绒，看起来就会很臃肿，完全起不到修身的效果。这样穿着时，一定要保持下半身同样苗条，上下协调才更有整体感。

宽腿直筒长裤可以掩饰粗壮的双腿。穿着时应确保裤边刚好盖在鞋面上。如果裤子过短，裤边悬空，将会增加腿的宽度。

千万不要选松紧带长裤，最好选量身定做的长裤。量身定做的长裤可以拉长腿部线条，塑造曼妙身材，而松紧带长裤则会暴露腰间的赘肉。

不对称性设计，尤其是褶皱设计最能弥补身材欠佳的缺陷。某些特殊衣料，比如高档毛织布，做成斜裁连衣裙，遮盖小腹的效果特别

> **小贴士 ♡**
>
> 塑形内衣确实能托起胸部和臀部，抹平小腹，我们大可以在它们的帮助下获得完美的身材。但是要注意，塑形内衣作用有限，它只在莱卡棉的弹性范围内有效。如果对收腹内裤期望过高，过度挤压只会让多余的赘肉出现在身体的其他部位。

丰满身材的着装建议

好。所有质地柔软的布料都能很好地帮助掩饰小腹。

尝试肩部棱角分明，腰部曲线玲珑的衣服。从头到脚都穿着宽大松垮的衣服效果十分糟糕。

丰满的女性最适合佩戴下垂的长耳环。纽扣状夹式耳环和珠形大耳钉会让你看起来更丰满。

娇小身材的着装建议

身材娇小者最好不要穿带有横条纹的衣服，因为这些水平线条让她们看起来像被截成了两段，从而显得更加矮小。亮色皮带也要慎用，以免产生同样的效果。

身材娇小的女性最好选择低腰服饰，高腰的断不可选，连腰线在正常位置的衣服也不宜多穿。低腰的裤子、裙子和连衣裙能让人产生错觉，腰线哪怕只降低两三厘米，也会让你又瘦又高。

袖孔开得较高的窄袖衫，也能拉长身材。

紧身长裤的裤边长及脚踝，不论搭配平底鞋还是高跟鞋，都会有变高的视觉效果。

一件量身定做的女装或斜裁连衣裙，搭配中跟轻舞鞋，就能确保身材比例协调。

连衣裙比上下装更能使身材娇小的女性显得高挑。

高腰线（腰线在胸部正下方）同样也能让娇小的女性显得高挑。

身材娇小的女性适合穿裙子。如果身材娇小，曲线分明，那么裙装的效果远胜过长裤。

身材娇小的女性也可以穿稍长的裙装，但是需要保证身体比例协调。鞋必须有跟儿，上衣款式要简单，要有收身效果，这些都能让你显得高挑。长度超过膝盖的大摆裙就不要尝试了。

及膝风衣确实能增加修长感，但是对身材娇小的女性来说，还是短款风衣效果更好。

身材娇小的女性应该对大垫肩和呆板的设计避而远之，那些身材娇小又相对丰满的女性更应如此。

身材娇小、曲线不明显的女性，最好不要穿及膝长靴，中腰靴最合适。

身材娇小的女性，可以把小西装的袖子适当地缩短一些，但同时应注意调整袖子的宽度，

以保证比例协调。修改长裤时，也要注意同样的问题。又短又宽的衣服对于任何想在视觉上增加高度的人来说，都不是一个明智的选择。

平板身材的着装建议

如果你身体曲线不明显，可以在胯部松松地系一条宽腰带，相比紧紧勒在腰间的皮带，低腰腰带塑造腰部曲线的效果要好得多。一件有收腰效果的衬衫也能起到和低腰腰带一样的效果。

坚持使用黑色皮带。彩色皮带会使腰身显得更粗，曲线更模糊。

曲线不明显的女性要想扭转局面，就要在腰上下功夫。把上衣下摆塞进不太修身的半身裙里，可以塑造出性感的身体曲线。上衣下摆过长会造成身高缩水，可以在腰间系一条宽腰带弥补。

如果臀部曲线不明显，应该避免穿紧身直筒裙，取而代之的是 A 字裙。

大摆裙可能会产生神奇的效果。大裙摆伴随着你的动作轻盈舞动，让你的一举一动都显得与众不同。鞋子一定要带跟，即使是低跟鞋也能产生平跟鞋无法产生的效果。先天不足并不重要，重要的是你如何弥补。（穿长裙可能会显得更加矮小，而在长裙上系一条宽腰带就能弥补身材的缺陷，甚至显得更加高挑。）

平板身材的女性应该购买布料厚重的衣服，可以尝试斜纹软呢、灯芯绒和斜纹布。

带有褶皱的长裤可以为窄小的臀部增加曲线，但是这只对身材高挑（身高 170cm 以上）、小腹平坦的女性才有效。否则，还是选择前面平整的长裤更好。

平板身材能将裙装的魅力发挥到极致，芭蕾舞裙、舞会裙、体操裙、A 字裙，任何一款裙装她们穿上都非常别致。但要注意的是，裙子的款式要尽量简单。不妨搭配一字领紧身衣，以便更好地展示你性感的锁骨；搭配白色紧身汗衫效果也不错。你还可以选择一条宽腰带来突显腰身。如果你身材高挑，用带有层层荷叶边的裙子搭配开襟羊毛衫是十分雅致的时尚之选，但是要保证衣袖不能太长，最好刚过胳膊肘（如果有必要，可以把稍长的袖子卷至肘部下方），以免有累赘之感。

娇小身材的着装建议

平板身材的着装建议

梨形身材的着装建议

梨形身材的着装建议

千万不要试图把丰满的曲线变成直线。直筒状的衣服并不能隐藏下身的赘肉，而且还会让你看起来缺乏曲线美，显得更加臃肿不堪。你可以尝试那种凹凸有致的衣服：腰身内收，膝部紧窄。

一身中性色，对身材要求不高，但能勾勒出大致轮廓的装束（比如量身定做的连衣裙或外套加长裤），外面套一件宽松的及膝风衣，敞开扣子。不必因为风衣颜色显眼或质地华贵就心存疑虑，担心有人会指指点点。

梨形身材的女性绝对不要束紧腰身，相反，应该尝试高腰（这能让你的双腿显得修长，并且能掩饰过于突出的臀部曲线）或者低腰服装。开襟羊毛衫适合梨形身材的女性穿着，但最好选择宽松的款式，扣上纽扣也不显紧绷，长度最好到腰部上方，穿的时候解开最上面的纽扣，这样能起到提高腰线的作用。在T恤衫的外面罩一件质地柔软的衬衫，不扣纽扣，也可以达到同样的效果。穿着宽松上衣时（长度盖住臀部），可以在胯部松松地系一条皮带，这样可以降低腰线，而且宽松的上装可以帮你重新调整身材比例。

你可以在丰满的臀部系一条低腰腰带，腰带在小西装下若隐若现，更显得新潮时尚。如果腰带扣非常引人注目，确保腹部和胸部都比较完美，否则人们在注意腰带扣的同时也会注意你身体的缺陷，那此举就适得其反了。

落肩袖领或一字领设计，可以起到增大肩宽的视觉效果。相应的，较宽的肩部使得腰围像是变小了。

有缩臀效果的套装：长及指尖的小西装，腰身处应稍稍收紧（总之不能是宽松直筒的款式），布料有垂感的直筒长裤或半身裙、高跟鞋。一条面料稍带光泽的窄腿裤或一条轻薄的A字裙，可以平衡丰满的臀部。这种体形的人，掩盖身材的衣服要比突显身材的衣服更能突显其优势。长裤下穿高跟鞋能进一步彰显苗条的效果。

衣长过膝的长款风衣款式经典，曾经风靡一时，但现在已经成了时尚界的老古董了。梨形身材的女性并不适合穿这种长风衣，它和短款小西装一样会让宽大的臀部更加显眼。梨形身材的最佳选择是具有掩饰作用的中长款外套

（只要腰部不紧绷，效果就不错），长度到大腿部位。柔软的开襟羊毛衫或者衬衫式夹克都是休闲场合的极佳选择。比较板正的小西装也可以当休闲装穿，但是臀部丰满的人通常要把扣子敞开，这样效果才好。

修身（束腰）上衣，外加显瘦的直筒长裤，也非常棒，这身装束线条流畅，可以产生身材苗条的视觉效果，并且能转移人们对你小腹的注意力。但是应注意，长裤必须平整，不能有裤线或褶皱，裤脚不能有翻边。

几乎没有哪个女性能把有带盖的口袋的以及带褶的长裤穿出味道来，与此相反，简单平整的口袋的和无褶的长裤每个人穿都很合适。但是要注意：大贴袋也会增加身体宽度，让你显得臃肿。贴袋只有在牛仔裤后面才好看。

小山羊皮半身裙和长裤可以使松垂的臀部看起来很结实，这是时尚界的着装奇迹之一。

如果你臀部丰满，尽量不要穿迷你裙。迷你裙会把目光都吸引到你不希望大家注意的部位。

从头到脚穿的都是同种面料的衣服，对于曲线鲜明的人毫无益处。选择单品重新搭配，上下装面料可以不同，但颜色最好相同，起码要协调，这样可以为你增添活力，而不会显得呆板。（谨记：有光泽的面料有扩张作用，粗糙的面料则有收缩作用。）

梨形身材的女性穿牛仔裤很迷人。选择布料有弹性、剪裁能突显体形的款式，不要选过于肥大的款式。

梨形身材的女性为了显得时尚，往往会选择宽肩服装，殊不知这是一个非常严重的着装误区。千万不要犯这种错误。宽大的肩膀并不能平衡你同样宽大的腰臀曲线，比实际肩宽宽好几寸的垫肩只会让你看起来更壮硕。实际肩宽只要精心修饰，效果会更好。

尝试用裸露来转移注意力，露肩效果不错，

> **小贴士** ♡
>
> ### 万能风尚定律
>
> 不论你是何种体形，首先找一个高明的发型师，从头发开始改变。一个精心设计的发型，可以帮你隐瞒年龄，遮掩赘肉，缓解压力，一顿饭的功夫就能解决所有问题。

裸背也可以使臀部显得不那么宽大。但是要注意，胸部丰满的女性绝对不要穿裸背装，否则缺乏承托的胸部会下垂，效果更不好。

◀ 协调全身各部位

胸部

不管你对自己的胸部曲线有何不满，都可以通过着装加以改善。胸部过于丰满可以通过穿衣缩小胸型，而平胸女性则可以通过服装重塑胸部曲线。以下是改善胸部曲线的技巧：

技巧1：肩膀

要使原本迷人的胸部更加完美，或者想让平坦的胸部显露曲线，要在肩膀上下功夫。保持垫肩位置合适，绝对不要改变你天然的肩部曲线。裸肩可以转移人们对丰满胸部的注意力，但是一定要给胸部足够的承托，否则千万不要穿无肩带的衣服，那样只会破坏你的形体美。

技巧2：领口

领口是调节身材比例的有效部位。V字领和大开的领口可以让身体显得修长苗条，如果需要掩饰体形缺陷，不妨把领口敞开一些，这样人们的注意力就不会集中在你的"问题部位"了。衣领是为你塑造百变风格的秘密武器，它可以让你的整体形象更加协调，并且和帽子一样能衬托脸型，提亮脸色（用法却比帽子简单）。举个例子，黑色或灰色的V领或圆领羊毛衫，搭配一个挺括的白色衣领，可以给充满家居或休闲风格的针织衫增加干练的职业化气息。可以试试方领服装，如果穿着得当，方领和丰满的胸部能显出独特的韵味。

吊颈装是专为平胸女性设计的。一件面料有垂感的吊颈装能营造出难以言说的迷人效果。但是吊颈装通常不适合胸部丰满的女性，因为吊颈设计无法承托丰满的胸部。

如果你胸部丰满

新手须知：千万不要把完美的胸部隐藏在

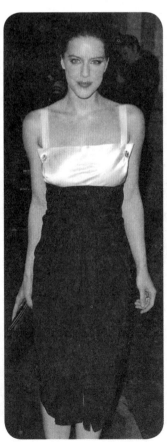

宽松的衬衫里，这是一种极大的浪费。如果你的胸部比理想中要大一些，宽松肥大、富有层次的衣服是无法让它们显得小一些的。实际上，在多余衣料的摆动衬托下，你不仅无法掩饰丰满的胸部，还有可能与时尚背道而驰。你自以为聪明地掩饰了不完美的身材，实际上却恰恰把注意力吸引到你不想人们注意的部位。你应该穿能勾勒身材的贴身服装，而不是松松垮垮、不显腰身的服装。以下是三条最重要的着装法则：

法则 1

一件做工精良、大小合适的文胸，不论花多少钱购买都不算奢侈。合身的内衣能够给你的胸部必要的承托，除了缩乳手术，这是缩小胸部的最好方法了。但是要注意，内衣一定要合身，过小过紧的文胸会过度挤压乳房，变形的乳房溢出罩杯，造成胸部移位，非常不雅观，即使在层层衣物的掩盖下，别人也看得出来。

法则 2

能够彰显身材的衣服永远比宽松肥大的衣服要好。如果你怕曲线毕露引人注目，可以在外面加件宽松的外套，但是最好敞开口露出里面紧身的衣服。可以试在衬衫式夹克里穿一件编制精良的毛衣，或者是在修身连衣裙外套一件精致的开襟羊毛衫。

法则 3

不要穿高领毛衣。除非你能像性感偶像安妮塔·艾克伯格（Anita Ekberg）一样处理肉感的身材，否则你还不如去做缩乳手术。

使胸部显小的建议

一件深色的上装（纯色，不带图案），搭配一件颜色较浅的下装，可以产生减小胸围的视觉效果。

如果你的罩杯大于 B，千万不要穿胸部有口袋（翻盖口袋更不能有）的紧身衣。

胸部丰满的女性不要穿收腰上衣，否则胸部下垂会让你看起来像怀孕的妇女。

不要总是想要遮掩或者减小自己丰满的胸部，偶尔也炫耀一下，只是不要忘记提供足够的承托，能够托起胸部的紧身上衣或连衣裙都是很不错的选择。

领口不太低的 V 字领毛衣、无袖吊带装和长袖圆领套头上衣都是胸部丰满女性的理想选择。而水手领和扣得严严实实的开襟羊毛衫是此类形体最不适合的装束。

尝试用量身定做的上衣和宽松的长裤来塑造苗条的形体。

如果你腰部以下比较苗条，下装（裤子或半身裙）的颜色应该比上装轻浅明亮。一件纯深色上衣搭配一件浅色的下装可以达到很好的效果。

高腰线连衣裙已经过时了，但是方领高腰连衣裙仍然很有韵味。

千万不要系皮带，宽窄都不行，它们只会让你的上半身显得更短，从而让人们更加注意你丰满的胸部。

使用手镯和耳饰：任何可以把人们的注意力从胸部转移的饰品都可以用。

不要戴垂挂的耳饰和长珠串。

如果你胸部较小

层次、绳边、褶皱可以使胸部更显丰满，而且又不失时尚典雅，可以试试那些带有褶皱装饰的吊颈上衣或是女式衬衣。如果你是平板

胸部丰满女性的建议着装

身材，宽松的上装可以更好地塑造腰部曲线。

紧身胸衣可以帮助平胸女性塑造胸部曲线。

填有海绵垫的加厚文胸会把乳房挤到一起，但这并不是让小胸变大的最好办法。尝试穿戴下围较宽的文胸，如果需要可以使用加厚棉垫。宽大的下围可以更好地托起胸部，其效果和支撑型文胸的宽肩带一样，只不过外观看起来更漂亮。

双肩

遮盖双肩的衣服

确保服装肩部合身。任何服装的肩部都应该能勾勒出你实际的肩部曲线，更理想的情况是美化曲线。比实际肩宽略宽的垫肩让你显得臃肿壮硕，毫无美感。

裸肩的衣服

裸肩是最具诱惑力的时尚元素之一。裸露的肩膀能立即让板直腰身显得曲线玲珑，并平衡过于丰满的臀部。而且，肩膀是人体最不容易暴露年龄的部位。

窄肩和削肩

如果你的肩部窄小或者肩头下垂，一字领要比宽垫肩更能美化你的肩部线条。

肩部挺括的外套上身效果最好。外部框架已经准备好了，不管你肩型如何，只要穿上这

胸部较小女性的建议着装

小贴士 ♡

万能风尚定律

乳沟浅露即可，切不可暴露太多。

种款式的衣服，肩膀的效果立刻就出来了。

不要穿戴那些会把注意力吸引到身体中部的服饰，比如领带、长围巾、长项链，还有紧身上衣，它们都会让人们更注意比肩膀更宽大的臀部。

宽肩

宽肩本身就比窄肩显得时尚。如果你不想让肩膀看起来太宽，就不要穿圆角上衣和布料有弹性的筒状上衣。

腰部

阅读这一部分前，首先要明确自己是高腰身还是低腰身？

高腰身是指上身比下身短的身材。

美丽锦囊

领口

领口是塑造上身曲线的关键。以下是六个让你获益匪浅的领口小秘密：

1. 方形领口一定会衬出小脸。
2. 高领套头衫能突出下巴和下颌。
3. 一字领和斜裁领能衬托出苗条的下身和时髦的宽肩。
4. 吊颈装能充分展示优雅的双肩，并转移人们对丰满臀部的注意力。
5. V字领和开领使上身显得苗条修长。
6. 如果你的颈部很有骨感，尽量不要戴纤细的项链，可以用粗短的项链或是服装的高领取代，这样可以拉长颈部线条。

▲ 凯拉·奈特利：低腰身
装扮

▲ 卡梅隆·迪亚兹：高
腰身装扮

起来腰线仿佛降低了一般。

低腰身的女性应该把短款上衣与线条修长的下装作为首选。把衬衫下摆束进腰间，同样能起到增加下身比例的作用。

可以使用腰带调节腰线的位置。高腰身的女性应该使用和上装颜色相同的腰带，低腰身的女性应该使用和下装颜色相同的腰带。

双腿

浅色短裤会让各类腿型都显得粗壮，深色短裤可以产生修长苗条的视觉效果。

如果面料粗糙厚重，图案繁复，即便是做成紧身衣，也会使穿着的人显得臃肿。除非你瘦骨嶙峋，确实需要增肥的效果，否则就不要使用这些面料。即使是直线花纹也有增肥效果，因为直线会因身体肥胖突出而变形。

如果一定要有图案，那么可以选择精细的渔网纹；如果一定要来点别致的颜色，那么可以选择浆果色、酒红色、苔绿色、炭黑色，而不要选橙色、鲜红色、黄色和深蓝色。白色紧身裤和浅色或酸性色调只有在模特身上才会好看。高跟鞋可以立刻使各种腿型都变得修长纤细。

宽腿裤或剪裁不当的长裤以及裤脚的翻

低腰身是指上身比下身长的身材。

如果你是高腰身，就不要穿束腰夹克、高腰裙，还有高腰线的其他服装。一件贴身的毛衣，衣摆刚好接住半身裙的腰部，可以让上身显得更长一些。

高腰身的女性最好不要系那些带扣耀眼华丽的皮带或色彩鲜艳宽腰带。如果你臀部较窄，可以系一条低腰皮带，这样可以拉长上身，看

美丽锦囊

具有增高效果的着装五法

1. V字领上衣总是能让上身看起来比实际上长，而且还能使脖子显得更长。衬衫或单排扣小西装的窄小翻领也能达到同样的效果。

2. 竖条纹和细条纹（不要过分花哨，不然你看起来就像是小丑库斯提）可以产生身材修长的视觉效果。

3. 亮色或浅色小西装，搭配深蓝色、黑色或棕色下装，比如长裤、半身裙效果都不错。你可以在小西装里搭一件黑色T恤衫。

4. 避免过多的荷叶边和褶边装饰。款式简单、比较修身的单排扣套装，衣长过膝、带有腰带的长风衣，裤长盖住鞋跟、几乎搭到地面的修身褶边长裤，及膝或过膝A字裙都是很好的选择。贴身筒裙比大摆褶边舞裙更能使穿着者显得高挑纤瘦。

5. 要使腿部显得修长，最简单的方法就是穿尖头细高跟鞋。膝盖以下不要出现横条纹，比如靴筒到小腿或脚踝的靴子或有T形带的皮鞋，都会将脚尖到膝部的流畅线条截断，从而显得腿短。及膝长靴能够有效增加双腿的修长感，但是要确保靴子筒到膝盖骨下方。如果用靴子搭配裙装，要注意使二者颜色相协调。

边会使各类腿形变得短粗。除非你有身高优势，矮一点也不怕，否则千万不要穿这种裤子。如果你不知道自己是否适合穿这种款式的裤子，保险起见，还是再在宽腿裤下搭配一双高跟鞋吧。

长裤首先要能搭配鞋子，其次才是搭配裙子。鞋袜搭配协调通常会使整身装束效果更佳，而且还能使腿部显得修长。

纯肉色短裤搭配裸色系高跟鞋会让双腿显得更修长。

千万不要穿只到小腿肚子的紧身七分裤，最好改穿九分裤或长裤。裤长至少应该到小腿开始变细的地方。

脚踝系带的鞋子会使大多数人的脚踝看起来更粗壮，并使双腿看起来更短。

鞋面覆盖脚面的面积越小，腿部线条就越显得修长。这一原则对脚后跟也同样适用，这正是所有人穿拖鞋好看的原因。

各个年龄段的着装

就在不久前出现了这样一条时尚法则：年过40的女性不能再穿长裤，年过30的女性留长发就是装嫩。这条准则放之四海而皆准吗？未必！但那时候时尚法则不容置疑，只能照做，否则你就会被讥笑为落伍过时。

还是那个年代，如果设计师认定超短裙是时下最流行的服饰，那么你除了穿超短裙之外别无选择。对于那些腿部线条不够漂亮的人来说，她们只能徘徊在时尚大门之外，傻傻等待这一潮流过去。一旦过了某个年龄，你就仿佛进入了时尚隔离区，从此与粗花呢和漂亮鞋子再无缘分。

值得欣喜的是，那样的时代已经一去不返了。设计师们不再是时尚潮流的主宰，他们只能提供着装建议；规则不再不可动摇，而是灵活多变。选择权掌握在自己手中，这本来是件值得高兴的好事，但是事实却并非如此。没有了硬性规定，我们面对时尚时变得犹豫不决。

没人会告诉你蓬蓬裙是否适合你，如何选择完全要靠自己。

有些选择比较容易，比如，如果时下流行超短裙，而你的腿部线条不尽人意，那就毫不犹豫地直接选择别的服装吧。但是，如果你有迷人的双腿，而且年近40，但此时穿超短裙比20年前还要有魅力，这时该怎么办呢？这倒是个棘手的问题，必须要考虑如此穿着的个人感受，身材以及容貌是否与服装相协调等问题。

时尚法则需要及时更新，死守过去的时尚法则并不能帮你解决时尚难题，反而会弄巧成拙，可能会让一个美丽动人的40岁女性立刻变成家庭主妇，或者让一个初涉职场的20岁女性变得拖沓迟钝。以前的法则早已过时了，如今的女性随着岁月流逝反而越显年轻，你可以看到很多60岁的女性在时尚品位上和30岁的女性一样前卫，而且完全不显得不合时宜。这是时代的进步，任何人都没有理由对此不满。

越来越多的女性在工作场合穿得像时装模特一样靓丽，"职场女性必须穿制服"的硬性规定已经成了摆设。不论你处于哪个年龄段，买衣服时只要挑适合自己的就行了。

我们不禁要问，既然非黑即白的法则已经不适用了，难道我们就要停在灰色的中间地带吗？究竟有没有新的规则可以引领我们步入新时代呢？

◀二十多岁

很明显，你越是年轻，承担风险的能力就越强，就越有机会赢得你想要的一切。你大可以尝试最流行的时尚热点，不过，也不能仗着年轻就觉得穿衣百无禁忌，着装还是要尽量和形体特征（不管多大年龄，只要体形不佳，穿着露脐装只会暴露腹部的赘肉）及生活方式（职场穿着短裙、短裤会降低你的可信度，那些过于沉闷的套装也一样）相适应。除此之外，你可以尝试所有款式的服饰。

◀ 三十多岁

现在你的个人风格基本上已经形成了。你了解自己的身体，对哪些衣服能衬托身材，哪些衣服毫无帮助，也有了自己独到的见解。当然，追求时尚永无止境，日后你还会遇到越来越多的时尚难题。了解自己是一件很棒的事情，你完全不需要承担整形手术的风险，通过简单的服装搭配就可以扬长避短，展现完美身材，。

是时候重新评估自己昔日最爱的服饰了：那条配有装饰性皮带的低腰裤是否仍然适合你？如果你发现自己经常出入高档饭店，很少去夜店，那些酒吧服装是否有些不合时宜了呢？

如果你想对个人风格做些小小改变，现在也是最佳时机：你可能突然觉得自己的着装风格应该向性感转变，或者觉得应该将开司米外套之类的针织服装作为自己衣橱的主角。虽然你还是依据当季流行趋势挑选衣服，但是不同的是，现在的你已经明确什么适合自己，这让你在选购衣物时更明智。

现在你不应再受制于时尚，而应巩固已形成的个人风格，展现自己最美好的一面。如果你的身体和穿衣风格配合得非常好，那么换季时选择合适的衣服对你来说就不是难事了。记住，一定要选择经久不衰的经典款式。

◀ **四十多岁**

现在你衣橱里的衣服应该符合 60：40 这一比例——60% 是历久弥新的经典款式（不包括那些呆板的服饰，而是指那些做工精致，你十分喜欢并且打算长期拥有的服装），40% 是时下流行的款式。如果新潮流适合你，千万不要否认，大大方方地接纳这些时尚元素吧。但是最好不要照搬 T 台模特的走秀装，对某些细节做些改动往往更显别致。如果你身材很棒，满怀激情准备尝试时尚的透视装。建议你不妨以遮盖型内衣打底，外套精致的蕾丝上衣或雪纺上衣，半遮半掩的效果要比过度暴露好得多。粗花呢小西装可能更适合 20 多岁的年轻人，这种中年人更青睐的款式穿在他们身上显得非常时尚，而 40 多岁的中年人穿上却显得十分平庸乏味。最后，要注意体重。40 多岁的女性，丰满一点比骨瘦嶙峋要好一些，太瘦会让你气色不好。

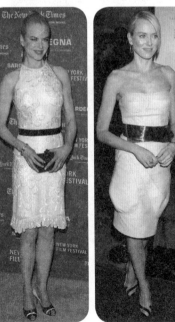

◀五十多岁

如果你对个人着装风格十分满意，可以保留衣橱中那些经典款式的衣服，但是也不能一成不变，可以用流行色、流行面料或其他流行元素为自己增加一点时尚感。如果变幻莫测的时尚潮流让你兴奋不已，那么尽量购买当下最流行的款式，但是同时还要考虑个人风格。如果套装不适合自己，那就选择适合自己的单品。到一定年龄后，你就要和某些服装说再见了，比如连身衣、牛仔裤、斜裁上装、啦啦队短裙（其他类似的蹩脚服饰）以及长及大腿的尖头靴都应该送到慈善义卖机构。即使你身材保持得很好，有些衣服还很适合，但还要注意衣服的

风格与不再年轻的面容是否搭调。放弃"年轻人"的服装很有必要，但也要时刻警惕那些老掉牙的"适龄装束"。如果你的皮肤和身材保养得很好，你完全没必要放弃让你感觉良好的低腰长裤（但千万不要露出肚脐）或牛仔小西装。你可以根据喜好购买当季流行的牛仔装、衬衫，还有时髦的手袋，但是在搭配时，只要整体装束中有一件能体现当季流行趋势就足够了，以它为主调，其他装束都应低调、简单。不要忘记个人风格始终要得到体现：如果你长久以来展现的都是嬉皮风格，那么现在也没必要做出改变。只是你不需要把南美披风、青绿色臂环、木屐、长袍以及头巾等所有这些嬉皮装束同时穿戴上，一次穿戴其中一件就足够了。

◀ 六十多岁

学着放弃那些华而不实的服饰，随着年龄的增长，有些女性反而更看重这些东西，真是让人不理解。过多的花边或其他装饰更容易暴露年龄，而简洁利落的线条则显得活泼干练。你可以尽情使用醒目的图案，迷人的金属饰物以及鲜艳的色彩，这些东西在你身上更显得雍容华贵。古怪的细节（比如复杂的衣领和形状奇怪的纽扣）或图案（土气的树枝或花朵图案）只适合动画片里的老奶奶。到了一定年龄，任何雍容华贵的服饰都只会显得缺乏品位。板正的套装或手提包则会让你显得很刻板。

巧用配饰

得体的配饰可以给人留下难忘的印象。只要选对配饰，就能搭配出任何你想要的整体效果。选购配饰需要花不少钱，而事实上，你完全没有必要为了某件配饰一掷千金。有些配饰价格十分昂贵，以至于你不得不分期付款，但是或许还不等你还完全款，这款配饰就已经过时了。退一步说，即使是最富有的人也不应该如此挥霍，任何人在进行时尚投资时，都要目光长远。

有时候，潮流确实会卷土重来，你压箱底的衣服很可能会重新引领时尚潮流，但是这种情况并不常见。你唯一可以确定的是：即使那些时髦的裤子都因过时而被遗弃，你的柏金包也仍然不会过时。不像衣服，配饰不会出现和身材不搭配的情况，没有任何手提袋会让你显得肥胖，也没有任何鞋子会让你的臀部显得过于肥大。在我情绪低落的时候，一架子的莫罗·伯拉尼克（Manolo Blahniks，著名鞋品牌）、吉米·丘（Jimmy Choos，著名鞋品牌）以及克里斯汀·鲁布托（Christian Louboutins，著名鞋品牌），比任何鸡尾酒，都更能安慰我失落的心灵。相信我，你购买配饰行为的获益者不仅是你自己，你的女儿、侄女甚至教女都会获益匪浅，留给她们伯拉尼克鞋和柏金包，比留现金更让她们开心。

◀ 鞋子

你的鞋架最起码应该包括这几双鞋子：

（1）一双路夫鞋，或类似的平底便鞋（搭配周末休闲装）。

（2）一双有跟的（即使是矮跟）轻舞鞋可以搭配你比较正式的装束。

（3）一双晚宴鞋子。

（4）一双及膝长靴。

对鞋子的看法

个子较矮的女性穿过高的高跟鞋会显得比例很不协调，中跟细高跟鞋会更加雅致。

如果你整身都穿的特别宽松（如版型较宽的裤子、罩衫、束腰外衣以及厚毛衣），那么最好搭配一双坡跟鞋来平衡一下。

平底芭蕾舞鞋非常适合搭配剪裁修身的长裤和迷你短裙。

罗马风格的细带夹脚凉鞋十分适合搭配宽松的服装（如长袍、束腰外衣和亚麻夏装）。

路夫鞋搭配细腿裤或直筒牛仔裤简直太完美了。路夫鞋搭配直筒裙能让你回归学生时代，如果你双腿曲线完美无瑕，裙子可以稍短一些。

低帮鞋比较适合脚踝较粗的女性。

楔形高跟可以使粗壮的小腿肚子显得更细一些。

高挑的女性穿平底鞋很漂亮，穿高跟鞋更加迷人，前提是她们能够抬头挺胸，身姿优美。

超细跟高跟鞋搭配亮色或修身铅笔裙，效果极佳。

脚踝处的系带可以突显纤细的双腿，也可能会让双腿显得又粗又短。如果你拿不定主意，那就用它搭配较长的裙子（如果你小腿较细，裙长可以刚及膝盖；如果你小腿较粗，那裙长就得更长一些）。

如果你服装的颜色是同一色系的不同色调，那么搭配一款同色系的深色鞋子效果会更好（驼色连衣裙搭配褐色鞋子，或紫红色连衣裙搭配暗紫色鞋子）。

密实的长筒袜（比如不透明长筒袜或针织长筒袜）可以搭配露趾鞋。如果脚趾前端看不到缝合线，渔网袜也可以。透明长筒袜可以搭配不露趾的后系带凉鞋，一定不要穿长筒袜搭配凉拖。

细高跟凉拖可以立即为夏季套装增色不少。

那些造型怪异的高跟鞋搭配短裙，效果十分糟糕。此类鞋子一定要搭配长度超过膝盖的裙子和裤子。

手提包和鞋子都要跟衣服配套，这种观念早已过时了。

要求配饰和衣服搭配，是20多年前流行的做法。如果你一定要这么做，那就只把鞋子和某件衣服搭配起来。比如，用红色的鞋子搭配带有红色印花图案的上衣。一条黑色连衣裙搭配红色鞋子效果无敌，但搭配红色披肩效果可

▲ 个子较矮的女性中跟细高跟鞋会更加雅致。

▲ 整身都穿的特别宽松，最好搭配一双坡跟鞋来平衡一下。

▲ 平底芭蕾舞鞋非常适合搭配剪裁修身的长裤和迷你短裙。

▲ 罗马风格的细带夹脚凉鞋十分适合搭配宽松的服装。

▲ 路夫鞋搭配细腿裤或直筒牛仔裤简直太完美了。

就不怎么样了，显得太做作了。

高跟鞋可以拉长腿部曲线，修饰小腿线条，不论什么时候都是一个绝佳选择。

松糕底对任何人在任何情况下都不是明智的选择。

靴子

高跟长筒靴子是你需要购买的最实用的款型之一，只要能接受，鞋跟越高越好。它们可以搭配长裤、及膝收腰大衣，搭配及膝铅笔裙效果更佳。只要膝关节不肿大，在长筒靴和裙边之间露出膝盖，看起来会更漂亮。

裸靴是长裤的绝佳搭档。一双鞋帮刚及脚踝的裸靴，可以使穿着者显得更加高挑。鞋帮超过脚踝，会降低视觉高度，要慎重选择。

平底裸靴，搭配宽松的长裤效果不错，但是通常不适合搭配裙子，除非你的双腿像小鹿一般优雅，否则还是不要这样搭配为妙。

修身长裙搭配裸靴，效果不错。

维多利亚女靴后跟较低，鞋头很尖，脚踝以上都紧紧束着鞋带。这种鞋子搭配九分裤（只要裤边能盖住靴筒上缘就行）、长大摆裙以

▲ 高跟长筒靴子

及及膝 A 字裙。

马靴搭配盖住靴筒上缘的大摆裙或直筒裤效果很棒，将靴筒上缘翻下来一段也显得很时髦。如果你双腿偏胖，那么还是不要这样做了，这样只会让腿部显得更胖。同时要尽量避免用马裤配马靴，除非你真的要去骑马。

双腿修长的女性穿上厚底靴搭配小短裙非常可爱。摩托靴筒直可以百搭，牛仔裤、蕾丝裙和迷你裙都能搭配得恰到好处。

牛仔靴是一种经典款式。搭配牛仔裤显得坦诚率直，搭配干练的西装外套显得精明能干，搭配一条粗布裙则显得浪漫迷人。

平底高筒靴可以搭配迷你裙或是飘逸长裙，但是不能搭配不长不短的裙子。

晚装靴子搭配长外套或长裙十分抢眼。

靴子的完美搭配

靴筒刚及小腿最粗处的靴子最为迷人。靴筒上缘应该紧贴腿部，而不是勒住小腿，而且靴子的材质应该柔软，不能太过僵硬。

小腿较粗的女性最适合穿那种可以掩饰双腿缺陷，并能拉长腿部曲线的时髦靴子，不要穿紧贴在腿上带有弹力的款式。

靴筒长及小腿中部的款式不适合小腿较粗的女性，及膝的靴筒会把人们的注意力吸引到这里。但是如果你双腿修长，此类靴子搭配及膝长裙效果很不错。

凉鞋

凉鞋是夏日时尚的灵魂，任何款式和材质都可以选择，不必太花心思搭配颜色。

如果要买颜色鲜艳的鞋子，凉鞋是最为稳妥的选择。它们能使中性色的装扮别具一格，并且是印花服饰的理想搭档。

如果要穿中性色的鞋子，那就选择米色、卡其色或裸色吧。如果觉得这样有些单调，可

▲ 修身长裙搭配裸靴，效果不错。　　▲ 双腿修长的女性穿上厚底靴搭配小短裙非常可爱。

▲ 晚装靴子搭配长外套或长裙
十分抢眼。

▲ 平底高筒靴可以搭配迷你裙或是飘
逸长裙

▲ 中性色的鞋子，那就选择米
色、卡其色或裸色吧。

▲ 如果要买颜色鲜艳的鞋子，
凉鞋是最为稳妥的选择。

以尝试带有动物皮毛花纹的款式，仿蛇皮和鳄鱼皮跟真皮几乎没有区别，它们是米色凉鞋的最佳替代品。

白色运用在鞋子上并不是中性色，而是十分抢眼的颜色。

在相对保守的办公环境里穿着职业装时，一双露趾高跟凉鞋会让你显得既庄重又时尚。平底露趾凉鞋在这种环境中就显得格格不入了，它们更适合沙滩，而非会议室。

搭配套裙的凉鞋应该选择高跟的，如果你一定要穿矮跟或平底鞋，那么不露趾的凉鞋更为妥当。

关于脚部的忠告：如果脚部没有精心护理，就千万不要露出来。

晚装鞋

参加晚宴时，如果穿错了鞋子，那么你精心选择的连衣裙就全毁了。即使你穿的是拖地长裙，也不要认为脚上那双老旧的黑色高跟鞋会逃过别人的双眼，这是不可能的。就算你看不见自己的双脚，一定有人能看见。即使你不常参加晚宴，一双晚装鞋也是必不可少的。黑色的晚装鞋可以搭配任何庄束，穿上它们就可以立即将套装或连衣裙从干练的日装转变为典雅的晚装。还有一些特定款式的晚装鞋能让你更加出彩。

比起全封闭的高鞋面（鞋面是指鞋子包住脚趾的部分）鞋子，鞋面较低的鞋子和露趾细带凉鞋，能使身体曲线更显修长。为了确保万无一失，可以选择后系带式女鞋或是细带环绕脚踝和脚背的鞋子。

平底鞋或低跟鞋会让晚装长裤的光彩大打折扣。如果你身材高挑，可以用这种款式的鞋

▲ 白色运用在鞋子上并不是中性色，而是十分抢眼的颜色。

▲ 鞋面较低的鞋子和露趾细带凉鞋，能使身体曲线更显修长。

子搭配长及脚踝的芭蕾舞裙。

　　最优雅的不露趾款式是脚趾和脚跟封闭，中间部分裸露。比起全封闭的鞋子，这种款式更加雅致。但是如果你脚面宽大，千万别穿这种款式的鞋子（脚面超出鞋子的边缘任何时候都不会好看）。

　　不露趾的鞋子必须搭配华丽的晚装礼服裙才能吸人眼球。漆皮、丝绸、缎子，或镶嵌珠片及其他饰物的材质，都比没有光泽的皮革或小山羊皮更合适，穿着后者简直无法出门见人，看起来像是你忘了换鞋一样。

　　晚装鞋不一定非得是黑色、银色或金色。换一种显眼的色彩可以让经典款式的传统晚装更显迷人魅力。如果你不太适应，那么只需记住一点：鞋用料越少，即脚部被覆盖得越少，颜色产生的影响就越小。鞋子的材质越是闪亮（比如说缎子或漆皮），颜色的效果就越是显著，因此如果你选择了有光泽的材质，首先要明确自己确实想成为众人瞩目的焦点。

　　颜色鲜艳的鞋子会让双脚显得更加肥大。

鞋子的合脚和舒适

　　世上几乎没有哪个女人没受过漂亮鞋子的折磨，很多女人终其一生都坚信，鞋子穿得优雅漂亮是很必要的，即使双脚备受折磨也是值得的。不需费劲，我们就能总结出鞋子的哪些

▲ 最优雅的不露趾款式是脚趾和脚跟封闭，中间部分裸露。

▲ 不露趾的鞋子必须搭配华丽的晚装礼服裙才能吸引人眼球。

▲ 晚装不一定非得是黑色、银色或金色。

部位容易让双脚酸痛。以下相关建议中的大部分问题，在商店试穿鞋子时都不能立刻觉察，但是经验告诉我们警惕这些问题是很有必要的。

鞋跟越粗，鞋子的稳定性就越好，穿上它长时间走路也相对比较舒适。

高跟鞋会把相当于身体7倍的重量施加到前脚掌上，脚掌处铺垫较好的鞋子会减轻脚部的烧灼感和疼痛。许多品牌的鞋子在加工时都会在鞋底铺上一层软垫。只要鞋跟高于五厘米，它对脚掌所造成的压力和负担都无法通过这些软垫缓解，因此你得接受"软垫只能提供心理安慰"这一事实。如果你认为只要能穿上这双鞋子，忍受再大的痛苦也值得，那我就不多说什么了。

购买鞋子和靴子要在逛街逛到尾声时，双脚经过一天的劳累已肿胀疲惫了，这时合脚的鞋子才最舒适。

即使是版型窄瘦的鞋子，也不应该挤得脚趾生疼。鞋子里无论如何都要有一点儿活动的空间。

如果你想买鞋头很尖的鞋子或靴子，那估计得比实际尺码大半个到一个尺码才行。

鞋子的内里应该选择柔软的羊皮、羔羊皮或高档灯芯绒，不要选择普通的合成材料或猪皮，后者很捂脚，还会把脚磨出水泡。

鞋子捂脚，也会导致脚部不适甚至起水泡。如果一双鞋子很捂脚，但你却非常喜欢，那不妨使用好帮手——爽身粉，只要在鞋子里洒一点儿，就能保持双脚干爽舒适。

经常测量双脚的大小。脚会随着年龄的增

长不断变大。你 20 岁时穿 9 号鞋，并不代表你 40 岁的时候仍能穿相同的鞋码。

"穿穿就不挤脚了"通常都是天大的谎言，至少对鞋子来说是这样的。对于靴子，道理也差不多，只是情况稍微好一些。因为靴子对脚掌边缘和弓部的挤压相对要轻一些，这些地方变软后，靴子就不那么挤脚了。

夹脚的高跟鞋很可能会挤伤你的脚趾。

太细的鞋带更容易勒伤双脚。

在试穿鞋子或靴子的时候，千万不要只在地毯上走，要在相对坚硬的地面上走，这样你才能更真实地感受穿着它们走在人行道上的感觉。

◀ 手提包

我们必须承认：任何一个手提包都无法搭配你所有的装束。要满足一个现代女性各个生活层面的需求要求，必须拥有一系列的手提包，风格从干练到华丽，再到黑色雅致，稍稍带一点儿波希米亚风格也不错。唯一一条值得记住的定律就是没有定律。21 世纪，一个手提包只搭配一身装束是非常严重的时尚错误，完美手提包能恰到好处地衬托你的装束：一只休闲随意的手袋可以搭配一身干练的套装，一个珠光宝气的手袋可以搭配一件中性色连衣裙。千万不要过分在意手提包的大小，只要能跟你的装束搭配就行了。白天可以选择一个无肩带小包，晚上可以选择一款大型手提包。

手提包的款式

你需要什么样的手提包在很大程度上取决于你的生活方式，比如，你是在办公室工作的白领还是家庭办公的 SOHO 一族，是经常出差还是经常参加各种商务会议，是生活在城市还是乡村，包里是装自己的东西还是别人的东西（通常指婴儿用品）。

如果你大量的时间都在路上度过（不论是长途出差还是每日乘坐各种交通工具上下班），一个款式不太刻板的黑色皮包会是不二选择。如果你需要随手能拿出手机或车票，那么外面有口袋的皮包更好。如果你有时需要装很多东西，有时不需要，那么"能伸能屈"的手提包较为合适。

每个人都必备的基本款式应该包括：

（1）一个小型日用手提包（用来搭配套装和精致的连衣裙）。谨记：搭配冬装的手提包对夏装而言显得过于笨重，因此你最好冬夏分开。

（2）一个周末休闲包（搭配牛仔裤和休闲装）。

（3）一个晚装手提包。

工装手提包

此类手提包比其他手提包更实用，它们能帮你成为有条理的人，它们是你的坚实后盾，是助你摆脱困境的好帮手。它们可展示你最优秀靓丽的一面，因此千万不要吝惜，选购你能买得起的最好的手提包吧。一个劣质手提包，就像劣质鞋子一样，完全能把你千辛万苦形成的好印象给破坏掉。

手提包并不一定非要和工作服搭配得天衣无缝，但是它们的基本格调应该大致相同。如果你在工作时最常穿的是牛仔装，那么搭配背包就很不错。但是，如果你工作日都穿职业套装，那么搭配背包就显得有些不伦不类了。

最适合开车上班族的手提包，未必适合坐公交上下班的人，你需要考虑手提包的重量、大小以及你需要步行的距离。

最棒的手提包应该能很好地搭配你最喜欢的外套。

大手提包

这种大提包和职业女性的风格非常契合，它们是当之无愧的时尚先锋，既显得精明干练，又不是时尚新潮。

皮革是至今为止最耐用，又不失高雅时尚的首选材质。帆布紧随其后，位居第二。

如果大手提包空着时就很重，那么想想你装满东西后会有多重，遇上下雨天或是挤公交时又会是什么样。这些问题在购买之前一定要考虑清楚。

要确保大手提包足够大，能装下你需要的所有物品，并且有足够的暗袋和分区。

检查它们装满物品后的形状（有些大手提包装满后就会膨胀变形，十分难看）。

周末休闲手提包

用工装手提包搭配休闲装简直是乏味到极点了，因此你需要专门购买休闲款手提包。帆布、软皮革、尼龙、亚麻布、印花丝绸、牛仔布、酒椰纤维、粗花呢、藤编工艺都是很不错的选择。要过得有滋有味！

颜色选择

黑色和棕色是最为常见的中性色，但是并不一定总是最好的选择。卡其色或棕褐色是冬夏之交时更合适的选择。

一个款式经典、颜色鲜艳的（红色、品蓝，或者橙色）大型手提包能给风格款式相对传统的服装注入巨大的时尚魅力。手提包的大小十分关键，任何比凯莉包和柏金包还小的款式都会让你显得傻傻的。

颜色鲜艳的手提包可以吸引人们的注意力，从而起到掩饰不完美身材曲线的作用，特别是在你穿黑色衣服的时候最有效。

挺括与柔软的对比

尝试跟你身材对比鲜明的手提包。如果你比较丰满，一个方方正正的手提包能让你显得轮廓分明；如果你比较苗条，一个曲线柔和的手提包会为你显得更加丰满。

如果你想搭配出职业女性的干练，就不要选择太没型没款的手提包，质感柔软可以，但是松垮没型绝对不行。

大小规格

手提包应该跟身材相匹配，而不是相反。如果你的身材轮廓分明——不论是高大还是丰满，或者两者兼有——一个过小的手提包看起来都像是个玩具，显得你更加壮硕。如果你身材娇小，提着过大的手提包看起来就像是提着魔术师的道具箱一样。

小型和中型手提包通常是最合适的选择。一个塞得满满的大手提包并不能证明你多么努力工作，只能说明你是过激的工作狂，提着这么重的包走路，会像笨拙的巨人一样怪异。可以把日常用品装进大手提包里。

晚装手提包

你并不需要花大价钱购买晚装手提包，一个从跳蚤市场淘来的晚装手提包就能为你增添别具风格的个人魅力，让你从普普通通的凡人升级为时尚酷辣一族。镶嵌珠宝或装饰华丽的手提包不太容易出现老旧磨损的情况，事实上

轻微的磨损可以让它显得更有品位。

考虑你要穿什么衣服，出席的场合是否正式，是否需要保持双手都空闲。千万不要一手端着饮品，一手抓着无带手包，一路走向社交人群。

一个挎在手腕上的手提包可以保证你的双手空闲，此类手提包更显淑女风范，而且能够容纳你所有的必备品。

无带手包可以搭配干练的晚装，半正式晚礼服、筒裙、鸡尾酒会礼服，都可以搭配得非常完美。参加可以坐下用餐的宴会，可以搭配无带手包，你可以把它放在桌子上，而不必整晚都拿在手上。

肩挎包可以让双手完全解放，但它却很有可能损坏你的连衣裙。肩挎包不适合选用意大利面条式的背带（多根细带），它们很容易跟披肩、围巾等缠绕在一起。另外，不论多么时尚的肩挎包，在正式场合总是会给人留下"初出茅庐的新闻记者"的印象。

美丽锦囊

关于手提包带的一些建议

如果你胸部丰满：短带挎包正好挎在胳膊下面，靠着胸部下围，这种手提包并不能更好地起到扬长避短的作用。一个抵在腰间的时尚挎包或是挎在胳膊肘上的拎包效果会更好。

如果你臀部丰满：长带挎包，特别是包带直接垂到臀部的手提包或是像水桶一样的圆形手带，都会把注意力吸引到你丰满的臀部。短带款式会帮你把注意力吸引到上半身。

如果你身材娇小：短带挎包最合适，长带手提包会让你看起来身材更加矮小。

装备精良的晚装手提包

你并不需要随身携带装得满满的化妆包和鼓囊囊的钱包，尽量精简个人物品，只剩下必需品。如果你下班后直接去参加晚宴，可以把不需要的物品都装进一个手提袋，留在车上或存放在宴会厅衣帽间。你手提包里需要随身携带的只有以下物品：

- 适量现金（足够支付一桌酒席或打车回家）
- 一张信用卡和（或）银行借记卡
- 手机
- 唇膏
- 粉饼，以便随时补妆
- 几张名片（只有在出席工作宴会时才需要携带）

永恒的经典款式

此类手提包都经历了时尚潮流的长期洗礼，却仍然屹立不倒，购买这些经典款式的手提包，是永不过时的时尚投资。

- 爱马仕柏金包
- 爱马仕凯丽包
- 古驰新月包
- 芬迪法棍包
- 路易·威登法棍包
- 迪奥马鞍包
- 香奈儿 2.55 包（因诞生于 1955 年 2 月而得名）
- 宝缇嘉化妆包
- 宝缇嘉编织包

◀ 珠宝首饰

法国人坚信一个女人一生所有的故事都深藏在她的首饰盒里。每次人生转折，每次心碎，每次胜利，每次甜蜜恋爱，每次感伤和犯傻……一个个瞬间都可以在这里找到踪影。如果你的首饰盒看起来更像午后肥皂剧而不是经典大片，那么是时候明白这样一个道理了：每个女人都值得拥有属于自己的珠宝首饰，那种等待别人送自己名贵珠宝的日子已经过去了。

必备名贵饰品

如果你发现人造钻石耳环以及塑料手表已经不能满足你对高品位的追求了，那么你是时候开始添置高档珠宝首饰了。

珍珠耳钉将会是个很好的开始。它们可以搭配任何发型以及各种日装和晚装。珍珠耳钉要么很大，要么很小，不大不小的款式毫无个性可言。漂亮大方的珍珠耳环往往价格不菲，远远超出你购买一般珠宝首饰的花费，所以如果你真的喜欢此类耳环，可以选择购买仿造品。

一对钻石耳钉可以尽显精致与奢华，但是任何小于 0.5 克拉的钻石耳钉还不如一块铝箔显得光彩夺目。相对而言，仿造的钻石和水晶效果会更好一些。

一块高雅的手表。对于手表狂热分子们来说，卡地亚法国坦克表（Cartier Tank Francaise）（男女款样式相同，区别仅在表盘大小和表带长短）和劳力士牡蛎表（Rolex Oyster）是他们始

终不变的时尚最爱。其实，市面上有很多不同品牌的手表供你选择，限制你选择的唯一条件就是你的预算。千万不要只盯着女装表，一款男装手表带在女性手腕上会尽显迷人魅力。手表应该能够随意搭配日装、晚装和休闲装。不论你如何选择，有一点需要注意，金表带和不锈钢表带能够永久地保持光滑亮泽，而皮表带很容易磨损，失去表面光泽。

其他珠宝首饰

在必备品外选购其他珠宝首饰，取决于你的身体特征和衣着风格。如果你双手十分漂亮，可能你会买一枚戒指；如果你身材娇小，可能你会买带有钻石吊坠的项链之类的饰品来突显颈部线条；如果你爱好运动，风格粗犷的手镯或护腕可能比较适合你。可能你所钟爱的珠宝设计师设计了一系列作品，你都想要收集。当你决定是否要购买的时候，都要充分考虑这些珠宝首饰是否能够搭配你所有的服饰，一件只能搭配一套衣服的珠宝意义不大。

把金银饰品和不锈钢饰品混搭在一起，也没有什么大不了的。珠宝首饰的搭配相当随意，甚至比手提包和鞋子的搭配还要随意。

时尚新潮的仿造品

感谢时尚之神创造了人造珠宝，有多少陈旧过时的服装在一串串彩色玻璃珠子和一枚枚羽毛胸针的点缀衬托下重现生机？真品是身份象征的说法，如今早已成为明日黄花，不值得一提了。然而如果你想以假乱真，最好选择那些做工精良的高仿珠宝，并且确保它们跟真品的大小一致。

认真收集并精心保存那些从跳蚤市场淘来的宝贝——你永远无法提前预知你何时需要一枚树脂胸针来搭配小黑裙。但是，时尚风潮来去匆匆，千万不要认为它会一直停滞不前。还记得90年代的时候吗？那时参加大型的晚宴只需要一条旧睡衣和一个王冠头饰。想想多么滑稽吧（如果现在看那时的照片，我们肯定会笑得前仰后合）！偶尔检查一下首饰盒，放弃那些不合时宜的东西，这样才能确保留下的都是永葆时尚风范的精品。

◀ 帽子

你要么一顶帽子都没有，要么就是嗜帽一族。如果在你的记忆中，你只买过类似纸质的飞碟帽和彩色草帽，那么是时候做出一些改变了。

关于帽子

帽子是所有配饰中最能体现个人风格的。问题是，帽子从来不会保持中立，它要么很好地提升个人品位，要么极大地降低个人品位。要把帽子戴出品味需要在多次尝试中积累经验。然而一条通用原则就是，循规蹈矩的戴法是无法展现个人风格的。宽边草帽永远比那些款式保守的帽子更加时尚靓丽，歪戴贝雷帽和端端正正地戴着学生帽相比，毫无疑问前者更胜一筹。如果你不愿尝试这种戴法，那么干脆就不要戴帽子了。

如果你对自己的眼光有所怀疑，那么不要一个人前去购物。约上你精于时尚又对你坦诚以待的闺中密友，带上不会说谎的数码相机，照下你试戴每一顶帽子的样子。镜子可能会说谎，而数码相机却永远不会说谎。如果你拿不定主意，需要考虑一段时间，那么拍下试戴照片很有必要。如果你准备为某一特殊场合购买

适合的帽子，最好穿上那天要穿的服装去挑选帽子。以下是一些基本的原则，仅供参考：

千万不要把帽子戴在后脑勺上，帽子应该从前额起。

体态丰满的人应该购买帽檐宽大的帽子。

圆脸的人更适合戴帽檐较窄并稍微上翻的费多拉软呢帽或软毡帽。

身材娇小的人可以选择高帽子，借以拉长整体的视觉效果，千万不要把帽檐压得太低，否则你看起来像是"蚁丘的暴徒"（同名动画片中的人物）。

脸宽的人适合无帽檐或帽檐有卷边的帽子，贝雷帽就十分适合。

脸窄的人需要的是圆形、全顶的帽子，比如钟形女帽。

不要选择外观呆板、颜色花哨，除此外毫无亮点的草帽，这种草帽大街小巷随处可见，会让任何年龄段的人都显得苍老。一款款式简单、色彩自然的草帽相对而言要好看得多。

- 毡帽只适合冬天戴。
- 帽子的搭配
- 抢眼的帽子：款式简单的连衣裙
- 钟形女帽：长及小腿的连衣裙
- 戴面纱的帽子：面料顺滑的连衣裙
- 软毡帽或软呢帽：长裤
- 贝雷帽：宽松直筒连衣裙或修身长裤

◀ 腰带

腰带只有在能使整套装束大放异彩的情况下，才算是充分发挥了作用。一条简单的腰带时不时地就能产生强烈的视觉冲击。一身单色服装（比如说一身黑色或深蓝色职业套装）搭配一条细长的皮带效果就很棒。千万不要把腰带系得太紧，就像尺码太小的衣服一样，这样只会让你显得更加肥胖。

腰带虽然不占衣橱空间，但却能让你整个人都焕然一新。一条厚重的腰带系在髋骨处，搭配一条简单的丝质连衣裙？一条马皮腰带搭配牛仔裤？一条配有古银带扣的旧皮带搭配一条简单的筒裙？这些都是我们所说的焕然一新的效果。

◀ 手套

手套是一种格外别致却又被长期忽视的配饰。在炎炎夏日，一双短款乳白色皮手套搭配宽松的直筒连衣裙，露出双臂肌肤和线条，效果绝佳。如果出席晚宴，一双长款手套会为你

增添性感迷人的魅力。

手套应该尽量保持款式简单、线条流畅，还必须完全符合你的双手和十指的大小尺寸。帽子加手套的搭配极不入时，除非你要去教堂做礼拜，否则可千万别这么搭配。

◀ 袜类

如果你的衣橱里全都是妈妈穿过的服饰，那么你肯定找不到适合自己的长袜。以下是每个现代女性应该拥有的五种基本长袜：

无缝长袜：肉色哑光长筒袜是最重要的长袜（最好的品牌产品有骑士顶级透明长袜、沃尔夫特连裤袜、裸8透明连裤袜，还有唐娜·凯伦肉色长筒袜）。哑光长筒袜可以遮盖凹凸不平的肌肤，让双腿看起来更加光滑优雅。穿较厚（丹尼尔系数较高）的长筒袜同样可以获得透明袜子的效果。有反光效果的长筒袜是给舞台女郎准备的，如果你全身装束都没有丝毫光泽，那就不要穿会反光的长袜出席晚宴之类的场合。有一点需要特别注意，会反光的长筒袜

一无是处，不论多美的双腿穿上它们都会显得比实际上更胖一些。

性感迷人的透明长袜：黑色亚光透明长筒袜（可以尝试卡尔文·克莱恩的无形慰藉系列，还有伯克希尔的超透明系列）。找到自己最喜欢的品牌，然后多买几双，以便你总能有一双干净完好的袜子可以穿。那些有光泽的黑色紧身裤袜如何？参照上面的建议。

不透明长袜：不透明的黑色长筒袜（可以尝试沃尔夫特美腿袜和Spanx紧身袜系列）是所有女性的好伙伴。它们能让双腿肌肤显得更加紧致、光滑，曲线更加修长。它们简直是无可取代（当然，破损或抽丝，就必须得丢掉换一双新的）。

渔网袜：黑色细纹渔网袜（可以尝试乔纳森·阿斯顿和沃尔夫特的少女系列）在久经考验之后仍然是时尚和性感的选择。

其他注意事项

及膝袜只能搭配长裤。

透明长筒袜最适合搭配同样精致的鞋子。靴子或松糕底鞋子更适合搭配不透明紧身裤袜。

长筒袜首先应该跟鞋子搭配好，其次才是裙子。大部分情况下，长筒袜都能让你的双腿更漂亮，而且在任何情况下它们都能使双腿看起来更加修长。

网纹紧身长袜

螺纹紧身长袜总是能给腿部增光添彩，这是因为纵向条纹具有拉长腿部线条的视觉效果。几乎所有其他图案和纹理的长袜，包括大孔渔网袜，都会显得腿部更加粗壮。这种长袜只有当你不介意显得腿粗的时候，才可以穿。比较厚或纹理比较夸张的长袜会抵消它们拉长双腿曲线的效果，还会更加暴露腿部粗壮的部位。

美丽锦囊

最后需要注意的问题

如果你还在担心自己的装束不够完美，可可·香奈儿的经典建议现在仍然适用：在出门之前，去掉某样配饰。这一建议通常效果不错。过于烦琐的装束往往让你显得不入流、没品位。对着镜子，挑选好自己希望大家关注的部位。如果你的银色鞋子是你要突出的亮点，那么就让它们尽情闪耀，千万不要让那些闪亮的水晶头饰、迷人的手镯和满手的戒指抢了它的风头。

彩色紧身长裤

色彩鲜艳的紧身长裤在 T 形台上效果很棒，腿部极具骨感的模特穿着它们，走在灯光明亮的舞台上，简直太迷人了。在日常生活中，可以试试紫红色或红棕色，不要选择鲜红色或亮橙色；可以试试青绿色和炭黑色，不要选择黄色或品蓝色。白色紧身长裤只能在整形手术室里穿着。

喷雾丝袜

如果你的双腿无懈可击，可以不穿丝袜。

我的意思仅仅是不穿丝袜，而不是赤裸裸的不加修饰。要想不穿丝袜，双腿最好稍带一点儿古铜色，如果肤色白皙，那么肤质最好如婴儿般光滑水润。莎莉·汉诗喷雾丝袜（Sally Hansen Airbrush Legs）或魅可奶瓶脸部 / 身体粉底液（MAC's Face and Body Foundation）不会沾染到你的衣服上，并且能让双腿肌肤更显光滑。天气恶劣时千万不要穿喷雾丝袜，除非你从车上跳下来就能直接进入有供暖设备的地方，否则带有鸡皮疙瘩的皮肤永远都不会显得优雅端庄。

特殊场合装扮

◀ 职场

你已经了解了自己的体型，知道何种类型的衣服适合自己，并且重新探索了自己的个人风格。但你是否明白如何在日常生活中充分应用这些元素，展现自己的风格？我将这部分内容命名为"声明式着装"，换句话说，就是采用不同的方式展现自己的风格，以达到各种效果、目的和愿望。着装的重要性不言而喻。而最重要的是，无论身处何地，不管是在办公室、运动场所、海滩还是参加家庭教师协会和聚餐，甚至是红地毯走秀，只要是你能说得出的地方，你的风格都会时时刻刻伴随着你。从目的出发，你就可以重新拥有一个大衣橱。在前文中，我们已经清楚地认识到，声明式着装并不是特殊风格，它是经过深思熟虑之后，将各件衣服搭配在一起的过程，旨在达到某个目的、传达某个创意或者是实现某个幻想。

不管你喜欢古典风格还是波希米亚风格或者其他风格，你都可以为了达到某个目的而穿着打扮。

既然你已经确定了自己的体型和适合自己的衣服类型，那么了解自己的穿着目的则是最实用的一个方面。不管在何种场合，带有目的的穿着定会让你的人生拥有质的飞跃。合适的穿着有助于你获得职位，找到新朋友，使你在

聚会上闪亮动人，或者仅仅是在合适的时间合适的地点引起别人的注意。

起步

每次穿着前，先问问自己，穿着的目的是什么，是工作、约会还是去菜市场？而最重要的是你想达到怎样的效果。这个问题常被人遗忘，但你必须要回答，因为知道答案之后，你才能通过穿着来成功地展现自己的风格。例如，今天去工作，怎么穿？你是想在会议上脱颖而出呢，还是仅仅只需要提个问题，或者在桌前默默地处理文件呢？如果你要去菜市场，希望能与上周见到的那个帅小伙不期而遇，你会怎么穿？你是否已留意到某个身着礼服的募捐者，并且想与他交往呢？有目的就要实现。问问自己，为谁而穿，为你自己，为你的某位男性朋友还是为你的上司？也有可能是为你的众多女性朋友吧。坦诚一些。每一个答案都是正确的。"我想从我的朋友中间脱颖而出"这个目的有别

你是否曾想让自己的穿着时尚又前卫？将最深层次的想象融入你的日常穿着主题中去，进一步扩展你的目的。

恰当的工作装

工作装常让人觉得循规蹈矩。急着出门时，你就会不假思索地拿起制服，习惯性地套在身上。更糟糕的是，你在出门时，脚上还穿着运动鞋，头发还未干。虽然只是想及时赶到办公室，但穿着简装就匆忙出门，会给你自身和你的事业带来潜在的危害。

现代女性从事各行各业的工作，而其中很多人拥有自己的事业。不同的职业需要不同的服装。然而这并不意味着在新兴行业工作就可以穿着随便。显然，如果在筑路队工作，你得穿正规的粗布衣和靴子；如果你在巧克力工厂工作，你得穿白色外套，戴橡胶手套；如果你是医生或者护士，你的着装也会受到限制。由于大多数人仍在相对传统的办公室环境里工作，他们的穿着就不能太过随意。你的穿着应该体

于"我想引起上司的注意"，或者"我仅仅是为了舒服和自在"，或者"我想成名"，或者"我想调节一下"。

考虑自己的想法，这也很重要。你的梦想与你真实生活的目的和动机同样重要。将外在的穿着动机先搁置一边，想想能使自己愉悦的动机。你的内心是不是渴望自己性感而诱人？

▲ 如果你在一个很需要注重创造性的场合工作，那么你的工作装除了要舒适和易于穿着之外，还必须要雅致。图中别致的黑色套装正好符合这个要求。

▲ 图中模特优雅美丽，飘逸的长发，简单而又富有魅力。古典的耳环进一步提升了她那朴素中展现的魅力。

▲ 图中模特的上半身显得十分雅致。黑色羊绒裤搭配银色有绑带设计的蛇皮鞋，使她看上去身材高挑，精致时尚。

现自己日常生活中的个性、风格和目的。

即使在最普通的岗位上，你也可以在着装上添加自己的创意。例如，在女式白衬衫的袖口和领尖上钉两个纽扣等一些细节性的元素，再配一条黑色迷你裙；还可以穿一件普通的套领毛衣和一条灰白色的裤子，它们能使你在职业性上和风格上都达到自己想要的效果，吸引别人的注意。同时，既然你是在工作，不要忘了充分利用个性装。沉稳的套装或者简朴的连衣裙配上珍贵的古董胸针或者手绘围巾会显得分外抢眼。

如果你偏爱有褶饰的上衣，可以配条简洁的裙子，代替白衬衫。也可以尝试将经典的套领毛衣配上紧身女裤或者长至脚踝的休闲裤，以及红色漆皮鞋。你会发现，这样搭配起来的着装同样适合去参加会议、做演讲或者工作。

办公室里的穿着并不意味着呆板。你一样可以穿得既性感又显得职业化。开会时，你可能是穿给上司看，但在不破坏旧制服这个前提下，你仍可以向前迈一步。印有时尚图案的丝绸衬衫与经典的蓝色套装搭配，会使你发出诱人的光芒，却又不会过分性感。

引人注目可以有多种方式。优质的面料和时尚的图案只是为你接近你的老板提供了桥梁，使你获得机会，说服他们给你一份好差事或者加薪。

亮色的围巾或者独特的项链能带给简朴的穿着以生气和时尚。医生或者律师也可以因此变得精力充沛。例如，医生可以佩戴彩色围巾或者穿时尚的红色皮鞋，还有什么能让身着白大褂的她更有个性呢？

当然，你在工作时还得顾及自己和同事的舒适程度。无意识的穿着和冲动的穿着是不可取的。否则，只能是事与愿违。例如，你忘记

> **小贴士** ♡
>
> ### 混 搭
>
> 先挑一件自己最喜欢的衣服，然后再用这件衣服搭配成 5～6 个时尚造型。例如，将你最喜欢的牛仔裤和毛衣与出人意料的服饰搭配：将牛仔裤与由人造丝制成的荷叶边衬衣搭配；将毛衣与薄纱迷你裙搭配。混合搭配是跳出陈规的好办法，它可以赋予你的衣服新的生命力。

了会议上将有外来的思想保守的客户，没有多想，便穿上了你梦寐以求的豹纹图案汗衫、黑色超短裙和高筒靴子，你可以想象这是多么尴尬的场景，而且你想要取悦客户的目的也不可能达到了。因此你需要时刻查看自己的时间安排表并提醒自己，在适当的时间穿合适的衣服。

工作装和其他着装一样，需要一件件细心搭配。你必须充分意识到自己的目的。

工作面试、参加会议或者展示自己的想法时，女性都需要合适的穿着，而打扮的过程完全和上面相同。问问自己，我想展示自己的哪个方面？

核心职业装

利用基本款衣服，可以塑造无数个造型，以满足不同工作场合的需要。在各个季节里，你都可以增加独特的衣服和饰品。保暖透气面料的衣服适合全年穿着，特别在有空调的办公室环境中，夏天似乎比冬天更冷！建议将核心着装进行季节性分类，因为日常着装没有太大的选择性。当然，没有必要拥有两个完全独立的春夏衣橱和秋冬衣橱。很多衣服可以穿好几个季节。

如果你在衣橱里储备了核心着装，那么你就可以轻松地打扮了。你可以穿上波希米亚风格的服饰或者戴上时尚的珠宝来展现自己的风格。你可以轻而易举地将条纹明快的日常着装变成时尚装，而你所需要做的只是佩戴装饰性手表或者换件更具独特风格的基础装。例如，同样的裤子和基本款针织上衣如果配上饰有珠子的运动夹克或者短款棉绒外套，效果就会大不相同。

这些"救星"衣服是展现你个人风格的必要条件。将"体型分类"铭记于心，确保每件衣服都能适合自己的体型。请记住，羊毛或者丝绸面料需手洗或干洗。

请注重以下核心着装：

裤子 准备至少 2～3 条能衬托自己体型的裤子，颜色可以是黑色、海军蓝或者深褐色等中性色。你通常会穿普通面料的工作服上班，尽管如此，春夏季的穿着非全棉面料或者混纺面料的服装莫属。另外，超细化纤和华达呢面料的衣服使身体显得有形，而且整个外形非常亮丽，适合所有季节。秋季和冬季适合穿羊毛

面料的衣服。亚麻面料的衣服很凉爽，但容易起皱，需要相当精细的护理，比如说熨烫。不管你费多少精力护理它，到了中午，必定会起皱。所以工作时，千万别穿亚麻面料的衣服。根据你的工作性质，你也许可以一直穿着经典精致的衣服和前幅平直的裤子。裤子前面的束带得小心使用（这只适合线形体型的女性）。谨慎选择前面或者侧面缝有很多袋子和修饰细节的裤子。记住：简单才是真。下班之后，你可以一直穿着饰有水晶的黑色裤子，但如果把它穿到办公室里却显得有些不伦不类。如果你喜欢华丽的风格，可以将裤子上比较简朴的纽扣换成水晶的。

裙子　裙子带给你的好处在于，你省去了穿裤子的麻烦。而选择裙子的原则和裤子一样，最好是深蓝色或者中性色，可以与各种上衣、鞋子和饰品搭配。裙子的长度很重要，最好是既不太长也不太短。夸张的长度（迷你裙或者拖地裙）会将裙子从核心着装转变成个性装，同时，这种长度在面对同事，尤其是上司时，都不太合适。裙子的长度在膝盖上下最为合适，可以在上班时穿，也可以在约会时穿。你可以选择各个季节都能穿的面料，如斜纹面

料、轻质羊毛华达呢和混纺面料。严寒季节，还可以添加纯羊毛裙子，这当然只适合寒冷的环境。在天气暖和的日子里，可以穿全棉或者混纺的裙子，颜色可以为浅褐色或者海军蓝等中性色。

衬衣　准备几件经典全棉或者丝质的白衬衣。下摆包边的衬衣效果最好。你可以根据自己的下身着装，决定是否把衬衣下摆露在下装外面。这种下摆同样适合"体型分类"中提到的所有体型的女性。其他颜色的衬衣如黑色、蓝色和米色的衬衣均可作为基本款衬衣。

针织上衣　像经典的V形或者U形领的T恤（长袖或短袖）这样简单的针织上衣有多种搭配方式——T恤的外面可以套件夹克或者毛衣，再配上珠链、丝巾或吊坠，起到点睛的作用。至于下摆，可以根据下装选择是否露在外面。日常针织上装应该合身而非紧身。白色、黑色和海军蓝最实用，当然那些能提高整体形象的颜色如粉桃色、天蓝色也是必须准备的。

▲ 图中模特所穿的是几种混合色调的大衣，由于她从事时装业，没有严格的穿着标准，所以不必每天都穿着某种巧妙搭配的服装。

▲ 图中模特是位歌手，所以她的着装风格走的路线就比较独特。图中黑色针织上衣的袖子上有钩针编织网状花纹。此外，她还佩戴了两款绿松色的项链，颜色非常鲜亮。

美丽锦囊

各就各位，预备，跑！

扩大衣橱容量和打破基本款衣服限制的好办法就是在自己家里或者在好朋友的衣橱里全面"搜索"。穿上传统的正装，配上你孩子的机车皮夹克；穿上黑色裙子，将丈夫的领带系在腰间；将斜纹裙的腰部卷起来，配以周末穿的宽松运动衣；将紧身T恤与丝质衬衣搭配；沉稳的黑色连衣裙配以色彩鲜亮的运动背心，并在领口处露出背心的颜色……我敢打赌，你能借此发现全新的工作装搭配方法，并进一步改变对职业穿着的看法。创造性来自练习——不经常练习，就不可能找到合适的穿着！

针织衫 开衫比外套或者运动夹克更加休闲。它可以与衬衫、针织上衣和坦克背心搭配，也可以单穿。两件套可以单穿，也可以成套穿，非常灵活。准备两种针织衫：冬天可以穿做工精良的针织开衫或者两件套，颜色可以是海军蓝、橙色或者基本的黑色；春天可以穿丝质或者全棉的针织运动衣，颜色可以淡些。套头毛衣或高领毛衣也很适合春天穿。并不是所有针织衫都只能作为基本款，别致的针织图案或者带有珠饰和刺绣的针织衫完全可以成为焦点。

黑色或者褐色的高跟鞋 选择易与裤子或者裙子搭配的高跟鞋。鞋跟在6厘米以上的鞋子具有多功能性。如果你不够高，选择鞋跟较高的鞋子；如果较高，选择鞋跟较低或者路易斯高跟鞋（鞋身呈S型，鞋头很尖，整体曲线雅致）。低跟鞋看上去精致，却不会明显增加身高。

夹克 夹克具备多种用途。基本款夹克并不是指那些方格花呢、绣花翻领、细条纹的夹克。它的颜色应该是黑色、乳白色或者浅棕色，可以天天穿，并且能穿出不同的味道。单扣或者开襟风格最受人欢迎，沙漏形和线形体型的女性尤为适合穿这种夹克。我钟爱夹克，原因很简单，它能让人变得非常自信。穿上它，身材的曲线就可以显现，显得活力四射。一句话，夹克能塑造整个外形。

风衣 选择一款适合自身体型的风衣。天气突变时，可以马上套在外面，遮住裤子或者裙子。

短袜和长筒袜 黑色长筒袜是必需品，整个晚春都可以穿。如果你的小腿非常好看，也可以不穿袜子。肉色丝袜虽然并不时尚，但如果你夏天不穿袜子很不舒服，这种袜子就很实

用了。配裤装的短袜，应该选和裤子同一色系的，因此要多准备几双搭配不同颜色的裤子。这种袜子的长度应该到小腿或及膝，在坐下来时才不会因裤腿上提而露出肉。

◀ 休闲

便装、周末和假期的着装，都能最大限度地让你自由地表现自己。而事实上，我们却变得越来越慵懒，不假思索地穿上运动裤和T恤。请记住，一定要保持着装整洁。"非正式"和"粗俗"并不是同一个概念。本章将向你介绍休闲时的穿着方式！你可以毫无畏惧，自由自在。如果每位女性都可以去亚洲、非洲、欧洲等地做环球旅行，接触异域的文化，采用不同的思维审视自己，那么她可能会发现，印度纱丽（印度传统服装。用印度丝绸裁制，长约5.5米，宽1.25米，两侧有绲边，饰有刺绣）可以与牛仔裤搭配，意大利针织连衣裙可以与数款非洲项链搭配。这就是当今众多引领时尚潮流服饰的搭配方式，如果这些服饰适合休闲时穿着，就更能引领时尚潮流。

极为个性的人可能会手提小岛上淘来的大草编包，身穿百货商店买来的格子裤和墨西哥刺绣衬衫，脚穿西班牙帆布鞋。这种搭配组合过程，妙趣横生，其乐无穷。

去野外聚餐时，个性着装比穿着工装短裤、瑜伽裤和坦克背心更能让你心情舒畅。如果你没有机会通过旅行获得独具个性的衣服，

◀ 这件外套显然太平淡了，用一串珠链来修饰它。外套内穿上了绸缎紧身衣和经典的蕾丝衬衫，这样她的腰部就显得更加纤细。古朴的项链和银色的蛇皮凉鞋与她的上装浑然一体。

那就需要去逛逛比较知名的服装店，或者通过网络寻找。

在构思某个形象时，不要立即得出结论，不要立即认为"这是不可能的"。你需要花时间来进行搭配和尝试。如果你内心有强烈的想法，而你确实也偏爱某种风格，就勇敢地去尝试吧。

休假期间肯定会有很多活动：阅读、和朋友一起共进午餐、购物、看电影、去海滩上晒太阳等。因此，着便装的机会比工作装和晚装等其他种类的服装都要多。

如果你想参加某项具体的体育运动，如网球、高尔夫球或者滑雪等，穿着的选择余地就更大了。下面将重点阐述两种便装。一是牛仔裤，因为这是一种我们随时随地都可以穿的服装；二是泳装，因为总有很多人非常渴望穿上它。

娱乐时的核心着装

便装给了我们将时尚和幻想变成现实的机会。既然大家都是为了放松和娱乐，当然也有的是为了邂逅新朋友、与老朋友叙旧，那么不妨试试一些新奇的东西。

首先准备好核心的装束，然后在此基础上尽情地展现自己的风格。例如，现在你非常喜欢波希米亚风格，你就可以以日常着装为基础，加入其他元素。比如黑色套领毛衣或者紧身裤，配上具有民族风格的元素、嬉皮士风格的珠饰或者中东风格的刺绣披肩，整个造型就会充满波希米亚风格。你可以通过女性化、个性化和添加日常着装来达到自己的目的。

牛仔裤　你需要2～3条非常合身的牛仔裤。

紧身针织衫　你需要置备2～3件纯色针织衫，根据自己的身材选择适合的领口（圆领、V形领、U形领等）。穿着时，针织衫应紧贴着上身，但不能太紧身。总的来说针织衫里面不应该有空间添加背心、羊绒衫和领尖钉有纽扣的轻质衬衣。全棉或丝质的针织上衣适合在春夏季穿着，这样的衣服你至少应该准备两件；另外你还应该准备两件羊绒、羊毛和混纺的针织衫，它们适合秋冬季节穿着。费尔岛杂色图案针织上衣或者带有渔民风格的针织上衣充满幻想和民族风格，并不适合来衬托其他衣服。

T恤　准备不同款式的轻质标准运动T恤，包括长袖、短袖、无袖和坦克背心等各种样式的T恤。将不同款T恤叠穿一起时，就能产生层次感。根据季节的不同，T恤外面还可以套上运动衣、衬衣和夹克。当然，天气暖和的时候，也可以单穿。

白色全棉衬衫　垂直下摆的衬衫可以穿在外面，也可以穿在里面。休闲衬衣和正装衬衣一样，可以扮演双重角色。你也可以准备两件柔软全棉的休闲衬衣。例如，工作时，穿着丝光棉衬衣；周末，穿着柔软的亚麻衬衣或者水洗棉衬衣。但亚麻衬衣容易起皱，所以有必要提醒大家，在周末逛跳蚤市场或者沐浴沙滩时，应避免穿亚麻衬衣。也许你不太在意衣服起皱，或者在某些环境中，衣服稍微起皱关系不太。但它会让你的整个形象

变得很随意。（务必确保其他衣服都不会起皱，否则，你的整个形象就像是没收拾过的床铺，一团糟。）

牛仔夹克或者皮夹克 简单百搭的小夹克是必备单品。

黑色连衣裙 选择一款适合自己的简单连衣裙，根据场合穿。

裤子 你需要一条能和各种上衣搭配，同时又适合自己体型的裤子，全棉、斜纹布料或者仿超纤维材质的都可以。黑色、海军蓝和巧克力色的裤子适合在秋季穿；乳白色、灰褐色或者军绿色等色调的裤子适合在春季穿。

平底鞋 平底鞋有运动鞋、驾车鞋、平跟船鞋、无后跟拖鞋、夹趾凉鞋或者其他低跟的鞋子。平底鞋一年四季都可以穿；而且无论穿不穿袜子，都一样舒服。

靴子 总的来说，靴子应该和所穿的便装相匹配。叠跟、矮跟或者中跟的黑色或者褐色皮靴都很实用。靴子的高度可以至膝盖、至脚踝或者至小腿中间。及膝靴和裙子搭配最适宜；其他高度的靴子最好和裤子搭配。

泳装 每个人至少要准备一套，最好两套舒适的泳装，它们适合在水里或沙滩上穿着。

短袜 准备好若干双全棉短袜和能与裤子颜色匹配的裤袜。要谨防坐下或俯身时露出袜口——短袜长至小腿中部或者膝盖处最佳。天气变暖后，就可以放弃短袜、直接穿无带鞋，显得更时尚。如果你经常运动，那么一双白色的全棉短袜能让你感到舒适、凉爽和干燥。

牛仔裤：最有力的穿着

牛仔裤有自己的分类。粗斜棉布做成的牛仔裤经典而永恒。它从来不会退出时尚潮流。无论什么年龄，人人都可以穿牛仔裤。一条款式新颖而又合身的牛仔裤，配上新奇的针织衫、靴子、夹克和时尚的发型，整个形象就变得非常雅致，特别是中老年女士穿上这样的装束后，会非常引人注目。

不必准备太多的牛仔裤。有必要准备2～3条牛仔裤：一条作为周末的便装；一条作为工作装；而另一条则作为晚装。

牛仔裤能与各种衣服搭配，达到不同的效果。它可以作为其他衣服的背景。另外，高低腰的变化，也为牛仔裤带来了更多的搭配方式。荷叶边紧身衬衣、塔士多夹克（大多单排一粒纽扣）、耀眼的珠宝以及高跟鞋配上牛仔裤，会令人惊艳不已。当然，这其中也有"臀部因素"的作用。合身、时尚的牛仔裤能让你的臀部显得有形，牛仔裤几乎是百搭的裤装。小T恤、花边胸衫、纯白衬衫、丝质束腰上衣或者饰有闪光珠片的上衣，每一件和牛仔裤搭配都很漂亮。

适宜性和功能

起初，牛仔裤是为体力劳动者设计的。自从20世纪50年代后期开始，牛仔裤才开始在女性中流行。无论何时何地，都能看到有人穿着牛仔裤。穿着的理由多种多样，少数的人是为了体力劳动，大部分人是为了显得更加性感。观察镜子中自己的臀部，是否很性感，以确定你所穿的牛仔裤适合你，并且能最大限度地展现下半身的曲线美。如果牛仔裤确实能达到这个目的，那整个形象就会非常出众。

据说很少有女性不适合穿牛仔裤。但如果你的臀部比较平坦，牛仔裤就不太适合你。提臀装（内衣专卖店或者网上均有销售）能直接给臀部加上衬垫，这样就可以穿牛仔裤了。另外一个方法是选择臀部有很多修饰的牛仔裤，如修饰袋和明线，这样人们就会觉得你的臀部比较翘。如果你找不到合适的牛仔裤，也可以穿牛仔裙。

要找到合适的牛仔裤，你得付出大量精力。你要通过不断地试穿，才能找到真正适合自己的牛仔裤。例如，你想穿低腰的牛仔裤，最好

▲ 靛青色低腰牛仔裤与简单的白色背心、波利乐黑色狐毛短上衣搭配，显得图中模特气质高雅迷人。

的选择方式是什么？俯身！如果你的股沟露出来了，那就说明裤腰太低了。没有人喜欢这种穿法。如果低腰不太适合你，不妨试试中腰，说不定会更加适合你。

低腰牛仔裤能突显宽宽的骨盆，所以正三角形或者沙漏形体型的女性需谨慎选择低腰牛仔裤。如果你是倒三角形体型，裤袋、前贴袋和侧面缝线等细节可以平衡整个身体。如果你是线形体型，低腰倒是挺合适。紧身牛仔裤能在臀部和腰部之间制造迷人的曲线，这是人人梦寐以求的。大多数女性都不太适合高腰牛仔裤，但喇叭牛仔裤除外。

购买牛仔裤的时候，应该购买稍微紧身一点的，因为牛仔裤有弹性，穿不了多久，裤子的膝盖部分、腰部和臀部就会变得宽松。稍微紧身一点的牛仔裤则不会显得过于宽松，穿起来会更舒服。

按标准剪裁的喇叭牛仔裤非常受人欢迎，它比直纹裁的牛仔裤更时尚，更前卫。和卡其裤或其他普通裤子一样，牛仔裤种类繁多，有锥形裤、直筒裤和喇叭裤。裤腰可高可低，低的甚至可以露出肚脐和小腹。

牛仔裤的臀部位置不能缺少裤袋。裤袋能产生良好的视觉效果，让人看着更舒适。裤袋之间的距离很重要。如果距离过大，臀部的宽度就会加大；如果两个裤袋离中线过远，整体就会失去平衡。袋子位于左右半边的中间位置或者稍微靠近中线的牛仔裤，效果较好。

风格和要领

牛仔裤的很多细节都值得关注。引人注目的细节会给裤子增添光彩：别致的缝线、正面奇特的收合处（束带、纽扣以及经典的拉链）和趣味十足的裤袋等。

如今，有些牛仔裤上满是洞，事实上，工作时，或者是在其他特殊场合，即使身着便装，也不能太过暴露。如果牛仔裤上满是洞，就像我们俗称的"乞丐裤"那样，或者添加的修饰过多，这条牛仔裤就会显得乱糟糟的。区别这些细节效果好坏的方法之一是：如果你会不由自主地盯着那些洞、补丁或者白点看，那它们就是不合时宜的。当然，如果牛仔裤是作为个性装，缀上珠子或者上上下下都加上边饰，这就另当别论了。但即使是后面这种情况，这些

▲ 图中模特穿上这条合身的牛仔裤非常棒，腰带其实是条项链，这更有着画龙点睛的效果。

特别的细节也只能起部分作用。

如果上下装都是牛仔布料，最好使用不一样的色调。例如，深色夹克和浅色牛仔裤搭配，颜色较深的牛仔裤与白色衬衫搭配，颜色鲜亮的夹克（红色、橘黄色等）和蓝色牛仔裤搭配。两者的颜色差别越大，效果越好。如果衣服和裤子颜色相近，那就像是去参加牛仔竞技了（如果你确实是去参加牛仔竞技，那你得好好搭配一番）。

值得一提的是，最好单穿牛仔服或者牛仔裤。比如牛仔裤与皮夹克、羊毛夹克、卡其布夹克和运动夹克的搭配效果，比与牛仔服的搭配效果更好。

小贴士 ♡

你是穿牛仔裤的！

用你最喜欢的牛仔裤进行搭配，你可以塑造多少个不同的造型？拿出你所有的上衣、腰带、珠饰和鞋子，将它们一一和牛仔裤搭配，并注意各个造型。试试看，为工作装、日装和晚装各搭配3个不同的造型。

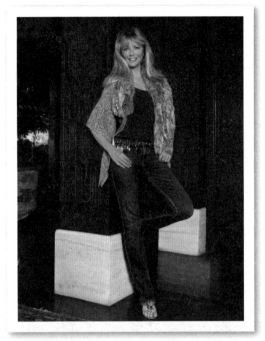

▲ 这款紧身牛仔裤非常适合图中模特高挑苗条的身材。粗花呢针织夹克加上皮革修饰，引人注目。夹克里面搭配了一件普通褐色背心。长长的项链附在腰带上，精巧而别致。脚背饰有绿松石的鞋子和腰带相映成趣，看上去很迷人。

迷人的泳装

选购标准

如果你对游泳或者水上运动（如水球运动）比较感兴趣，推荐你穿连体泳衣。同样，如果单位组织员工在海滨或者泳池边举行聚会、郊游或野餐活动，还是建议大家选择连体泳衣。

如果你穿比基尼，想必你会拿掉毛巾，在沙滩或者水池边漫步，以此来展示自己曼妙的身姿。如果不是为了炫耀身材，为什么要选择比基尼呢？即使是最小的比基尼也要质地优良，有牢固的系带或钩扣，线条平滑无褶皱。专业的钩针编织款游泳套装，不仅具有良好的防水性，同时兼备时尚与性感。它们紧紧地贴着身体，安全又舒适。不合身的衣服没有一件能称得上性感，泳装也不例外。

根据体型选择泳装

每位女性都可以找到适合自己体型的泳装。拿出实际行动，试试下面推荐的泳装造型。你会惊讶地发现，其中某一种泳装能恰到好处地展现你的身材。

●线形体型的女性应尽量穿裤脚高开（裤脚位于大腿根和髋骨头之间）的连体泳衣，以呈现曲线美。腰部束带的泳衣让身体显得更有曲线美，原理同束腰上衣一样。两个色调的泳装，颜色自上而下垂直变化，或者上面是颜色鲜艳的图案，下面是任意的深色调，也能产生曲线美。线形体型适合穿 V 形领的露背泳衣或带有花边、网格的连体泳衣。臀部有侧面环带、花边、蝴蝶结丝带等细节，甚至是短裙样式的比基尼也是不错的选择。这种体型的女性要避免选择中性色的背心泳衣，以及高领口、垂直条纹的泳装。

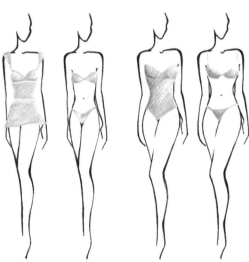

▲ 线形体型   ▲ 沙漏形体型   ▲ 中间体型   ▲ 正三角形体型

●沙漏形体型的女性适合穿束腰、宽肩带、方形领和V形领以及露背的连体泳衣。也可以尝试印有彩色图案的经过改进的比基尼，它的下面部分能很好地覆盖在肚脐下边或者附在翘臀上。饰结、饰带或者腰带等细节均能增加臀部的曲线美。这种体型的女性要避免穿高领的背心泳衣以及横条纹裁剪低腰泳裤。

●中间体型的女性适合有塑形垫或托的连体泳衣。正面收腰的连体泳衣，饰有蝴蝶结丝带、内嵌钩边或者领口带有装饰性细节如金属环的紧身泳衣也很不错。两件套的背心式比基尼也是不错的选择，因为背心的下摆恰好能够与下身的上部接触。也可以试试颜色鲜亮的大图案泳装。这种体型的女性要避免穿传统的比基尼和中性色的背心式连体泳装。

●正三角形体型的女性穿上迷你裙两件套组合的泳衣非常吸引人，特别是当迷你裙稍微低于肚脐或者恰好在腰围处时，更是分外惹眼。选择尽量简单的泳装，避免选择下半部分有很多修饰的泳装；上身附有细节修饰的连体泳衣非常漂亮，可以重点考虑花边、蕾丝、饰带等修饰；泳装的上半部分如果带有填料或者钢圈，则能保持体型平衡；正三角形体型适合比基尼或者上半部分有花边的两件套组合泳装；两件套组合的比基尼，下装是高腰的，上装呈三角杯状，也是不错的选择。避免选择下面比较短的两件套组合泳衣、中性色的背心式连体泳衣和露背泳衣。

●倒三角形体型的女性在挑选上半身的泳装时，需要花些精力：内嵌钢圈的文胸能起到很好的支撑作用；吊带领的上装能让这类体型的女性更加性感；也可以选择中腹部饰有带子的泳衣，这样可以绕过脖子，系在背后，起到更好的支撑作用；胸部直纹裁的泳衣能最大限度地缩小胸部，比如中性色的经典背心；相对较细的长条形肩带来说，宽宽的

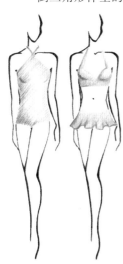

▲ 倒三角形体型

肩带更加舒适；短小的或者裙式的泳装能使身体达到平衡。避免选择无肩带、细带的上装或者三角形的丁字比基尼上衣。

◀ 晚宴

近年来，女性也会戴黑色领结，这意味着什么？对于男性来说，戴黑色领结的意义非常明确：正装或者半正装。而对女性来说，则有更多的含义。正式场合，女性可以穿长长的礼服，也可不穿。黑色天鹅绒裤子与镶嵌珠宝的上衣或者有刺绣、饰花的夹克搭配，也是可行的。同样的道理，由雪纺、绉绸或者丝绸等正式布料做成的短裙也是女性的不错选择。事实上，考究的着装和其他受人欢迎的着装一样，它只不过是被放大，被强化了。所谓打扮就是展现面料、质地、耀眼、奢侈和华贵。这也是大家所想达到的效果。而要达到这个效果，你不需要付出高昂的代价。

你没有理由放弃那些符合自身风格的个人爱好和造型。一位曾为好莱坞女星设计着装的造型师说过，态度和自信、举止和仪态，跟衣服同样重要。

如果你不经常参加舞会和其他需要特别装束的活动，一旦遇上这种场合，你会发现自己极度缺乏漂亮的服饰。有时候，你也会仅仅为了好玩而穿上盛装。如果你注意观察，你会在不经意间发现符合自己的晚装。趁此机会，准备一套吧，就当是自己特有的东西。比如在跳蚤市场上，你看到了带有珠饰的复古风格的手包；在服装设计师的产品展示商店里，你挑中了一条红色平纹皱丝织长裤；出去吃午饭时，在街头小贩那里找到了一件纱丽。这类东西为日常晚会着装注入了真实的元素和个人的风格。你只有寻找，才会发现它们。无论身处何时何地，你最好在购物时留意一下那些能够运用到晚装中的东西，否则也许你很难再回过头来找到与昨天看到的一模一样的东西了。如果你喜欢的话，看到它的时候就应该买下来。

在准备晚装的时候，应综合利用各种服饰，包括日常服饰。那些关于何时应该穿日装，何时穿晚装的规则差不多已经被抛弃了。晚上可以穿饰有珠子的上衣和牛仔裤，白天也可以穿夹克配蕾丝背心和七分裤或九分裤。具有民族

风格的饰品能够增加吸引力和个人风采。摩洛哥的护身符，越南的玻璃珠项链，罗马的钱币耳坠，非洲的木刻及象牙雕刻的手镯，美洲土著的绿松石饰品，精心制作的印度纱丽以及日本和服等，都能够为线条简洁的现代服饰增加一丝神秘感和宗教色彩。甚至是工作时常穿的衣物也可以通过特意"掺和"的方式神奇地应用到晚装中。比如，黑色长裤配上珠饰拖鞋和天鹅绒背心将会非常引人注目。穿着简单的裙子和丝绸紧身胸衣也可以使你在红地毯上魅力四射。

不要害怕通过诱人的贴身内衣来增加魅力。背心的花边"悄悄"地从低胸V形领连衣裙中露出来，会显得很性感。羊绒衫、短上衣、缎面蕾丝内衣与柔软撩人的雪纺裙、褶裙相配，定能在晚会上给你带来意想不到的惊喜，让你听到期待很久的"啧啧"的赞叹声！

如果你刚离开办公室，就要马上参加晚上的活动，而又来不及将职业套装换下，穿上晚装，那你可以将套装里的衬衣换成带有花边和珍珠装饰的连衫衬裤，随意一点，稍微露出一

▲ 踏上红地毯前的准备：将自己一分为二
有一种方法可以让你在穿比较长的礼服（或者其他类似的衣服）时显得高雅而苗条，那就是在肩膀上披上一条质地柔软的披肩，使它正好下垂到腰部。这样就能让人明显感觉到，你变得更加苗条、高挑了。

点肌肤。近乎透明的长筒袜再配上高跟鞋，如此搭配的"职业套装"会使你马上引起人们的注意。简单的造型配上奇异的珠宝装饰也能增加吸引力。穿上黑色露背丝绸连衣裙，同时将头发扎起来或梳向两边。最后，配上一对华丽的"钻石"耳坠，当然前提是你已经准备好这些东西了。晚宴上，你也可以穿上海军蓝色的针织职业套装，只要再配上一个带有珠饰的漂亮手包和一双压花的皮质高跟鞋，整个形象就会万分出众。

核心搭配

你不必拥有许多件晚装和精致的衣服。当你将一盒奇异的饰品与那些具有多种用途的核心衣物搭配时，就能创造很多种不同的形象。

漂亮的黑色裙子：选择一条质料较为普通的裙子，配上一条夜晚更显性感的项链。一条普通的V形领或低圆领裙子（缎面、丝绸、天鹅绒、丝光棉等面料的都可以），只要适合自己的体型，就可以用在很多搭配中。购买这样的裙子是一种保值投资，你可以穿上好几年也不会过时。即使你在不断地更新着搭配，它都能符合你的风格。如果你觉得一条太少，那就准备两条：一条夏季穿，比如材料是丝绸或棉质，无袖或短袖均可；另一条冬天穿，比如材料是羊毛、羊毛和丝绸混纺等。

天鹅绒或缎面的黑色长裤：这种裤子也具有多种用途，它可以与缎带、织锦或丝绸衬衣和外套搭配。带有珠饰、褶边、仿钻、珍珠扣或其他类似装饰的精致上衣，能够使裤子变得时髦。

高跟鞋：细高跟鞋总是显得新奇、大方而性感。拥有一双用料考究，如绸缎、金属色皮革或黑漆皮制成的高跟凉鞋，是非常必要的。

简单的黑色丝绸提包：如果你的生活方式使你没有闲暇去逛街购买提包，可以更换带子的提包就会非常实用。闪亮的胸针、丝绸花朵、缎带或其他的装饰，能够将黑色的手提包变成各种不同的款式。而如果你喜欢新奇或者复古的晚装提包，那就去收集吧。在制作精致的手提包上添加漂亮的珠饰，就会成为整个造型的亮点。

黑色长筒袜：黑色长筒袜，特别是带有光泽的那种，非常性感，再配上短裙或长裙，你就可以上红地毯了。

如果你不想太暴露，却仍想显得性感，那就选择一条有袖子（长或短的）、背部和肩部由有梦幻感的材质制成的裙子吧。这是一种镂空的透明材料，它能起到遮盖作用，同时在不太暴露的情况下达到若隐若现的效果。还有那些反光材料，如绸缎和金属色织物制成的紧身裙能够增加身体的质感。如果你想增加视觉冲击，可以采用粗糙处理的或不会反光的布料。如果你十分喜欢鲜亮绸缎的视觉效果和质感，那就穿绸缎做成的裙子，用它来传递一种闪亮的感觉。

拥有一套舞会礼服

礼服是一种纯粹的幻想：它可以让你成为人们梦寐以求的公主。如果你遇到了必须要穿礼服的重要场合，你可以在以下两个选择中挑选一个，它们各有各的优点。

第一个选择是简单的礼服，进行各种搭配。这样它就可以穿很多次，而且每一次都显得新奇。这种搭配主要靠饰品起作用。如果你想在某个特殊的场合引起人们的注意，那就挑选一些引人注目的饰品，比如珠子和花边。在这种情形下，你的礼服就会"说话"了。

第二个选择是晚礼服。无论是简单别致，还是精致雅观，它们都是由最基本的造型组成的。这里提供了一些适合不同体型的造型：

中间体型：从腰际一直延伸到地面的 A 字形高腰裙，既衬托身材，又显得迷人。带有胸褶的 V 形领或低圆领紧身直筒连衣裙也很漂亮。在领子上和裙子周围可以添加装饰（珠子、水晶，等等）。这一体型的女性应该避免穿露背礼服、腰部有缝合线的裙子、饰有腰带的裙子、紧身胸衣、打褶蓬蓬裙以及露背装。它们都会使腰围显得较粗。

正三角形体型：斜纹裁的 A 字形裙，配上合适的上装，效果很不错。针织围裹裙也很好看，包括那些略显乳沟的低领裙子。如果你很满意自己的背部，并想把它展示出来，穿上露背裁剪的裙装就会显得相当性感。美人鱼式的紧身喇叭裙也很吸引人，可在领子上和裙子周围添加一些装饰。这一体型的女性应该避免穿领部系带，露出肩部和背部的长裙、直筒裙、高腰长裙以及下摆过于紧身的裙子，它们会使你显胖。

沙漏形体型：围裹裙、紧身直筒连衣裙、斜纹裁的喇叭裙和鱼尾裙，都很不错。低领、露背和无背的绕颈吊带裙也很漂亮。你可以在领子、背部和下摆周围添加一些装饰。宽松的造型、穆穆袍、高腰长裙以及带有横条纹的裙子都不太适合这种体型。

线形体型：带有腰带的裙子可以让腰部显得纤细，围裹裙也能产生一样的效果；斜纹裁、紧身而下摆外展的裙子也很不错；你可以在领子、背部和臀部添加装饰；无肩带裙子配上可爱的项链，会使整个形象变得非常漂亮。这一体型的女性应该避免穿直筒裙、直纹裁的裙子、横条纹且平直的无肩带裙子以及紧身编织裙，因为它们都会突出平直的线条。

倒三角形体型：这一体型的女性可以选择斜纹剪裁、A 字形和紧身的造型。鱼尾裙也比较合适。避免穿无肩带裙子、高腰长裙、收腰裙以及瘦长的编织裙。

魅力的核心：让自己感觉到舒适

将所有魅力着装中的"核心"衣物罗列出来几乎是不可能的。更重要的，也是最基本的，就是让自己的肌肤感到舒适。这里有一些东西可以帮助你找到诱人的感觉：

（1）让自己感到性感甚至会感到有些眩晕或紧张的胸罩和短裤。

（2）性感的牛仔裤，至少准备一条。

（3）性感的针织衫，或者其他能够显露肩部的衣服。

（4）高跟鞋。

（5）充满诱惑力的白色衬衣。

当你为生活的每种场合（工作、娱乐、充满魅力的场合及需要吸引人的场合）都准备了日常着装后，你就能为任何的意图和目的设计造型。希望你能将这些日常着装结合起来使用，如魅力着装和工作服，特殊场合的着装和日常着装之间的混合使用。